*rapid inventories**

biological and social

Informe/Report No. 21

Ecuador: Cabeceras Cofanes-Chingual

Corine Vriesendorp, William S. Alverson, Álvaro del Campo,
Douglas F. Stotz, Debra K. Moskovits, Segundo Fuentes Cáceres,
Byron Coronel Tapia, y/and Elizabeth P. Anderson
editores/editors

Octubre/October 2009

Instituciones Participantes/Participating Institutions

 The Field Museum

 Herbario Nacional del Ecuador (QCNE)

 Fundación para la Sobrevivencia del Pueblo Cofan (FSC)

 Instituto de Investigación de Recursos Biológicos Alexander von Humboldt

 Federación Indígena de la Nacionalidad Cofan del Ecuador (FEINCE)

 Gobierno Municipal del Cantón Sucumbíos

 Ministerio del Ambiente del Ecuador (MAE)

 Corporación Grupo Randi Randi

 Museo Ecuatoriano de Ciencias Naturales (MECN)

 Fundación Jatun Sacha

*Nuestro nuevo nombre, Inventarios Biológicos y Sociales Rápidos (informalmente, "Inventarios Rápidos") es en reconocimiento al papel fundamental de los inventarios sociales rápidos. Nuestro nombre anterior era "Inventarios Biologicos Rápidos"./Rapid Biological and Social Inventories (informally, "Rapid Inventories") is our new name, to acknowledge the critical role of rapid social inventories. Our previous name was "Rapid Biological Inventories."

LOS INVENTARIOS RÁPIDOS SON PUBLICADOS POR/
RAPID INVENTORIES REPORTS ARE PUBLISHED BY:

THE FIELD MUSEUM
Environment, Culture, and Conservation
1400 South Lake Shore Drive
Chicago, Illinois 60605-2496, USA
T 312.665.7430, F 312.665.7433
www.fieldmuseum.org

Editores/Editors
Corine Vriesendorp, William S. Alverson, Álvaro del Campo,
Douglas F. Stotz, Debra K. Moskovits, Segundo Fuentes Cáceres,
Byron Coronel Tapia, y/and Elizabeth P. Anderson

Diseño/Design
Costello Communications, Chicago

Mapas y grafismo/Maps and graphics
Jon Markel y/and James Costello

Traducciones/Translations
Álvaro del Campo, Patricia Álvarez, y/and Tyana Wachter
(English-Español); Susan Fansler Donoghue y/and
Amanda Zidek-Vanega (Español-English)

El Field Museum es una institución sin fines de lucro exenta de
impuestos federales bajo la sección 501(c)(3) del Código Fiscal Interno./
The Field Museum is a non-profit organization exempt from federal
income tax under section 501(c)(3) of the Internal Revenue Code.

ISBN NUMBER 978-0-914868-73-6

Esta publicación ha sido financiada en parte por The John D. and
Catherine T. MacArthur Foundation, The Boeing Company y Exelon Corporation./
This publication has been funded in part by The John D. and Catherine T.
MacArthur Foundation, The Boeing Company, and Exelon Corporation.

Cita Sugerida/Suggested Citation
Vriesendorp, C., W. S. Alverson, Á. del Campo, D. F. Stotz,
D. K. Moskovits, S. Fuentes C., B. Coronel T., y/and E. P. Anderson,
eds. 2009. Ecuador: Cabeceras Cofanes-Chingual. Rapid Biological
and Social Inventories Report 21. The Field Museum, Chicago.

Fotos e ilustraciones/Photos and illustrations
Carátula/Cover: En los bosques montanos cerca a La Bonita,
los científicos encontraron una nueva especie espectacular de
Meriania (Melastomataceae). Aparentemente las flores cambian
de color una vez que sean polinizadas./In the montane forests
near La Bonita, scientists found a spectacular new species of
Meriania (Melastomataceae). Apparently, the flowers change
colors once they are pollinated.

Carátula interior/Inner cover: Vegetación especializada en
Laguna Negra. Praderas andinas, o páramos, son caracterizados
por su alta tasa de especiación y niveles excepcionalmente altos
de endemismo./Specialized vegetation at Laguna Negra. Andean
meadows, or páramos, are characterized by high rates of speciation
and an exceptionally high level of endemism.

Láminas a color/Color plates: Figs. 10B, 10D, 10F, 10G,
Elizabeth Anderson; Fig. 9C, Randall Borman; Figs. 1, 3A, 3C,
4N, 4S, 5A, 5C, 5D, 7D, 7K, 7L, 8B, 8D, 9A, 9B, 10A, 10C, 10E, 10H,
11A–F, 12A, Álvaro del Campo; Figs. 5B, 5E–G, Javier Maldonado;
Fig. 8A, Diego Lizcano and Tapir Specialist Group (2007);
Fig. 4E, Humberto Mendoza; Figs. 6A–F, Jonh Jairo Mueses;
Figs. 3B, 11G, Thomas Saunders; Figs. 7A–C, 7E–J, 7M, 7N,
Douglas Stotz; Fig. 7O, Guy Tudor; Figs. 4A–D, 4F–M, 4O–R,
8C, Corine Vriesendorp.

 Impreso sobre papel reciclado. Printed on recycled paper.

CONTENIDO/CONTENTS

INTEGRANTES DEL EQUIPO

EQUIPO DE CAMPO

Roberto Aguinda L. (*logística de campo, caracterización social*)
Fundación para la Sobrevivencia del Pueblo Cofan
Dureno, Ecuador
robertotsampi@yahoo.com

William S. Alverson (*herbario*)
Environment, Culture, and Conservation
The Field Museum, Chicago, IL, EE.UU.
walverson@fieldmuseum.org

Elizabeth P. Anderson (*caracterización social, peces*)
Environment, Culture, and Conservation
The Field Museum, Chicago, IL, EE.UU.
eanderson@fieldmuseum.org

Randall Borman A. (*mamíferos grandes*)
Fundación para la Sobrevivencia del Pueblo Cofan
Federación Indígena de la Nacionalidad Cofan del Ecuador
Quito, Ecuador
randy@cofan.org

Ángel Chimbo P. (*apoyo de campo*)
Fundación para la Sobrevivencia del Pueblo Cofan
Dureno, Ecuador

Ángel Criollo L. (*apoyo de campo*)
Fundación para la Sobrevivencia del Pueblo Cofan
Dureno, Ecuador

Álvaro del Campo (*logística de campo, fotografía*)
Environment, Culture, and Conservation
The Field Museum, Chicago, IL, EE.UU.
adelcampo@fieldmuseum.org

Florencio Delgado E. (*arqueología*)
Universidad San Francisco de Quito
Quito, Ecuador
fdelgado@usfq.edu.ec

Sebastián Descanse U. (*logística de campo, plantas*)
Comunidad Cofan Chandia Na'e
Sucumbíos, Ecuador

Freddy Espinosa (*logística general, caracterización social*)
Fundación para la Sobrevivencia del Pueblo Cofan
Quito, Ecuador
freddy@cofan.org

Robin B. Foster (*herbario*)
Environment, Culture, and Conservation
The Field Museum, Chicago, IL, EE.UU.
rfoster@fieldmuseum.org

Christopher James (*caracterización social*)
Fundación Jatun Sacha
Quito, Ecuador
courses@jatunsacha.org

Bolívar Lucitante (*cocina*)
Comunidad Cofan Zábalo
Sucumbíos, Ecuador

Laura Cristina Lucitante C. (*plantas*)
Comunidad Cofan Chandia Na'e
Sucumbíos, Ecuador

Javier A. Maldonado O. (*peces*)
Instituto de Investigación de Recursos Biológicos
    Alexander von Humboldt
Villa de Leyva, Colombia
gymnopez@gmail.com

Jonathan A. Markel (*cartografía*)
Environment, Culture, and Conservation
The Field Museum, Chicago, IL, EE.UU.
jmarkel@fieldmuseum.org

Patricio Mena Valenzuela (*aves*)
Museo Ecuatoriano de Ciencias Naturales
Quito, Ecuador
pmenavelenzuela@yahoo.es

Humberto Mendoza S. (*plantas*)
Instituto de Investigación de Recursos Biológicos
   Alexander von Humboldt
Villa de Leyva, Colombia
hummendoza@gmail.com

Norma Mendúa (*cocina*)
Comunidad Cofan Zábalo
Sucumbíos, Ecuador

Debra K. Moskovits (*coordinación, aves*)
Environment, Culture, and Conservation
The Field Museum, Chicago, IL, EE.UU.
dmoskovits@fieldmuseum.org

Jonh J. Mueses-Cisneros (*anfibios y reptiles*)
Universidad Nacional de Colombia
Bogotá, Colombia
jjmueses@gmail.com

Luis Narváez (*caracterización social*)
Federación Indígena de la Nacionalidad Cofan del Ecuador
Lago Agrio, Ecuador
luis.narvaez.feince@gmail.com

Stephanie Paladino (*caracterización social*)
El Colegio de la Frontera Sur
San Cristóbal de las Casas
Chiapas, México
macypal@gmail.com

Patricia Pilco O. (*caracterización social*)
Corporación Grupo Randi Randi
Quito, Ecuador
patypilc@yahoo.es

Susan Poats (*caracterización social*)
Corporación Grupo Randi Randi
Quito, Ecuador
spoats@interactive.net.ec

Amelia Quenamá Q. (*historia natural*)
Fundación para la Sobrevivencia del Pueblo Cofan
Federación Indígena de la Nacionalidad Cofan del Ecuador
Quito, Ecuador

Ángel Quenamá O. (*apoyo de campo*)
Fundación para la Sobrevivencia del Pueblo Cofan
Dureno, Ecuador

Diego Reyes J. (*plantas*)
Universidad Central del Ecuador
Quito, Ecuador
diego.reyes_jurado@yahoo.com

Thomas J. Saunders (*geología, suelos y agua*)
Environment, Culture, and Conservation
The Field Museum, Chicago, IL, EE.UU.
tomsaun@gmail.com

Douglas F. Stotz (*aves*)
Environment, Culture, and Conservation
The Field Museum, Chicago, IL, EE.UU.
dstotz@fieldmuseum.org

Antonio Torres N. (*peces*)
Universidad de Guayaquil
Guayaquil, Ecuador
atorresnoboa@hotmail.com

Gorky Villa M. (*plantas*)
Finding Species
Washington DC, EE.UU.
gfvilla@gmail.com

Corine Vriesendorp (*plantas*)
Environment, Culture, and Conservation
The Field Museum, Chicago, IL, EE.UU.
cvriesendorp@fieldmuseum.org

Tyana Wachter (*logística general*)
Environment, Culture, and Conservation
The Field Museum, Chicago, IL, EE.UU.
twachter@fieldmuseum.org

Alaka Wali (*caracterización social*)
Environment, Culture, and Conservation
The Field Museum, Chicago, IL, EE.UU.
awali@fieldmuseum.org

Mario Yánez-Muñoz (*anfibios y reptiles*)
Museo Ecuatoriano de Ciencias Naturales
Quito, Ecuador
m.yanez@mecn.gov.ec

COLABORADORES

Comunidades Cofan Chandia Na'e, Dureno y Zábalo
Sucumbíos, Ecuador

Ejército Ecuatoriano
Ecuador

Helicópteros Ícaro
Ecuador

Parroquias Huaca, Julio Andrade y Monte Olivo
Carchi, Ecuador

Parroquias La Sofía, Playón de San Francisco y Rosa Florida
Sucumbíos, Ecuador

Sectores La Barquilla y Paraíso
Sucumbíos, Ecuador

The Field Museum

The Field Museum es una institución de educación e investigación—basada en colecciones de historia natural—que se dedica a la diversidad natural y cultural. Combinando las diferentes especialidades de Antropología, Botánica, Geología, Zoología y Biología de Conservación, los científicos del museo investigan temas relacionados a evolución, biología del medio ambiente y antropología cultural. Una división del museo—Environment, Culture, and Conservation (ECCo), está dedicada a convertir la ciencia en acción que crea y apoya una conservación duradera de la diversidad biológica y cultural. ECCo colabora estrechamente con los residentes locales para asegurar su participación en conservación a través de sus valores culturales y fortalezas institucionales. Con la acelerada pérdida de la diversidad biológica en todo el mundo, la misión de ECCo es de dirigir los recursos del museo—conocimientos científicos, colecciones mundiales, y programas educativos innovadores—a las necesidades inmediatas de conservación en el ámbito local, regional e internacional.

The Field Museum
1400 South Lake Shore Drive
Chicago, IL 60605-2496 U.S.A.
312.922.9410 tel
www.fieldmuseum.org

Fundación para la Sobrevivencia del Pueblo Cofan

La Fundación para la Sobrevivencia del Pueblo Cofan es una organización sin fines de lucro dedicada a la conservación de la cultura indígena Cofan y de los bosques amazónicos que la sustentan. Junto con su brazo internacional, la Cofan Survival Fund, la Fundación apoya programas de conservación y desarrollo en siete comunidades Cofan del Oriente ecuatoriano. Los proyectos actuales apuntan a la conservación e investigación de la biodiversidad, la legalización y protección del territorio tradicional Cofan, el desarrollo de alternativas económicas y ecológicas, y oportunidades para la educación de los jóvenes Cofan.

Fundación para la Sobrevivencia del Pueblo Cofan
Casilla 17-11-6089
Quito, Ecuador
593.2.247.0946 tel/fax, 593.2.247.4763 tel
www.cofan.org

Federación Indígena de la Nacionalidad Cofan del Ecuador

La Federación Indígena de la Nacionalidad Cofan del Ecuador (FEINCE) es la principal organización política de los indígenas Cofan del país, representando sus cinco comunidades legalizadas—Chandia Na'e, Dureno, Dovuno, Sinangoe y Zábalo—en el ámbito nacional. La FEINCE forma parte de dos organismos nacionales dedicados a defender los derechos de las comunidades indígenas ecuatorianas: la Confederación de Nacionalidades Indígenas del Ecuador (CONAIE) y la Confederación de Nacionalidades Indígenas de la Amazonía Ecuatoriana (CONFENIAE). La FEINCE es dirigida por una mesa directiva elegida por la comunidad Cofan cada tres años.

Federación Indígena de la Nacionalidad Cofan del Ecuador
Lago Agrio, Ecuador
593.62.831200 tel

Ministerio del Ambiente del Ecuador

El Ministerio del Ambiente del Ecuador (MAE) es la Autoridad Nacional Ambiental, responsable del desarrollo sustentable y la calidad ambiental del país. Es la instancia máxima, de coordinación, emisión de políticas, normas y regulaciones de carácter nacional, e intenta desarrollar los lineamientos básicos para la organización y funcionamiento para la gestión ambiental. El MAE es el organismo del estado ecuatoriano encargado de diseñar las políticas ambientales y coordinar las estrategias, los proyectos y programas para el cuidado de los ecosistemas y el aprovechamiento sostenible de los recursos naturales. Propone y define las normas para conseguir la calidad ambiental adecuada, con un desarrollo basado en la conservación y el uso apropiado de la biodiversidad y de los recursos con los que cuenta nuestro país.

Ministerio del Ambiente, República del Ecuador
Avenida Eloy Alfaro y Amazonas
Quito, Ecuador
593.2.256.3429, 593.2.256.3430 tel
www.ambiente.gov.ec
mma@ambiente.gov.ec

Museo Ecuatoriano de Ciencias Naturales

El Museo Ecuatoriano de Ciencias Naturales (MECN) es
una entidad pública creada mediante decreto del Consejo Supremo
de Gobierno No. 1777-C el 18 de Agosto de 1977 en Quito,
como una institución de carácter técnico-científico, pública,
con ámbito nacional. Los objetivos son de inventariar, clasificar,
conservar, exhibir y difundir el conocimiento sobre todas las
especies naturales del país, convirtiéndose de esta manera en la
única institución estatal con este propósito. Es obligación del
MECN el prestar toda clase de ayuda y cooperación, asesoramiento
a las instituciones científicas y educativas particulares y
organismos estatales en asuntos relacionados con la investigación
para la conservación y preservación de los recursos naturales y
principalmente de la diversidad biológica existente en el país, así
como contribuir en la implementación de criterios técnicos que
permitan el diseño y establecimiento de áreas protegidas nacionales.

Museo Ecuatoriano de Ciencias Naturales
Rumipamba 341 y Av. De los Shyris
Casilla Postal: 17-07-8976
Quito, Ecuador
593.2.244.9825 tel/fax
www.mecn.gov.ec

Herbario Nacional del Ecuador

El Herbario Nacional del Ecuador (QCNE) es una sección del
Museo Ecuatoriano de Ciencias Naturales. El Herbario Nacional
dirige programas de inventario, investigación y conservación
de la flora y vegetación ecuatoriana, y almacena una colección
de 160.000 especímenes de plantas y una biblioteca botánica
de 2.000 volúmenes. La institución sirve como el centro de
información nacional sobre la flora del Ecuador, situándose
entre las principales instituciones científicas y culturales del país.
Debido a su acceso público, el Herbario Nacional representa un
recurso fundamental para los científicos, conservacionistas y
estudiantes del Ecuador, y es una voz activa en el foro nacional
sobre la biodiversidad y el medio ambiente. Durante las últimas
dos décadas el Herbario Nacional ha formado cientos de
botánicos jóvenes ecuatorianos mediante sus cursos de taxonomía
y ecología, y ha llevado a cabo decenas de inventarios botánicos
intensivos alrededor del país.

Herbario Nacional del Ecuador
Casilla Postal 17-21-1787
Avenida Río Coca E6-115 e Isla Fernandina
Quito, Ecuador
593.2.244.1592 tel/fax
qcne@q.ecua.net.ec

**Instituto de Investigación de Recursos Biológicos
Alexander von Humboldt**

El Instituto de Investigación de Recursos Biológicos Alexander
von Humboldt es una corporación civil sin ánimo de lucro,
sometido a las reglas del derecho privado, con autonomía
administrativa, personería jurídica y patrimonio propio, y
vinculado al Ministerio del Ambiente, Vivienda y Desarrollo
Territorial. Fue creado mediante el Artículo 19 de la ley 99
de 1993, se constituyó el 20 de enero de 1995 y forma parte
del SINA. El Instituto Humboldt está encargado de realizar la
investigación básica y aplicada sobre los recursos genéticos de
flora y fauna nacionales, y de levantar y formar el inventario
científico de la biodiversidad en todo el territorio nacional.

Instituto de Investigación de Recursos Biológicos
   Alexander von Humboldt
Claustro de San Agustín, Villa de Leyva
Boyacá, Colombia
578.732.0164, 578.732.0169 tel
www.humboldt.org.co

Gobierno Municipal del Cantón Sucumbíos

El Gobierno Municipal del Cantón Sucumbíos (GMCS) tiene
su sede en la localidad de La Bonita. Fue creado por el decreto
legislativo sin número, el 31 de octubre de 1955, y publicado en
el registro oficial No. 196 del 26 de abril de 1957, que regula
la vida jurídica e institucional de la municipalidad. El Cantón
Sucumbíos se encuentra en la esquina noroccidental de la
provincia de Sucumbíos en el norte del Ecuador, en la frontera
con Colombia. El cantón es el más antiguo de la provincia y
fue establecido en el año 1920.

Gobierno Municipal del Cantón Sucumbíos
La Bonita, Sucumbíos, Ecuador
593.6.263.0063, 593.6.263.0069 tel

Corporación Grupo Randi Randi

La Corporación Grupo Randi Randi (CGRR) es una
corporación ecuatoriana, privada y sin fines de lucro.
Fue creada en 2000 con la misión de fomentar la conservación
de los recursos naturales, el desarrollo sustentable y la equidad
social y de género. Promueve la investigación y asistencia
técnica en las comunidades y organizaciones locales asentadas
en ecosistemas amenazados. El Grupo adoptó la expresión
Randi Randi—"dando y dando" en lengua Kichwa—
porque expresa el sentido de reciprocidad que alimenta su
trabajo: ofrecen su conocimiento, apoyo y experiencia a
sabiendas de que serán bien recibidos y devueltos de una f
orma u otra.

Corporación Grupo Randi Randi
Calle Burgeois N34-389 y Abelardo Moncayo
Quito, Ecuador
593.2.243.4164, 593.2.243.1557 tel

Fundación Jatun Sacha

La Fundación Jatun Sacha es una ONG ecuatoriana sin fines
de lucro que viene trabajando desde 1985 con el claro objetivo
de conservar la diversidad biológica del Ecuador y fomentar
el desarrollo sostenible de sus pueblos. La Fundación protege
ecosistemas boscosos, acuáticos y de los páramos, los cuales en la
actualidad se encuentran amenazados por quema, deforestación,
contaminación y otras actividades destructivas. Jatun Sacha ha
sido pionera en la creación de reservas privadas como bases de
operación para desarrollar diversas actividades de conservación,
incluyendo investigación, restauración de ecosistemas, educación
ambiental y la creación de alternativas sostenibles para las
comunidades aledañas. Las reservas se encuentran desde el nivel
del mar hasta los 4.000 metros de altitud, y en ambientes tan
distintos como las Islas Galápagos, la Amazonía, bosque seco
y la sierra alta.

Fundación Jatun Sacha
Pasaje Eugenio de Santillán N34-248 y Maurián
Urbanización Rumipamba
Quito, Ecuador
593.2.243.2240, 593.2.331.8191 tel
www.jatunsacha.org

AGRADECIMIENTOS

Hace casi nueve años señalamos a Cabeceras Cofanes-Chingual como una importante prioridad para la conservación durante uno de nuestros inventarios en la parte norte de los Andes ecuatorianos. Todo el equipo agradece la oportunidad de haber podido estudiar estas escarpadas montañas y las comunidades que viven por sus alrededores. Nuestro esfuerzo se basa en años de invaluable labor en este ámbito por los grupos de conservación, los Cofan y las autoridades locales, y no habría sido posible sin la generosa y crucial ayuda de muchos colaboradores y colegas.

Nos gustaría extender nuestra gratitud a la Nación Cofan, especialmente a la Federación Indígena de la Nacionalidad Cofan del Ecuador (FEINCE), a la Fundación para la Sobrevivencia del Pueblo Cofan (FSC), a todos nuestros guías Cofan y nuestras contrapartes, así como a las comunidades de Chandia Na'e, Dureno y Zábalo.

Después del inventario, se formó un grupo de trabajo para seguir adelante con el estatus jurídico de protección de esta área. Agradecemos sinceramente a este grupo de individuos tan dedicados, ya que gracias a sus esfuerzos se llegó a la resolución de la sección de declaratoria del Área Ecológica de Conservación La Bonita-Cofanes-Chingual (AECBCC). Cuando se presentó el informe, la propuesta todavía estaba siendo evaluada en el ámbito nacional. Nos gustaría reconocer a muchas personas que prestaron su ayuda a este proceso, entre ellos Mayra Abad, Diego Aragón, Elizabeth Anderson, Wilson Arévalo, Paulina Arroyo, Margarita Benavides, Emerson Bravo, Diana Calero, Gerardo Canacuán, Tatiana Castillo, Byron Coronel, Gerardo Cuesta, Hugo Encalada, Mateo Espinosa, Segundo Fuentes, Chris James, Irene Lloré, Pedro Loyo, Manuel Mesías, Luis Naranjo, Luis Narváez, Ángel Onofa, Patricia Pilco, Susan Poats, Ana Lucía Regalado, Guillermo Rodríguez, Orfa Rodríguez, Edgar Rosero, Esteban Salazar, Sadie Siviter, Luis Tatamues y René Yandun.

Estamos también profundamente agradecidos con el Ministerio del Ambiente del Ecuador por su apoyo, tanto en el ámbito nacional como en el regional. Nos gustaría extender un reconocimiento especial a la Ministra de Ambiente, Dra. Marcela Aguinaga Vallejos y a nuestros colegas en la Dirección Nacional de Biodiversidad: Wilson Rojas, Laura Altamirano, Gabriela Montoya y Elvita Díaz. En el ámbito regional agradecemos a Fausto González, al Dr. Orfa Rodríguez y al Dr. Ángel Onofa.

El Ministerio de Defensa Nacional, especialmente a través del Ministro de Defensa, Javier Ponce Cevallos, facilitó el apoyo logístico. En el Ejército Ecuatoriano damos las gracias al Mayor Nicolás Ricuarte, Mayor Freddy Ruano, Sargento Abraham Chicaiza, General de División Fabián Varela Moncayo, General de División Luis Gonzáles Villareal, Coronel Wilson Carrillo, Mayor Iván Gutiérrez, Mayor Marroquín, Capitán Carrasco y Sargento Kléver Espinosa. En el Aéreo Policial damos las gracias al Mayor Guillermo Ortega y al Teniente J. Pozo por su apoyo durante el reconocimiento aéreo de parte de la zona de estudio. Por su ayuda con la logística agradecemos también al Dr. Juan Martines de Plan Ecuador.

Recibimos importante apoyo estratégico del Coronel Dario "Apache" Hurtado Cárdenas de la Policía Nacional del Perú, así como de Daniel Schuur y el Coronel Jorge Pastor en Quito.

Tuvimos el privilegio de trabajar en algunos lugares increíbles, muy aislados, en las partes altas de los Andes. Nada de esto hubiera sido posible sin el apoyo que recibimos de Ícaro, S.A. y sus pilotos y personal: Capitán Mario Acosta, May Daza, Capitán Jácome y Capitán Esteban Saltos.

Este inventario exigió una logística muy complicada y para lograrlo se requirió hacer mucha magia, y como siempre, tuvimos la fortuna de tener a Álvaro del Campo liderando el esfuerzo. Él tuvo el apoyo de un equipo sumamente eficaz formado por Roberto Aguinda, Carlos Menéndez y Cesar Lucitante, quienes supervisaron toda la logística de alimentación y coordinación para los equipos de avanzada y del inventario rápido en sí. Estamos muy agradecidos a ellos.

Damos nuestros más sinceros agradecimientos también a nuestros fabulosos cocineros, Bolívar Lucitante y Norma Mendúa. En los campamentos, sus transformaciones de productos básicos en deliciosas comidas fueron extraordinarias.

Los miembros de las comunidades que apoyaron a nuestro grupo de avanzada merecen mucho crédito por el éxito del inventario. En Monte Olivo, agradecemos a José Beltrán, Paul Carbajal, Pablo Cuamacaz, René Erazo, Amable Flores, Carlos Flores, Marcos Flores, Segundo Flores, Armando Hernández, German Hernández, Edwin Huera, Homero Lucero, Rubén Lucero, Aníbal Martínez, Darío Martínez, Ramiro Martínez, Miguel Mejía, Germán Mena, Juan Narváez, Manuel Paspuel, José Portilla,

Enrique Reascos, Fernando Robles, Marcelo Rosero, Daniel Yaguapaz, Fernando Yaguapaz y Osvaldo Yaguapaz.

En La Bonita y El Playón de San Francisco, agradecemos a Johnny Acosta, Gener Aus, Ramiro Bolanos, Gerardo Calpa, Darío Cárdenas, Diego Cárdenas, Mario Cárdenas, Vicente Ceballos, Danny Chapi, Vinicio Chapi, Faber Cuastumal, Fabio Escobar, Patricio Fuertes, Ermel García, José Guerrero, Arturo Guerrón, Felipe Guerrón, Remigio Hernández, Galo Jurado, Jimmy Jurado, Carlos Maynaguer, Lisandro Mena, Anderson Meneses, Luis Montenegro, Milton Montenegro, Romay Ortega, Artemio Paspuel, Armando Pinchao, Rubén Pinchao, Iván Ramírez, Danilo Rayo, Alexander Rosero, Campos Rosero, Carlos Rosero, Edison Rosero, Franklin Rosero, Humberto Rosero, Libardo Rosero, Jovanny Ruano, Freddy Selorio, Germán Villa, Henry Villareal, Jairo Villota, Olmedo Villota, Juan Yepez e Iván Zúniga.

Mientras que el equipo del inventario estaba en el campo, Freddy Espinosa y María Luisa López hicieron un trabajo soberbio coordinando los esfuerzos desde Quito. Además, en la oficina de la Fundación para la Sobrevivencia del Pueblo Cofan (FSC) en Quito, Sadie Siviter, Hugo Lucitante, Mateo Espinosa, Juan Carlos González, Víctor Andrango y Lorena Sánchez ayudaron a facilitar la logística antes, durante y después del inventario, mientras que Elena Arroba y Nivaldo Yiyoguaje hacían lo mismo desde las oficinas de la FSC en Lago Agrio. Del mismo modo, Luis Narváez y FEINCE fueron fundamentales en la planificación y ejecución de la logística, tanto para los trabajos de avanzada y como para el equipo social.

El equipo social quisiera expresar su más profundo agradecimiento a todas las personas en las provincias de Sucumbíos y Carchi que compartieron su tiempo, conocimientos, experiencias y hospitalidad. Fue de verdad un privilegio poder compartir este tiempo con todos ustedes y lamentamos que no podemos mencionar a todas las personas en este espacio.

Nos gustaría agradecer a algunas personas por haber ido más allá de lo que se esperaba de ellos durante nuestro trabajo en las comunidades. En San Pedro de Huaca, queremos agradecer a Oliva Rueda, Unidad de Ambiente, Producción y Turismo; Nilo Reascos, alcalde; y Oscar Muñoz, secretario municipal. En la Universidad Técnica del Norte, extensión Huaca, agradecemos a Erika Guerrón, coordinadora académica; Ing. Geovanny Suquillo, INIAP; y al profesor matemático Julio Aguilar; Luis Unigarro, ingeniero agropecuario; y a Amanda Padilla, recepcionista.

En Mariscal Sucre, agradecemos a Don Félix Loma y a su esposa, Doña Teri, agriculturistas experimentales; Martha Muñoz, miembro del Club Ecológico de Mariscal Sucre; Jadira Rosero, secretaria-tesorera de la Junta Parroquial de Mariscal Sucre; Piedad Mafla, Presidenta, Club Ecológico de Mariscal Sucre; Don Mesías Mafla, Junta de Agua Potable del Barrio Solferino, de Mariscal Sucre; y José Cando, Responsable de la Estación Biológica Guandera.

En San Gabriel, agradecemos a Emerson Bravo, director de la Unidad Ambiental Municipal, UNAM, Municipio de Montufar; Guadalupe Pozo; Irene Lloré, Escuela Superior Politécnica de la Amazonía (ESPEA); Fernando Ponce, coordinador de la Asamblea de Unidad Cantonal de Montufar; y a Gerardo Canacuán, administrador del Sistema de Riego Montufar.

En Monte Olivo y Palmar Grande, agradecemos a Fausto Omero, presidente del Cabildo de Palmar Grande; Hanibal Martínez, presidente de la Asociación de Palmar Grande (grupo de turismo); Homero Lucero Armas, presidente de la Comunidad de Palmar Grande; Elmer Robles, Palmar Grande; Osvaldo Mejía, Palmar Grande; Don Segundo Salazar, residente por muchos años de Monte Olivo; Edita Pozo, secretaria del Colegio de Monte Olivo; Guido Villareal, director del Colegio de Monte Olivo; Santos Quilco, presidente de la Junta Parroquial de Monte Olivo; Franklin Osejas, teniente político; Germán Mena, presidente de la Junta de Agua Potable; Eulalio Mueses; Marujita Cuasquer; y Wilmer Villareal, MIDUVI-Tulcán.

En Paraíso, agradecemos al Sr. Peregrino Realpe, presidente de la Junta de la Comunidad y a la maestra Nancy. En La Barquilla, agradecemos a Mariana Recalde y a su esposo, José Tenganán; Lucía Irva; Rosa Villa; y al Sr. Abiatar Rodríguez, presidente de la Junta de la Comunidad. En Rosa Florida, nuestros agradecimientos van hacia Germán Tulcán, presidente de la Junta Parroquial y a José Burbano.

En La Bonita, estamos agradecidos con Luis Armando Naranjo, alcalde del Gobierno Municipal del Cantón Sucumbíos; Ing. Byron Coronel T., director de Medio Ambiente y Turismo, Gobierno Municipal del Cantón Sucumbíos; con un reconocimiento especial para Doña Rosa Zúniga que compartió no sólo la historia de La Bonita, sino también varias canciones hermosas de la región. También agradecemos a Zoila Shicay y a Digna Revelo por su hospitalidad durante nuestra estadía en La Bonita.

Agradecimientos (continuación)

En La Sofía, agradecemos a Antonio Paspuel, presidente de la Junta Parroquial; Daniel Rayo, secretario y tesorero de la Junta Parroquial; a la familia de la Sra. Carmen Arteaga y Juan Narváez: Lorenzo Narváez, Narciso Narváez, y Vasalia Narváez Arteaga. Agradecemos a Carlos Rosero, Ramiro Benavidez y Rodrigo Rosero, por habernos guiado durante nuestro viaje a La Sofía.

En El Playón de San Francisco, agradecemos a Guido Fuel; Bolivar Carapaz; Herman Josa, presidente de la Junta Parroquial; Emilio Mejía, rector del colegio; Eruma Mejía, y a los otros miembros de la familia Mejía.

Aunque ya ambos han sido reconocidos anteriormente, quisiéramos dar un agradecimiento especial a Paulina Arroyo, de The Nature Conservancy, por habernos dado sugerencias muy útiles y por haber proporcionado contexto histórico clave; y a Chris James por su extraordinario trabajo coordinando y planificando las presentaciones en Ibarra y Quito.

Todos los biólogos están agradecidos a los museos y herbarios en Quito, con un agradecimiento especial a David Neill y al Herbario Nacional, y a Marco Altamirano del Museo Ecuatoriano de Ciencias Naturales, por haber facilitado los permisos de exportación, y por todo el trabajo con las colecciones. Jonh Jairo Mueses agradece a Cecilia Tobar por su ayuda durante su estadía en Quito. El equipo de ictiólogos agradece a Ermel García,

José Guerrero y a su conductora Lucía por el apoyo brindado durante la colección en La Bonita, así como Jonathan Valdivieso y Juan Francisco Rivadeneira por su ayuda con los especímenes. Los botánicos agradecen todo el personal del Herbario Nacional por haber facilitado su visita. También dan un agradecimiento muy especial a Lorena Endara, Mario Blanco, James Luteyn, Lucia Kawasaki, Nancy Hensold y José Manzanares por su valiosa ayuda en identificar especimenes.

Jonathan Markel preparó los excelentes mapas para los equipos de avanzada, el inventario rápido y el informe final. Además, intervino cada vez que fue necesario durante el proceso de redacción del informe y durante la presentación, y hasta ayudó a servir los platos de sopa a los participantes. Estamos agradecidos también con Dan Brinkmeier y a Nathan Strait por la producción de importantes materiales visuales para el trabajo del equipo social con las comunidades.

Como siempre, Tyana Wachter desempeñó un papel fundamental, ayudando a solucionar problemas, cuando y donde fue necesario en Chicago, Quito, Ibarra, Puerto Libre y La Bonita. Rob McMillan y Dawn Martin trabajaron con su magia de siempre para resolver los problemas desde Chicago.

Los fondos para este inventario provinieron del generoso apoyo de John D. and Catherine T. MacArthur Foundation, The Boeing Company, Exelon Corporation y The Field Museum.

La meta de los inventarios rápidos — biológicos y sociales — es de catalizar acciones efectivas para la conservación en regiones amenazadas, las cuales tienen una alta riqueza y singularidad biológica.

Metodología

En los inventarios biológicos rápidos, el equipo científico se concentra principalmente en los grupos de organismos que sirven como buenos indicadores del tipo y condición de hábitat, y que pueden ser inventariados rápidamente y con precisión. Estos inventarios no buscan producir una lista completa de los organismos presentes. Más bien, usan un método integrado y rápido (1) para identificar comunidades biológicas importantes en el sitio o región de interés y (2) para determinar si estas comunidades son de excepcional y de alta prioridad en el ámbito regional o mundial.

En los inventarios rápidos de recursos y fortalezas culturales y sociales, científicos y comunidades trabajan juntos para identificar el patrón de organización social y las oportunidades de colaboración y capacitación. Los equipos usan observaciones de los participantes y entrevistas semi-estructuradas para evaluar rápidamente las fortalezas de las comunidades locales que servirán de punto de partida para programas extensos de conservación.

Los científicos locales son clave para el equipo de campo. La experiencia de estos expertos es particularmente crítica para entender las áreas donde previamente ha habido poca o ninguna exploración científica. A partir del inventario, la investigación y protección de las comunidades naturales y el compromiso de las organizaciones y las fortalezas sociales ya existentes, dependen de las iniciativas de los científicos y conservacionistas locales.

Una vez terminado el inventario rápido (por lo general en un mes), los equipos transmiten la información recopilada a las autoridades locales y nacionales, responsables de las decisiones, quienes pueden fijar las prioridades y los lineamientos para las acciones de conservación en el país anfitrión.

RESUMEN EJECUTIVO

Fechas del trabajo de campo	Equipo biológico: 15–31 octubre 2008 Equipo social: 8–30 octubre 2008
Región	Norte del Ecuador, laderas boscosas abarcando elevaciones desde 650 hasta 4.100 m en la vertiente oriental de los Andes. Cabeceras Cofanes-Chingual abarca las provincias de Sucumbíos, Carchi e Imbabura y resguarda la confluencia de dos grandes cuencas (Cofanes y Chingual), las cuales drenan hacia la cuenca Amazónica, así como también las cabeceras de un drenaje de la vertiente occidental (Chota), que fluyen hacia el Océano Pacífico.
Sitios muestreados	El equipo biológico visitó tres sitios: 01 Laguna Negra, páramo a 3.500–4.100 m, 15–19 octubre 2008 02 Alto La Bonita, bosque montano alto a 2.600–3.000 m, 26–31 octubre 2008 03 Río Verde, bosque montano a 650–1.200 m, 22–26 octubre 2008 Sólo los mastozoólogos y el equipo de avanzada visitaron un cuarto sitio, Ccuttopoé, el cual es un páramo no-quemado a 3.350–3.900 m. El equipo social visitó 22 comunidades. En las siguientes nueve comunidades focales el equipo realizó entrevistas intensivas, talleres y reuniones informativas: 01 La Barquilla, El Paraíso y Rosa Florida—Parroquia Rosa Florida, Cantón Sucumbíos, Provincia de Sucumbíos 02 La Bonita, La Sofía, y El Playón de San Francisco—Cantón Sucumbíos, Provincia de Sucumbíos 03 Mariscal Sucre—Cantón Huaca, Provincia de Carchi 04 Monte Olivo y Palmar Grande—Parroquia Monte Olivo, Cantón Bolívar, Provincia de Carchi En 13 comunidades adicionales, el equipo entrevistó a autoridades y otros actores claves, realizó sondeos visuales de patrones del uso de suelo, y entrevistó brevemente a algunos moradores. Las comunidades visitadas fueron Santa Bárbara, Santa Rosa, Las Minas y Cocha Seca (en la Provincia de Sucumbíos); y Huaca, Tulcán, San Gabriel, Miraflores, Raigrass, El Aguacate, Manzanal, Motilón y Pueblo Nuevo (en la Provincia de Carchi).
Enfoque biológico	Geología, hidrología, suelos, plantas vasculares, peces, anfibios y reptiles, aves y mamíferos grandes

| Enfoque social | Fortalezas sociales y culturales, prácticas de uso de recursos naturales y manejo comunal y arqueología (asentamientos humanos históricos en la región) |

Resultados biológicos principales

Grupo de Organismo	Laguna Negra 3,500–4,100 m	Alto La Bonita 2,600–3,000 m	Río Verde 650–1,200 m	Total registrado 650–4,100 m	Total estimado 650–4,100 m
Plantas vasculares	~250	~300	~350	~850	3,000–4,000
Peces	–*	1**	12	19*	25–30
Anfibios	6	10	22	36	72
Reptiles	2	1	3	6	38
Aves	74	111	214	364	650
Mamíferos medianos y grandes	13***	15	29	40	50

* Los ictiólogos no muestrearon Laguna Negra pero muestrearon un sitio adicional, Bajo La Bonita, donde registraron 11 especies. Encontraron 12 especies adicionales en elevaciones más bajas fuera de la reserva propuesta, en las estaciones de muestreo 017 y 018.

** *Oncorhynchus mykiss* (trucha), una especie no-nativa, introducida.

*** 12 especies fueron registradas en el otro sitio de gran altura, Ccuttopué.

Geología, hidrología y suelos: Catorce millones de años y una energía colosal formaron los Andes desde un piso oceánico hasta una imponente, geológicamente compleja y dinámica cadena de montañas. Cabeceras Cofanes-Chingual es el resultado de un proceso de fallas, plegamiento y levantamiento a gran escala; la subida y lento enfriamiento de cuerpos profundos ascendentes de magma; y erupciones volcánicas, deposición de magma y ceniza, y derrumbamientos masivos de lodo y rocas.

Estos procesos geológicos continúan hasta hoy. Las montañas empinadas ascienden abruptamente desde la planicie aluvial del río Aguarico, a 650 m de elevación, hasta lagos de altura y páramo a más de 4.000 m. Este ascenso ocurre dentro de una distancia de apenas 35 km, y separa las cuencas que drenan al Pacífico de las que drenan a la cuenca amazónica. Durante la última época glacial (hace 10.000 años), glaciares esculpieron valles en forma-U a partir de las montañas más altas.

Ríos poderosos continúan tallando estos valles, cada vez más profundamente, llevando sedimentos y nutrientes desde los Andes hasta el río Amazonas. Masas de aire de la Amazonía, cargadas de humedad, se enfrían mientras ascienden por las laderas Andinas, causando condensación y precipitación que mantienen húmedos por todo el año a los ambientes en las elevaciones más altas. Los páramos capturan gran parte de esta humedad, canalizándola hacia los ríos y quebradas que suplen los asentamientos humanos y campos agrícolas en la región. Las laderas empinadas que dominan las cuencas de Cabeceras Cofanes-Chingual son altamente sensibles a la erosión inducida por perturbaciones tanto naturales como humanas. Un área protegida en la región es esencial para evitar la deforestación y proteger los recursos de agua que nacen en los páramos y bosques andinos.

Resultados biológicos
principales
(continuación)

Plantas vasculares: Los botánicos encontraron aproximadamente 850 especies de plantas vasculares durante su trabajo de campo—con esencialmente ninguna superposición de especies entre los tres sitios muestreados—de las cuales 569 han sido identificadas hasta especie, género o familia. Las condiciones de terreno accidentado y excesivamente húmedo ocasionan diferencias dramáticas a pequeña escala en la vegetación y composición de plantas. Estimamos que la región alberga unas 3.000–4.000 especies de plantas. El endemismo es alto y muchas especies están restringidas a los escasos bosques que subsisten en el norte del Ecuador y el sur de Colombia. Encontramos señales de tala, con extracción de *Polylepis* (Rosaceae) y *Podocarpus* (Podocarpaceae) para el uso local y mercados comerciales. En contraste al paisaje común de los bosques andinos severamente deforestados, Cabeceras Cofanes-Chingual ofrece la rara oportunidad de proteger un diverso e intacto gradiente que va desde la llanura amazónica hasta los páramos en las cumbres más altas.

Peces: Los ictiólogos registraron 19 especies en los tres sitios muestreados— Alto La Bonita, Bajo La Bonita, y Río Verde, siendo una de ellas la trucha (*Oncorhynchus mykiss*), en la parte alta de la cuenca de los ríos Cofanes y Chingual, y el río Sucio. Dentro de las especies colectadas, cuatro (de los géneros *Characidium, Astroblepus, Hemibrycon* y *Chaetostoma*) podrían ser nuevas para la ciencia. El equipo registró 13 especies adicionales en elevaciones más bajas, hasta 480 m. Estimamos 25–30 especies en un rango de altitud entre los 500 y 3.000 m para la región, una riqueza de especies característica para este gradiente de elevación de la vertiente oriental de los Andes. Como es típico en las quebradas de piedemonte andino en Ecuador, Perú y Colombia, los dos órdenes mejor representados en cuanto a riqueza y abundancia de especies fueron Characiformes (55% de las especies registradas) y Siluriformes (36%). Tres familias—Characidae (31%), Loricariidae (19%) y Astroblepidae (16%)—tuvieron el mayor número de especies. Las más abundantes fueron las especies en las familias Astroblepidae y Loricariidae, que presentan adaptaciones especiales a las condiciones torrentosas de los ríos de las estribaciones andinas, tales como ventosas bucales y odóntodes interoperculares útiles para adherirse a las rocas, tamaños a mediano con vejigas natatorias reducidas o atrofiadas adaptándose a nadar en los fondos donde la corriente es más débil.

Anfibios y reptiles: Los herpetólogos registraron 36 especies de anfibios y 6 de reptiles (12 familias, 19 géneros) en 170 horas de labor. Estimamos la existencia de 72 anfibios y 38 reptiles para toda la región. Con excepción de la rana *Pristimantis chloronotus* (la cual encontramos en dos de los tres sitios), todas las otras especies fueron registradas en una sola localidad, lo cual demuestra que los tres sitios son excluyentes y presentan tres tipos de herpetofauna distintos. La fauna en Laguna Negra, típica de zonas de páramo, tuvo pocas especies, la mayoría con rangos de distribución restringida. Nuestra metodología que consistió en la remoción de troncos de frailejones muertos y puyas utilizando rastrillos y azadones nos permitió confirmar la presencia abundante de dos ranas (*Osornophryne bufoniformis* y *Hypodactylus brunneus*), ambas consideradas raras en la literatura. La herpetofauna de ecosistemas montano altos en Alto La Bonita mostró una dominancia del género de rana *Pristimantis*, incluyendo el primer registro para el Ecuador de *P. colonensis* y la ampliación del rango de distribución de *P. ortizi*. La rana rara y endémica *Osornophryne guacamayo* fue común aquí, lo que haría a esta localidad interesante para entender la variación intraespecífica y podría ayudar a entender cómo proteger a la especie. Por otro lado, la herpetofauna de Río Verde presenta elementos amazónicos, con una mezcla de especies piemontanas. Resaltamos la ampliación de distribución latitudinal de *Cochranella puyoensis*—conocida anteriormente sólo del centro-oriente del Ecuador—y una extensión de rango de altitud para *Rhinella dapsilis*, conocida anteriormente de las tierras bajas amazónicas por debajo de los 300 m de altura, y que aquí fue registrada entre los 700 y 800 m.

Aves: Los ornitólogos registraron 364 especies de aves durante el inventario y estiman un total de 500 especies para las tres áreas muestreadas. Incluyendo el rango altitudinal en toda el área del inventario—desde los 650 m hasta el páramo— se aumenta el número estimado a 650 especies. La avifauna del bosque es diversa, y registramos relativamente pocas especies de otros tipos de hábitat. Las especies acuáticas fueron pobremente representadas, registrándose pocas especies que utilizaban las fuertes corrientes de agua de las cuestas, y algunas especies migratorias ocasionales en los lagos del páramo. El páramo abierto es pobre en especies, frecuentando la mayoría de las aves los parches aislados de bosque. Las avifaunas fueron marcadamente distintas en cada sitio estudiado, prácticamente sin superposición alguna entre Río Verde y los dos sitios de mayor elevación, con sólo la cuarta parte de las especies en común entre los sitios de Laguna Negra y Alto La Bonita. En cada uno de los sitios, la avifauna varió sobremanera con respecto al cambio de elevación y topografía. Registramos una especie en peligro (Gralaria Bicolor), cuatro especies vulnerables (Pava Carunculada, Guacamayo Militar, Jacamar Pechicobrizo y Tangara Montana Enmascarada) y nueve especies casi amenazadas; encontrándose la mayoría de especies de preocupación en conservación en el sitio Río Verde. Registramos 14 especies con restricción de rango: 9 restringidas a las estribaciones orientales de los Andes y 5 al páramo. Aunque Ecuador se encuentra al sur de las principales áreas de migración para especies de Norteamérica durante el verano austral, encontramos 17 especies migratorias, incluyendo 4 (Zorzal de Swainson y las reinitas Pechinaranja, Cerúlea y Collareja) que pasan casi todo el invierno septentrional en los Andes húmedos.

Mamíferos medianos y grandes: Los mastozoólogos utilizaron avistamientos directos, así como observación de heces, huellas, restos de alimentos, y detección de olores y vocalizaciones. También entrevistaron a residentes locales, lo que ayudó a confirmar la presencia de 40 especies (18 familias, 8 órdenes) de las 50 especies que se estiman

Resultados biológicos principales
(continuación)

para la región. Nuestro hallazgo más importante es la presencia de poblaciones saludables de tapir de montaña (*Tapirus pinchaque*) en dos de nuestros cuatro sitios (ambos ubicados por encima de los 3.000 m). Registramos también poblaciones saludables de oso de anteojos (*Tremarctos ornatus*) en los cuatro sitios del inventario. Ambas especies están consideradas como vulnerables o en peligro (UICN 2008), o en vía de extinción (CITES 2008), en casi todo su rango. Observamos abundantes huellas y evidencia de alimentación del poco conocido sachacuy (*Cuniculus* [*Agouti*] *taczanowski*), coatí de montaña (*Nasuella olivacea*) y una especie no identificada de puercoespín (*Coendou* sp.). A menores elevaciones, alrededor de los 1.500 m, todavía existen poblaciones de los primates *Lagothrix lagothricha*, *Ateles belzebuth* y *Alouatta seniculus*. La protección de bosques continuos que cubren rangos altitudinales para cada una de estas especies es crítica para su conservación. Las entrevistas con pobladores locales nos condujeron a uno de los animales más interesantes en la región: una cova-cova (*Orthogeomys* sp.) que un grupo de trabajadores descubrió a cuatro metros bajo tierra durante excavaciones realizadas para la nueva carretera entre La Bonita y La Sofía.

Resultados sociales y arqueológicos principales

Paisaje cultural antiguo: La región posee una rica y extensa variedad de evidencia arqueológica que la define como un paisaje antropogénico formado durante siglos si no milenios. Encontramos materiales que evidencian presencia humana durante tiempos precolombinos en dos de las tres áreas muestreadas. En las partes más bajas de la Amazonía alta en nuestro campamento de Río Verde, se definió la presencia de un asentamiento pequeño de orientación ribereña. En la zona de pie de monte andino en el moderno pueblo de La Bonita, encontramos un gran asentamiento cuyos integrantes poseían una compleja organización social evidenciada a través de la transformación del entorno circundante mediante la construcción de montículos y terrazas. Aunque no encontramos evidencia de presencia humana en las cuevas del páramo en Laguna Negra, estas cavernas podrían haber sido ocupadas al final de la era glaciar.

Paisaje cultural actual: El Cantón Sucumbíos, ubicado en la Provincia de Sucumbíos, fue establecido durante las olas de extracción de recursos naturales, comenzando con la explotación de caucho de fines del siglo diecinueve. La población del cantón era de 2.836 habitantes en el año 2001. Todo el cantón cuenta con electricidad y cañerías de agua. Todas las comunidades tienen escuelas primarias y escuelas secundarias a larga distancia, contando La Bonita y El Playón con escuelas secundarias. La Bonita y El Playón poseen puestos de salud, y las otras comunidades tienen abastecimientos de medicinas y personal entrenado. Actividades económicas incluyen trabajos asalariados (especialmente en la municipalidad y otras posiciones gubernamentales), trabajos agropecuarios en cultivos y ganadería y extracción de madera. Las comunidades que se encuentran a lo largo de la carretera interoceánica están estrechamente ligadas a la economía de mercado—regional, nacional y con Colombia—mientras que la más aislada comunidad de La Sofía mantiene una economía bastante autosuficiente. Las fortalezas más importantes en este cantón son (1) apoyo para la protección de los bosques y cuencas, (2) una dedicada búsqueda de alternativas a la tala ilegal de madera, y (3) capacidad organizativa alrededor de los proyectos públicos, como las exitosas juntas de agua potable. Los residentes mostraron un gran interés en participar en programas gubernamentales emergentes para el pago por servicios ambientales, como Socio Bosque, programa del Ministerio del Ambiente. Este interés en conservación proviene de regulaciones estrictas para la tala ilegal, miedo a las sequías, y la posibilidad de ingresos que podrían generarse mediante la actividad de ecoturismo o pagos por servicios ambientales. Otra fortaleza importante en la región es que los residentes reconocen que a pesar de las dificultades económicas, cuentan con una buena calidad de vida debido a que sus bosques y aguas permanecen saludables y sus suelos fértiles. En febrero de 2008 el gobierno municipal creó un área protegida aprobada en el ámbito cantonal, la Reserva Municipal La Bonita (Figs. 2A, 2B, 10J, 12B). Además, La Sofía está desarrollando un plan estratégico para proteger sus bosques, reducir las actividades de minería comercial-industrial, y mantener su identidad comunal y fuertes lazos con su entorno natural.

En la provincia de Carchi nos enfocamos en los actores institucionales de los cantones Huaca y Montúfar, vecinos del cantón Sucumbíos. Carchi es mucho más densamente poblada que Sucumbíos. Actualmente los residentes se dedican a actividades agrícolas (principalmente el cultivo de papas) y producción de lácteos. Actividades como la tala ilegal y hornos de carbón (directamente de la quema de bosques) se mantienen vigentes, siendo Quito e Ibarra los principales mercados. Sin embargo, Huaca y Montúfar están desarrollando políticas de conservación para la protección de las tierras altoandinas. Las fortalezas institucionales en la región también incluyen la Estación Biológica Guandera (parte de la ONG Jatun Sacha), así como la nueva filial de la Universidad Técnica del Norte, basada en Huaca. En la Parroquia Monte Olivo, incluyendo el sector de Palmar Grande, la cual estudiamos con más detalle, existe un gran entusiasmo por la actividad del ecoturismo, así como por la conservación de los bosques y páramos de la parroquia. Monte Olivo ha tenido más éxito que otros poblados que visitamos con respecto a la formación de asociaciones para actividades económicas, especialmente las cooperativas de mujeres.

Amenazas principales	01	Minería
	02	Tala ilegal
	03	Deforestación y erosión subsecuente, especialmente en áreas de cabeceras (con subsecuente impacto a las comunidades humanas y silvestres que dependen de ellos para el agua)
	04	Expansión de la frontera agrícola

Amenzas principales (continuación)	**05** Nuevos caminos y rutas de acceso hacia hábitats intactos o sitios arqueológicos sensibles
	06 Quema excesiva de los páramos
	07 Introducción de especies exóticas (especialmente trucha)
	08 Conflictos sobre el uso del agua, con base al desvío del agua para riego (Carchi)
	09 Para los sitios arqueológicos, introducción de ganado lechero (el cual erosiona el suelo) y el saqueo de objetos valiosos de sitios ancestrales

Oportunidades y objetos de conservación

La escarpada área de cabeceras Cofanes-Chingual es una de las últimas remotas e intactas regiones montañosas en el Ecuador. Abarcando más de 100.000 hectáreas de hábitats ininterrumpidos, con rangos altitudinales desde los 650 metros en la boca del río Chingual, hasta más de 4.100 metros en los páramos y filos más altos, esta zona montañosa representa el refugio remanente más importante para la restringida y amenazada flora y fauna de los Andes ecuatorianos. Orquídeas espectaculares, peces altamente adaptados, coloridas tangaras y el tapir de montaña se encuentran entre los objetos de conservación más conspicuos en Cofanes-Chingual, al igual que las fuentes de agua que abastecen a toda la región. La invaluable y continua gradiente de vegetación permite el desplazamiento de plantas y animales hacia arriba y hacia abajo a través de las pendientes, y provee un amortiguamiento crucial para contrarrestar el cambio climático en el planeta.

Objetos de conservación específicos figuran en el capítulo para cada grupo taxonómico. Abajo listamos los objetos de conservación de la región en sentido más amplio:

01 Servicios de ecosistemas de producción de agua dulce en los páramos, para abastecer a toda la región

02 Una amplia gradiente altitudinal de bosques intactos, crítica para permitir el movimiento de especies, especialmente en respuesta al cambio climático

03 Flora diversa y endémica de los Andes del norte, una región ampliamente deforestada en otras regiones de Colombia y Ecuador

04 Fauna andina y de páramo altamente endémica entre los 650 y 4.100 m

05 Valles y lagos glaciales ubicados a gran altura con definida base granítica y volcánica

06 Conectividad hidrológica a través de toda la cuenca Cofanes-Chingual

07 Ecosistemas acuáticos con escaso impacto humano (con excepción de la introducción de truchas)

	08 Poblaciones saludables de especies maderables de bosque montano (p. ej., *Polylepis*, *Podocarpus*, *Humiriastrum*)
	09 Diversa avifauna de bosque a través de la totalidad de una gradiente altitudinal montana
	10 Especies en peligro de extinción que son comunes en los sitios inventariados
Recomendaciones principales	Estas recomendaciones integran las fortalezas que encontramos en la región para combatir las amenazas que podrían fragmentar y destruir el bosque remanente, un área de vital importancia para las tres provincias y globalmente valiosa por su biodiversidad: 01 **Proveer un estatus formal de conservación a todo el rango de altitud desde los bosques de llanura hasta los páramos andinos.** Este es un refugio crítico para comunidades biológicas únicas y cruciales fuentes de agua para la región. 02 **Aprovechar la oportunidad existente para catalizar e implementar un nuevo modelo para la conservación—una reserva municipal.** La Reserva Municipal La Bonita debe ser respaldada por un Decreto Ministerial de la autoridad ambiental nacional, y debe tener la participación integral de las parroquias y los pueblos indígenas. 03 **Desarrollar e implementar planes de manejo participativos para las áreas de conservación propuestas y existentes:** la Reserva Municipal La Bonita y el Territorio Ancestral Cofan—y otras. 04 **Formar alianzas estratégicas—entre organizaciones indígenas, asociaciones campesinas, y municipios—basados en una visión compartida para la protección de los bosques intactos.** Estas alianzas proveerán una alternativa local complementaria a las actividades del Ministerio del Medio Ambiente. 05 **Reforzar y expandir alianzas entre Carchi, Sucumbíos e Imbabura, fortaleciendo lazos ya existentes.** Evaluar las oportunidades únicas para conservar los aún intactos bosques y cabeceras de importancia global en Carchi e Imbabura, especialmente los mecanismos para detener el avance de la frontera agrícola y unir esfuerzos de protección de las fuentes de agua. 06 **Incentivar mecanismos binacionales de colaboración para manejo coordinado con Colombia en potenciales o existentes áreas de conservación.**
Estado actual de conservación	La presentación de los resultados preliminares a los gobiernos provinciales y organizaciones regionales generó una enérgica discusión que resultó en una declaración—la cual fue firmada por todas las autoridades presentes—para apoyar la Reserva Municipal La Bonita, y para crear reservas similares en las dos provincias

**Estado actual
de conservación**
(continuación)

vecinas que aún tienen una estrecha franja de bosque protegiendo las cabeceras de un tercer río importante, el Chota (Figs. 2B, 12B).

Desde el inicio del 2009, The Field Museum ha facilitado varias reuniones en el norte de Ecuador con organizaciones gubernamentales locales, ONGs, así como con científicos y residentes locales. La meta de este Grupo de Trabajo es asegurar de forma inmediata la protección legal para las cerca de 70.000 ha que inventariamos en octubre del 2008, por toda una intacta gradiente de altitud. Las provincias vecinas (Carchi e Imbabura) han solicitado un apoyo continuo por parte del Grupo de Trabajo para proteger los dos bosques remanentes adyacentes, lo que significaría la protección de 18.450 hectáreas adicionales.

Al momento de imprimir este informe, se estaba a punto de declarar oficialmente el Área Ecológica de Conservación La Bonita-Cofanes-Chingual (AECBCC), el área de 70.000 hectáreas que originalmente se imaginó como una reserva municipal. El expediente técnico recibió aprobación preliminaria por el Ministerio del Ambiente en julio del 2009. El Grupo de Trabajo continúa dando seguimiento a la declaración oficial, y empezarán a desarrollar un plan de manejo para la AECBCC.

¿Por Qué Cabeceras Cofanes-Chingual?

Siguiendo las huellas de un tapir de montaña desde los páramos* surrealistas azotados por el viento de Cabeceras Cofanes-Chingual, uno puede descender cuesta abajo a través de las escarpadas laderas de bosques de nubes empapados de neblina y orquídeas, hasta llegar a los bosques altos de la llanura amazónica. El complejo de conservación propuesto en este reporte protegerá las nacientes de los ríos Cofanes y Chingual, y conservará los recursos hídricos que son críticos para las poblaciones humanas y para un rico ensamblaje de especies silvestres. El complejo va a salvaguardar las laderas boscosas que oscilan desde 650 hasta 4.100 metros, ya que se trata de una de las últimas gradientes de altitud intactas en Ecuador. Su contigüidad con las tierras ancestrales Cofan y la Reserva Ecológica Cayambe-Coca proveerá una pieza clave del rompecabezas de conservación de la región, para formar un corredor de más de 550.000 hectáreas de bosque altamente diverso.

Las quebradas que drenan la región son las fuentes del sistema de los ríos Aguarico y Napo, uno de los sistemas fluviales más importantes de la Amazonía occidental. Los ríos Cofanes y Chingual, que juntos forman el Aguarico, se encuentran entre los últimos ríos montañosos no fragmentados en Ecuador, y proveen un hábitat crítico para muchas especies de la biota acuática. Los páramos y bosques filtran el agua de la lluvia y modulan el flujo del río en estas cabeceras, protegiendo recursos críticos de agua para usos domésticos y agrícolas.

La variación del hábitat es sorprendente, y las especies están distribuidas de manera restringida y marcadamente por parches: las especies que crecen en un determinado filo no se encuentran en el siguiente, y tampoco se encuentran a menores o mayores elevaciones. La vegetación intacta de Cabeceras Cofanes-Chingual permite el libre movimiento de osos, dantas, guacamayos y otras especies de rango extenso, hacia arriba y hacia abajo por las montañas en busca de alimento, pareja y lugares de anidamiento. Sus laderas boscosas ayudarán a amortiguar los efectos del cambio climático, permitiendo a las especies migrar en respuesta a condiciones más cálidas, más húmedas o más secas.

Una rica historia humana del área, la cual se remonta a miles de años, ha dejado una marcada huella en el medio ambiente. La deforestación acelerada y las prácticas no sostenibles de minería y agricultura están poniendo en peligro tanto a los parajes silvestres como a los seres humanos, y por eso los residentes locales se están movilizando para retener los bosques que los rodean. Tres provincias—Sucumbíos, Carchi e Imbabura—han unido esfuerzos para crear un complejo de conservación que asegurará la protección a largo plazo de este espectacular y diverso paisaje.

* Praderas andinas ubicadas a gran altitud.

FIG. 1 El páramo en el noroeste de Cabeceras Cofanes-Chingual, por encima de los 4.000 m de altura, alberga las nacientes de tres importantes ríos —el Cofanes, el Chingual y el Chota./ The source of three important rivers—the Cofanes, Chingual, and Chota—lies in Andean meadows above 4,000 m, in the northwestern corner of Cabeceras Cofanes-Chingual.

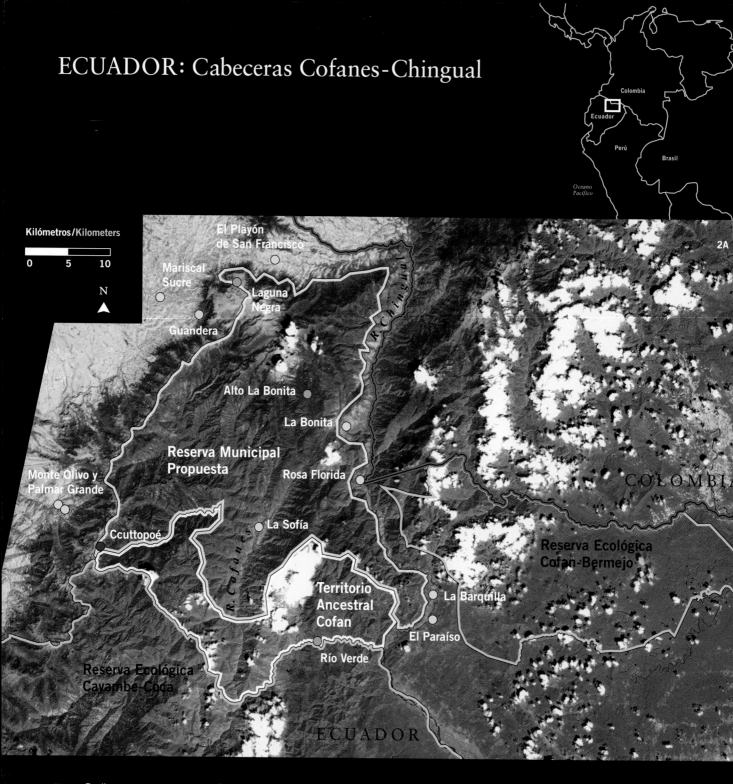

ECUADOR: Cabeceras Cofanes-Chingual

Colombia
Ecuador
Perú
Brasil
Oceano Pacífico

2A

Kilómetros/Kilometers

0   5   10

N

El Playón de San Francisco

Mariscal Sucre

Laguna Negra

Guandera

R. Chingual

Alto La Bonita

La Bonita

Reserva Municipal Propuesta

Rosa Florida

Monte Olivo y Palmar Grande

Ccuttopoé

La Sofía

R. Cofanes

COLOMBIA

Reserva Ecológica Cofan-Bermejo

Territorio Ancestral Cofan

La Barquilla

El Paraíso

Río Verde

Reserva Ecológica Cayambe-Coca

ECUADOR

FIG. 2A Realizamos nuestro inventario rápido en los bosques de vertientes andinas en el norte del Ecuador, cerca de la frontera con Colombia. El equipo biológico visitó tres sitios abarcando elevaciones de 650 a 4.100 m; los mastozoólogos visitaron un sitio adicional, Ccuttopoé. El equipo social trabajó en 9 comunidades focales al sureste, norte y suroeste del área de muestreo biológico, y visitaron 13 comunidades adicionales./

Our rapid inventory focused on forested Andean slopes in northern Ecuador, near the Colombian border. The biological team visited three sites ranging from 650 to 4,100 m; the mammologists visited a fourth site, Ccuttopoé. Our social scientists worked in 9 focal towns to the southeast, north, and southwest of the biological inventory area, and visited 13 additional communities.

- ● Sitios del muestreo social / Social inventory sites
- ● Sitios biológicos / Biological inventory sites
- ● Sitio biológico, visitado solo por mastozoologos/ Biological site, visited only by mammalogists
- ● Estación Biológica Guandera / Guandera Biological Station
- ▭ La reserva municipal propuesta / The proposed municipal reserve

- ▭ Territorio Ancestral Cofan/ Cofan Ancestral Territory
- ▭ Áreas actualmente protegidas / Currently protected areas
- ═ Frontera internacional / International boundary
- ▬ Áreas deforestadas / Deforested areas
- ▬ Bosque/Forest
- ▬ Páramo/Paramo

FIG. 2B Concebimos un paisaje de conservación con dos áreas contiguas protegidas: una reserva municipal y un territorio indígena ancestral. Con la Reserva Ecológica Cayambe-Coca y la Reserva Ecológica Cofan-Bermejo, estas dos áreas formarían un corredor de conservación de más de 550.000 hectáreas. Las vertientes adyacentes en las provincias de Carchi e Imbabura (delimitadas con líneas punteadas negras) representan una oportunidad única para proteger 18.452 hectáreas de bosques remanentes, donde nacen las cabeceras del Chota. / We envision a conservation landscape with two adjacent protected areas: a municipal reserve and an ancestral indigenous territory. With the Reserva Ecológica Cayambe-Coca and the nearby Reserva Ecológica Cofan-Bermejo, these two areas would form a conservation corridor of more than 550,000 hectares. The adjacent slopes in the Carchi and Imbabura provinces (bounded by the dashed black lines) represent a unique opportunity to conserve 18,452 hectares of remnant forests that harbor the headwater streams of the Chota River.

Frontera internacional / International boundary

Límite provincial / Province boundary

Áreas deforestadas / Deforested areas

Bosque / Forest

Páramo / Paramo

FIG. 3A Laguna Negra y Ccuttopoé son páramos de altura (3.400– 4.100 m) en valles tallados por glaciares durante la última Época Glacial. / Laguna Negra and Ccutopoé are high-altitude (3,400–4,100 m) paramos in valleys carved by glaciers during the last Ice Age.

FIG. 3B Acantilados de granito rodean un valle glacial en Alto La Bonita (2.600–3.000 m), nuestro sitio de bosque montano alto. / Granite cliffs ring a glacial valley at Alto La Bonita (2,600–3,000 m), our site in upper montane forest.

FIG. 3C Los ríos Verde y Cofanes crean profundos barrancos en el bosque montano bajo, en nuestro sitio de muestreo, Río Verde (650–1.200 m). / The Verde and Cofanes rivers cut deep ravines in the lower montane forest at our Rio Verde site (650–1,200 m).

FIG. 4 Los botánicos registraron aproximadamente 850 especies de plantas, con mínima superposición florística entre los tres sitios del inventario. La flora es rica, con especies endémicas (4J), nuevos registros para Ecuador (4P), especies potencialmente nuevas para la ciencia (4L, 4N, 4S), y una mezcla de especies características de bosques montanos (4O) y amazónicos (4M). La diversidad de orquídeas es enorme (4A–H, 4K, 4Q, 4R)./

The botanists recorded approximately 850 species of plants, with almost no floristic overlap among the three inventory sites. The flora is rich, and includes endemic species (4J), new records for Ecuador (4P), species potentially new to science (4L, 4N, 4S), and a mix of species characteristic of montane forests (4O) and lowland Amazonia (4M). Orchid diversity is tremendous (4A–H, 4K, 4Q, 4R).

4A *Brachionidium parvifolium*
(Orchidaceae)

4B *Polycycnis escobariana*
(Orchidaceae)

4C *Maxillaria molitor* (Orchidaceae)

4D *Masdevallia* cf. *ximenae*
(Orchidaceae)

4E *Maxillaria grandiflora*
(Orchidaceae)

4F *Masdevallia* sp. (Orchidaceae)

4G *Masdevallia* sp. (Orchidaceae)

4H *Maxillaria floribunda*
(Orchidaceae)

4J *Blakea harlingii*
(Melastomataceae)

4K *Masdevallia* sp. (Orchidaceae)

4L *Protium* sp. (Burseraceae)

4M *Caryocar* sp. (Caryocaraceae)

4N *Meriania* sp. (Melastomataceae)

4O *Podocarpus macrostachys*
(Podocarpaceae)

4P *Morella singularis* (Myricaceae)

4Q *Phragmipedium pearcei*
(Orchidaceae)

4R *Masdevallia coccinea*
(Orchidaceae)

4S *Puya* sp. (Bromeliaceae)

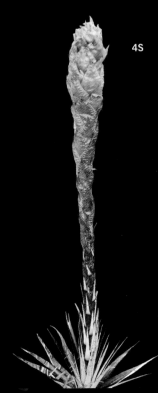

5A

5B

FIG. 5 En las quebradas torrentosas del piedemonte andino (5A, 5D), registramos 32 especies de peces, incluyendo cuatro especies probablemente nuevas para la ciencia (5B, 5E–G) y una introducida, la trucha (5C). Las quebradas andinas representan fuertes barreras para peces, resultando en comunidades con un alto nivel de endemismo./ Within the rushing torrents of the Andean foothills (5A, 5D), we recorded 32 fish species, including four species likely new to science (5B, 5E–G) and one introduced species, trout (5C). High altitude Andean streams represent strong barriers for fishes, creating assemblages with high levels of endemism.

5C

5D

5E

10 cm

5A Río Verde

5B *Chaetostoma* sp.

5C *Oncorhynchus mykiss*

5D Alto La Bonita
(Colectando usando pesca
électrica / Collecting using
an electrofisher)

5E *Characidium* sp.

5F *Astroblepus* sp.

5G *Hemibrycon* sp.

6D

6E

6F

FIG. 6 Los herpetólogos encontraron 36 especies de anfibios y 6 reptiles, incluyendo una especie de rana marsupial cargando embriones en su espalda (6C). Los registros resaltantes incluyen una especie probablemente nueva para la ciencia (6A), una especie rara y amenazada a escala mundial (6E), y especies cuyo rango de distribución conocido se ha extendido gracias a observaciones realizadas durante nuestro inventario (6B, 6D, 6F), incluyendo un primer registro para el Ecuador (6B)./Herpetologists found 36 species of amphibians and 6 reptiles, including a marsupial frog carrying embryos on its back (6C). Notable records include a possibly new species to science (6A), a rare, globally endangered species (6E), and species whose known ranges were substantially enlarged by observations made during our inventory (6B, 6D, 6F), including a first record for Ecuador (6B).

6A *Osornophryne* aff. *guacamayo*

6B *Pristimantis colonensis*

6C *Gastrotheca orophylax*

6D *Pristimantis ortizi*

6E *Hypodactylus brunneus*

6F *Cochranella puyoensis*

7A

7B

7C

7D

FIG. 7 Nuestros ornitólogos registraron 364 especies de aves, una mezcla de avifauna Andina (7K) y Amazónica. Registros notables incluyen una especie en peligro de extinción (7O), 4 especies vulnerables (incluyendo 7L) y 14 especies restringidas a las laderas andinas y al páramo. La diversidad de tangaras fue impresionante (7A–7C, 7E–7J, 7M–7N); registramos 52 especies. Las especies de tangaras suelen sustituirse unas a las otras a través de un rango altitudinal, a veces en simples pares (p. ej., 7A, 7B) y a veces en grupos más complejos (7C, 7E, 7F, 7N). La sustitución altitudinal también es común en otras familias y géneros de aves de las laderas Andinas./

Our ornithologists registered 364 bird species, a mix of Andean (7K) and Amazonian avifaunas. Notable records include an endangered species (7O), 4 vulnerable species (including 7L), and 14 species restricted to Andean slopes and paramo. The diversity of tanangers was impressive (7A–7C, 7E–7J, 7M–7N); we recorded 52 species.

Tanager species often replace each other across an altitudinal range, sometimes in simple pairs (e.g., 7A, 7B) and sometimes in more complex groups (7C, 7E, 7F, 7N). Altitudinal replacement is also common in other families and genera of birds on Andean slopes.

7E

7F

7G

7H · 7J · 7K

7L

7A *Anisognathus igniventris*
(Tangara Montana
Ventriescarlata/Scarlet-
bellied Mountain-Tanager)

7B *Anisognathus lacrymosus*
(Tangara Montana Lagrimosa/
Lacrimose Mountain-Tanager)

7C *Tangara gyrola*
(Tangara Cabecibaya/
Bay-headed Tanager)

7D Equipo biológico, Río Verde/
Biological team, Río Verde

7E *Tangara nigroviridis*
(Tangara Lentejuelada/
Beryl-spangled Tanager)

7F *Tangara chrysotis*
(Tangara Orejidorada/
Golden-eared Tanager)

7G *Cyanerpes caeruleus* (Mielero
Purpúreo/Purple Honeycreeper)

7H *Chlorornis riefferii* (Tangara
Carirroja/Grass-green Tanager)

7J *Euphonia xanthogaster*
(Eufonia Ventrinaranja/
Orange-bellied Euphonia)

7K *Rupicola peruvianus*
(Gallo de la Peña Andino/
Andean Cock-of-the-rock)

7L *Ara militaris* (Guacamayo
Militar/Military Macaw)

7M *Tangara chilensis*
(Tangara Paraíso/
Paradise Tanager)

7N *Chlorochrysa calliparaea*
(Tangara Orejinaranja/
Orange-eared Tanager)

7O *Grallaria rufocinerea* (Gralaria
Bicolor/Bicolored Antpitta)

70

7M

7N

FIG. 8 Cabeceras Cofanes-Chingual alberga poblaciones saludables de mamíferos, con 40 especies registradas durante el inventario. Encontramos varias especies amenazadas, incluyendo el tapir de montaña (8A) y el oso de anteojos (8D) en los páramos y altitudes intermedias. Otros registros notables incluyen señales de poblaciones saludables de depredadores (p. ej., 8C) y un coatí (8B) que podría ser una subespecie nueva./Cabeceras Cofanes-Chingual harbors healthy mammal populations, with 40 species recorded during the inventory. We found abundant evidence of endangered species, such as mountains tapirs (8A) and spectacled bears (8D) in the paramo and intermediate elevations. Other notable records include signs of healthy predator populations (e.g., 8C), and a coati (8B) we suspect may be a new subspecies.

8A *Tapirus pinchaque* (foto de Colombia/photo from Colombia)

8B *Nasua* sp. (foto de La Sofía, no registrado durante el inventario/ photo from La Sofía, not registered during inventory)

8C *Leopardus pardalis*, huella/footprint

8D *Tremarctos ornatus*, heces/scat

FIG. 9 Amplia evidencia arqueológica en nuestro sitio Río Verde (9A) y la comunidad de La Bonita (9B) revela la existencia de importantes asentamientos humanos en el área. Aunque los científicos desconocían esta evidencia, los residentes de La Bonita han encontrado artefactos localmente desde hace años (9C)./ Rich archeological evidence found at our Río Verde site (9A) and the town of La Bonita (9B) revealed important past human settlements in the area. Although unknown to scientists, residents in La Bonita have been finding artifacts locally for years (9C).

9A Florencio Delgado, el arqueólogo de nuestro equipo/The archeologist on the inventory team

9B La Bonita

9C Hachas de piedra encontradas cerca de La Bonita. Éstas son parte de una colección impresionante establecida gracias a donaciones de los estudiantes, la cual se encuentra en el Colegio Nacional Mixto Sucumbíos./ Stone axes found near La Bonita. These are part of an impressive collection that was established through donations from students at the Colegio Nacional Mixto Sucumbíos.

10A

10B

10C

10D

10E

10F

ECUADOR

COLOMBIA

Reserva Ecológica
El Ángel

Carchi

Reserva Ecológica
Cotacachi-Cayapas

Reserva
Municipal
Propuesta

Reserva Ecológica
Cofan-Bermejo

Ibarra

Imbabura

Territorio
Ancestral
Cofan

Reserva Geobotánica
Pululahua

Sucumbíos

Reserva Ecológica
Cayambe-Coca

Pichincha

Quito

Napo

Refugio
de Vida
Silvestre
Pasochoa

Parque
Nacional Sumaco
Napo Galeras

Orellana

Reserva
Ecológica
Antisana

Parque
Nacional
Cotopaxi

ECUADOR

N

Kilómetros/Kilometers

0   15   30

FIG. 10 El equipo social realizó
reuniones comunales (10F) para
discutir percepciones sobre
calidad de vida y fortalezas
sociales para la conservación.
Los residentes que viven dentro
y cerca de Cabeceras Cofanes-
Chingual son principalmente
agricultores (10B, 10C, 10E), con
fuertes enlaces con los mercados.
Los bosques intactos cercanos
son apreciados por sus servicios
ambientales, especialmente como
fuente de agua potable y agua de
regadío. A largo plazo, una red
de áreas protegidas (10J) podría
asegurar la calidad de vida local./

The social team convened
community meetings (10F) to
discuss perceptions of quality
of life and social assets for
conservation. Residents living in
and around Cabeceras Cofanes-
Chingual are mainly agriculturalists
(10B, 10C, 10E), with fairly strong
ties to markets (10G). Nearby
intact forests are valued for their
environmental services, especially
water for drinking and irrigation.
In the long term, a network of
protected areas (10J) could
ensure local quality of life.

10A Ganado lechero/Dairy cattle

10B Cultivo de papas/
Potato farming

10C El Playón de San Francisco

10D Rosa Zúniga, uno de los
pobladores iniciales de La Bonita/
Rosa Zúniga, an early settler
of La Bonita

10E Agricultura de subsistencia/
Subsistence agriculture

10F El equipo del inventario
social reuniéndose con los
residentes de Palmar Grande./
The social inventory team meeting
with residents of Palmar Grande

10G Mercado local/Local market

10H Piscicultura con trucha, una
especie introducida/ Pisciculture
with introduced rainbow trout

10J Panorama regional de
conservación/Regional conservation
panorama

=== Frontera internacional/
International boundary

▭ Áreas actualmente
protegidas/Currently
protected areas

FIG. 11 Cabeceras Cofanes-Chingual es una de las últimas áreas remanentes de bosque montano intacto no protegido en Ecuador (11A). El área es amenazada por extracción de madera (11C–D), minería (11E), producción de carbón (11F), deforestación, erosión (11G) y el avance de la frontera agrícola (11B)./Cabeceras Cofanes-Chingual is one of the last unprotected intact mountainous regions in Ecuador (11A), and is threatened by timber extraction (11C–D), mining (11E), charcoal production (11F), deforestation, erosion (11G), and the advancing agricultural frontier (11B).

FIG. 11A Cabeceras Cofanes-Chingual continúa siendo un paisaje boscoso espectacular./Cabeceras Cofanes-Chingual remains a spectacular forested wilderness.

FIG. 11B La frontera agrícola avanza hacia el páramo./The agricultural frontier advances into the paramo.

FIG. 11C–D A pesar del terreno accidentado, se saca la madera a través de un sistema de poleas./Despite rugged terrain, timber is extracted via pulley systems.

FIG. 11E Desde la década de los 80s, hubo minería esparcida en la parte sureste de Cabeceras Cofanes-Chingual./Since the 1980s, scattered mining has occurred in southeastern Cabeceras Cofanes-Chingual.

FIG. 11F Se quema el bosque para producir carbón./Forest is burned to make charcoal.

FIG. 11G El río Chingual drena tierras deforestadas y lleva mucho sedimento, mientras que el río Cofanes drena bosques contínuos y es cristalino./The Chingual River drains deforested lands and is full of sediment, while the Cofanes River, draining continuous forest, is crystalline.

11B

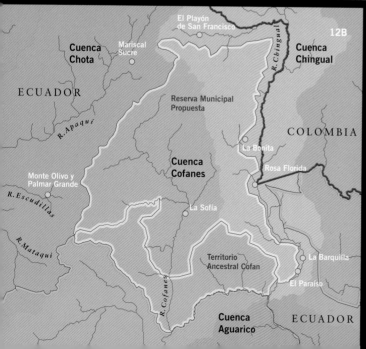

FIG. 12A–B El agua es un tema fundamental para los residentes locales. La reserva municipal propuesta y el Territorio Ancestral Cofan representan una oportunidad única de asegurar la integridad de los ríos Cofanes y Chingual, las dos cuencas más importantes en la región./

Water is a critical issue for local residents. The proposed municipal reserve and the Cofan Ancestral Territory offer the unique opportunity to ensure integrity of the Cofanes and Chingual rivers, the two most important regional watersheds.

═══ Frontera internacional/ International boundary

Conservación en Cabeceras Cofanes-Chingual

OBJETOS DE CONSERVACIÓN

Vislumbramos Cabeceras Cofanes-Chingual como un complejo de conservación que protege a largo plazo los diversos bosques andinos y que sostiene la calidad de vida en los pueblos y comunidades vecinas. La implementación de esta visión dependerá de una red de organizaciones tanto del gobierno como no gubernamentales, oficiales públicos, científicos, residentes locales (incluyendo grupos indígenas) y un sólido fundamento científico. Abajo resaltamos ecosistemas, hábitats, especies y prácticas humanas importantes para la conservación del área. Algunos de los objetos de conservación ocurren solamente en esta región; otros son raros, vulnerables o están amenazados en otras partes de la Amazonía o los Andes. Algunos son cruciales para los residentes locales; otros juegan roles críticos para el funcionamiento de los ecosistemas; y otros más son críticos para la salud del área a largo plazo.

Paisajes y servicios de ecosistemas

- Una amplia gradiente de elevación (650 – 4.100 m) de bosque intacto, crítica para permitir la migración en respuesta al cambio climático

- Valles glaciales y lagos ubicados a grandes altitudes, incluyendo un valle inusual formado glacialmente, rodeado por sólidas paredes de granito

- Bosques intactos que proveen una protección natural contra la erosión en los escarpados paisajes montañosos

- Bosques que almacenan reservas de carbono de importancia mundial

- Ríos y quebradas de alta gradiente que aseguran el abastecimiento de agua a toda la región

- Conectividad hidrológica entre las cabeceras y las áreas ubicadas río abajo a través de la cuenca de Cofanes-Chingual, importante para las comunidades acuáticas y humanas

Objetos de Conservación (continuación)

Plantas vasculares	▪ Una muestra bien conservada de la flora diversa y endémica de los altos Andes del norte, una región ampliamente deforestada en otras partes de Ecuador y la vecina Colombia
	▪ Poblaciones saludables de especies maderables en bosques montanos altos y bajos (p.ej., *Polylepis, Podocarpus, Weinmannia, Humiriastrum*)
	▪ Una enorme diversidad de orquídeas, incluyendo posiblemente algunas de las más altas riquezas locales de géneros como *Masdevallia*
Peces	▪ Comunidades de peces andinos altamente endémicos y pobremente estudiados localizados entre altitudes de 500 a 3.500 m
	▪ Integridad ecológica de comunidades acuáticas, incluyendo a los peces como un componente principal
Anfibios y reptiles	▪ Especies endémicas de las estribaciones orientales del norte de Ecuador y el sur de Colombia clasificadas como en peligro, incluyendo *Cochranella puyoensis, Gastrotheca orophylax* y *Hypodactylus brunneus*
	▪ Anfibios cuyas estrategias reproductivas han sido afectadas por el cambio climático y factores epidemiológicos en los Andes ecuatorianos y colombianos (*Hyloscirtus larinopygion, Cochranella puyoensis, Gastrotheca orophylax*)
	▪ Especies con distribuciones restringidas asociadas a microhábitats de páramo, las cuales están amenazadas por las quemas excesivas ocasionadas por humanos (*Osornophryne bufoniformis, Hypodactylus brunneus, Riama simoterus* y *Stenocercus angel*)

Anfibios y reptiles (continuación)	■ Especies endémicas categorizadas como Datos Deficientes con distribuciones restringidas en el norte de Ecuador y el sur de Colombia (*Pristimantis ortizi, P. delius* y *P. colonensis*)
Aves	■ Aves en peligro, incluyendo Gralaria Bicolor (*Grallaria rufocinerea*) ■ Aves amenazadas, incluyendo Pava Carunculada (*Aburria aburri*), Guacamayo Militar (*Ara militaris*), Jacamar Pechicobrizo (*Galbula pastazae*) y Tangara Montana Enmascarada (*Buthraupis wetmorei*) ■ Catorce especies de rango restringido de las laderas andinas y el páramo ■ Diversa avifauna de bosque a través de toda una gradiente de elevación montana
Mamíferos	■ Poblaciones saludables de tapir de montaña (*Tapirus pinchaque*) y oso andino (*Tremarctos ornatus*) ■ Poblaciones abundantes de *Nasuella olivacea*, *Agouti taczanowskii* y otras especies montanas ■ Depredadores importantes, incluyendo puma (*Puma concolor*) y jaguar (*Panthera onca*) ■ Poblaciones intactas de chorongo (*Lagothrix lagothricha*) y mono araña de vientre amarillo (*Ateles belzebuth*) a altitudes medias ■ Rangos de altitud intactos para todas estas especies, especialmente para el tapir de montaña y el oso andino
Artefactos históricos y geológicos	■ Un asentamiento pre-colombino en La Bonita, hecho con montículos y otras modificaciones del medio ambiente ■ Un asentamiento pre-colombino en Río Verde, en la confluencia de los ríos Verde y Cofanes

Objetos de Conservación (continuación)

	Artefactos históricos y geológicos (continuación)	▪ Otros artefactos arqueológicos y movimientos de suelos, un registro histórico invaluable de asentamientos pre-colombinos en la región, algunos de los cuales son conocidos por residentes locales
	Comunidades humanas	▪ Chacras artesanales donde se utilizan métodos tradicionales y cultivos, así como producción a pequeña escala (p. ej., quesos artesanales) ▪ Conocimiento ecológico local, incluyendo el uso de plantas medicinales nativas ▪ Operaciones de minería de oro artesanal y tecnología, incluyendo aparentemente sitios pre-modernos que podrían convertirse en oportunidades de turismo ▪ Caminos de acceso para viajar a caballo o a pie, como el camino de La Bonita a La Sofía y el camino a la Estación Biológica Guandera (en oposición a vías de acceso mayores que exponen el área a colonización y a la extracción a gran escala de recursos naturales) ▪ El Camino del Oriente, un camino histórico que conecta Monte Olivo con La Sofía, lo que podría complementar los esfuerzos comunales con turismo ecológico e histórico

Las accidentadas cabeceras de los ríos Cofanes, Chingual, y Chota (incluyendo a los afluentes del último: Apaquí, Escudillas y Mataqui) representan una de las últimas oportunidades para conservar las distintas comunidades biológicas a lo largo de una gradiente de altitud desde 650 hasta 4.100 m. Esta área montañosa es el bloque de bosque remanente más importante para proveer refugio a especies únicas y amenazadas de los Andes, y también una fuente esencial de agua para las poblaciones de Carchi, Imbabura, y Sucumbíos.

Una porción de este bloque boscoso es un área de conservación ya definida, el Territorio Ancestral Cofan (30.700 ha). Al norte se encuentra la propuesta Reserva Municipal La Bonita* (70.000 ha; Figs. 2A, 2B), una iniciativa de conservación que se origina dentro de la Provincia de Sucumbíos. La franja oeste trazada con una línea punteada en la Fig. 2B ofrece una oportunidad única para proteger fuentes de agua, así como los escasos bosques y páramos remanentes de las provincias de Carchi e Imbabura.

Abajo enumeramos nuestras recomendaciones principales. Éstas movilizan las fortalezas que encontramos en la región para mitigar las amenazas que podrían fragmentar y destruir este bloque boscoso remanente, un área de vital importancia para las tres provincias y globalmente valiosa por su biodiversidad.

Protección y manejo

01 **Proveer un estatus formal de conservación a todo el rango de altitud, desde los bosques de llanura hasta los páramos andinos, los cuales albergan comunidades biológicas únicas y fuentes de agua para la región.**

- Debido a la presencia de laderas y pendientes empinadas, así como la incidencia de frecuentes derrumbes en el área, los cuales no permiten el uso agrícola del suelo, recomendamos al Instituto Nacional de Desarrollo Agrario (INDA) realizar la inspección requerida para poder designar el área como apta para la conservación de los recursos naturales.

- Delimitar áreas específicas de conservación protegiendo la integridad de las cuencas (en especial las cabeceras) y el rango continuo de hábitats intactos; y coordinar el manejo de estas áreas como una red integrada.

- Fortalecer vínculos interinstitucionales entre la Secretaría Nacional del Agua (SENAGUA), el Ministerio del Ambiente (MAE), gobiernos locales y juntas de agua, entre otros.

- Apoyar y fortalecer intereses locales de conservación dentro de esta red integrada de áreas protegidas (p. ej., la Estación Biológica Guandera y una nueva área de conservación en Monte Olivo, entre otros).

02 **Aprovechar la oportunidad existente para catalizar e implementar un nuevo modelo para la conservación—una reserva municipal (la Reserva Municipal La Bonita)—con** la participación integral de las parroquias y los pueblos indígenas, y con el aval de la autoridad ambiental nacional a través de un Decreto Ministerial.

* La reserva municipal propuesta actualmente se está protegiendo como el Área Ecológica de Conservación La Bonita-Cofanes-Chingual (AECBCC).

Protección y manejo
(continuación)

03 Desarrollar e implementar planes de manejo participativos para las áreas de conservación propuestas y existentes: la Reserva Municipal La Bonita y el Territorio Ancestral Cofan, y otras.

- Formar un grupo de trabajo que incluya al Departamento del Medio Ambiente del Gobierno Municipal Cantón Sucumbíos (GMCS), al alcalde de GMCS, representantes de las juntas parroquiales de Rosa Florida y La Sofía, miembros de la Fundación Sobrevivencia Cofan (FSC) y de la Federación Indígena de la Nacionalidad Cofan del Ecuador (FEINCE), y otros actores clave.

- Ajustar los límites de la propuesta Reserva Municipal La Bonita en conjunto con los propietarios existentes.

- Zonificar cada área de conservación, definiendo áreas de protección estricta, áreas de uso tradicional y áreas de manejo.

- Identificar los puntos críticos de acceso para el establecimiento de puestos de control, usando la carretera La Bonita–La Sofía como una vía de patrullaje— con garitas de control en los puntos de acceso a la carretera—y frenar la venta de tierras a lo largo de la carretera.

- Manejar la quema de los páramos, los niveles de cacería y las especies exóticas introducidas (p. ej., truchas, pastos, ganado).

- Restringir las prácticas no sostenibles de pesca en los bosques de llanura (p. ej., uso de dinamita, barbasco)

- Implementar iniciativas (p. ej., agroforestería) para reducir y finalmente eliminar la extracción de madera de las áreas de conservación.

- Investigar alternativas contra el uso dañino de los agroquímicos y promover el desarrollo de proyectos de tratamiento de agua para preservar la calidad del agua.

- Implementar un comité de gestión participativo, incluyendo a los moradores dentro y alrededor de las áreas de conservación en la elaboración de los planes de manejo y gestión de las áreas.

- Realizar una "evaluación de caudales ecológicos" y utilizar tecnologías adecuadas para minimizar el impacto ecológico de la planta hidroeléctrica propuesta en La Sofía.

- Coordinar el manejo entre las áreas de conservación vecinas.

- Reforzar los planes de manejo con ordenanzas municipales.

04 Formar alianzas estratégicas—entre organizaciones indígenas, asociaciones campesinas, y municipios—basados en una visión compartida para la protección de los bosques intactos. Estas alianzas proveerán una alternativa local complementaria a las actividades del Ministerio del Medio Ambiente. Aprovechar los modelos exitosos vigentes, p.ej., los sistemas de manejo de conservación y guardaparques de los Cofan, así como la Reserva Ecológica El Ángel.

05 **Reforzar y expandir alianzas entre Carchi, Sucumbíos e Imbabura, fortaleciendo lazos ya existentes.** Evaluar las oportunidades únicas para conservar los aún intactos bosques y cabeceras de importancia global en Carchi e Imbabura, especialmente los mecanismos para detener el avance de la frontera agrícola y unir esfuerzos de protección de las fuentes de agua.

06 **Desarrollar mecanismos de financiamiento para las áreas protegidas por medio del gobierno nacional y los gobiernos provinciales.**

07 **Elaborar un plan de desarrollo estratégico para el uso responsable de la tierra, especialmente manejo de suelos, alrededor de las áreas de conservación y proveer apoyo técnico para prácticas adecuadas de acuicultura.**

- Fortalecer y mejorar los programas existentes, incluyendo el Centro de Investigación y Servicios Agrícolas para Sucumbíos (CISAS) e iniciativas municipales en Sucumbíos, Carchi e Imbabura, mejorando el seguimiento a los agricultores.

- Buscar oportunidades de colaboración con otras entidades públicas y privadas, como el Instituto Nacional Autónomo de Investigaciones Agropecuarias, y con las extensiones locales de varias universidades, como la Escuela Superior Politécnica Ecológica Amazónica (ESPEA) y la Universidad Técnica del Norte– Extensión Huaca.

08 **Considerar alternativas económicas ecológicamente compatibles, como la venta de artesanías y el cultivo de orquídeas y bromelias, usando ejemplos exitosos del Ecuador y de otros países** (p. ej., micropropagación de orquídeas).

09 **Definir cuidadosamente las posibilidades de mecanismos de financiamiento para apoyar servicios ambientales, manejar las expectativas ya existentes, y basar cualquier desarrollo de ecoturismo en las experiencias ya existentes** (p. ej., La "Y" de la Laguna de Mache Chindul, y RICANCIE [la Red Indígena de Comunidades del Alto Napo para la Convivencia Intercultural y el Ecoturismo]).

10 **Replicar programas exitosos de capacitación con los profesores de educación ambiental, y distribuir guías de identificación de especies nativas y otros materiales a programas existentes** (p. ej., la currícula basada en el "Cuaderno Verde" desarrollado por el Departamento de Educación Ambiental en Sucumbíos).

11 **Incentivar mecanismos binacionales de colaboración con Colombia en áreas contiguas de conservación.**

12 **Llevar a cabo estudios de factibilidad para un proyecto de deforestación evitada en la región de Cofanes-Chingual.**

Investigación

01 Determinar la distribución de la trucha introducida en la cuenca Cofanes-Chingual y evaluar sus impactos en el ecosistema acuático y en las especies de peces nativas.

02 Realizar estudios de costo-beneficio de la crianza de trucha para determinar si esta "actividad alternativa de desarrollo económico" es o no es posible de realizar en términos financieros.

03 Estudiar las dinámicas de población y la ecología de las especies amenazadas (p. ej., anfibios, guacamayos, tapires de montaña, osos de anteojos), en particular, movimientos estacionales, rangos territoriales, y recursos alimenticios y reproductivos claves.

Inventarios adicionales

01 Recomendamos inventarios adicionales concentrados en elevaciones que no muestreamos (i.e., 1.100–2.500 m y 3.000–3.500 m) y enfocados en los macizos aislados al este de La Sofía, en el alto valle del Condué, en el páramo de Ccuttopoé, en el drenaje del alto Cofanes y en las aéreas boscosas de los flancos occidentales en la provincia de Carchi. Para las comunidades acuáticas, recomendamos inventarios adicionales en los ríos Cofanes y Chingual y sus principales afluentes, empezando cerca de La Sofía.

02 Conducir inventarios para entender el tamaño y extensión de la población de la Gralaria Bicolor. Debido a la deforestación en Colombia, las poblaciones de Cabeceras Cofanes-Chingual están posiblemente entre las más grandes dentro de su rango y son críticas para la conservación a largo plazo de esta especie rara.

03 Inventariar otros sitios de páramo para la Tangara Montana Enmascarada, la cual aparentemente está siendo impactada de manera negativa por las quemas del páramo. Ccuttopoé es especialmente importante debido a que allí no se producen quemas ocasionadas por humanos.

04 Inventariar hábitats apropiados para especies distribuidas localmente y casi amenazadas, incluyendo Zamarrito Muslinegro, Jacamar Pechicobrizo y Matorralero de Anteojos.

Monitoreo y vigilancia

01 Entrenar un cuerpo local de guardabosques, guías y científicos para apoyar el monitoreo, vigilancia, investigación y trabajos de inventario para el complejo de aéreas de conservación en Cabeceras Cofanes-Chingual.

02 Monitorear la deforestación en la zona de amortiguamiento, para comprender y eventualmente mitigar las causas.

03 Monitorear la calidad del agua, especialmente en el río Chingual, que drena las tierras deforestadas al norte y al este de su cauce, para crear un mecanismo de alerta temprano para mitigar fuentes de contaminación.

Informe Técnico

PANORAMA REGIONAL Y SITIOS DE INVENTORIO

Autores: Corine Vriesendorp, Randall Borman y Stephanie Paladino

Cabeceras Cofanes-Chingual ("Cofanes-Chingual") es un escarpado y remoto paraje en el norte de Ecuador—una vasta extensión de bosques diversos e intactos que cubren el flanco oriental de la cordillera de los Andes. Estos bosques crecen en la extensión más joven de los Andes, parte de la cadena volcánica que se expande desde el sur de Colombia hacia el Ecuador.

El área ha sido nombrada por los dos ríos—el Cofanes y el Chingual—los que se originan en las alturas, dentro de las praderas andinas. Estos dos ríos y sus numerosos afluentes principales drenan las porciones norte, centro y este del área hacia la cuenca amazónica (Figs. 2A, 12B). Una delgada banda del borde más occidental del área comprende las cabeceras altas del drenaje del río Mira-Chota, el cual eventualmente fluye hacia el Pacífico.

Cofanes-Chingual cubre más de 100.000 ha y abarca dos provincias, Carchi y Sucumbíos; la mayor parte de esta área está emplazada dentro de Sucumbíos. Muy poca gente vive en el lado de Sucumbíos, pero el vecino valle de Carchi alberga una sustancial y creciente población humana. Sucumbíos y Carchi comparten un interés común en el área porque las nacientes en Cofanes-Chingual proveen agua a los asentamientos humanos en ambas provincias.

Planes de conservación vigentes vislumbran dos piezas adyacentes: una reserva municipal*, que cubra las porciones centro y norte, y un territorio indígena (Territorio Río Cofanes) al sur. En setiembre de 2007, el gobierno ecuatoriano otorgó a los indígenas Cofan un título de 30.700 ha que corresponden a un bloque de territorios ancestrales a lo largo del río Cofanes (Figs. 2A, 2B, 10J). Los Cofan ya están manejando otras partes de sus territorios a lo largo del río Aguarico, y han expandido su sistema de guardaparques y esfuerzos de patrullajes hacia la parte sur de Cofanes-Chingual.

Los residentes en las partes centro y norte de Cofanes-Chingual están muy interesadas en crear una reserva municipal de unas 70.000 ha. En 2008, el Gobierno Municipal del Cantón Sucumbíos, con cabecera en de La Bonita dio un paso

---

* Al momento de imprimir este informe, se estaba a punto de declarar el Área Ecológico de Conservación La Bonita-Confanes-Chingual (AECBCC).

importante hacia la protección del área, pasando una resolución prácticamente unánime para crear la reserva. El próximo paso—la creación de un esquema legal y un plan de manejo para la reserva municipal— está pendiente.

Cofanes-Chingual comparte su frontera sur con la Reserva Ecológica Cayambe-Coca (403.103 ha) y, a través del río Chingual hacia el este, yace la Reserva Ecológica Cofan-Bermejo (53.451 ha). Estas tres áreas combinadas conformarían una reserva de más de 550.000 ha, conservando un rango de elevación completo de bosques andinos, que se encuentran dentro de los hábitats más amenazados en América del Sur.

Nuestro inventario rápido en Cofanes-Chingual apoya los planes de conservación e implementación en la región por medio de un estudio del valor biológico del área y las fortalezas sociales y aspiraciones en las comunidades y poblados circundantes.

En el reporte técnico que sigue, los científicos informan sobre sus hallazgos con respecto a la geología, hidrología, flora, vegetación, anfibios, reptiles, aves, mamíferos, arqueología y mapeo social de la región. Debajo incluimos un breve contexto para esos reportes, los que describen los sitios investigados por el equipo biológico, y las comunidades humanas visitadas por el equipo social.

INVENTARIO BIOLÓGICO
(15–31 de octubre 2008)

Una mezcla altamente heterogénea de suelos y rocas—que van desde antiguas formaciones geológicas levantadas hasta material volcánico más joven y rocas metamórficas alteradas más recientemente— subyace Cabeceras Cofanes-Chingual. El paisaje es tremendamente dinámico, reflejando procesos históricos y presentes de terremotos, erupciones volcánicas, glaciares y derrumbes.

Las mediciones meteorológicas más cercanas, tomadas en la Estación Biológica Guandera ubicada en las laderas occidentales del área del inventario, indican un promedio de precipitación anual de 1.700 mm. Esta cifra probablemente subestime las condiciones actuales en Cofanes-Chingual, debido a los aportes de condensación

no medida de vientos cargados de humedad y cobertura de nubes casi constante.

Cofanes-Chingual abarca un cambio de elevación de más de 3.500 m, y sus límites más bajos se encuentran a 650 m (en el sureste), extendiéndose sobre laderas empinadas y picos escarpados para alcanzar sus puntos más altos por encima de los 4.200 m (en el noroeste). Encima de los 3.600 m, las praderas andinas, conocidas como "páramos", forman un gran borde discontinuo alrededor de los linderos occidentales del área. Con la excepción de algunas terrazas aisladas, unas cuantas crestas planas y algún ocasional valle de formación glacial, sorprendentemente existen muy pocas áreas planas. Las laderas más empinadas están en el borde sur del macizo aislado al este del poblado de La Sofía.

Utilizando imágenes de satélite además de un sobrevuelo de reconocimiento realizado en la parte norte de Cofanes-Chingual, escogimos cuatro sitios: dos dentro de tierras ancestrales Cofan, y dos dentro de la propuesta reserva municipal. Los sitios fueron seleccionados para representar un amplio rango altitudinal (650–4.000 m) y la más grande diversidad de hábitats en ambas áreas de conservación propuestas.

Logísticamente, el acceso al área fue extremadamente exigente así que tuvimos que utilizar una combinación de medios de transporte como caballos, caminatas y helicópteros para llegar a los sitios del inventario. Nuestro rumbo de viaje por el área de estudio fue en sentido contrario, comenzando por el noroeste y terminando en el noreste. Condiciones climáticas y la disponibilidad de helicópteros impidieron que lleguemos a Ccuttopoé, nuestro sitio ubicado en la parte suroccidental, a pesar de tres días de intentos.

A continuación, describimos los tres sitios de inventario visitados por el equipo biológico del 15 al 31 de octubre, e incluimos también información del cuarto sitio Ccuttopoé, visitado sólo por nuestro equipo de avanzada y el mastozoólogo (R. Borman) durante los viajes preliminares de reconocimiento al área. Nuestro equipo de ictiólogos muestreó quebradas en dos sitios adicionales cerca de los poblados de La Bonita y Puerto Libre; estos hábitats están descritos en el reporte técnico respectivo (p. 73).

Laguna Negra (15–19 octubre 2008, 00°36'44.1" N, 77°40'12.5" W, 3.400–4.100 m)

Éste fue nuestro sitio de muestreo ubicado a mayor elevación. Acampamos en medio de un valle de un kilómetro, en una pendiente baja en la base de una cascada de 25 m de alto. Glaciares formaron el valle, creando una hoyada en forma de "U" y dejando atrás una serie de colinas redondeadas en la parte más baja de la depresión del terreno. La cascada separa el valle en dos secciones, y tanto la sección más alta como la más baja tienen un área plana entre las colinas. En el valle más bajo, un pequeño lago llamado Laguna Negra llena el fondo del valle plano lo cual es visible desde la imagen de satélite. En el valle más alto el área es pantanosa, debido aparentemente a la presencia de un lago anterior que la rellenó lentamente con tierra de erosión y vegetación.

El páramo compuesto por matas de pasto domina el paisaje, salpicado con tallos de *Espeletia pycnophylla*, conocidos localmente como "frailejones" (Figs. 1, 3A). Únicamente las laderas más empinadas del valle sostienen parches de bosque, los que varían en tamaño desde pequeños grupos de árboles y arbustos hasta extensiones más amplias de una hectárea o más (Fig. 1).

Establecimos 12 km de trochas y exploramos el valle donde acampamos, así como dos valles hacia el oeste y uno hacia el este. Una de nuestras trochas descendió hasta los 3.400 m por una ladera orientada hacia el este, adentrándose hacia bosques mucho más húmedos. Debido a que el páramo constituye una pradera abierta, pudimos abrirnos paso a través del paisaje y no restringirnos a las trochas existentes.

Para acceder al lugar, caminamos por cerca de dos horas por una trocha de caballos utilizada frecuentemente por residentes de El Playón de San Francisco, un poblado ubicado solamente a 6 km de distancia. El pueblo ha iniciado un proyecto turístico cerca de Laguna Negra, y los pobladores están acumulando tablas de madera para construir un albergue, y también están sembrando truchas (una especie exótica). Actualmente la gente caza y pesca en el páramo, extrae algo de madera para leña, y quema los pastos. Sus trochas entrecruzan el páramo, así como las ocasionales trochas de los osos de anteojos.

Río Verde (22–26 octubre, 2008, 00°14'13.9" N, 77°34'34.7" W, 650–1.200 m)

Volamos en helicóptero desde el poblado de Puerto Libre hacia nuestro sitio de inventario de menor elevación, en la esquina suroriental de Cofanes-Chingual. Este sitio era más típico de los bosques diversos de la Amazonía, y el único donde encontramos una marcada evidencia de presencia de asentamientos humanos recientes.

Acampamos en una terraza alta, en un claro al borde de un escarpado barranco ubicado 50 m por encima del torrentoso río Cofanes de más de 30 m de ancho. Durante el último año, los guardaparques Cofan han establecido aquí un puesto de control, construyendo una pequeña casa y sembrando un pequeño huerto de plátanos, caña de azúcar y maíz. Ésta es una de las dos áreas dentro del territorio ancestral Río Cofanes donde los Cofan están estableciendo puestos de control; la otra está en las laderas occidentales en Carchi, varios kilómetros montaña arriba desde Monte Olivo.

Exploramos 14 km de trochas que recorrían la terraza alta donde acampamos, el filo hacia el norte de nuestro campamento y los bosques al otro extremo de los ríos Cofanes y Verde. Muchas de las trochas trepaban por las empinadas paredes; las escasas áreas planas estaban restringidas a los filos y las abras entre ellos. Una red de pequeñas quebradas drena cada una de las cumbres, cortando por sustratos heterogéneos para verter en el río Cofanes y sus afluentes.

Tanto el río Cofanes como el Verde cortan barrancos profundos y no existe evidencia verdadera de planicie aluvial a lo largo de los meandros internos. Todos los ríos tuvieron niveles de agua altos durante nuestra estadía y eran turbulentos y torrentosos. Los niveles de agua crearon exigentes condiciones de muestreo para los ictiólogos, y, debido a que era peligroso vadear los ríos, implementamos un sistema de cables para poder cruzar los ríos más anchos utilizando arneses y poleas.

Observamos remanentes de un campamento minero a lo largo del río Cofanes, aguas abajo de nuestro campamento. Durante las últimas tres décadas, mineros ilegales han establecido una presencia continua en el área, con el periodo de actividad más intenso en los años 80.

Alto La Bonita (26–31 octubre 2008, 00°29'18.0" N, 77°35'12" W, 2.600–3.000 m)

Volamos en helicóptero directamente desde Río Verde hasta Alto La Bonita—un vuelo espectacular siguiendo la cuenca del río Cofanes aguas arriba, flanqueado por picos boscosos—y aterrizamos junto a las partes altas del río Sucio en un pequeño barranco cubierto de hierba al final de un derrumbe masivo.

El derrumbe es reciente, habiendo ocurrido en los últimos cuatro años, y aparentemente depositó suficiente material para represar el río Sucio temporalmente. Cuando la represa se rompió, la gran presión de agua inundó grandes extensiones de pasturas y campos de agricultura cerca de La Bonita. El derrumbe cubre decenas de hectáreas en su totalidad, pero mide aproximadamente 50 m de ancho en su base al borde del río.

Exploramos 13 km de exigentes trochas, incluyendo (1) una trocha larga junto al río Sucio y sobre una cumbre camino a La Bonita, el poblado más cercano, 6 km aguas abajo; (2) una trocha río arriba a lo largo del Sucio y siguiendo a un afluente hacia dos cascadas ubicadas una al lado de la otra; (3) un circuito a través de bosque montano creciendo en las laderas sudoccidentales de nuestro campamento; y (4) una larga trocha que trepaba por el filo norte de nuestro campamento, descendía hacia un valle glacial, recorría una serie de ciénagas andinas y alcanzaba la base de los acantilados de granito que circundan el valle.

El río Sucio tenía aproximadamente 10 m de ancho durante nuestra estadía, y creció y bajó dramáticamente con las lluvias. Hace tres años, el Sucio fue sembrado con truchas (*Oncorhynchus mykiss*), una especie no nativa del lugar. El río Amarillo, un afluente del Sucio que disecciona el valle glacial, actualmente está libre de truchas; sin embargo, a pesar de las barreras físicas, es casi seguro que las truchas expandan su rango dentro de la cuenca.

Algo de tala maderera a pequeña escala está ocurriendo en el área, principalmente árboles de *Podocarpus*, tanto para uso local como para mercados comerciales.

Llegamos a este lugar siguiendo una antigua trocha abandonada cortada por residentes de La Bonita.

La trocha está ahora bien establecida, y nuestro campamento podría servir como un lugar ideal para construir un puesto de control para monitorear y frenar excursiones de cacería y extracción de madera del área.

Ccuttopoé (00°19'57.6" N, 77°48'54.5" W, 3.350–3.900 m)

El equipo biológico no pudo llegar a Ccuttopoé durante el inventario. Sin embargo, el mastozoólogo Randy Borman visitó el sitio dos veces antes del inventario. Ccuttopoé es una palabra Cofan que significa "lugar de neblina". En contraste con Laguna Negra, muy poca gente ha visitado este lugar, y aparentemente es uno de los pocos páramos silvestres remanentes en Ecuador.

Desde Monte Olivo, un poblado ubicado en las laderas occidentales a 2.400 m, una trocha se dirige empinadamente hacia arriba a través de una mezcla de pasturas y bosque montano casi intacto hasta que alcanza un lago ovalado que mide aproximadamente 1.400 m² (Fig. 3A). Hace más de 30 años que el lago fue sembrado con truchas, y los residentes locales quieren desarrollar turismo aquí.

Más allá de este primer lago, las señales de actividad humana se desvanecen, y las huellas de oso y danta se vuelven abundantes. Una nueva trocha cortada por los Cofan asciende abruptamente desde el lago sembrado con truchas a través de áreas del valle con abundante cobertura boscosa, trepando los páramos de matas de hierba con numerosas *Espeletia* hacia el filo de la divisoria continental, virtualmente desprovisto de vegetación y fuertemente azotado por el viento. Desde la divisoria hacia abajo, aparece el campamento de Ccuttopoé, localizado en las cabeceras del río Condué, a lo largo de un pequeño lago a 3,600 m. Aquí, los cerros con abundante bosque alternan con praderas de páramo que descienden hacia el valle del Condué, hacia la confluencia de los ríos Condué y Agnoeqi a 3.200 m.

INVENTARIO SOCIAL
(8–31 octubre 2008)

El equipo social visitó comunidades al interior y alrededor de Cabeceras Cofanes-Chingual para identificar los patrones principales del uso de recursos naturales por parte de esas comunidades, sus interacciones potenciales y aspiraciones en cuanto a las áreas propuestas de conservación, así como las fortalezas comunales y regionales existentes para participar en planes de conservación.

El equipo visitó 22 comunidades. En 9 comunidades focales (Figs. 2A, 12B), los miembros del equipo condujeron entrevistas intensivas, talleres comunales, y reuniones informativas. Se visitaron 13 comunidades adicionales para entrevistar representantes de gobiernos locales y regionales, y otros actores clave, para conducir estudios visuales sobre patrones del uso de la tierra y para entrevistar brevemente a los residentes.

Aunque las comunidades visitadas se encuentran en las provincias de Sucumbíos y Carchi, conceptualmente pueden agruparse en tres categorías de acuerdo a sus patrones socio-históricos y contextos regionales.

El primer grupo de comunidades incluye a Paraíso, La Barquilla, Rosa Florida, La Bonita y La Sofía. Aquí, las áreas con cobertura boscosa dominan el paisaje, con rangos de elevación que van desde 800 a 2.500 m. Las comunidades están conectadas por (1) el río Chingual y sus afluentes; (2) relaciones históricas de colonización, afinidad, migración y economía; y (3) una carretera (la cual los conecta con Lago Agrio, la sede del gobierno provincial de Sucumbíos, hacia el sur, y con la provincia de Carchi hacia el norte). Además, las comunidades comparten patrones comunes de uso de recursos tanto naturales como agrícolas, con variaciones locales que reflejan factores como ritmo de establecimiento de asentamientos, altitud, microclima y geografía. Mientras comparten muchas de estas características, la comunidad de La Sofía se caracteriza porque (1) está localizada en un valle que se encuentra significativamente dentro de la propuesta reserva municipal, cerca del territorio ancestral de Río Cofanes; (2) todavía no tiene acceso directo por carretera; y (3) está ubicada cerca del río Laurel, un afluente del Cofanes.

El segundo grupo comprende comunidades ubicadas junto a la extensión norte de la propuesta reserva municipal. Algunas se encuentran en la extensión más al norte del Cantón Sucumbíos (provincia de Sucumbíos) y las restantes están dentro de la Provincia de Carchi.

Mientras que estas comunidades de Sucumbíos tienen algunos lazos históricos y económicos con las comunidades mencionadas líneas arriba, éstas son económica-, geográfica- y ecológicamente más afines con sus vecinos de Carchi. La comunidad focal visitada fue El Playón de San Francisco. Sin embargo, observaciones y entrevistas con actores institucionales clave se llevaron a cabo en Santa Barbara, Santa Rosa, Las Minas y Cocha Seca (Sucumbíos); y en Tulcán, Huaca, San Gabriel y Mariscal Sucre (Carchi). Estas comunidades se encuentran dentro de un rango de altitud de 3,000–3,800 m. En esta región, un "mosaico" de campos de cultivo de papas y pasturas de ganado rodea asentamientos humanos, con la frontera agrícola ganándole terreno gradualmente a los bosques de las crestas de las colinas ubicadas apenas por debajo del páramo. Estos bosques protegen los recursos de agua para varias comunidades tanto en la provincia de Sucumbíos como en la de Carchi.

El tercer grupo de comunidades inventariadas está en el cantón Bolívar, en el extremo más al sur de la provincia de Carchi, en el límite con las provincias de Sucumbíos e Imbabura. Monte Olivo y Palmar Grande fueron las comunidades focales. Condujimos observaciones y visitas breves por los alrededores de los poblados de Miraflores, Raigrass, Aguacate, Manzanal y Motilón, ubicados en los flancos de las montañas circundantes que drenan hacia los ríos Carmen y Escudillas. El equipo social también visitó brevemente Pueblo Nuevo, una comunidad ubicada a unos kilómetros río abajo de Monte Olivo, establecida cuando algunos residentes de Monte Olivo se reubicaron luego de un derrumbe masivo ocurrido en 1972. Estos asentamientos se encuentran aproximadamente dentro de un rango de 1.900–3.100 m y comparten lazos históricos y una lucha en común para adaptar sistemas de producción para las exigentes condiciones de los microclimas típicos de zonas montañosas, topografía empinada y periodos de escasez de agua. La región provee agua de regadío a las comunidades agricultoras ubicadas aguas abajo.

Un equipo social base (Alaka Wali y Stephanie Paladino) estuvo presente durante todo el inventario y fue reforzado por miembros adicionales durante diferentes fases. Mayores detalles y discusión sobre prácticas de usos de recursos naturales y fortalezas sociales de las comunidades ubicadas dentro y alrededor de Cabeceras Cofanes-Chingual aparecen en el último capitulo del reporte técnico (ver páginas 121–140).

GEOLOGÍA, HIDROLOGÍA Y SUELOS:
procesos y propiedades del paisaje

Autor/Participante: Thomas J. Saunders

Objetos de conservación: Valles y lagos glaciales de altura; un peculiar valle tallado por glaciares y rodeado de paredes de granito sólido; ríos y arroyos de gradientes altas; servicios valiosos para el ecosistema tales como la captura y provisión de agua; y bosques intactos que protegen de manera natural a las montañas empinadas contra la erosión

INTRODUCCIÓN

La constitución geológica de las Cabeceras Cofanes-Chingual es una de las más complejas y dinámicas de este planeta. La superficie rocosa que se encuentra a lo largo de una gradiente altitudinal que va desde los 650 a los 4.000 m de elevación está compuesta de material volcánico solidificado, paredes de granito sólido y una mezcal de rocas sedimentarias y metamórficas. La edad de las rocas varia desde depósitos volcánicos geológicamente jóvenes hasta depósitos de pizarra cuyo material original fue depositado probablemente más de un cien millones de años atrás. Los páramos de altura (pastizales alpinos) y las terrazas bajas inundables del río Aguarico están unidos por medio de colinas empinadas boscosas, cadenas de colinas largas y sinuosas, y ríos de gradiente alta. La región recibe grandes cantidades de precipitación y condensación, y el agua juega un rol muy importante en la formación de paisajes mediante procesos de erosión, derrumbes y la exportación constante de los sedimentos provenientes de los Andes a la Amazonía.

Durante la última era de hielo, los glaciares tallaron los depósitos volcánicos y los afloramientos de granito localizados cerca de las crestas de las montañas creando profundos valles glaciales rodeados de acantilados rocosos y empinados. El volcán Soche formó el paisaje a través de erupciones y depósitos de ceniza y rocas

a lo largo de toda la región. Los fuegos volcánicos se encontraron con el hielo glacial cuando el Soche erupcionó hace ~10.000 años atrás (Hall et al. 2008), creando grandes flujos de lava y barro ("lahares"), redefiniendo el paisaje una vez más. Los Andes de las Cabeceras Cofanes-Chingual, continuamente modificados a través del tiempo, están todavía sujetos a grandes cambios geológicos. La falla Chingual-La Sofía cruza directamente el medio de la región del inventario (Eguez et al. 2003). Este sistema de fallas ha sido muy activo en los últimos 10.000 años. Ego et al. (1996) estiman que un sismo de una magnitud aproximada de 7,0–7,5 se podría dar a lo largo de este sistema de fallas cada 400 (+/-440) años. El sistema de fallas de 70 km es sólo un indicador de la actividad geológica de la región: Grandes erupciones de los volcanes Cayambe, Reventador y Soche también podrían afectar las Cabeceras Cofanes-Chingual.

Deslizamientos menos dramáticos provocados por pequeñas tormentas y suelos reptantes (es decir *soil creep*, el movimiento lento del suelo, cuesta abajo debido a la gravedad) ocurre en todo el paisaje y ejemplifica la variedad de escalas temporales que afectan los procesos de formación de montañas. La alta variación de tipos de rocas y la alta incidencia de deslizamientos da como resultado un arreglo totalmente heterogéneo y dinámico de los suelos jóvenes. A pesar de esta variabilidad, emerge una tendencia general en las condiciones de suelo: Sin importar el tipo de lecho de roca, la acumulación de materia orgánica incrementa con la altitud al igual que con la disminución de la temperatura y la elevación de los niveles de humedad en el suelo. Las propiedades físicas y químicas del agua también cambian como una función de la altitud y variabilidad geológica pero generalmente exhiben niveles elevados de pH y conductividad características de los ríos andinos de aguas blancas. Los lagos y pantanos pequeños de altura son comunes en el paisaje de páramo, y tienen sus propiedades físicas y químicas específicas.

Las cabeceras Cofanes-Chingual influencian dramáticamente los ciclos meteorológicos e hidrológicos mediante la captura de la humedad del aire contenida en las masas de aire que provienen de la cuenca amazónica. Un "efecto orográfico" escurre la humedad del aire húmedo calido empujado hace arriba contra las laderas orientales de los Andes por el viento preponderante. Con el incremento de altitud, las bajas temperaturas disminuyen el punto de saturación de estas masas de aire, forzando la condensación de las moléculas de agua en gotas de agua. La condensación se acumula en las hojas de las plantas, es drenada en el suelos y eventualmente drena atravesando el subsuelo y depositándose en los arroyos y ríos. Sin embargo, si la cobertura vegetal disminuye (p. ej., vía deforestación), la condensación colectada también disminuirá. Las Cabeceras Cofanes-Chingual, con sus coberturas boscosas y páramos intactos, llevan a cabo un servicio al ecosistema monumental mediante la captura de agua fresca para uso humano y servicios ambientales.

Los bosques intactos también previenen la erosión y detienen deslizamientos que de lo contrario podrían ocurrir en las laderas montañosas empinadas. Las pendientes en la región van desde las terrazas de gradiente baja hasta acantilados verticales, y muchas de las pendientes observadas en los campamentos se encontraban a ángulos mayores de 45°. El potencial de erosión aumenta con el incremento de la pendiente debido a que la lluvia que cae en esta viaja más rápido y puede cargar más sedimentos. Los suelos por si solos pueden ser fértiles—especialmente en áreas con fuerte influencia volcánica—pero la destrucción del bosque debido al establecimiento de actividades agrícolas resultará en la rápida perdida de fertilidad debido a las fuertes lluvias en la región la cuales erosionan rápidamente un suelo sin cobertura. Aunque se podría sembrar en las laderas inclinadas por un corto periodo de tiempo, los procesos de erosión aumentarían de tal manera que acabaría rápidamente con la fertilidad natural de los suelos. Otro proceso común en paisaje empinados como los Cofanes-Chingual son los grandes deslizamientos que podrían poner en peligro a las personas o mediante la formación de represas naturales y temporales a lo largo de los ríos pequeños y arroyos que drenaban los valles empinados. Una vez que estas represas colapsan originan inundaciones río abajo.

MÉTODOS

Evalué el paisaje, suelos, cuerpos de agua y el pasado geológico de la región basándome en observaciones realizadas durante las caminatas en las trochas establecidas en cada campamento, usando fotos áreas tomadas en los sobrevuelos y durante el transporte en helicóptero hacia cada campamento, usando datos derivados de las imágenes satelitales existentes (Aster, Landsat) e información topográfica (resolución SRTM 90-m; mapas IGN a escala 1:50.000). Evalué el tipo de rocas existentes en los afloramientos y en los lechos ribereños para determinar la roca parental existente en cada campamento. Use un "barrenador holandés" (*Dutch auger*) para muestrear los suelos a una profundidad aproximada 1,4 m dentro de las diferentes formaciones del paisaje. Se anotó las diferencias en color de suelo, textura y horizontes asociados a las diferentes formaciones de tierra y en las diferentes gradientes topográficas. Finalmente, medí la conductividad, pH, temperatura, y oxígeno disuelto en los cuerpos de agua usando un medidor y sensor YSI Professional Plus. Combiné las observaciones en cuanto a geología, suelos, hidrología y calidad de agua para explicar la historia del paisaje en cada lugar y proveer el contexto para el trabajo biológico completado durante el inventario. Las referencias de taxonomía de suelos son las utilizadas por el USDA Soil Survey Staff (2006).

RESULTADOS

Los datos de conductividad, oxígeno disuelto, potencial de oxidación y reducción, pH y temperatura de los cuerpos de agua se dan en el Apéndice 1.

Laguna Negra

Geología y procesos del paisaje

La Laguna Negra está ubicada en la base de un valle largo y glacialmente tallado, rodeado por una combinación de paredes de rocas lisas y acantilados empinados. El fondo del valle es relativamente plano y está dividido por dos caídas de aguas, las cuales caen desde unos 10–25 m. Los arroyos y ríos cercanos a Laguna Negra fluyen lentamente sobre un lecho de rocas que nos cuentan de un pasado explosivo. La brecha volcánica, el lecho rocoso que domina la totalidad del sistema de trochas de Laguna Negra, está formado cuando las rocas creadas por erupciones volcánicas (basalto, riolita, andesita y pómez) se mezclan con lava, agua y cenizas en torrentes violentos (lahares). Esta mezcla heterogénea de rocas y agua eventualmente se solidificó en una masa de roca sólida que contiene inclusiones de varios tipos de rocas. Después de que lo glaciares cortaron estas rocas, los valles resultantes se llenaron de nuevo de lahares y deslizamientos que ocurrieron después de la contracción de los glaciares. El valle de Laguna Negra es parecido a otros valles de cabecera también tallados glacialmente que he observado a elevaciones similares en el sistema de trochas. El paisaje glacial y volcánico que originalmente fue formado por fuego y hielo continua siendo transformado por procesos geomorfológicos y pedogénicos persistentes. Los fondos de los valles se llenan lentamente de plantas, deposición de materia orgánica y depósitos de sedimentos, convirtiendo los lagos en pantanos mediante la creación de depósitos profundos y suaves de materia orgánica, arena fina y limo. Los deslizamientos pequeños que bajan de las laderas empinadas entierran las superficies antiguas de suelo con materia orgánica fresca y material mineral, aumentando así la topografía monticulosa del valle. Los arroyos pequeños fluyen alrededor de las laderas, cortando lentamente hacia el fondo del valle.

Suelos

Debido a su alta elevación, la Laguna Negra se caracteriza por sus condiciones húmedas y frías que disminuyen dramáticamente la descomposición de materia orgánica. Los pastizales producen grandes cantidades de materia orgánica, la cual se acumula en depósitos gruesos y materia orgánica. (Es conveniente mencionar que los suelos de páramos son una gran reserva de carbón). Los horizontes superficiales, ricos en materia orgánica, usualmente son mayores a 1 m de profundidad, especialmente en las áreas planas del paisaje. Las superficies de las laderas empinadas pueden ser lechos de piedra expuestas cubiertas con líquenes y musgos o superficies cubiertas por una delgada capa de suelo rico en materia orgánica. Las texturas a menudo son muchos más arenosas en las laderas debido a que el

producto de la interperización del lecho de rocas de las partes superiores se mezcla con el suelo superficial. En los lugares que albergan parches de bosques andinos, los suelos superficiales suelen presentar alfombras gruesas de musgos (más de 60 cm de grosor en algunos lugares). Los suelos que dominan esta región están clasificados en el orden de los Andisoles (usando la taxonomía USDA) debido a la presencia de material volcánico dentro de los 50 cm de suelo superficial. Limitadas extensiones de Histosoles, suelos dominados por materia orgánica, dominan en los fondos de los valles y pantanos.

Agua

La presencia de lagos, arroyos, pantanos y pequeños lagos fue común en toda región húmeda y elevada del páramo. La temperatura de los cuerpos de agua fue consistente en todas ellas, <10 °C, pero algunos lagos pequeños expuestos tenían temperaturas mayores a 12 °C durante el día. El pH de los arroyos y los ríos fue afectado por la concentración de cationes (Ca, Mg, K, Na) comúnmente asociados con rocas volcánicas, elevando el pH a >6,3 en comparación con el agua de los pantanos (usualmente <5,0) que se mantenía por los ácidos orgánicos derivados de las plantas muertas con las cuales siempre están en contacto directo. Los depósitos orgánicos gruesos hacen que las aguas estancadas y de flujo lento no estén influenciadas por el lecho rocoso, dominando la composición química orgánica (de pH bajo, y baja conductividad). A pesar de esta variación en las caracterización química de sus aguas, el páramo juega un rol significativo en el ciclo hidrológico de la región y la producción de agua fresca a través de la producción constante de agua potable por medio de la condensación.

Alto La Bonita

Geología y procesos del paisaje

La composición rocosa de Alto La Bonita es la más heterogénea del inventario. Así como en Laguna Negra, un glaciar gigante talló el valle dentro del paisaje. Sin embargo, en Alto La Bonita, el glaciar cortó lentamente un afloramiento de granito sólido (Fig. 3B), rompiendo la roca y mezclándola con los residuos volcánicos que fue entonces depositado en dos morrenas laterales grandes (material glacial). A lo largo de un deslizamiento en una pendiente de una de las morrenas laterales, se encontró bloques y cantos rodados de granito mezclados con arena y grava compuesta de piedra pómez, riolita y basalto. En la parte baja del valle, a una elevación de 2.600 m, las morrenas laterales desaparezcan y son reemplazados por un valle empinado y en forma de V. El lecho rocoso del río Sucio está conformado mayormente por granito de los valles superiores, sin embargo, numerosas rocas metamórfica rocas (incluyendo esquistos y gneiss) fueron comunes. Las rocas volcánicas (que son ligeras, frágiles y erosionables) son rápidamente transportadas río abajo a este valle bajo en forma de V, dejando tan sólo pocas señales de la existencia de rocas de origen volcánico en las arenas y la grava del lecho del río.

Suelos

Así como Laguna Negra, Alto La Bonita se encuentra en un sitio de alta elevación y bajas temperaturas donde la degradación de la materia orgánica es lenta y las acumulaciones de horizontes orgánicos gruesos son comunes. Las pendientes empinadas y los fondos de valles están cubiertos de gruesas alfombras de raíces (de 1 m de grosor o más) lo que dificulta las caminatas. Reflejando la complejidad geológica, los suelos de Alto La Bonita son extremadamente heterogéneos debido a que fueron formados por distintos tipos de rocas a lo largo de una variedad de relieves dinámicamente cambiantes. Los deslizamientos transportan grandes masas de mineral y matera orgánica enredada en los troncos de los árboles, cantos rodados y bloques hace el suelo del valle o hacia terrazas de río abandonadas. Los suelos de esa área son extremadamente complejos, heterogéneos y usualmente recién están formando depósitos frescos, con pocos horizontes distintivos. En general, los suelos son "Inceptisoles," i.e., suelos que recién están empezando el proceso de formación de horizontes distintivos. Al igual que Laguna Negra, los Histosoles predominan en las áreas de pantanos en los fondos de valles planos donde la materia orgánica se ha acumulado en depósitos gruesos.

Agua

Los cuerpos de agua en Alto La Bonita son ríos y quebradas de gradiente superior, con alta energía, que transportan grandes volúmenes de piedras, troncos de árboles, raíces conglomeradas y sedimentos suspendidos, desde los valles altos hasta las tierras bajas. El arroyo meándrico que drena el valle del río Amarillo, de gradiente baja y de formación glacial, es la única excepción. El sustrato del canal consiste en bloques pequeños y piedrecillas que se diferencian de los cantos rodados que abundan en el canal del río Sucio. El hierro, después de haber sido disuelto en el valle colindante, plano y saturado de agua, es drenado en este río y es oxidado por bacterias presentes en el agua y en las rocas. Este proceso le da el color anaranjado-amarillo a las rocas del río y al agua misma. En los ríos localizados en las cabeceras del río Sucio, el pH es generalmente alto, pero la variada composición de granito y rocas volcánicas balancea el pH hacia 7.

Río Verde

Geología y procesos de paisaje

La geología y los suelos de Río Verde, el campamento de menor elevación, fueron distintas de nuestros otros campamentos. El lecho rocoso del área inventariada en Río Verde no está dominada por los granitos, gneiss, y esquistos encontrados en el área de captación superior, más bien está conformada por rocas sedimentarias, meta-sedimentarias y metamórficas derivadas de antiguos depósitos de rocas sedimentarias. La roca dominante en la base de la región del Río Verde es una pizarra de color negro oscuro, la cual es una roca metamórfica que empezó su formación hace más de 14 millones de años (antes de que los Andes se eleven en el Ecuador) como depósitos gruesos de materia orgánica y arcilla.

Durante la formación de los Andes, los ríos que alguna vez drenaron en la parte este de Sur América empezaron a drenar en la parte oeste, donde formarían grandes charcos. Su materia orgánica y sedimentos finos continuaron acumulándose en la base de los Andes jóvenes. Mientras la cadena de montañas crecía, también continuo creciendo el tamaño de los sedimentos que llegaban a las terrazas de inundación, empezando por arcillas, luego limo y finalmente arena. Los organismos creciendo en esta agua crearon caparazones de carbonato de calcio que se acumularon e algunas áreas para formar caliza. La presión se acumulo y los depósitos suaves fueron comprimidos para dar origen a una roca dura que se conoce como esquisto arcilloso. A medida de que la presión de la montaña continuaba influenciando el área, los esquistos arcillosos fueron sometidos a más compresión (metamorfosis) originando la pizarra que se encuentra hoy en día. Encima de la pizarra se encuentra esquistos y calizas, los cuales fueron expuestos a diferentes grados de impresión y metamorfismo. Las intrusiones de magma provenientes de abajo causaron fundiciones y enfriamientos localizados de estas rocas, creando una gradiente de tipos de rocas derivados del mismo material sedimentario, cada cual fundido y resolidificado en diferentes grados. Calcitas salificadas, duras y durables también fueron comunes en el área y se formaron cuando los esquistos arcillos fueron expuestos a las altas concentraciones de sílice disuelta que precipitó dentro de la matriz del esquisto arcilloso. Las calcitas salificadas son usualmente usadas para la confección de herramientas humanas.

Finalmente el río Cofanes transporta el granito, esquistos y gneiss de los embalsamientos superiores y los deposita a lo largo del borde del río, formando terrazas y durante inundaciones masivas deposita cantos rodados y bloques en los ríos tributarios. Las terrazas abandonadas de ríos localizadas muy por encima del lecho de río actual todavía contiene fragmentos de estas piedras redondeadas. Como resultado, los suelos formados en estas viejas terrazas contienen una mezcla de rocas provenientes de la región entera de las Cabeceras Cofanes-Chingual. Los ríos del área continúan cortando los lechos profundos de los empinados cañones con forma de V localizados en el área.

Suelos

Las condiciones en el Río Verde fueron similares a las de Alto La Bonita, en la cual los deslizamientos y la erosión mantenían la composición de suelos jóvenes y heterogéneos, constantemente cambiando dentro del paisaje. Sin embargo, una diferencia sustancial entre el Río Verde y nuestros campamentos más elevados fue el contenido de materia orgánica en el suelo. En el Río Verde, las temperaturas más calidas contribuyeron a una descomposición más rápida de la materia orgánica.

Los suelos eran firmes y fáciles para caminar, y no se encontró gruesas alfombras de raíces como las que cubrían Alto La Bonita. Los suelos más profundos fueron encontrados en las terrazas de los ríos y los suelos eran por lo general superficiales en las laderas empinadas y las crestas altas y delgadas. El contenido de arena fue alto en los suelos superficiales de las laderas empinadas debido a que el material rocoso fue mezclado con el suelo de las partes altas durante los deslizamientos. La mayoría de suelos en el Río Verde podrían ser clasificados dentro de los Inceptisoles debido a que son jóvenes y los horizontes poseen una limitada diferenciación.

Agua y cuerpos de agua

El lecho fluvial del río Verde sufre un cambio antes de la confluencia con el río Cofanes. Éste está inicialmente compuesto de grandes cantos rodados y bloques de material metamórfico y granítico, los cuales fueron depositados por el Cofanes, para luego cambiar su composición con bloques de pizarra y barro provenientes de formaciones locales. Debido a los afloramientos mixtos de pizarra, esquistos arcilloso y caliza, las propiedades químicas de los pequeños arroyos que alimentan el río Verde son variables. Uno de los arroyos en partículas tenia un pH elevado (8,13) y la mayor conductividad (107,7 µS) registrada en el inventario, sugiriendo la presencia de un depósito de carbonato de calcio o magnesio superficial o subsuperficial. Durante el inventario se notó también que el río Verde respondía dramáticamente a los eventos de precipitación: los niveles de agua variaban sustancialmente en un periodo aproximado de dos días. Se notó altos niveles de erosión en la laderas (deslizamientos) así como también el cambio de color del agua del río provocado por la cantidad de sedimentos suspendidos que llenaban el lecho del río después de las lluvias. Cualquier actividad de deforestación en este sistema podría originar altos niveles de erosión.

AMENAZAS Y OPORTUNIDADES

Los bosques andinos de altura y los páramo son conocidos por la producción de grandes cantidades de agua dulce de alta calidad. Este servicio del ecosistema

intacto posee un gran valor y debería ser protegido
para prevenir la deforestación en las cuencas locales.
Las laderas empinadas de las Cabeceras Cofanes-
Chingual se mantienen en su lugar gracias a las
comunidades de plantas creciendo en ellas. Estas laderas
son precarias y sensibles a los deslizamientos naturales
originados por sismos y lluvias intensas. La desaparición
de bosques de manera antropogénica en la región podría
incrementar dramáticamente los deslizamientos y la
erosión y causar una mayor inestabilidad de laderas.
Los suelos fríos y húmedos de los hábitats de altura son
fuentes de almacenamiento de carbón, y necesita ser
cuantificada y considerada al realizar decisiones sobre
uso de tierra en la región.

Los valiosos servicios al ecosistema presentes en
las Cabeceras Cofanes-Chingual—tales como producción
de agua, estabilización de laderas y almacén de carbón—
nos dan una clara oportunidad de justificar y tal vez
proveer una fuente de financiamiento estable para la
conservación de la región.

RECOMENDACIONES

- Mantener la cobertura boscosa en todas las laderas
  para asegurar la producción de agua pura y limitar la
  perdida de suelo y materia orgánica.

- Limitar las actividades humanas destructivas (minería,
  carreteras, agricultura, ganadería, quema intensiva)
  en los paisajes boscosos y de páramo para proteger la
  calidad y cantidad de agua.

- Llevar a cabo estudios de almacenamiento de carbón
  en las áreas altas de la región Cofanes-Chingual.

FLORA Y VEGETACIÓN

Autores/Participantes: Corine Vriesendorp, Humberto Mendoza,
Diego Reyes, Gorky Villa, Sebastián Descanse y Laura Cristina
Lucitante

Objetos de conservación: La diversa y endémica flora de la parte
norte de los Andes, una región altamente deforestada en otras
partes de Colombia y Ecuador; poblaciones saludables de especies
maderables en los bosques montanos bajos y altos (p. ej., *Polylepis,
Podocarpus, Weinmannia, Humiriastrum*); vasta diversidad de
orquídeas, probablemente incluyendo algunos géneros con lo más
alta riqueza local tales como *Masdevallia*; y una amplia gradiente
altitudinal con bosques intactos, críticos para la migración debida
al cambio global

INTRODUCCIÓN

Las Cabeceras Cofanes-Chingual ("Cofanes-Chingual")
comprende laderas boscosas en el flanco oriental de los
Andes del norte del Ecuador. Esta área, en su mayoría, ha
sido botánicamente poco explorada por lo que se conoce
muy poco acerca de su flora. Actualmente, nuestra mejor
aproximación a esta flora proviene de las colecciones
de plantas a elevaciones mayores a 1.000 m en Carchi
oriental y las provincias occidentales de Sucumbíos,
representando ~2.200 especies (TROPICOS 2008; com.
pers. D. Neill). Casi todas estas colecciones provienen
de áreas cercanas a la carretera Panamericana y otras
grandes autopistas que rodean Cofanes-Chingual.

Adicionalmente, tres reservas cercanas comparten
especies de plantas con algunas elevaciones de Cofanes-
Chingual: el páramo de la Reserva Ecológica El Ángel
(Foster et al. 2001), elevaciones entre los 600 y los
4.200 m en la Reserva Ecológica Cayambe-Coca y áreas
por encima de los 600 m en la Reserva Ecológica Cofan-
Bermejo (Foster et al. 2002). En al cercana Colombia, los
registros florísticos existen para La Planada, una parcela
de 25 ha (Vallejo et al. 2004), y aunque La Planada está
ubicada en las vertientes occidentales de los Andes y
cubre una pequeña gradiente de altitud (1.718–1.844 m),
existe una traslape florístico con Cofanes-Chingual.

MÉTODOS

En el periodo comprendido entre el 15 al 31 de octubre
del 2008 inventariamos la flora y la vegetación en

el páramo (3.400–4.200 m), bosque montano alto (2.600–3.000 m) y bosque montano bajo (650–1.200 m) en áreas ubicadas en el norte, este y sur de Cofanes-Chingual. En cada uno de estos tres lugares recorrimos la mayor cantidad de terreno posible, colectando especímenes fértiles y anotando las diferencias en los tipos de hábitats. En el campo, H. Mendoza, D. Reyes y C. Vriesendorp tomaron más de 2.500 fotografías a las plantas, la mayoría en condiciones fértiles. Una selección de las mejores fotos serán distribuidas gratuitamente en la red de Internet en *http://fm2.fieldmuseum.org/plantguides/*.

Nuestros estimados de las diferencias relativas en cuanto a diversidad son aproximaciones; no realizamos medidas cuantitativas de la diversidad de plantas. Usando nuestros registros de colección y observaciones de conocidas especies hemos generado una lista preliminar de la flora de Cofanes-Chingual (Apéndice 2). Hemos comparado estos resultados con los registros del Libro Rojo de la Flora Endémica del Ecuador (Valencia et al. 2000) para determinar el estatus endémico de las plantas registradas durante nuestro inventario.

Colectamos 843 especímenes durante nuestro inventario. R. Foster y W. Alverson trabajaron en combinación unos 20 días en el Herbario Nacional (QCNE) en Quito, Ecuador, prensando, secando e identificando especímenes. Se les unieron por seis días H. Mendoza, D. Reyes y G. Villa. Estas colecciones fueron depositadas en el QCNE, con especímenes duplicados en The Field Museum (F) en Chicago, EEUU, y en el Herbario Federico Medem Bogotá (FMB) del Instituto Alejandro von Humboldt, Bogotá, Colombia. Todos los especímenes adicionales fueron mandados a los especialistas o distribuidos a los herbarios ecuatorianos.

RIQUEZA Y COMPOSICIÓN FLORÍSTICA

Durante el inventario encontramos aproximadamente 850 especies de plantas vasculares—con muy pocas repeticiones entre los tres sitios— de las cuales 569 han sido identificadas hasta especie, género o familia (Apéndice 2). Estimamos que Cofanes-Chingual alberga unas 3.000–4.000 especies de plantas. Esto estimado

refleja nuestro presentimiento de que entre las ~2.200 colecciones realizadas en la región, las realizadas en los bosques de medianas elevaciones (1.500–3.000 m) son poco representativas y probablemente albergan unas 800–1.800 especies adicionales. Adicionalmente el endemismo regional es alto, con muchas especies probablemente restringidas a los bosques remanentes del norte ecuatoriano y sur de Colombia.

De acuerdo al orden de la gradiente altitudinal, registramos aproximadamente 350 especies en Río Verde (650–1.200 m), 300 especies en Alto La Bonita (2.600–3.000 m), y 250 especies en Laguna Negra (3.400–4.100 m). Estimamos de manera conservadora que existen unas 1.000 a 1.200 especies en Río Verde, 700-800 en Alto La Bonita y 300–350 especies en Laguna Negra.

Ciertas familias y géneros fueron particularmente diversos y abundantes. En Laguna Negra, nuestro sitio de páramo, las familias con la mayor riqueza de especies fueron Ericaceae, Asteraceae y Poaceae. La diversidad genérica en Ericaceae en Laguna Negra fue particularmente alta, con muchas especies de *Ceratostema*, *Disterigma*, *Gaultheria*, *Macleania*, *Pernettya*, *Themistoclesia*, *Thibaudia* y *Vaccinium*. En Alto La Bonita, en los bosques montanos altos, encontramos una gran diversidad de Asteraceae, Melastomataceae y particularmente Orchidaceae. A nivel de género registramos por lo menos 5 especies de *Masdevallia* (Orchidaceae). En Río Verde, nuestro sitio de menor elevación, tuvimos más especies de tierras bajas y un mayor grado de disturbios. Las familias Piperaceae, Melastomataceae y Rubiaceae fueron las familias con más riqueza de especies, siendo el género *Piper* (Piperaceae) el más rico en especies. La diversidad de géneros en Rubiaceae fue espectacular, con especies representando 16 géneros: *Coussarea*, *Faramea*, *Guettarda*, *Hamelia*, *Hippotis*, *Hoffmannia*, *Joosia*, *Macbrideina*, *Manettia*, *Notopleura*, *Palicourea*, *Pentagonia*, *Psychotria*, *Schradera*, *Sphinctanthus* y *Warszewiczia*.

En los bosques húmedos montanos, las epífitas fueron un elemento importante de la flora. La dominancia y riqueza de orquídeas en Alto La Bonita fue particularmente impresionante, desde grandes y llamativas especies (p. ej., *Maxillaria*, *Masdevallia*) a orquídeas muy pequeñas (p. ej., *Lepanthes*, *Stelis*). En general, la bromelias y las hemiepífitas fueron abundantes pero no muy diversas.

TIPOS DE VEGETACIÓN Y DIVERSIDAD DE HÁBITATS

El terreno agreste y las condiciones de extrema humedad crean diferencias drásticas a pequeñas escalas en la composición florística y de vegetación. A continuación describimos las comunidades de plantas que encontramos en cada lugar.

Laguna Negra (3.400–4.100 m)

En Laguna Negra inventariamos dos hábitats de páramo: de césped y parches de bosques creciendo en laderas empinadas y húmedas. Ninguno de estos hábitats fueron diversos; sin embargo ambos albergan especies endémicas de bosques andinos de alta elevación y pastizales.

Los disturbios más grandes a nivel de paisaje son los deslizamientos y los fuegos, con el hábitat de páramo representando una de las primeras fases succesionales en la recolonización de las áreas disturbadas. Algunos de los disturbios son originados por los residentes locales, quienes prenden fuego en el páramo y extraen árboles (especialmente *Polylepis*, Rosaceae; *Escallonia*, Grossulariaceae; *Weinmannia*, Cunoniaceae) para leña y construcción de cercos.

Páramo

A pesar de los disturbios naturales y antropogénicos, la flora de páramo en Laguna Negra es rica y similar a la del páramo en áreas aledañas (p. ej., Reserva Ecológica El Ángel y la Estación Biológica Guandera). El grass *Calamagrostris intermedia* (Poaceae) domina el paisaje, el cual se intercala con tallos de *Espeletia pycnophylla* (Asteraceae), conocido localmente como *frailejón*. Un grupo predecible de otras especies—*Calceolaria* cf. *crenata* (Scrophulariaceae), *Halenia weddelliana* (Gentianaceae), *Hypericum laricifolium* y *H. lancioides* (Clusiaceae), *Brachyotum lindenii* (Melastomataceae), *Chuquiraga jussieui* (Asteraceae) y otras plantas de la familia Asteraceae— se encuentran dispersas en todo el pastizal. La *Puya hamata* (Bromeliaceae) no fue tan común, y sólo pocos individuos tenían inflorescencias, sin embargo el oso de antojos parece alimentarse de las semillas blancas y peludas así como también del endospermo.

El páramo en la parte alta del valle tenia un fondo plano y ancho, sin *Espeletia*. Los suelos aquí estaban sobresaturados, esponjosos y cubiertos de rosetas de flores amarillas y blancas de *Hypochaeris* (Asteraceae). Unas pocas especies de Rubiaceae formaban alfombras cubriendo las áreas más húmedas: *Arcytophyllum setosum* (con flores blancas y pequeñas), *Galium hypocarpium* (con frutos naranjas diminutos) y *Nertera granadensis* (con frutas rojas y pequeñas). Las plantas almohadillas que usualmente dominan las áreas más húmedas de los páramos de Colombia son aquí sorprendentemente escasas o ausentes.

Bosques remanentes

Pocos parches boscosos localizados en los acantilados más empinados crecen encima de alfombras de musgos muy húmedos, creando áreas tan sobresaturadas que parecen pantanos verticales. La composición de árboles no parece ser diferente de otras áreas, pero se observó creciendo dentro del bosque grandes densidades de orquídeas, *Fuchsia* (Onagraceae) y *Castilleja* (Scrophulariaceae).

La mayoría de parches boscosos crecen en laderas empinadas sin alfombras de musgos grandes. Los árboles más comunes fueron *Gaiadendron punctatum* (Loranthaceae), visible desde lejos debido a sus hojas naranja e inflorescencia amarilla; *Escallonia myrtilliodes* (Grossulariaceae) con hojas diminutas; *Baccharis* sp. (Asteraceae) con hojas lanceoladas gris-blanco; *Gynoxys* (Asteraceae) con las hojas terminales aplastadas; y *Weinmannia pinnata* (Cunoniaceae) con los doseles aplanados. Adicionalmente, dos árboles en diferente familias, *Ilex colombiana* (Aquifoliaceae) y *Cybianthus marginatus* (Myrsinaceae), son comunes y tiene una morfología similar de hojas diminutas, espiraladas y densamente compactadas lo cual le da a las ramas una apariencia de torres.

La única regeneración de especies forestales que observamos en el páramos fueron numerosos individuos de *Gaiadendron punctatum* y una que otra *Weinmannia pinnata*. Algunas de las hipótesis actuales en cuanto a los factores que determinan el área de dominancia forestal es que las temperaturas frías de las noches junto a las altas radiaciones solares durante el día podrían inhibir la fotosíntesis de las especies forestales en áreas abiertas, previniendo que se dispersen en los páramos de mayores alturas (Bader 2007). Nosotros especulamos que el *G. punctatum* tiene impedimentos fisiológicos menos rigurosos, o se reproduce clonalmente o estaría parasitando raíces (dado de que es miembro de la familia Loranthaceae, generalmente parasítica).

En el dosel forestal destacan las flores tubulares, rojas, largas y erectas del *Psittacanthus* (Loranthaceae), así como las inflorescencias emergentes de la trepadora común *Pentacalia* (Asteraceae). La convergencia evolutiva es muy común. Por ejemplo, las flores rojas de la liana común *Ceratostema alatum* (Ericaceae) son péndulos pero superficialmente muy similares a las flores erectas del *Tristerix longebracteatus*. Los árboles y los arbustos de numerosas familias se han convertido en un hábitat "ericoide", con hojas pequeñas y esclerófilas.

La especie *Clusia flaviflora* (Clusiaceae) no estaba presente en los parches boscosos, sin embargo observamos algunos individuos a lo largo de las crestas de bajas alturas. Esta especie, localmente conocida como "guandera", es extraída como leña, especialmente en las ladras occidentales de los Cofanes-Chingual en la provincia de Carchi.

Páramo antiguo en los deslizamientos

Como mencionamos arriba, encontramos una regeneración limitada de las especies forestales en el páramo amplio y abierto que domina el área. Sin embargo, el páramo antiguo fue invadido por especies forestales en una ladera oriental que sufrió numerosos deslizamientos. El deslizamiento más antiguo fue cubierto por pastizales altos, la gigantesca *Espeletia* (>5-m de alto) y numerosas especies forestales. Nuestra hipótesis preliminar es que la áreas colonizadas después de los deslizamientos son lo suficientemente pequeñas para que ocurra esta recolonización, no sólo debido a la proximidad de semillas, raíces y rizomas, pero también debido a que las condiciones microclimáticas en los claros pequeños son menos rigurosas que en áreas más grandes y abiertas. Sin embargo, las laderas orientales reciben más humedad y por lo tanto están sujetas a recibir menos quemaduras.

Comparada con las áreas muestreadas en Laguna Negra, la ladera oriental estaba a una elevación más baja (~3.400 m) y de mayor humedad, con más musgos creciendo en los árboles, y con más orquídeas. Éste fue el único lugar en el que vimos *Podocarpus* (Podocarpaceae). Los bosques en las laderas estuvieron dominados por *Cybianthus marginatus*, *Escallonia myrtilloides* y una Melastomataceae con la domacia (pequeñas estructuras típicamente habitadas por hormigas o ácaros) en el envés de la hoja.

Alto La Bonita (2.600–3.000 m)

Comparado con otros sitios ubicados a 2.600 m, Alto La Bonita parece tener una vegetación más parecida a la de áreas más altas. Esto podría explicarse a que esta área es un valle ribereño aislado de las áreas bajas por medio de cañones angostos y caídas de agua, y porque está rodeado de picos de gran elevación. Aunque sólo tuvimos pocas plantas repetidas en otros sitios de nuestro inventario, éstas ocurrieron entre los sitios Alto la Bonita y Laguna Negra, a pesar de que estos sitios no compartían los mismos rangos altitudinales. Se observó un patrón similar para las aves durante este inventario; ver el capitulo correspondiente en este reporte técnico

Encontramos una composición muy diversa del bosque montano de la parte superior, con una mezcla de bosques antiguos y bien establecidos y hábitats succesionales. Definimos los hábitats a grandes rasgos, desde bosques montanos creciendo en las laderas y crestas, bosques succesionales en el valle glacial, y comunidades efímeras ubicadas a lo largo de los ríos y los pantanos andinos. Las frías temperaturas y la cantidad de agua (especialmente en el valle glacial) parece determinar que especies pueden vivir en este hábitat.

La diversidad de orquídeas fue increíblemente alta. En estos bosques montanos, más o menos la mitad de la diversidad puede estar concentrada en epífitas, y la mayoría de la riqueza yace dentro de la familia Orchidaceae.

Registramos numerosos géneros, incluyendo *Encyclia*, *Masdevallia*, *Maxillaria* y *Stelis*. Muchas de nuestras colecciones permanecen sin identificar y sospechamos que numerosas especies de éstas están restringidas a esta área o al Ecuador, ya que el 33% de las 4.011 especies endémicas al Ecuador son orquídeas (Valencia et al. 2000).

Bosques montanos en las laderas y crestas

El árbol más común a nivel local es el *Hedyosmum translucidum* (Chloranthaceae), con frutas blancas, ubicado cerca al río Sucio y extendiéndose hasta las crestas aledañas. Observamos poblaciones grandes de *Podocarpus macrostachys* (Podocarpaceae), conocidas localmente como "pinos". Esta especies ha sido reportada como objeto de la tala selectivamente en el área. Otros elementos importantes de la flora arbórea incluyen *Styrax* (Styracaceae, con frutas moradas y hojas peludas), *Weinmannia pinnata* (Cunoniaceae), una *Saurauia* (Actinidiaceae, con flores blancas), una *Ocotea* (Lauraceae, con hojas doradas y frutas maduras negras), *Ilex laurina* (Aquifoliaceae, con hojas coriáceas y brotes de flores) y *Clusia flaviflora* (Clusiaceae, la misma especie observada en los bosques ubicados debajo del páramo en Laguna). Al igual que en Laguna Negra, plantas de la familia Ericaceae son elementos importantes de la flora epífita y arbustiva, como la muy abundante *Ceratostema peruvianum* y *Cavendishia* cf. *cuatrecasasii*.

Muchas de las especies fueron observadas tanto en las crestas como en las laderas de nuestro campamento. Sin embargo, observamos algunas especies solamente localizadas en las crestas: un bambú semi-trepador *Chusquea* (Poaceae), el arbusto *Desfontainia spinosa* (Loganiaceae) con flores rojas, un árbol de hojas simples *Weinmannia balbisiana* (Cunoniaceae) y *Oreopanax nitidum* (Araliaceae), un árbol con hojas de 3-a-5-lóbulos. Sospechamos que todas estas especies son comunes en todo el campamento y aparecerán seguramente en búsquedas más intensivas. Existe una variación mayor entre las especies presentes en las laderas y las crestas y las especies presentes dentro del valle glacial.

Valle glacial

El valle glacial es relativamente plano y drenado por numerosos tributarios del río Amarillo. Los *Podocarpus* desaparecen acá a pesar de ser muy comunes en los bordes y en las laderas aledañas. El valle es mucho más húmedo que otros hábitats en este lugar y algunas especies de plantas fueron observadas sólo acá: un árbol de *Brunellia cayambensis* (Brunelliaceae), *Gaiadendron punctatum* (en flor en Laguna Negra pero no acá), otra *Ocotea* (Lauraceae) con hojas muy pequeñas y dos especies de *Hedyosmum* (Chloranthaceae). Las dos especies de *Hedyosmum* (*H. cuatrecazanum* con hojas más pequeñas, y *H. strigosum* con hojas con pubescencia densa) parecen reemplazar al *H. translucidum*, y nos dan una indicación de la heterogeneidad a pequeña escala y el reemplazo de especies en este lugar.

Dentro del valle hay una serie de hábitats succesionales que parecen responder a la cantidad de agua presente en estas. Las áreas más jóvenes son las más húmedas y están representadas por tres pantanos andinos que podrían haber sido lagos pequeños y que se llenaron de vegetación. Cruzando el valle, la estructura boscosa cambia al acercarse a los acantilados de granito. Los árboles están cubiertos de musgo y casi no existe un sotobosque. Supuestamente esto refleja un microclima más húmedo creado por el agua que cae de los acantilados, a la continua presencia de nubes y a la niebla que choca en las superficies de los acantilados.

Pantanos andinos

Nos sorprendimos de encontrar en los pantanos andino una vegetación de páramo, incluyendo la bromelia *Puya* (Fig. 4S), *Ugni myricoides* (Myrtaceae), *Hypericum* (Clusiaceae), abundantes plantas almohadillas, así como numerosos individuos de la orquídea de diminutas flores blancas (*Epidendrum fimbriatum*). La vegetación leñosa que rodeaba a los pantanos incluyeron *Clethra* (Clethraceae), *Eugenia* (Myrtaceae), *Gaiadendron punctatum* y *Geissanthus* (Myrinaceae).

Hierbas ribereñas

A lo largo del río Sucio, abundaron las hierbas localizadas en rocas expuestas y las superficies de los acantilados. La mayoría de estos géneros son típicos de hábitats montanos disturbados, p. ej., *Gunnera* (Gunneraceae, con frutas), *Begonia fuchsiiflora* (Begoniaceae, con flores rojas grandes y tal vez sin polinización de vibración como la mayoría de las *Begonia*), *Fuchsia pallescens* (Onagraceae), *Bomarea* (Alstroemeriaceae, con flores rojas), *Phytolacca rugosa* (Phytolaccaceae), *Coriaria ruscifolia* (Coriariaceae), el arbusto *Cleome anomala* (Capparaceae) y numerosas hierbas Asteraceae.

Río Verde (650–1.200 m)

Río Verde fue el lugar de menos elevación, mayor diversidad y el único sitio donde registramos especies típicas de los bosques bajos de la Amazonia. Algunas especies fueron compartidas entre Río Verde y la Reserva Ecológica Cofan-Bermejo (Pitman et al. 2002).

Las laderas empinadas caracterizan el área y los deslizamientos parecen ser frecuentes. Hicimos una división aproximada de estos hábitats en diversos bosques creciendo en áreas más planas y bosques altamente disturbados creciendo en las pendientes. La diversidad de plantas estaba concentrada en las crestas y asientos de las montañas, y observamos que el terreno plano cerca al campamento contenía mayor diversidad que cualquiera de estos bosque de pendiente.

Bosques de ladera

Nuestras trochas en las laderas empinadas estaban ubicadas en áreas previamente afectadas por deslizamientos. Un deslizamiento grande parecía ser un mosaico de varios deslizamientos, cada uno de 30–50 m² de tamaño. Sin embargo este pudo ser el producto de un deslizamiento mayor que se detuvo en las áreas planas, o chocó contra algunos grupos de árboles que resistieron el deslizamiento, creando un archipiélago de parches poco disturbados (cada uno con árboles de ~35-m alto y ~50 cm dap) dentro del área de disturbio.

Las áreas disturbadas estaban cubiertas de bambú *Guadua*, pocas especies de *Acalypha* (Euphorbiaceae), algunas especies de *Cecropia* (Cecropiaceae) y muchas *Piper* (Piperaceae). En las áreas disturbadas más húmedas encontramos *Alloplectus* y *Besleria* (Gesneriaceae), *Notopleura* (Rubiaceae), *Costus* (Costaceae) y *Renealmia* (Zingiberaceae). El sotobosque estuvo dominado por

Rubiaceae (*Faramea oblongifolia*, *Palicourea* sp., *Psychotria cuatrecasasii* y *P. racemosa*), Melastomataceae (*Clidemia heterophylla*, *Henriettella*, *Miconia*, *Ossaea macrophylla*, *Tococa*), *Pseuderantemum hookerianum* (Acanthaceae), la especie cauliflora *Calyptranthes heterophylla* (Myrtaceae) y un *Ischnosiphon* (Marantaceae).

En las áreas menos disturbadas, abundaron los individuos de *Pourouma* (especialmente *P. minor*, Cecropiaceae), así como también *Capparis detonsa* (Capparaceae). Los árboles en las laderas incluyeron *Dendropanax* cf. *caucanus* (Araliaceae), y en las áreas menos disturbadas, *Chryosophyllum venezuelanense* (Sapotaceae) y *Clarisia racemosa* (Moraceae). Encontramos creciendo cerca de los árboles grandes lianas de *Gurania* (Cucurbitaceae), epífitas Araceae (especialmente *Anthurium*) y *Marcgravia* sp. (Marcgraviaceae), la cual fue muy común. Observamos por lo menos cuatro especies de *Burmeistera* (Campanulaceae) con una variación remarcable de la hoja en todas la especie, parecida a la variación del género *Passiflora* (Passifloraceae) que parece ser producto de interacción planta-insecto.

Bosques localizados en las crestas, asientos y terrazas

Los bosques que crecen en las áreas planas contiene la mayor diversidad en Río Verde: una mezcla de especies de áreas inundables de suelos (p. ej., Parque Nacional Yasuní) y especies típicas de bosques montanos bajos. Aunque la mayoría de géneros característicos de suelos ricos (p. ej., *Ficus*, *Guarea*, *Heliconia*, *Inga*, *Protium*, *Virola*) estaban presentes, la riqueza dentro de estos géneros es baja, y cada una es representada por tan sólo pocas especies.

Algunos ejemplos de especies de la Amazonia presentes en el área incluyen *Hasseltia floribunda* (Flacourtiaceae), *Grias neuberthii* (Lecythidaceae), *Warscewiczia coccinea* (Rubiaceae), *Protium amazonicum* (Burseraceae), *Marila laxiflora* (Clusiaceae), *Discophora guianensis* (Icacinaceae), *Guarea pterorachis* (Meliaceae), *Inga marginata* y *I. thibaudiana* (Fabaceae s.l.), *Minquartia guianensis* (Olacaceae) y *Theobroma subincanum* (Sterculiaceae, con hojas dentadas). En las crestas de las montanas, las especies amazónicas se mezclan con elementos montanos, p. ej., *Saurauia*

(Actinidiaceae), *Brunellia* (Brunelliaceae), *Billia rosea* (Hippocastanaceae) y *Blakea harlingii* (Melastomataceae).

Annonaceae y Lauraceae son dominantes en las cestas, representados por *Annona, Guatteria* y *Unonopsis* (Annonaceae), y *Aniba* y *Ocotea* (Lauraceae). Las palmeras (Arecaceae) son menos comunes y diversas que en las tierras bajas. La palmera más común fue *Oenocarpus bataua*; también registramos *Aiphanes ulei, Chamaedorea pinnatifrons, Wettinia maynensis*, pocos *Bactris gasipaes* y varias especies de *Geonoma*.

Las áreas bajas y planas (terrazas antiguas alrededor del campamento) estaban cubiertas de parches monodominantes de ciertas especies, tanto en el dosel como en el sotobosque. Los árboles dominantes incluyen *Protium* y *Dacryodes olivifera* (Burseraceae), *Vochysia braceliniae* (Vochysiaceae) y *Humiriastrum diguense* (Humiriaceae). En el sotobosque encontramos una dominancia extrema de *Tovomita weddelliana* (Clusiaceae), *Tabernaemontana sananho* (Apocynaceae) y *Psychotria cuatrecasasii* (Rubiaceae), reduciendo sustancialmente la diversidad del sotobosque.

NUEVAS ESPECIES, RAREZAS Y ENDÉMICAS

Algunas de nuestras 843 colecciones fueron identificables a nivel de especies durante nuestro trabajo extensivo en el herbario QCNE en Quito, y el resto todavía necesitan ser revisados por los especialistas. En base a nuestro trabajo preliminar, mencionamos algunas especies que son endémicas al Ecuador, endémicas al norte del Ecuador y sur de Colombia, nuevos registros para Ecuador y/o especies potencialmente nuevas para la ciencia.

Endémicas

- *Blakea harlingii* (Melastomataceae, Fig. 4J), endémica del Ecuador. Colectada a 1.100 en las crestas arriba de nuestro campamento Río Verde, esta especie es conocida sólo en otras dos localidades: las laderas de la Cordillera Huacamayos y en las laderas del volcán Reventador a lo largo del río Quijos. Esta especie es considerada rara, restringida a una elevación entre los 1.000 – 1.500 m, y clasificada como Vulnerable (Valencia et al. 2000).

- *Meriania pastazana* (Melastomataceae), endémica en la parte norte del Ecuador y al sur de Colombia. Esta especie tiene unas impresionantes flores grandes de color magenta y que son conocidas también en La Planada en Colombia. Colectamos un espécimen en Alto La Bonita.

Nuevos registros para Ecuador

- *Miconia pennelli* (Melastomataceae). Esta especie ha sido registrada en las laderas del Pacifico en Colombia (ambos tipos en las localidades del valle del Cauca y en Antioquia), así como también una colección aislada en la Cordillera del Cóndor en Perú. Nuestra observación representa un nuevo registro para Ecuador. Adicionalmente existen numeroso especimenes de *M. pennellii* en el herbario de QCNE, las cuales han sido erróneamente identificadas como otras especies de *Miconia* (com. pers. H. Mendoza).

- *Morella singularis* (Myricaceae, Fig. 4P). Hay dos especies conocidas de *Morella* en el Ecuador, y hemos colectado una tercera, previamente conocida sólo en Colombia, *M. singularis*, en Alto La Bonita.

- *Meriania peltata* (Melastomataceae). Nuestra observación en Alto La Bonita representa un nuevo registro para Ecuador. Esta especie ha sido previamente registrada sólo en Colombia, donde se encuentra amenazada debido a la destrucción a gran escala del hábitat (Mendoza y Ramírez 2006).

Posibles nuevas especies

- *Meriania* (Melastomataceae, Fig. 4N). Este espécimen fue colectado a lo largo del río en Alto La Bonita en una trocha difícil desde nuestro campamento hacia el pueblo de La Bonita. Esta bella planta con flores magenta y morado oscuro ha sido registrada en una elevación aproximada a los 2.000 m en Colombia y parece ser una especie no descrita.

- *Semiramisia* (Ericaceae). Sólo una *Semiramisia* (*S. speciosa*) ha sido registrada para Ecuador, y nuestro colección de Alto La Bonita tiene las hojas más delgadas y elongadas.

- *Protium* (Burseraceae, Fig. 4L). Esta especie es una árbol grande con frutas grandes. Parece ser similar a la especie conocida en la parcela de 50-ha localizado en Yasuní y que está siendo descrito como una especie nueva (com. pers. D. Daly).

- *Puya* (Bromeliaceae, Fig. 4S). Colectamos una *Puya* con flores amarillas en Laguna Negra que no se asemeja a ninguna de las *Puya* conocidas en Ecuador (J. M. Manzanares com. pers.).

OPORTUNIDADES, AMENAZAS Y RECOMENDACIONES

Al contrario de las bosques altamente deforestados en otras partes de la región andina, las Cabeceras Cofanes-Chingual representa una oportunidad para proteger la gradiente altitudinal intacta y diversa, que va desde bosques nublados de baja elevación hasta los pastizales andinos. A pesar de las dificultades de accesos y el terreno agreste, aún se realizan actividades de tala de árboles. Encontramos evidencia de la extracción de *Polylepis* (Rosaceae) y *Podocarpus* (Podacarpaceae) para uso local y mercados comerciales, y estamos convencidos de que otras especies están siendo removidas. Se recomienda el establecimiento de puestos de guardaparques, patrullajes frecuentes e iniciativas agroforestales para reducir y finalmente eliminar la extracción de madera dentro del área Cofanes-Chingual.

En esta región, nuestro inventario representa una de las primeras colecciones de plantas fuera de la carretera Panamericana y otras vías mayores. Aunque nuestros registros representan un avance importante todavía queda mucho por explorar. Recomendamos inventarios adicionales en el aislado macizo al este de La Sofía, la parte superior del valle Condué, el páramo Ccuttopoé, la cabecera superior del Cofanes y las áreas forestales en los flancos occidentales de la provincia de Carchi. Particularmente recomendamos una concentración inicial en las elevaciones no muestreadas, específicamente entre los 1.100–2.500 m y los 3.000–3.500 m.

PECES

Autores/Participantes: Javier A. Maldonado-Ocampo, Antonio Torres-Noboa y Elizabeth P. Anderson

Objetos de conservación: Comunidades de peces andinos entre 500 y 3.500 m por la alta concentración de endemismos y la falta de conocimiento de las especies; condiciones buenas de salud de los ecosistemas acuáticos en el área enmarcada por la cuenca Cofanes-Chingual; integridad ecológica de las comunidades acuáticas, de las cuales los peces son un componente principal; conectividad hidrológica entre las cabeceras y las zonas bajas a lo largo de la cuenca Cofanes-Chingual ya que el gradiente tanto altitudinal como longitudinal en las cuencas va definir tanto la composición como la estructura de las comunidades de peces

INTRODUCCIÓN

La fauna de peces en la región neotropical es sin lugar a dudas la más diversa a nivel mundial (Vari y Malabarba 1998), siendo la principal referencia la cuenca del río Amazonas, con un número aproximado de 2.500 especies de peces distribuyéndose a lo largo de su área (Junk et al. 2007). En los últimos años se han realizado avances a través de estudios en sistemática y biogeografía para intentar entender que procesos han generado esta enorme diversidad. Es reconocido que el área correspondiente a la Alta Amazonia es un área de endemismo de gran importancia en términos de su ictiofauna, la cual puede albergar aproximadamente el 50% de las especies actualmente registradas en la cuenca (Junk et al. 2007). Eventos de tectónica asociados al levantamiento de los Andes han sido identificados como uno de los principales factores generadores de aislamiento, aumentando la proporción de especies endémicas en esta área (Lundberg et al. 1998; Hubert y Renno 2006).

A pesar de la reconocida importancia ictio-biogeográfica del área del piedemonte andino-amazónico, son pocos los estudios adelantados con el objetivo de determinar la real riqueza íctica de ésta franja que se extiende desde Colombia hasta Bolivia, particularmente en áreas arriba de los 500 m de altura. En el piedemonte amazónico en Colombia, zona limítrofe con Ecuador, los primeros registros fueron realizados por Henry Fowler, ictiólogo norteamericano, quien describió un total de nueve especies entre los años 1943 y 1945 para el piedemonte de la cuenca del río Caquetá (Maldonado-Ocampo y Bogotá-Gregory 2007). Posteriormente y sólo hasta el año 2005 se realizó un nuevo inventario preliminar de la ictiofauna nativa en las cuencas altas de los ríos Mocoa y Putumayo en el departamento de Putumayo (Ortega-Lara 2005); en este inventario igualmente se registro un total de 29 especies, de las cuales 3 fueron nuevos registros para la zona hidrográfica de la Amazonia colombiana. El caso de Ecuador no es muy diferente; algunas aproximaciones han sido realizadas en la cuenca del río Pastaza (Willink et al. 2005; Anderson et al., datos sin publ.), sin embargo parte de la información aún no está publicada.

El objetivo principal de este estudio fue documentar la ictiofauna presente en la cuenca de los ríos Cofanes, Chingual y Aguarico para identificar su valor ecológico y oportunidades para su conservación. Aquí presentamos los resultados de un inventario de peces realizado durante el 22 al 29 de octubre del 2008. Para la cuenca de los ríos Cofanes-Chingual-Aguarico, este trabajo se constituye en la primera aproximación al conocimiento de su ictiofauna y referente de comparación con los estudios realizados en cuencas cercanas en el piedemonte amazónico colombiano.

MÉTODOS

Sitios de muestreo

Realizamos muestreos en 18 estaciones de colecta ubicadas en tres áreas de la cuenca de los ríos Cofanes-Chingual-Aguarico (Río Verde, Alto La Bonita y Bajo La Bonita) (Fig. 13). El rango altitudinal trabajado estuvo entre 500 a 2.600 m, el cual se caracterizó por la heterogeneidad del paisaje debido a su complejidad topográfica y geomorfológica (Apéndice 3). Para poder tomar muestras más representativas de la cuenca Cofanes-Chingual, especialmente en ríos con menor altitud y mayor presencia de peces, incluimos estaciones de colecta fuera de las áreas de campamentos del inventario, a diferencia del resto del equipo biológico. Por eso, el área de muestreo de Bajo La Bonita fue única al equipo ictiológico.

En las áreas de Río Verde y Alto La Bonita, las estaciones de colecta se ubicaron en ríos y quebradas

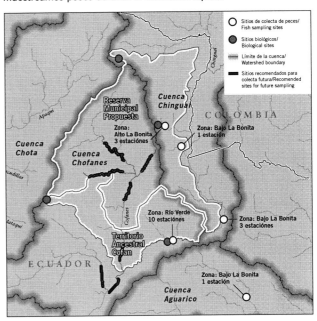

Fig. 13. Los cinco círculos abiertos indican áreas donde muestreamos peces durante el inventario rápido.

dentro del bosque. En el área de Bajo La Bonita (las estaciones 017 y 018 están fuera del área propuesta como reserva), los ríos y quebradas drenan un mosaico de áreas de bosque, tierras agrícolas y poblados, así que comparativamente tienen mayor influencia de actividades humanas.

Las estaciones de colecta incluyeron tanto quebradas de tamaño mediano (5–15 m de ancho) como ríos más grandes (15–30 m de ancho). Durante los muestreos cuantificamos para cada estación de colecta: temperatura (°C), conductividad (µS) y pH mediante el empleo de un multiparámetro HACH Sension 156. En cada estación de colecta registramos los datos de altitud y coordenadas geográficas (Apéndice 3).

Colecta

Para la captura de los peces empleamos el método de pesca eléctrica, recorriendo un transecto de 100 m de cada uno de los sitios seleccionados (Fig. 5D). En la electropesca la corriente eléctrica es pasada a través de dos electrodos que se encuentran sumergidos; la electricidad transmitida a través del agua atrae y atonta a los peces, facilitando su captura con la nasa que funciona como uno de los electrodos y una red adicional donde los peces quedan atrapados.

El material colectado fue preservado en solución de formol al 10%. Una vez fijados, los especímenes fueron empacados en bolsas plásticas a las cuáles les añadimos una etiqueta de campo con los datos de código de la estación de colecta. En el laboratorio, el material fue lavado con agua y puesto en frascos de vidrio con alcohol al 75%, para su posterior identificación. La identificación de cada una de las especies la realizamos hasta el mayor nivel taxonómico posible dependiendo del acceso a claves taxonómicas y a la existencia de bibliografía especializada para cada uno de los grupos taxonómicos colectados en la zona de muestreo (Regan 1904; Géry 1977; Chernoff y Machado-Allison 1990; Vari y Harold 2001; Armbruster 2003; y Maldonado-Ocampo et al. 2005).

Una vez identificado, el material fue catalogado y depositado en la colección de peces del Museo Ecuatoriano de Ciencias Naturales (MECN) en Quito, y en la colección de peces del Instituto Alexander von Humboldt (IAvH-P) en Villa de Leyva, Boyacá. El listado de especies sigue la clasificación taxonómica de Reis et al. (2003), donde las familias se encuentran en orden sistemático y los géneros y especies de cada familia y subfamilia están listados alfabéticamente.

RESULTADOS

Caracterización de los sitios de colecta

Nuestras observaciones indican que los ríos de la cuenca Cofanes-Chingual son típicamente andinos de piedemonte amazónico, caracterizados por pendientes fuertes, aguas correntosas y substratos dominados por piedras grandes (>25 cm). Estas características naturales hacen que los ríos en esta parte de la cuenca sean bastante dinámicos y sujetos a cambios rápidos de caudal relacionados con eventos de lluvia. Como resultado, los hábitats para la fauna acuática son inestables y hay pocas áreas de refugio durante eventos de crecimiento de caudal. Ha sido demostrado que estas condiciones de inestabilidad pueden estar regulando aspectos de la biología básica de la especies (estrategias reproductivas) que se distribuyen en estos sistemas (Torres-Mejía y Ramírez-Pinilla 2008).

En cuanto a condiciones fisicoquímicas, en las estaciones de colecta la temperatura del agua varió entre 10,6°C a 22,9°C, la conductividad entre 15,1 a 165,5 µS/cm y el pH entre 5,3 y 7,9 (Apéndice 3). De estos parámetros, el factor más relevante para la distribución de peces es la temperatura del agua, lo cual se relaciona bastante con la altitud. El promedio de temperatura del agua en las estaciones de muestreo en las áreas de Río Verde y Bajo La Bonita fue 19,9°C y 20,6°C, respectivamente, mientras en Alto La Bonita fue 11,9°C. De nuestra experiencia, tanto la diversidad como la abundancia de peces disminuye bastante en aguas con temperaturas menores a 15°C; los resultados de este estudio corroboraron esta idea. Revisando los valores de conductividad, también existe similitud entre los ríos de las áreas de Río Verde y Bajo La Bonita, con promedios de conductividad de 55,6 µS/cm y 58,6 µS/cm, respectivamente. En ciertos puntos de la cuenca, los datos sugieren que el origen volcánico de los suelos esté influenciando en la química del agua; esto puede ser el caso del río Chingual, demostrado por su mayor conductividad (165,5 µS/cm). No obstante, para una descripción más detallada de los cuerpos de agua en la cuenca ver el capítulo de geología, hidrología y suelos.

Riqueza, abundancia y composición

En total capturamos 653 individuos pertenecientes a 32 especies, una de ellas introducida, distribuidas en 10 familias y tres órdenes (Apéndice 4). El orden con la mayor representación específica fue Characiformes, seguido por Siluriformes (Tabla 1).

Tabla 1. Número y porcentaje de familias y especies para cada uno de los órdenes presentes en la cuenca de los ríos Cofanes, Chingual y Aguarico.

Orden	# Familias	%	# Especies	%
Characiformes	6	54.5	16	50,0
Siluriformes	4	36.4	15	46,9
Salmoniformes	1	9.1	1	3,1

Esta representación es un patrón que ha sido registrado para otras áreas de piedemonte amazónico en Ecuador,

Tabla 2. Número y porcentaje de las especies para cada una de las familias presentes en la cuenca de los ríos Cofanes, Chingual y Aguarico.

Familia	# Especies	%
Characidae	10	31,3
Loricariidae	6	18,8
Astroblepidae	5	15,6
Crenuchidae	3	9,4
Trichomycteridae	3	9,4
Parodontidae	1	3,1
Erythrinidae	1	3,1
Lebiasinidae	1	3,1
Heptapteridae	1	3,1
Salmonidae	1	3,1
	32	100,0

Perú y Colombia (Ortega-Lara 2005; Ortega y Hidalgo 2008; Anderson et al. datos sin publ.). Las familias con mayor riqueza de especies fueron Characidae, Loricariidae y Astroblepidae, mientras que las demás familias presentaron de tres a una especie (Tabla 2). Las 31 especies nativas registradas fueron colectadas en las estaciones ubicadas por debajo de los 1.000 m. Es notorio el caso de la estación 017 ubicada en el río Cabeno a los 483 m de altura, en donde registramos el mayor numero de especies (17), representando el 53% de las especies colectadas; a su vez de las 17 especies colectadas, 12 sólo fueron registradas en esta estación (Apéndice 4). Estos resultados nos indican que para el área de conservación propuesta en la cuenca Cofanes-Chingual (excluyendo las estaciones 017 y 018 de Bajo La Bonita), el número de especies nativas registradas es de 19, cifra que consideramos baja teniendo en cuenta el área y el tipo de hábitats que conforman esta cuenca, donde se puede esperar alrededor de 25–30 especies, en un rango altitudinal entre los 500 y 3.000 m.

El hecho de que el número de especies nativas sea mayor en las estaciones a menor altitud (p. ej., río Cabeno) puede ser reflejo de la influencia de los factores hidrogeológicos co-variantes a lo largo del gradiente tanto altitudinal como longitudinal en el área, que pueden estar limitando la dispersión de algunos de sus elementos aguas arriba en la cuenca, como ya ha sido documentado para otras áreas en la región andina y de piedemonte (p. ej., Alvarez-León y Ortiz-Muñoz 2004; Miranda-Chumacero 2004; Pouilly et al. 2006). Sin embargo, en este estudio no realizamos colectas en una franja importante (entre los 1.000 y 2.000 m), algo que puede estar influenciando los resultados observados en cuanto a la tasa de disminución de especies en los gradientes altitudinales y longitudinales en la cuenca.

En cuanto a abundancia, el mayor número de individuos colectados pertenece al orden Siluriformes (548, o 83,9%). Para el orden Characiformes colectamos un total de 103 individuos (15,8%). Las familias Astroblepidae y Loricariidae presentaron la mayor abundancia con 296 y 226 individuos respectivamente. Las especies *Astroblepus* sp1, *Astroblepus* sp2 y *Chaetostoma* sp2 fueron las más constantes en el área muestreada, estando presentes en 10 a 13 de las estaciones de colecta y coincidiendo con el hecho de ser las más abundantes. La dominancia del grupo de los Siluriformes en cuanto a abundancia es reflejo de las adaptaciones (ecomorfológicas) que las especies de Astroblepidae y Loricariidae presentan frente a las condiciones típicas de los ríos andinos y de piedemonte. Este grupo de especies pertenece a lo que ha sido clasificado por Maldonado-Ocampo et al. (2005) para peces de la región de los Andes como grupo de peces torrentícolas.

De las 32 especies registradas, la trucha (*Oncorhynchus mykiss*) es la única no nativa y ha sido introducida en la parte alta de la cuenca de los ríos Cofanes-Chingual. En este estudio, esta especie sólo fue colectada en las tres estaciones ubicadas en el río Sucio por arriba de 2.500 m en Alto La Bonita, donde las condiciones de los cuerpos de agua son optimas para su desarrollo. En ésta área, según información de los pobladores, la introducción fue realizada hace tres años. Para el caso de las estaciones 011, 012 y 013 en Alto La Bonita, esperábamos colectar alguna especie perteneciente a la familia Astroblepidae, sin embargo no logramos la captura de ningún individuo. Por lo anterior, es necesario generar información que permita determinar si la ausencia de peces nativos en estos sitios es debido a la introducción de la trucha (p. ej., exclusión competitiva), que en estas estaciones es muy abundante, o si es resultado de la presencia de barreras físicas (caídas de agua) que han limitado la dispersión de las especies aguas arriba.

Dentro de las especies registradas para los géneros *Characidium, Hemibrycon, Astroblepus* y *Chaetostoma* pueden existir nuevas especies no descritas (una para cada uno de los géneros mencionados; ver Fig. 5), ya que a través del proceso de identificación realizado encontramos características que no se presentan en las especies actualmente descritas para estos géneros. Para confirmar si realmente hay nuevas especies, se requiere colectar material adicional y trabajar el material colectado con mayor detenimiento con la colaboración de especialistas.

Finalmente, el número de especies en el área debe ser mayor al registrado para la cuenca durante este estudio. Las condiciones climáticas presentes en el momento de los muestreos afectaron la colecta, particularmente en el área del río Verde en donde los caudales estaban bastante crecidos durante el trabajo de campo. Las estaciones de colecta abarcaron un porcentaje pequeño de toda la cuenca Cofanes-Chingual, resultado de las limitaciones logísticas en el área que conllevaron a concentrar las estaciones de colecta en el área de influencia de los campamentos seleccionados (río Verde y Alto La Bonita). El hecho de no tener ningún sitio de muestreo entre los 1.000 y 2.500 m también puede estar influenciando el registro de un número menor de especies, referente al número real de especies que pueden estar presentes en esta cuenca.

AMENAZAS

- En cuanto a las amenazas principales, el hecho de que la totalidad de las especies nativas fueron colectadas en las estaciones por debajo de los 1.000 m y que allí es donde se presenta mayor intervención humana a través de diferentes actividades, hace necesario priorizar medidas de protección en éstas áreas. Mediante conversaciones con pobladores identificamos que estos cuerpos de agua han sido afectados por actividades como la minería y pesca con dinamita y barbasco, que son bastante perjudiciales para la comunidad de peces.

- La posible construcción de plantas hidroeléctricas en los ríos de la cuenca Cofanes-Chingual puede tener efectos en la conectividad y disponibilidad de hábitats en el ecosistema acuático. Los efectos pueden ser mayores dependiendo de su diseño y en donde se ubiquen en la cuenca.

- La amplia distribución y abundancia de la trucha en varios ríos de la cuenca Cofanes-Chingual es de resaltar, a pesar de que su efecto o amenaza para la ictiofauna nativa de la zona todavía se desconozca. En algunas partes de la cuenca donde hay menor influencia humana en el paisaje, por ejemplo cerca del campamento Alto La Bonita, las condiciones abióticas de los ríos son bastante naturales, no obstante, la introducción de la trucha puede estar afectando la estructura de las comunidades biológicas. Es claro el interés que los pobladores de la región tienen en seguir con este proceso de introducción en otros cuerpos de agua en donde aún no ha sido introducida la trucha.

- La contaminación de los cuerpos de agua por el uso e incremento de agroquímicos y la descarga de aguas servidas directamente a los ríos sin tratamiento puede estar afectando la calidad del agua en el río Chingual y sus afluentes, lo cual puede tener efectos en la biota acuática.

- Desde una perspectiva de conservación, el poco conocimiento que la gente local tiene de los peces nativos de la zona puede considerarse entre las amenazas para la ictiofauna. Cuando conversamos con pobladores cerca de las comunidades de La Bonita, La Barquilla y Rosa Florida, varios mencionaron que la trucha era el único tipo de pez en los ríos. Este desconocimiento de la ictiofauna puede causar que los usos humanos del agua no tomen en cuenta la necesidad de mantener cierta cantidad y calidad de agua en ríos para las especies nativas.

OPORTUNIDADES

Comparado con otras cuencas en el piedemonte andino-amazónico, la cuenca de los ríos Cofanes-Chingual todavía se conserva en un buen estado de integridad ecológica. El hecho de que una gran parte de esta cuenca drena áreas boscosas y que no hay la presencia de alteraciones hidrológicas hace que los ecosistemas acuáticos mantengan sus condiciones físico-químicas y su conectividad natural. A diferencia, los ecosistemas acuáticos de otras cuencas andino-amazónicas dentro del Ecuador están bastante degradados como resultado de la contaminación de sus aguas por actividades industriales y agrícolas, o por desviaciones de caudal causadas por proyectos de riego o hidroeléctricas, como es el caso en la cuenca del río Pastaza o el río Napo. En su estado actual, la cuenca Cofanes-Chingual ofrece una oportunidad no disponible en otras partes del Ecuador de conservar ecosistemas acuáticos y ensamblajes de peces importantes a lo largo de un gradiente altitudinal entre 500 y 3.500 m.

RECOMENDACIONES

Protección y manejo

- Priorizar medidas de protección en las áreas abajo de los 1.000 m que incluyen la restricción del uso de técnicas insostenibles de pesca (p. ej., dinamita, barbasco).

- Mantener la conectividad de los cuerpos de agua a lo largo de la cuenca Cofanes-Chingual.

- Ejercer medidas claras de regulación y control sobre el proceso de introducción de la trucha, teniendo en cuenta el posible efecto de esta introducción en el ecosistema acuático y la comunidad de peces.

- Buscar alternativas al uso de agroquímicos que son nocivos para los ambientes acuáticos y promover el desarrollo de obras de tratamiento de aguas.

- Revisar los diseños de proyectos hidroeléctricos con el fin de verificar que incluyan estrategias para reducir efectos negativos en la conectividad hidrológica y los ambientes acuáticos.

Investigación

- Determinar la distribución de la trucha en la cuenca Cofanes-Chingual e investigar el efecto de su introducción en los ecosistemas acuáticos y las especies de peces nativos. Estudios deben adelantarse comparando ríos en los cuales no ha sido introducida la trucha versus ríos en donde ya fue introducida en diferentes momentos.

- Promover estudios de costos y beneficios de proyectos de cultivo de truchas como actividad económica alternativa para las comunidades con el fin de evaluar la rentabilidad de la actividad.

- Recolectar información complementaria (p. ej., parámetros hidráulicos) para entender las necesidades que las diferentes especies requieren en cuanto al hábitat acuático.

- Desarrollar estudios de historia natural (p. ej., hábitos alimenticios, reproducción) de las especies distribuidas en la cuenca Cofanes-Chingual.

Inventarios adicionales

El área del piedemonte andino-amazónico tanto en Ecuador como en Colombia es de las regiones menos exploradas a nivel íctico, no obstante la enorme riqueza hídrica que presenta. El área en la cual realizamos los muestreos de peces en relación al área total de la cuenca Cofanes-Chingual es muy pequeña. Es prioritario continuar con los inventarios en las áreas trabajadas, en otros de los principales tributarios tanto del río Cofanes como el Chingual (Fig. 11G, 12B) y en el cauce principal de ambas cuencas. Esta mayor cobertura es de gran importancia ya que nos permitirá identificar amenazas y oportunidades de conservación que no han sido tenidas en cuenta en el presente trabajo, debido a las condiciones específicas que presentaron los sitios de muestreo en el presente inventario. Se requiere aumentar la cobertura geográfica y temporal de los inventarios con el fin de tener un panorama real de la ictiofauna presente en esta área.

ANFIBIOS Y REPTILES

Autores/Participantes: Mario Yánez-Muñoz y Jonh Jairo Mueses-Cisneros

Objetos de conservación: Especies endémicas del Nudo de Pasto y de las estribaciones orientales del norte de Ecuador y sur de Colombia clasificadas En Peligro de Extinción (EN), de acuerdo a las categorías de amenaza de la UICN (*Cochranella puyoensis, Gastrotheca orophylax* y *Hypodactylus brunneus*); anfibios cuyas estrategias reproductivas han sido afectadas por el cambio climático y factores epidemiológicos en los Andes de Ecuador y Colombia (*Hyloscirtus larinopygion, Cochranella puyoensis, Gastrotheca orophylax*); especies con distribuciones restringidas, asociadas estrechamente a microhábitats de páramo, amenazados por la sobrequema (*Osornophryne bufoniformis, Hypodactylus brunneus, Riama simoterus* y *Stenocercus angel*); especies endémicas categorizadas con datos insuficientes y con distribuciones restringidas al norte de Ecuador y sur de Colombia (*Pristimantis ortizi, P. delius* y *P. colonensis*)

INTRODUCCIÓN

La región de los Andes tropicales es una de las más importantes para la conservación de la biodiversidad del planeta, por ser considerada como el área biológicamente más rica del mundo (Freile y Santander 2005). Los dominantes rasgos fisiográficos en los Andes han influenciado directamente en la diversificación y endemismo de la herpetofauna, constituyéndose en una zona de vida de alta importancia a escala biológica por la adaptación de estos organismos a las condiciones bioecológicas de la región (Duellman 1979; Mena et al. 2001). A escala regional, los Andes ecuatorianos albergan la mayor diversidad de anfibios, y su nivel de endemismo alcanza el 77% de las especies conocidas (Coloma 2005–2008). Sin embargo, la disminución de las poblaciones de estos vertebrados ha sido catastrófica en la región, reportándose en altitudes comprendidas entre los 1.200 y 3.000 m de altura y cuyas causas están relacionadas con enfermedades y factores climáticos anormales durante la década de los 80, derivados del cambio climático (Merino-Viteri 2001). A pesar de la alta importancia de esta región, la mayoría de trabajos de investigación y de inventarios de la biodiversidad desarrollados hasta la fecha en el Ecuador se concentran en los ecosistemas de bosques húmedos tropicales amazónicos. Sólo unos cuantos investigadores han llegado hasta las laderas y páramos de los Andes para estudiar la riqueza de las comunidades herpetofaunísticas.

Las altas montañas y estribaciones orientales de los Andes en la frontera norte Ecuador y sur de Colombia resguardan importantes extensiones de vegetación natural donde la herpetofauna se distribuye a lo largo de una continuidad de sistemas ecológicos, que comprenden desde páramos hasta bosques piemontanos. En esta área las únicas fuentes de información sobre las especies de anfibios y reptiles están restringidas a descripciones originales de especies y a estudios sistemáticos de grupos específicos, principalmente basados en material obtenido en las localidades de El Playón de San Francisco, Santa Bárbara, La Fama y La Bonita en Ecuador; y en el transecto Pasto-Valle de Sibundoy-Puerto Asís en Colombia (Duellman y Altig 1978; Duellman y Hillis 1990; Lynch y Duellman 1980; Williams et al. 1996; Mueses-Cisneros 2005). Durante la última década los estudios de estos vertebrados en la región se han incrementado notablemente, es así que en los páramos y bosques andinos de la Cordillera Oriental del límite provincial de Carchi y Sucumbíos han sido investigadas por Marsh y Pearman (1997), Frolich et al. (2005), Yánez-Muñoz (2003), y Laguna-Cevallos et al. (2007). A través de las iniciativas realizadas por Aguirre y Fuentes (2001) en el corredor biológico al norte de la Reserva Ecológica Cayambe-Coca, se desarrolló el estudio de la herpetofauna entre los 1.000 y 2.000 m en los alrededores de La Bonita, Rosa Florida, La Sofía, y La Barquilla (Campos et al. 2001). De la misma forma descendiendo hacia los ecosistemas tropicales entre los 600 y 1.200 m, los aportes realizados por Altamirano y Quiguango (1997) en Sinangoe dentro del programa de Estudio Biológicos para la Conservación de Ecociencia, y de Rodríguez y Campos (2002), en las Serranías Cofan-Bermejo, Sinangoe, como parte de los Inventarios Biológicos Rápidos del Field Museum, han aportado con una visión general sobre las especies presentes en la región. En el caso del territorio colombiano, la información está restringida al estudio realizado por Mueses-Cisneros (2005) en el Valle de Sibundoy entre 2.000 y 2.800 m, sin disponer de investigaciones hacia la zona piemontana en Mocoa.

El objetivo principal de nuestro trabajo fue caracterizar la composición de la diversidad herpetofaunística en tres ecosistemas de la región de las Cabeceras Cofanes-Chingual, con la finalidad de establecer una línea base para la conservación, zonificación y el plan de manejo del área. Adicionalmente, proporcionamos un compendio general sobre la herpetofauna en el límite oriental norte de Ecuador y sur de Colombia, con el fin de resaltar la diversidad del grupo y su importancia de conservación, así como compilar la información disponible en esta región de los diferentes estudios realizados hasta la fecha.

MÉTODOS

Del 15 al 30 de octubre de 2008 trabajamos en tres campamentos ubicados en la región de las Cabeceras Cofan-Chingual (ver Panorama Regional y Sitios de Estudio). Realizamos búsquedas libres con el método de captura manual (Heyer et al. 1994) en cada una de las localidades muestreadas, acumulando 8 caminatas diurnas entre 2–8 h de duración cada una, y 11 caminatas nocturnas de 2–8 h para los tres sitios estudiados. Revisamos minuciosamente todos los microhábitats disponibles a lo largo de las trochas establecidas, con el fin obtener el mayor número de especies en el menor tiempo posible, desplazándonos libremente y llegando directamente hasta los sitios de interés (algo que no permiten los métodos de transectos o parcelas). El esfuerzo de muestreo se cuantificó calculando el tiempo (en horas) por persona invertido en la búsqueda y captura o avistamiento de ejemplares. De manera oportunista inspeccionamos algunos cuerpos de agua en las orillas de caminos, o en las playas de algunos ríos, así como depósitos naturales de aguas entre las hojas de las bromelias, para obtener renacuajos. Específicamente en el ecosistema de páramo, realizamos la técnica de Remoción con Rastrillo y Azadón (RRA), la cuál se explica con mayor detalle en el Apéndice 7.

Adicionalmente, consideramos registros auditivos de vocalizaciones de anuros y encuentros ocasionales fuera de los recorridos establecidos. Para la verificación de las identificaciones taxonómicas al momento del estudio y en el futuro, depositamos una serie de 432 especímenes "voucher" en la colección de la División de Herpetología del Museo Ecuatoriano de Ciencias Naturales (MECN).

La nomenclatura taxonómica, patrones de distribución y estado de conservación de las especies fueron verificadas en las bases de datos: Amphibian Species of the World (Frost 2008), Global Amphibian Assessment (IUCN et al. 2004) y Reptile Data Base (Uetz et al. 2007).

Para medir la complejidad de las comunidades a escala de alfa-beta diversidad, utilizamos las medidas de diversidad de Shannon ($H' = -\Sigma p_i \ln p_i$), el cual está basado en la abundancia proporcional de especies, considerando que una comunidad es más diversa mientras mayor sea el número de especies que la componga y menor dominancia presenten una o pocas especies con respecto a los demás (Magurran 1989). La abundancia relativa se refiere a la proporción con la que contribuye dicha especie a la abundancia total en una comunidad. Nosotros la expresamos en proporción de individuos por especie ($p_i = n_i/N$) y realizamos curvas de dominancia-diversidad de cada área estudiada. El grado de similitud entre los puntos muestreados en cada campamento visitado fue calculado a través de un Análisis Cluster de similitud basado en el coeficiente de Jaccard. Analizamos los datos en el software BioDiversityPro ver. 2 (McAleece et al. 1997).

RESULTADOS

Composición y caracterización de la herpetofauna

Como resultado de un esfuerzo de muestreo de 170 horas-hombre, registramos 547 individuos pertenecientes a 42 especies (36 anfibios y 6 reptiles) en los tres campamentos visitados (Apéndice 5). Los anfibios se componen en su totalidad por el orden Anura, agrupados en siete familias y 13 géneros. A nivel de riqueza absoluta las familias Strabomantidae e Hylidae contienen el 38% (16 spp.) y el 29% (12 spp.), respectivamente, del total de las especies registradas, siendo Hylidae la familia con el mayor número de géneros (cinco). Bufonidae es la tercera familia más representativa (con 4 especies), mientras que las restantes (Amphignathodontidae, Centrolenidae, Dendrobatidae y Leptodactylidae) sólo registraron una sola especie cada una.

Los reptiles están representados únicamente por el orden Squamata, con dos especies de serpientes (familia Colubridae) y cuatro lagartijas de cuatro familias diferentes (Gymnophthalmidae, Hoplocercidae, Polychrotidae y Tropiduridae).

En términos de abundancia absoluta los anfibios fueron más abundantes que los reptiles, siendo Strabomantidae, Bufonidae e Hylidae las familias más abundantes, concentrando el 46%, 35% y 16% respectivamente; las restantes familias no superaron el 7% de los individuos registrados.

La herpetofauna estudiada corresponde a tres tipos de ensamblajes asociados a (1) comunidades páramunas de los altos Andes de la región del Nudo de Pasto en la Cordillera Oriental de Ecuador, (2) comunidades montanas de las estribaciones de los Andes orientales, y (3) comunidades piemontanas que confluyen en las tierras bajas amazónicas.

Las comunidades páramunas se encuentran en nuestro campamento Laguna Negra, ubicado entre los 3.800 y 4.100 m. Se caracteriza por una alta densidad de frailejones (*Espeletia pycnophylla*, Asteraceae) y de puyas (*Puya*, Bromeliaceae) asentados en una topografía de líneas de cumbre, drenajes y valles glaciares los cuales encierran humedales y pequeños relictos de bosque andino en pendientes pronunciadas. En este escenario la composición del ensamblaje está mayormente representada por anuros de los géneros *Pristimantis*, *Hypodactylus* y *Osornophryne*, los cuales tienen estrategias reproductivas de desarrollo directo, asociados principalmente a relictos de bosques y formas de vida de páramo como las puyas o en el interior de hojas en descomposición y troncos caídos de *Espeletia*. En el caso de los reptiles, el saurio semifosorial *Riama simoterus* utiliza, al igual que los anuros, los troncos en descomposición de frailejones; en contraste, aunque también fue detectado un individuo dentro de un tronco, *Stenocercus angel* fue mayormente observado en vegetación de pajonales (*Calamagrostris* sp.) y penachos gigantes (*Cortaderia* sp.).

El ensamblaje montano de las laderas orientales fue encontrado en Alto La Bonita, entre los 2.600 y 3.100 m de altitud. El ecosistema montano está compuesto predominantemente por ranas del género *Pristimantis*, combinada con una alta dominancia de la única especie de Bufonidae registrada para la localidad

(*Osornophryne* aff. *guacamayo*; Fig. 6A). Estas especies se distribuyen en el interior de los bosques de ladera y líneas de montaña, sobre vegetación arbustiva y epífitas de las familias Bromeliaceae y Cyclanthaceae. Hacia los sistemas riparios y drenajes inundables de los valles altos y bajos del sector, se localizan importantes poblaciones de *Hyloscirtus larinopygion* y *Gastrotheca orophylax* (Fig. 6C).

La comunidad piemontana se encuentra en Río Verde hacia el sector de la cuenca baja del río Cofanes, entre los 700 y 1.000 m de altitud. La herpetofauna en este sector tiene una influencia netamente amazónica en su composición, representada en su mayoría por especies de la familia Hylidae, las cuales se distribuyen principalmente en pequeños arroyos en claros de bosques, con predominio de individuos de *Dendropsophus* y *Scinax*. Igualmente los esteros tributarios que drenan por las laderas montañosas y la vegetación riparia hacia los riveras del río Cofanes son hábitats ideales para la presencia de *Hyloscirtus phyllognathus*, *Hypsiboas boans* y *Osteocephalus cabrerai*. Al interior del bosque de las laderas y terrazas montañosas, es evidente la dominancia de *Osteocephalus planiceps*, la cual habita esencialmente en el dosel en epífitas de la familia Bromeliaceae. Hacia el sotobosque dominan las ranas *Pristimantis* y en el suelo entre la hojarasca, es conspicuo la presencia de *Rhinella dapsilis*. Los reptiles fueron poco diversos en este ecosistema, aunque algunos (*Imantodes cenchoa* y *Enyalioides praestabilis*) fueron registradas en el interior del bosque.

Más de un cuarto de la composición de la herpetofauna registrada (29%) corresponde a taxones endémicos regionales, restringidos a la vertiente oriental andina del sur de Colombia y norte de Ecuador, correspondiendo primordialmente a comunidades montanas y páramunas que albergan nueve especies de anfibios (*Gastrotheca orophylax*, *Osornophryne bufoniformis* y *O.* aff. *guacamayo*, *Hyloscirtus larinopygion*, *Hypodactylus brunneus* [Fig. 6E], y *Pristimantis buckleyi*, *P. chloronotus*, *P. colonensis* y *P. leoni*) y tres reptiles (*Riama simoterus*, *Enyalioides praestabilis* y *Stenocercus angel*). Cuatro especies presentan distribuciones restringidas de la cuenca Amazónica, de las cuales tres están presentes en

Colombia, Ecuador y Perú (*Hyloscirtus phyllognathus, Osteocephalus planiceps, Pristimantis quaquaversus*) y una a Brasil, Ecuador y Perú (*Pristimantis diadematus*). Dos de las especies inventariadas son exclusivas a Ecuador: una de ellas (*Cochranella puyoensis*; Fig. 6F) registrada en el piedemonte del sitio Río Verde y otra (*Pristimantis ortizi*; Fig. 6D) en el ecosistema montano de Alto La Bonita. Un porcentaje considerable (38%) de la herpetofauna registrada corresponde a especies de amplia distribución en la Cuenca Amazónica y vertientes de los Andes, las cuales fueron encontradas casi en su totalidad en Río Verde: Registramos trece especies de anfibios (*Rhinella dapsilis* y *R. marina, Dendropsophus bifurcus, D. parviceps, D. cf. leali* y *D. sarayacuensis, Hypsiboas boans, H. geographicus* y *H. lanciformis, Osteocephalus cabrerai, Scinax ruber, Leptodactylus wagneri* y *Pristimantis altoamazonicus*) y a tres reptiles (*Imantodes cenchoa, Chironius monticola* y *Anolis fuscoauratus*). Las especies restantes correspondes a taxones que no hemos determinado su identidad.

Registramos tres especies de anfibios (*Gastrotheca orophylax, Cochranella puyoensis, Hypodactylus brunneus*) catalogadas En Peligro (EN) por el Global Amphibian Assessment (IUCN et al. 2004), tres (*Osornophryne bufoniformis, Hyloscirtus larinopygion* y *H. phyllognathus*) Casi Amenazadas (NT), y dos (*Pristimantis delius* y *P. ortizi*) con Datos Insuficientes (DD). El 42% de las especies (19 spp.) se encuentran en baja preocupación de amenaza (LC) y corresponde a especies piemontanas amazónicas, con buenas poblaciones en el norte de Ecuador y sur de Colombia. Finalmente 14 especies no tienen un estatus de conservación porque o bien no han sido evaluados (como en el caso de los reptiles), o no se ha definido su estatus taxonómico como en el caso de algunos anfibios.

Indicadores de alfa-beta diversidad de los sitios de muestreo

La diversidad herpetofaunística expresada ya sea en valores de riqueza absoluta o en la medida de diversidad Shannon (H') muestra diferencias entre los ecosistemas estudiados en el inventario. Los valores de riqueza de especies fluctuan entre un mínimo de 7 en Laguna Verde, 11 en Alto La Bonita y 25 en Río Verde. Los valores

Figura 14. Modelo de dominancia-diversidad en los tres sitios de muestreo de las Cabeceras Cofanes-Chingual.

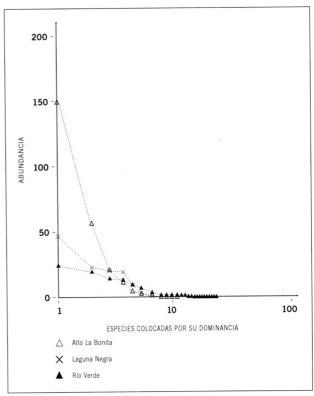

de H' obtenidos registraron 1.3 *bits* en Alto La Bonita, 1.6 en Laguna Negra y 2.6 en Río Verde. La abundancia absoluta en los sitios de estudio tuvo un promedio de 182 individuos, con un máximo de 267 individuos en Alto La Bonita y un mínimo de 136 en Laguna Negra (Fig. 14). La abundancia relativa de los ecosistemas estudiados muestra que en Alto La Bonita la especie con mayor proporción de individuos (p_i) es *Osornophryne* aff. *guacamayo*, alcanzando un 59% de la dominancia total del ensamblaje, en relación a Laguna Negra y Río Verde en donde las especies dominantes, no sobrepasaron el 34% y 18%, respectivamente, de la abundancia obtenida para cada una (Figs. 15–17).

Laguna Negra

Encontramos siete especies (cinco anfibios y dos Saurios) para un total de 136 individuos, de los cuales los anfibios se agrupan en dos familias, Bufonidae con una especie y Strabomantidae con dos géneros y cuatro especies;

Figura 15. Curva de dominancia-diversidad para la herpetofauna del sitio Laguna Negra.

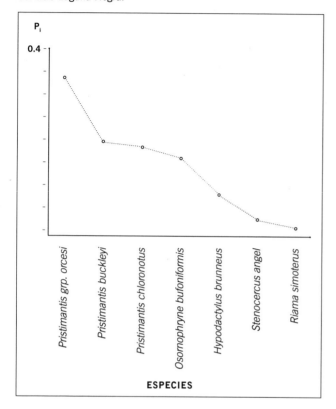

Figura 16. Curva de dominancia-diversidad para la herpetofauna del sitio Alto La Bonita.

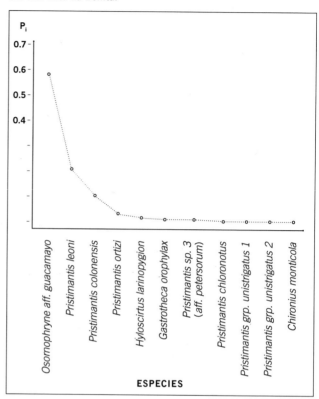

mientras que los reptiles se agrupan en dos familias y dos géneros. La instalación de una nueva metodología ("RRA") para el registro de este grupo de vertebrados permitió la obtención de muy buenas colecciones de *Osornophryne bufoniformis* y *Hypodactylus brunneus*, las cuales habían sido catalogadas por otros herpetólogos como raras. La riqueza absoluta y medidas de diversidad (H') obtenidas para cinco sitios evaluados en la localidad no presentaron diferencias en los valores obtenidos, registrando un promedio de cinco especies (H'= 1,3 bits) con un mínimo de cinco (H'= 1,1 bits) y un máximo de seis (H'=1,6 bits). En cuanto a abundancia, los cinco sitios evaluados presentaron un promedio de 30 individuos registrados, con un mínimo de 13 y un máximo de 43. La dominancia entre cada sitio no fue similar, sólo *Pristimantis* grp. *orcesi* fue dominante en dos de los cinco sitios de estudio, mientras que *Hypodactylus brunneus*, *Osornophryne bufoniformis* y *Pristimantis chloronotus* fueron dominantes cada uno en los restantes puntos evaluados. La curva de dominancia-diversidad del ensamblaje (Fig. 15) muestra que cinco (o el 71%) de

las especies que lo conforman poseen altos valores de dominancia y concentran el 96% de la abundancia total obtenida, siendo *Pristimantis* grp. *orcesi* (p_i = 0,34).

Alto La Bonita

Encontramos 11 especies (10 anfibios y 1 reptil) y un total de 267 individuos. Los anfibios se agrupan en cuatro familias, de las cuales Strabomantidae es la mejor representada con un género y siete especies, mientras que las restantes familias (Amphignathodontidae, Hylidae y Bufonidae) están representadas por una sola especie. Por su parte, los reptiles están representados por una serpiente de la familia Colubridae (*Chironius monticola*). Destacamos la presencia de *Pristimantis colonensis* (Fig. 6B) y *P. ortizi*, conocidos únicamente de sus localidades tipo; así como la colección de especies endémicas aparentemente raras (*Osornophryne* aff. *guacamayo*) y especies de ranas cuyas estrategias reproductivas han sido afectadas por el cambio climático y factores epidemiológicos en los Andes de Ecuador y Colombia, como *Hyloscirtus* y *Gastrotheca*. La riqueza

Figura 17. Curva de dominancia-diversidad para la herpetofauna del sitio Río Verde.

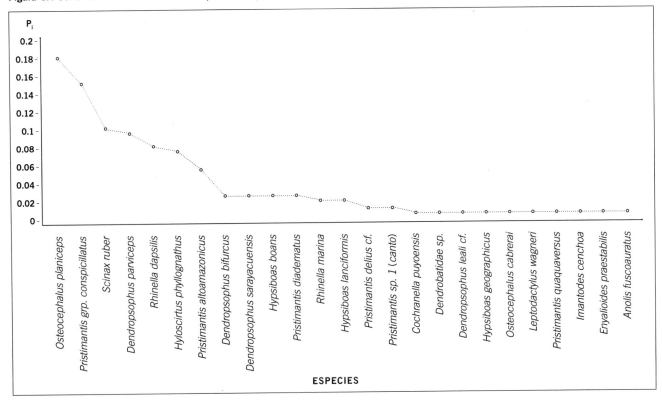

absoluta y medidas de diversidad (H') obtenidas para cuatro sitios evaluados en la localidad registraron un promedio de seis especies (H'= 1,14 bits), con un mínimo de tres (H'= 0,8 bits) y un máximo de ocho (H'=1,2 bits). En cuanto a abundancia, los cuatro sitios evaluados presentaron un promedio de 69 individuos con un mínimo de 50 y un máximo de 104. La dominancia entre los sitios fue similar, y *Osornophryne* aff. *guacamayo* fue dominante en todos los puntos. La curva de dominancia diversidad del ensamblaje (Fig. 16), muestra que el 73% de las especies que la conforman, poseen valores bajos de dominancia; sin embargo, el 57% de la abundancia total obtenida está concentrada en una sola especie *Osornophryne* aff. *guacamayo*.

Río Verde

Registramos 25 especies (22 anfibios y 3 reptiles) y un total de 144 individuos. Los anfibios se agrupan en seis familias, de las cuales Hylidae es la mejor representada con seis géneros y 11 especies, seguida de Strabomantidae con un género y 6 especies. Las restantes familias del

ensamblaje (Centrolenidae, Dendrobatidae, Bufononidae, Leptodactylidae, Colubridae, Hoplocercidae y Polychrotidae) están representadas por una sola especie. Se destaca la presencia de *Cochranella puyoensis*, una especie endémica del centro-sur de Ecuador y categorizada como En Peligro (EN) de amenaza; y *Rhinella dapsilis*, conocida únicamente de las tierras bajas de la amazonía bajo los 300 m. La riqueza absoluta y medidas de diversidad (H') obtenidas para cuatro sitios evaluados en la localidad registraron un promedio de 9 especies (H'= 1,09 bits) con un mínimo de 7 (H'= 1,9 bits) y un máximo de 12 (H'=2,3 bits). En cuanto a abundancia, los cuatro sitios evaluados presentaron un promedio de 39 individuos, con un mínimo de 22 y un máximo de 53. La dominancia entre los sitio no fue similar; *Scinax ruber, Pristimantis* grp. *conspicillatus, Osteocephalus planiceps* y *Dendropsophus parviceps* fueron las especies dominantes en cada sitio de muestreo. La curva de dominancia-diversidad del ensamblaje (Fig. 17) muestra que el 87% de las especies que la conforman poseen valores bajos de dominancia. Sin embargo, el 18% de la abundancia total obtenida está concentrada en tan sólo una especie (*Osteocephalus planiceps*).

Comparación entre los tres sitios de muestreo

Con excepción de *Pristimantis chloronotus* (la cual fue encontrada en Laguna Negra y Alto La Bonita), todas las demás especies fueron detectadas en una sola localidad, lo cual demuestra que los tres sitios establecidos corresponden a tres faunas diferentes marcadas por su rango altitudinal y formación vegetal. No obstante, cada sitio evaluado presentó variaciones interespecíficas entre sus puntos muestreados. Laguna Negra registró una alta similitud entre sus cinco puntos de muestreo alcanzando un 65%, mientras que Alto La Bonita registró menos de la mitad de la similaridad, alcanzando el 43% entre sus cuatro puntos de muestreo. Finalmente, Río Verde fue el punto más disímil de la gradiente con tan sólo 25% de similitud entre sus cuatro puntos evaluados.

Registros notables

Reportamos tres nuevas ampliaciones latitudinales de distribución, una nueva adición a la fauna anfibia de Ecuador, densidades altas de especies raras, así como la posibilidad de nuevas especies para la ciencia, los cuales describimos a continuación.

Cochranella puyoensis (Fig. 6F): Registrada anteriormente en cuatro localidades entre las provincias de Pastaza y al sur de Napo (Cisneros-Heredia y McDiarmid 2006). El espécimen capturado en Río Verde amplía el rango de distribución latitudinal conocido para la especie, siendo este el límite más septentrional conocido. Sin embargo, por la cercanía con Colombia, consideramos que es muy probables que esta especie se encuentre también en el vecino país.

Rhinella dapsilis: Conocida únicamente entre los 100 y 300 m de altura en la baja amazonía de Brasil, Colombia, Ecuador y Perú. En Ecuador solamente ha sido registrado en tres localidades en la Reserva de Producción Faunística Cuyabeno, en el Parque Nacional Yasuní y en la cuenca baja del Río Pastaza, bajo los 300 m (IUCN et al. 2004). Su presencia en Río Verde amplía el rango de distribución altitudinal y latitudinal

conocida hacia los bosques piemontanos de la provincia de Sucumbíos a 800 m de altura, reconociendo a Río Verde como la cuarta localidad en Ecuador y su límite altitudinal superior.

Pristimantis ortizi (Fig. 6D): Recientemente descrita por Guayasamín et al. (2004) de dos localidades al nororiente de Ecuador. El registro obtenido en Alto La Bonita representa la tercera localidad conocida para la especie y su límite latitudinal septentrional.

Pristimantis colonensis (Fig. 6B): Recientemente descrita por Mueses-Cisneros (2007) y conocida únicamente de la localidad tipo en el Valle de Sibundoy, Colombia. Nuestro registro en Alto La Bonita amplía su rango de distribución más al sur conocido hasta el momento y representa el primer registro para Ecuador.

Osornophryne spp.: Aunque nosotros hemos asignado a las especies registras como *O. bufoniformis* y *O. aff. guacamayo*, nuestras colecciones (174 individuos) representa los mayores registros de colecta nunca antes hecho para este grupo en Ecuador, lo cual a través del material obtenido nos permitirá entender la variación intraespecífica y ayudará a resolver los problemas taxonómicos existentes dentro del género.

Pristimantis spp.: Algunas de las especies de ranas terrestres Strabomantidae, que no pudimos determinar su estatus taxonómico, podrían tratarse de nuevas especies para Ecuador. Una de ellas *Pristimantis* sp. 3 (aff. *P. petersorum*) se trataría de una especie indescrita (= *Eleutherodactylus* sp. 4 de Mueses-Cisneros 2005).

Discusión

Los sistemas ecológicos que se extienden a lo largo de la Cordillera Oriental de los Andes en la frontera norte de Ecuador y sur de Colombia resguardan una alta diversidad herpetofaunística, representada por aproximadamente 149 taxa (Apéndice 6). Ésta alta concentración de especies se distribuye a lo largo de un mosaico altitudinal desde los 600 a 4.100 m, integrando biomas altoandinos hacia ecosistemas piemontanos de la cordillera. En este rango los ensamblajes de anfibios y reptiles están fraccionados por lo menos en cuatro límites altitudinales, separados cada 800 ó 1.000 m de altura.

El límite inferior se ubica en las bases de la cordillera bajo los 1.000 m de altitud, aglutinando la mayor diversidad de estos vertebrados en la gradiente (70 spp.), influenciado principalmente por la conexión de los bosques piemontanos con las selvas bajas adyacentes a la cuenca amazónica.

Hacia las laderas montano bajas de la cordillera, el segundo límite altitudinal cubre desde los 1.200 a 2.000 m, originando una superposición de las especies, entre el límite de los 1.200 m con los ensamblajes de las bases de la cordillera, los cuales son reemplazados completamente a los 1.500 m de altitud, agrupando cerca de 46 especies para este franja altitudinal.

Desde los 2.000 a 3.000 m, los ensamblajes se conectan al límite superior de la gradiente con los altos Andes sobre los 3.000 m; estas franjas altitudinales se caracterizan por la drástica disminución de la diversidad de herpetos obteniendo entre 34 y 13 taxas, respectivamente.

De acuerdo con nuestros resultados, las Cabeceras Cofanes-Chingual contienen más de un cuarto (28%) de la diversidad reportada en la región. Aunque sólo evaluamos tres de los cuatro límites altitudinales de la gradiente, consideramos que hacia el área de La Sofía—dentro de la propuesta reserva municipal—e incrementando el esfuerzo muestreo en la zona piemontana de Río Verde, la riqueza podría superar el 50% de la diversidad regional. Asimismo creemos que la diversidad en la zona altoandina se incrementaría notablemente en los bosques montano altos y páramos del sector de Monte Olivo, al cual por factores logísticos no tuvimos acceso.

Los valores de alfa diversidad reportados para cada uno de los sitios estudiados evidencian composiciones y estructuras de los ensamblajes, biológicamente representativos en sus concernientes límites altitudinales. En el caso de los ecosistemas páramunos de Laguna Negra, obtuvimos el 84% de la diversidad máxima esperada para una amplitud altitudinal de 300 m entre los 3.800 y 4.100 m de altura. Contrastando con otros

ecosistemas ubicados hacia el sur de la Cordillera Oriental en su vertiente interandina—específicamente en la provincia de Carchi—estos se muestran más diversos. Se registraron 15 especies en una amplitud de 800 m (entre los 3.200 y los 4.000 m, Laguna-Cevallos et al. 2007), duplicando la diversidad de nuestra área de estudio, no sólo por su rango altitudinal si no también por albergar una mayor representatividad y extensión de bosques montano altos combinadas con biomas de páramo; sin embargo hacia los páramos sur de la Reserva Ecológica Cayambe-Coca, en el sector de La Virgen (3.700–4.000 m) y Oyacachi (3.500–3.900 m), la diversidad de estos vertebrados es igual o menor a lo reportado en la Laguna Negra, donde se han registrado entre cuatro y nueve especies de herpetos (Yánez-Muñoz y Mejía 2004; Yánez-Muñoz 2005) con composiciones que sólo se asemejan a nuestra área de estudio en menos del 10% y con abundancias relativas menores en ciertos grupos, como *Hypodactylus* y *Osornophryne* (abundantes en Laguna Negra).

Los ensamblajes montanos de Alto La Bonita consiguieron el 82% de la diversidad máxima esperada en una amplitud altitudinal de 500 m entre los 2.600 y 3.100 m de altura. No existen datos disponibles en Ecuador para este bioma en sectores cercanos a nuestra área de estudio o dentro de la Reserva Ecológica Cayambe-Coca; sin embargo en base a nuestro Apéndice 6 creemos que la diversidad en el área puede incrementarse notablemente hacia los rangos por debajo de los 2.500 m hasta los 2.000 m; allí la diversidad de ranas *Pristimantis* es considerablemente mayor al igual que otros saurios endémicos de la zona que no fueron registrados en nuestro trabajo de campo. La diversidad (valores de riqueza absoluta) es similar a la diversidad reportada en otras zonas altitudinales similares hacia el centro y sur de los Andes ecuatorianos, en áreas como Machay (Parque Nacional Llanganates) y Tapichalca (zona de amortiguamiento del Parque Nacional Podocarpus), donde alcanzan valores entre 12 y 15 especies (Yánez-Muñoz 2005). No obstante resalta en la estructura de la comunidad de Alto La Bonita la alta dominancia de *Osornophryne* aff. *guacamayo* (59% de la abundancia total) sobre las ranas *Pristimantis*, la cual no ha sido reportada en tales densidades en ningún otro ecosistema de Ecuador o Colombia.

Para los ensamblajes piemontanos de Río Verde, la diversidad máxima esperada fue sólo del 53% en una amplitud altitudinal de 300 m, entre los 700 y 1000 m de altura. Las investigaciones realizadas en la cuenca del Chingual por Altamirano y Quiguango (1997), Rodríguez y Campos (2002) y Campos et al. (2001) muestra que en una franja altitudinal de 600 m, la diversidad es relativamente baja a pesar de tener una composición influenciada directamente por las áreas bajas amazónicas. Los valores de riqueza absoluta han fluctuado de acuerdo al esfuerzo de muestreo: entre 29 y 31 especies para inventarios biológicos con un esfuerzo igual o menor a 11 días muestreo (Campos et al. 2001; Rodríguez y Campos 2002) y 52 especies para estudios que acumularon 34 días (Altamirano y Quiguango 1997). Aunque la riqueza específica de Río Verde sólo alcanzó 25 especies y la composición es similar a estas áreas inventariadas, se encontraron elementos de la fauna anfibia que no habían sido registrados a lo largo de la cuenca del río Chingual ni en la zona de Santa Cecilia (como *Rhinella dapsilis* y *Cochranella puyoensis*, las cuales no estaban predecidas para la zona, lo cual sorprende lo complejo y poco conocido que puede ser la diversidad en este límite altitudinal).

Las características de la herpetofauna a escala de alfa-beta diversidad en las Cabeceras Cofanes-Chingual revela una zona prioritaria para la conservación de los anfibios y reptiles en la región de la Cordillera Oriental en el límite norte de Ecuador y sur de Colombia. La integración altitudinal de los tres ensamblajes reportados, a lo largo de esta gran extensión de vegetación natural, resguarda un significativo número de especies cuyos ensamblajes exhiben composiciones y estructuras que no están representadas en el territorio de la Reserva Ecológica Cayambe-Coca, añadiendo la presencia de poblaciones saludables de anfibios cuyas estrategias reproductivas han sido afectadas por el cambio climático y factores epidemiológicos.

Oportunidades, amenazas y recomendaciones

Es necesario trabajar en la vinculación de los habitantes de la región en cualquier proyecto de conservación que vaya a surgir a partir de este trabajo. Hay pensamientos y acciones de los habitantes locales que muestran la ausencia de sentido de pertenencia por su entorno ya que es evidente la cacería y incendios intencionales en los páramos del sector Laguna Negra. En todo nuestro trabajo de campo en este campamento, no encontramos ningún ejemplar de anfibio ni reptil debajo de algún tronco quemado, lo que indica que obviamente esta actividad, además de matar a los organismos, no permite la posibilidad de que así sea en un tiempo remoto después de ocasionada la quema, estos puedan utilizar este microhábitat para su reproducción o establecimiento. Los tres sitios de estudio muestran que efectivamente existe una composición de la herpetofauna diferente en el transecto desde Laguna Negra hasta Río Verde, lo cual significa que conservar el gradiente de las Cabeceras Cofanes-Chingual garantizará el establecimiento de por lo menos tres faunas diferentes con componentes páramunos, montanos y amazónicos en la misma región. El grado de endemismo y categorías de amenaza de las especies registradas fortalecen los criterios para la conservación y manejo de ésta área, la cual no sólo es estratégica en los Andes orientales Ecuador, si no también hacia la frontera norte con Colombia.

Para que el proceso de conservación sea exitoso, consideramos necesario que constantemente se realicen investigaciones que generen información clave sobre la dinámica poblacional de las especies y de los lugares que se están conservando, sobre todo de aquellas especies amenazadas que registraron altas densidades el los sitios de estudio, así como de aquellas que puedan proveer información sobre los impactos ocasionados por la transformación de los ecosistemas a paisajes agrícolas y ganaderos. Dentro de la región, los sectores de Laguna Negra y Alto La Bonita son ideales para el estudio de la dinámica poblacional de estas especies. Tener una región para estudios poblacionales proveerá de una fuente de información constante a través del tiempo, que puede ser utilizada para la conservación de las especies y de su hábitat. Creemos necesario extender inventarios complementarios hacia la zona de La Sofía y Monte Olivo, así como incrementar los esfuerzos de muestreo en los límites piemontanos de la zona de conservación propuesta, para proporcionar mayor información sobre la herpetofauna de la región.

AVES

Autores/Participantes: Douglas F. Stotz y Patricio Mena Valenzuela

Objetos de conservación: Aves en peligro, incluyendo Gralaria Bicolor (*Grallaria rufocinerea*); Aves amenazadas, incluyendo Pava Carunculada (*Aburria aburri*), Guacamayo Militar (*Ara militaris*), Jacamar Pechicobrizo (*Galbula pastazae*) y Tangara Montana Enmascarada (*Buthraupis wetmorei*); catorce especies con rango restringido a las laderas andinas y páramo; y la diversa avifauna de bosques montanos localizada a través de toda una gradiente de altitud

INTRODUCCIÓN

Aunque los Andes ecuatorianos han sido razonablemente bien estudiados con respecto a aves, la vertiente oriental de los Andes en la parte occidental de la provincia de Sucumbíos es muy poco conocida en comparación a la vertiente occidental andina y a las áreas ubicadas más hacia el sur a lo largo de la vertiente oriental. El estudio más importante realizado en las inmediaciones de la región es el inventario rápido llevado a cabo en las Serranías Cofan-Bermejo (Schulenberg 2002), el cual abarcó elevaciones entre los 450 y los 2.200 m en una serie de filos ubicados al este de nuestro sitio de Río Verde del presente inventario. Un estudio anterior realizado por Mena (1997) en el poblado de Sinangoe fue el primer estudio conducido de las elevaciones menores de la región.

Al sur de Cabeceras Cofanes-Chingual, la Reserva Ecológica Cayambe-Coca es razonablemente conocida, con estudios en todas las elevaciones; un estimado de 900 especies ocurre dentro de sus fronteras. En la vertiente occidental de la rama oriental de la cordillera de los Andes, la Estación Biológica Guandera en la provincia de Carchi es relativamente conocida para aves (Creswell et al. 1999). Su esquina nororiental está ubicada a sólo 3 km de nuestro sitio de inventario en el páramo, Laguna Negra, y alcanza elevaciones similares. Cerro Mongas en el sureste de Carchi también tiene una avifauna similar, y ha sido muy estudiado (Robbins et al. 1994).

La vertiente oriental de los Andes al sur de Colombia no es particularmente muy conocida; el lugar más cercano donde se han conducido numerosos estudios es el Parque Nacional Natural Puracé, en las cabeceras del Valle de Magdalena al norte de Cauca y Huila (BirdLife International 2008a).

MÉTODOS

Nuestro trabajo consistió en caminar las trochas, avistando y escuchando aves. Nosotros (Stotz y Mena) condujimos nuestros estudios de manera separada para incrementar la cantidad de esfuerzo por observador independiente. Salíamos del campamento instantes antes de la aurora y permanecíamos en el campo hasta media tarde, retornábamos al campamento por una o dos horas para descansar, después de lo cual regresábamos al campo hasta la puesta del sol. En lo posible caminábamos cada día por trochas separadas para maximizar así la cobertura de todos los hábitats del área. En todos los campamentos, caminamos cada trocha por lo menos una vez, y la mayoría de ellas fue recorrida en múltiples oportunidades. Las distancias recorridas variaron entre los campamentos como consecuencia de factores como el largo de las trochas, hábitats y densidad de aves, pero oscilaron de 3 a 8 km al día por observador.

Mena llevaba consigo una grabadora con micrófono durante casi todas sus salidas para grabar las vocalizaciones de las aves y documentar así la incidencia de especies. Mantuvimos registros diarios de las cantidades de cada especie que observamos. Además, cada noche los observadores (incluyendo a Debby Moskovits) sosteníamos reuniones de trabajo durante las que recopilábamos una lista diaria de especies encontradas; usamos esta información para estimar abundancias relativas de especies para cada campamento. Asimismo, observaciones de otros miembros participantes del equipo del inventario, especialmente Randy Borman y Álvaro del Campo, suplementaron nuestros registros.

Pasamos tres días enteros (además de parte de los días de llegada y salida) en cada campamento. En Alto La Bonita, estos tres días fueron suplementados por observaciones por la trocha que iba desde el campamento hacia el poblado de La Bonita. Mena caminó esa trocha

el 30 de octubre, mientras que Stotz y Moskovits lo
hicieron durante dos días, el 30 y 31 de octubre. La
totalidad de horas de observación por Mena y Stotz en
Laguna Negra fue de alrededor de 52 h, en Río Verde
cerca de 54 h y en Alto La Bonita unas 54 h, más 19 h
empleadas durante la caminata entre Alto La Bonita y
el poblado de La Bonita.

En Laguna Negra, estudiamos principalmente el
páramo incluyendo sus parches de bosques aislados;
sin embargo, tanto Stotz como Mena pasaban parte
del día estudiando los bosques continuos ubicados por
debajo del límite de la vegetación arbórea. En Río Verde,
limitamos nuestros estudios a las trochas ubicadas en
el lado norte y oeste de los ríos Cofanes y Verde; no
estudiamos las trochas localizadas en las otras márgenes
de esos ríos, las que sí fueron estudiadas por algunos
de los otros grupos.

En el Apéndice 8, la taxonomía, nomenclatura y
el orden de los taxones se da de acuerdo al las Listas
del Comité Sudamericano, versión 14 de noviembre de
2008 (*www.lsu.edu/~remsen/SACCbaseline.html*).
Los nombres en castellano siguen la nomenclatura de
Ridgely y Greenfield (2001a). Las abundancias relativas
están basadas en la cantidad de aves avistadas por día
de observación. Debido a la corta duración de nuestras
visitas, estos estimados son algo imprecisos, y solamente
corresponden al periodo de octubre a noviembre. Para
todos estos sitios empleamos tres clases de abundancia:
"Común" indica que las aves fueron observadas a diario
en el hábitat esperado; las aves dentro de la categoría
"No Común" no fueron observadas a diario, pero fueron
avistadas más de dos veces; y la categoría "Rara" denota
que las aves fueron observadas sólo una o dos veces al
día como individuos solos o en parejas. En Laguna
Negra, las especies encontradas únicamente en bosque
continuo por debajo del límite de la vegetación arbórea se
denotan en el Apéndice 8 debido a que sólo estudiamos
este hábitat de manera limitada. Asimismo, hemos
anotado aquellas especies que vimos cuando salimos de
Alto La Bonita (debajo del final del sistema de trochas
de ese sitio de inventario, a 2.580 m, y por encima del
comienzo de hábitats sustancialmente alterados por
humanos, a unos 2.100 m) debido a la limitada cobertura
que recibieron esas elevaciones. (No incluimos alguna

de las especies avistadas sólo en las proximidades del
poblado de La Bonita, donde había una mezcla de
hábitats de agricultura y reducidos parches de bosques
disturbados. Sin embargo, no incluimos registros de los
alrededores de La Bonita en las distribuciones de
elevación mencionadas en el apéndice de especies
presentes en Alto La Bonita.)

RESULTADOS

Registramos 364 especies de aves entre nuestros tres
sitios durante el inventario rápido, del 15 al 31 de
octubre de 2008. Los sitios variaron sustancialmente en
cuanto a elevación y hábitat, con avifaunas distintas.
El sitio montano más bajo, Río Verde, fue el más diverso
con 214 especies. Los dos sitios ubicados a mayor
elevación eran más similares entre ellos, con 111 especies
en Alto La Bonita y 74 en nuestro sitio del páramo,
Laguna Negra.

Estimamos un total regional de 650 especies de
aves, incluyendo especies migratorias, especies de rara
ocurrencia que no encontramos, y especies asociadas
con elevaciones montanas medias que no estudiamos.
En el inventario rápido de Serranías Cofan-Bermejo,
el total regional de avifauna entre los 450 y 2.200 m
fue estimado en 700 especies (Schulenberg 2002). Sin
embargo, ese inventario incluyó algo del hábitat de
llanuras amazónicas por los alrededores del área de
estudio de Bermejo, mientras que el presente estudio
no incluyó áreas bajas. Si las llanuras amazónicas
adyacentes fueran incluidas en el estimado regional de
este inventario, el número de especies sobrepasaría sin
duda las 1.000 especies.

Laguna Negra

La característica dominante del paisaje en Laguna Negra
fue el hábitat de páramo abierto, donde registramos
sólo 18 especies, de las cuales 11 eran completamente
restringidas al páramo. Mientras que es posible que
el páramo en este lugar se haya vuelto más extenso,
más abierto y más dominado por los pastos debido a
quemas regulares, pensamos que la principal razón de
la baja diversidad es que existen muy pocas especies
especialistas de páramo con respecto a la avifauna

regional; podríamos haber esperado que sólo seis especies adicionales ocurran primariamente en páramo en este lugar. Esto contrasta con la puna (pastizales montanos más secos) ubicada más al sur, donde una vasta extensión de ese hábitat alberga una mayor avifauna: Parker et al. (1996) listan 69 especies que regularmente utilizan la puna.

Encontramos 63 especies en el páramo y parches aislados de bosque en este sitio. Las 11 especies restantes que registramos fueron encontradas únicamente en el bosque continuo ubicado por debajo del límite de la vegetación arbórea. Creemos que la lista de especies para el páramo y los parches de bosque está relativamente completa, mientras que un número de especies adicionales podría encontrarse en el bosque continuo si se dedicase un mayor esfuerzo a ese hábitat.

La avifauna en el bosque continuo era diferente a las especies encontradas en los parches de bosque; además de las 11 especies encontradas únicamente en bosque continuo 13 especies fueron encontradas en parches de bosques aislados que no fueron encontradas en bosque continuo. En tres casos, observamos reemplazos de especies dentro de un género entre el bosque continuo y los parches de bosque. Estos fueron (especies de bosque continuo listadas primero): Metalura Tiria/Verde (*Metallura tyrianthina/williami*), Tapaculo Negrusco/Paramero (*Scytalopus latrans/canus*) y Tangara Montana Encapuchada/Enmascarada (*Buthraupis montana/wetmorei*).

Especies frugívoras y nectarívoras dominaron la avifauna. La familia más diversa es Trochilidae (picaflores nectarívoros), con 11 especies, seguida de Thraupidae (tangaras frugívoras), con 10 especies. Muchas especies de otras familias consideradas típicamente insectívoras, como los atrapamoscas (Tyrannidae), son parcialmente frugívoras, y la abundancia relativa de frugívoros se incrementa con la altitud. La predominancia de especies frugívoras y nectarívoras que observamos es un patrón constante en los Andes, donde los picaflores no muestran esencialmente un declive de diversidad con la altitud, mientras que las tangaras, cotingas, zorzales y otros grupos mayores de frugívoros muestran sólo un declive moderado con la altitud. Esto contrasta con los hormigueros insectívoros (Thamnophilidae) y

atrapamoscas, los que típicamente representan las dos familias más diversas de los bosques de las llanuras amazónicas. Los Thamnophilidae están completamente ausentes a altas elevaciones, y los atrapamoscas son mucho menos diversos (registramos tres especies en Laguna Negra) y de hábitos más frugívoros.

Río Verde

Río Verde, emplazado en el piedemonte, de lejos fue el sitio más rico que estudiamos con respecto a aves. La avifauna era una mezcla de elementos montanos y de tierras bajas. Sin embargo, comparado a muchos otros sitios ubicados a altitudes similares (ver debajo comparaciones específicas con otros sitios), los elementos de tierras bajas estuvieron pobremente representados. Había 22 especies de hormigueros (Thamnophilidae, a menudo representados en las llanuras por más de 50 especies), de las cuales 9 son estrictamente especies montanas. Bandadas de sotobosque lideradas por batarás *Thamnomanes*, elemento característico de llanuras amazónicas que regularmente ocurre hasta alrededor de los 900 m (e inclusive a mayor altura que las áreas con bambú), estaban completamente ausentes. La mayoría de especies que observamos estaba dentro de dos grupos: especies de hábitats abiertos por los alrededores del campamento, y en hábitat ripícola junto al río Cofanes, y especies frugívoras (especialmente tangaras) que se unían a las especies de bandadas de dosel por todo el lugar.

Río Verde se encuentra en la base de un estrecho valle, a varios kilómetros de distancia de la extensión más cercana de bosque bajo verdadero. Es posible que esta topografía excluya algunas especies de llanura halladas típicamente a similar altitud en otros lugares. De este modo, observamos un cambio de una avifauna típica de llanuras dominada por especies insectívoras, a una dominada por especies frugívoras, un patrón mucho más fuerte a mayores altitudes durante este inventario. Así como ocurre a mayores elevaciones, tangaras y picaflores estuvieron bien representados.

Algunas especies montanas ocurrieron en el claro del campamento a 730 m hasta las cumbres estudiadas, ubicadas a 1.100 m. Sin embargo, el elemento montano se volvía mucho más pronunciado mientras uno ascendía la cuesta, desapareciendo las especies de bosque bajo e incrementando progresivamente las especies montanas. Alrededor de los 950 m de altitud, el elemento montano era dominante, y una cantidad de especies montanas fueron encontradas únicamente por encima de los 1.000 m.

En Río Verde, encontramos una reducida cantidad de reemplazos de especies dentro de los géneros, donde una especie de llanura era reemplazada por otra especie representativa montana a mayor elevación. Tres ejemplos de esto fueron (especies de llanura mencionadas primero) Barbudo Golilimón/Cabecirrojo (*Eubucco richardsoni/bourcieri*), Loro Cabeciazul/Piquirrojo (*Pionus menstruus/sordidus*) y Carpintero Crestirrojo/Carminoso (*Campephilus melanoleucos/haematogaster*). De modo más común, la especie representativa de llanura estaba ausente y sólo la especie montana fue hallada. Ejemplos de esto incluyen Corcovado Pechirrufo (*Odontophorus speciosus*), Búho Ventribandeado (*Pulsatrix melanota*), Coliespina Cejiceniza (*Cranioleuca curtata*), Hormiguerito Lomirrufo (*Terenura callinota*), Chamaeza Colicorto (*Chamaeza campanisona*), Jejenero Coronicastaño (*Conopophaga castaneiceps*) y Mosquerito Gorripizarro (*Leptopogon superciliaris*). En un caso, encontramos dos especies montanas congenéricas, Clorospingo Goliamarillo/Golicinéreo (*Chlorospingus flavigularis/canigularis*) que ampliamente se reemplazan la una a la otra a diferentes altitudes.

Alto La Bonita

En Alto La Bonita, encontramos una avifauna típica de altas elevaciones, con un gran número de especies asociadas a bandadas mixtas lideradas por la Candelita de Anteojos (*Myioborus melanocephalus*) y las reinitas *Basileuterus*. A parte de estas bandadas, aves terrestres y aves que habitan muy cerca al suelo como las gralarias y gralaritas (*Grallaria* y *Grallaricula*) y tapaculos (*Scytalopus*), así como especies elusivas de Furnariidae y atrapamoscas escondidas entre la densa vegetación de sotobosque, comprendieron la mayor parte de la avifauna. En general, la abundancia de aves de este sitio fue aparentemente baja. Pocas especies cantaban, aun al amanecer, y para media mañana las vocalizaciones cesaban por completo. Las tardes eran notoriamente

silenciosas. El ruido de las quebradas sumado a la dificultad de las trochas podría haber contribuido con nuestra impresión general de baja incidencia de aves.

Hubo una diferencia notable entre la avifauna que observamos alrededor del campamento a unos 2.630 m de altitud, y aquella de un filo hacia el este emplazado aproximadamente a la misma elevación. Nuestro campamento se encontraba al fondo de un valle donde el aire frío se asentaba cada mañana. La avifauna era dominada por especies que por lo general alcanzan elevaciones por encima de nuestro campamento. Durante una tarde y parte de una mañana de estudio en el filo, encontramos diez especies que nunca habían sido vistas cerca al campamento, y las que alcanzan su límite de altitud a alrededor de los 2.600 m. Aparentemente la topografía local contribuye sobremanera con las diferencias entre las avifaunas de estas dos áreas: El filo, debido a la continuidad con áreas más bajas, tuvo una avifauna más característica de elevaciones menores, mientras que las áreas cercanas al campamento, con su proximidad a mayores elevaciones que las rodeaban y aislamiento de áreas más bajas, eran dominadas por una avifauna de mayor altitud.

Especies endémicas

Ridgely y Greenfield (2001a) listan 36 especies endémicas de la vertiente oriental de los Andes en Ecuador y cerca de Colombia o Perú. Encontramos nueve de estas especies: Colipinto Ecuatoriano (*Phlogophilus hemileucurus*), Jacamar Pechicobrizo (*Galbula pastazae*), Gralarita Carilunada (*Grallaricula lineifrons*), Tapaculo Ventrirrufo Ecuatorial (*Scytalopus micropterus*), Tiranolete Ecuatoriano (*Phylloscartes gualaquizae*), Mosquerito Crestinaranja (*Myiophobus phoenicomitra*), Tangara Montana Enmascarada (*Buthraupis wetmorei*), Quinuero Dorsinegro (*Urothraupis stolzmanni*) y Matorralero de Anteojos (*Atlapetes leucopis*). Cuatro de estas especies endémicas ocurrieron en Río Verde, tres en Alto La Bonita y dos en Laguna Negra. La mayoría de especies endémicas que no encontramos ocurren a elevaciones intermedias que no estudiamos. A parte de este grupo de especies endémicas, en Laguna Negra encontramos cinco especies listadas por

Ridgely y Greenfield entre sus 16 especies endémicas de Valles y Laderas Interandinas: Caracara Curiquingue (*Phalcoboenus carunculatus*), Zamarrito Pechidorado (*Eriocnemis mosquera*), Zamarrito Muslinegro (*E. derbyi*), Picoespina Arcoiris (*Chalcostigma herrani*) y Cinclodes Piquigrueso (*Cinclodes excelsior*). En Río Verde, hubo tres especies listadas entre las especies endémicas de las Llanuras Amazónicas Occidentales: Pavón de Salvin (*Mitu salvini*), Colaespina Oscura (*Synallaxis moesta*) y Tororoi Loriblanco (*Hylopezus fulviventris*).

Especies raras y amenazadas

Ridgely y Greenfield (2001a) proveen una lista de especies que consideran en riesgo en Ecuador. Las categorías que usan son las mismas que las utilizadas por Wege y Long 1995; listas más recientes (p. ej., BirdLife International 2000a–k) usan un enfoque más cuantitativo para determinar los grados de amenazas, aunque las categorías permanecen igual. Ridgely y Greenfield listan como En Peligro una especie que encontramos (Gralaria Bicolor, *Grallaria rufocinerea* [Fig. 7O]); y tres como Vulnerables: Pava Carunculada (*Aburria aburri*), Guacamayo Militar (*Ara militaris*) y Tangara Montana Enmascarada (*Buthraupis wetmorei*). Una especie catalogada como Casi Amenazada por Ridgely y Greenfield, Jacamar Pechicobrizo (*Galbula pastazae*), es considerada como Vulnerable globalmente por BirdLife International (2008b).

La Gralaria Bicolor abarca un pequeño rango y ocurre localmente desde el centro de Colombia hacia el sur, hasta el norte de Sucumbíos, Ecuador. Las aves ecuatorianas pertenecen presumiblemente a la subespecie sureña *romeroana*. Mientras ha sido tratada como En Peligro dentro de Ecuador, es ahora considerada globalmente Vulnerable, con una población global de menos de 10.000 aves (BirdLife International 2008c). Llegamos a la conclusión que esta especie es común en el bosque en Alto La Bonita entre 2.600 y 2.700 m. Encima de los 2.700 m, la *Grallaria* común fue la Gralaria Nuquicastaña (*G. nuchalis*), pero no encontramos a la Gralaria Bicolor a esas elevaciones. Esta especie era previamente conocida en Ecuador de

un único dato, una pareja registrada en grabadora en la carretera Interoceánica cerca de Santa Barbara (Ridgely y Greenfield 2001a; BirdLife International 2008c). Por la carretera, el bosque se limita a pequeños parches dentro de una matriz de agricultura; sin embargo, nuestros registros de Alto La Bonita sugieren que es posible que exista una población sustancial—que casi seguro alcanza los cientos de individuos—de esta especie a elevaciones apropiadas donde la cobertura boscosa permanece intacta. Mantener cobertura boscosa hacia el oeste y sur de La Bonita será crucial para la subsistencia de esta especie, debido a que la mayor parte de su rango de extensión en Colombia ya ha sido deforestada.

La Pava Carunculada ocurre en la vertiente oriental de los Andes desde Venezuela hasta el sur del Perú. A pesar de su extensivo rango, es considerada Casi-amenazada globalmente (BirdLife International 2008d) y Vulnerable en Ecuador (Ridgely y Greenfield 2001a), debido a su reducido rango de altitud (por lo general de 800 a 1.500 m), a la deforestación extensiva dentro de esta franja de elevación, y a la presión de caza. Pudimos averiguar que esta especie era común por todo el sitio de inventario de Río Verde. En las Serranías Cofan-Bermejo, al sur y al este de Río Verde, Schulenberg (2002) encontró a esta especie en dos de los tres sitios estudiados. De este modo, existe aparentemente una población significativa en las faldas de esta región cercana al Río Cofanes. Actualmente la presión de caza y deforestación son bajas; sin embargo, es muy importante para la supervivencia de esta especie asegurar que esta área permanezca como un refugio a largo plazo.

El Guacamayo Militar abarca un extenso pero fragmentado rango que va desde México hasta el noroeste de Argentina. Mientras que esta especie tiene una amplia distribución de altitud (desde el nivel del mar hasta por lo menos 3.100 m), en los Andes se limita a las estribaciones bajas entre 600 y 1.600 m (Parker et al. 1996; Ridgely y Greenfield 2001b). Las mayores amenazas son la pérdida del hábitat por causa de la deforestación y la captura para el mercado de mascotas (BirdLife International 2008e). En Ecuador, la especie es local a lo largo de la vertiente oriental de los Andes (Ridgely y Greenfield 2001a). Había una población sustancial cerca de Río Verde, la cual encontramos diariamente en cantidades moderadas (10–20 por día). Existe un acantilado con varias cavidades de anidamiento junto al río Cofanes, cerca de 6 km aguas abajo de nuestro campamento de Río Verde, donde observamos cerca de 80 aves a la vez durante el inventario (Á. del Campo com. pers.), y mayores cantidades han sido reportadas en otras épocas del año (R. Borman com. pers.). El acantilado está compuesto parcialmente de carbonato de calcio (T. Saunders com. pers.) y los guacamayos ingieren probablemente algo de ese material. Durante el estudio realizado en Serranías Cofan-Bermejo, esta especie de guacamayo fue encontrada en los tres sitios de inventario (Schulenberg 2002). Existe claramente una población significativa—la que probablemente llega a cientos de individuos—de esta especie en las faldas de la parte occidental de Sucumbíos. Proteger el bosque en la región, y especialmente lugares como el acantilado del río Cofanes, es una prioridad para la especie. Actualmente, la captura para el mercado de mascotas no parece representar un problema mayor en el área.

La Tangara Montana Enmascarada ocurre en el bosque cercano al límite de la vegetación arbórea a lo largo de la vertiente oriental de los Andes desde el sur de Colombia hasta el extremo norte del Perú. Se trata aparentemente de una especie local y rara dentro de este rango, y es considerada Vulnerable globalmente (BirdLife International 2008f) y en Ecuador (Ridgely y Greenfield 2001a). El páramo en llamas ha bajado el límite de cobertura boscosa por casi todo el rango de esta especie y ha destruido los parches aislados de bosque utilizados por esta especie por encima de la línea de bosque. En Laguna Negra, donde la depresión de la línea de bosque y la destrucción de los parches de bosque por quemas regulares era obvia, encontramos parejas de esta especie en dos parches boscosos encima de nuestro campamento, entre 3.700 y 3.750 m de altura. En Alto La Bonita, nuestro único registro fue un ave en el bosque ubicado al borde de un gran derrumbe a cerca de 3.000 m de elevación. Ccuttopoé, el sitio de páramo ubicado encima de Monte Olivo, podría ser importante para esta especie. Está ubicado casi a la misma altura que Laguna

Negra, pero no está quemado. Desafortunadamente, no podemos confirmar que esta especie ocurre ahí porque no pudimos visitar este lugar. Aparentemente la medida más importante requerida para conservación de esta especie consiste en el manejo de quemas del páramo en los lugares donde ocurre. La población total en Caberceras Cofanes-Chingual es probablemente reducida, por debajo de cien individuos, dado que sólo encontramos unos cuantos en Laguna Negra y Alto La Bonita y que el hábitat donde vive esta especie—parches de bosque dentro de la zona de páramo—es intrínsecamente un hábitat de parches. Sin embargo, esta región, incluyendo el páramo del lado oeste de los Andes que da hacia Carchi, podría muy bien ser uno de los bastiones más importantes para la especie, considerando la extensión del hábitat de páramo y el generalmente bajo grado de intervención que ha recibido con relación a otras áreas de páramo en Ecuador y el sur de Colombia.

El Jacamar Pechicobrizo tiene un estrecho rango de altitud en la base de la vertiente oriental de los Andes, desde el extremo sur de Colombia hasta el extremo norte del Perú. Casi todo su rango está en Ecuador. Era poco común en nuestro sitio de Río Verde, donde estaba asociado con desbosque, derrumbes, caídas de grandes árboles y el claro alrededor de la estación. Su estrecho rango de altitud y su distribución local ponen en riesgo a la especie por la continua deforestación en las bajas estribaciones de los Andes. Las faldas del oeste de Sucumbíos podrían albergar una importante población de este jacamar, pero no fue encontrado en el inventario en Serranías Cofan-Bermejo (Schulenberg 2002), por lo que podría ser bastante local en la región.

El Tinamú Negro (*Tinamus osgoodi*) es una especie Vulnerable (BirdLife International 2008g) encontrada en dos poblaciones de distribución disjunta: en el sur del Perú, y en el sur de Colombia hacia el extremo norte de Ecuador. Aunque no encontramos a esta especie en Río Verde (donde la elevación es generalmente menor al rango de esta especie), ha sido encontrada en filos más altos en lugares cercanos (R. Borman com. pers.). La especie fue encontrada por primera vez en Ecuador durante el inventario de Serranías Cofan-Bermejo (Schulenberg 2002) en Shishicho, al sur del Río Cofanes entre 1.000 y 1.350 m. Existe probablemente una gran población de esta especie dentro de la región a elevaciones apropiadas. La mayor amenaza para esta especie es la deforestación.

Encontramos nueve especies adicionales que Ridgely y Greenfield (2001a) listan como Casi Amenazadas en Ecuador: Tinamú Gris (*Tinamus tao*), Pavón de Salvin (*Mitu salvini*), Corcovado Pechirrufo (*Odontophorus speciosus*), Águila Andina (*Spizaetus isidori*), Zamarrito Muslinegro (*Eriocnemis derbyi*), Tucán Andino Pechigris (*Andigena hypoglauca*), Tucán Mandíbula Negra (*Ramphastos ambiguous*), Orejerito de Anteojos (*Phylloscartes orbitalis*) y Matorralero de Anteojos (*Atlapetes leucopis*).

El Tinamú Gris está ampliamente distribuido cerca de la base de los Andes desde Colombia hasta Perú. Encontramos unos cuantos individuos en Río Verde. La región de este inventario y la del inventario de Serranías Cofan-Bermejo puede albergar una población significativa de esta especie, aunque aparentemente esté desperdigada por la región.

El Pavón de Salvin está restringido al noroeste de la Amazonía, y está bajo fuerte presión de caza en muchas áreas. Ha desaparecido de regiones cercanas a centros poblados mayores. Encontramos pequeñas cantidades en Río Verde, y Sebastián Descanse (uno de nuestros colegas Cofan) vio a una pareja de esta especie a la extraordinaria altitud de 2.800 m en Alto La Bonita. Mientras que esta especie es mayormente conocida de las llanuras amazónicas (Ridgely y Greenfield 2001a), existe aparentemente una población sustancial en las faldas del oeste de Sucumbíos, donde fue encontrado en los tres sitios de muestreo durante el inventario de Serranías Cofan-Bermejo (Schulenberg 2002), e incluso una población es conocida de los valles boscosos cerca de La Sofía a más de 1.500 m (R. Borman com. pers.). Existe cobertura boscosa continua entre la población de La Sofía y la de Alto La Bonita, lo que podría significar que las aves avistadas en Alto La Bonita representan aves errantes de elevaciones menores.

El Corcovado Pechirrufo está catalogado como Casi Amenazado por Ridgely y Greenfield (2001a), aunque está considerado a salvo globalmente (BirdLife International 2008h, debido a que abarca un extenso rango a lo largo de la vertiente oriental de los Andes desde el norte de Ecuador hasta el norte de Bolivia), y es considerado como especie común dentro de la mayor parte de su rango en el Perú. Nuestros registros de Río Verde están cerca del límite de altitud más bajo para esta especie.

El Águila Andina ocurre en menores densidades en bosques ubicados a grandes altitudes en la vertiente oriental de los Andes, desde Venezuela hasta el noroeste de Argentina. Aunque obtuvimos un solo registro en Laguna Negra, la vasta extensión de bosques ubicados a elevaciones apropiadas desde nuestros sitios de estudio hacia el sur en Cayambe-Coca podría hacer que esta área sea un importante bastión para esta especie.

El Zamarrito Muslinegro es un picaflor local, de rango restringido, que habita tanto dentro del bosque como en los bordes del mismo cerca de la línea arbórea. Es considerado como Casi Amenazado (Birdlife International 2008i) debido principalmente a su reducido rango. Ha sido registrado previamente en la Estación Biológica Guandera aproximadamente 3 km al suroeste del sitio de Laguna Negra. Es posible que esta área pueda albergar una importante población de esta poco conocida especie.

El Tucán Andino Pechigris es una especie de bosques de altura, ampliamente distribuido desde el sur de Colombia hasta el sur del Perú. Es moderadamente común por la mayor parte de su rango, y lo encontramos tanto en Laguna Negra como en Alto La Bonita. A pesar de esto, está considerado como Casi Amenazado tanto por Ridgely y Greenfield (2001a) como por BirdLife International (2008j).

El Tucán Mandíbula Negra ocurre localmente en el piedemonte andino. Su ocurrencia en Río Verde nos sorprendió, pero fue encontrado varias veces e inclusive uno de ellos fue fotografiado. Su distribución local y estrecho rango de altitud a lo largo de la vertiente oriental baja de los Andes ponen potencialmente en riesgo a esta especie debido a la deforestación. Las faldas del oeste de Sucumbíos podrían albergar una población significativa de esta especie al haber sido también encontrada en los tres sitios de estudio en el inventario de Serranías Cofán-Bermejo (Schulenberg 2002).

El Orejerito de Anteojos tiene un amplio rango de distribución desde el sur de Colombia hasta el norte de Bolivia a lo largo de las laderas andinas bajas, pero tiene una estrecha distribución de altitud. Encontramos pequeñas cantidades en Río Verde en los bosques cercanos al campamento.

El Matorralero de Anteojos ocurre desde el sur de Colombia localmente a lo largo de la vertiente oriental de los Andes hasta el sur de Ecuador. Mientras que Ridgely y Greenfield (2001a) describen a la especie como rara e inconspicua, fue común para nosotros encontrarla en Alto La Bonita. El ave también era conspicua cuando por la mañana vocalizaba su sonoro canto tipo saltador desde perchas expuestas del dosel, siendo audaz y curioso al transcurrir el día. A pesar de esto, pensamos que la categoría Preocupación Mínima formulada por BirdLife International (2008k) es demasiado optimista. Su reducida distribución local en una región con sustancial deforestación, sumada al hecho que la especie es considerada de rara incidencia sugieren que ésta podría requerir un cuidadoso monitoreo. La región que rodea a Alto La Bonita podría representar un importante bastión para la especie.

Especies migratorias

Ecuador está ubicado al sur del rango invernal de la mayoría de especies migratorias de Norteamérica, y aun así encontramos 17 especies durante este inventario. En Laguna Negra vimos cuatro aves migratorias de orilla—Patiamarillo Mayor (*Tringa melanoleuca*), Patiamarillo Menor (*T. flavipes*), Andarríos Coleador (*Actitis macularius*) y Playero de Baird (*Calidris bairdii*)— en una pequeña laguna cercana al campamento. Los tres primeros tienen una amplia distribución en el Neotrópico durante el invierno septentrional, pero el Playero de Baird inverna generalmente en el sur de Sudamérica y su migración a través de los Andes es significativa, donde utiliza los lagos ubicados a muy altas elevaciones a manera de pasaderas. A pesar de esto también observamos a esta especie en Puerto Libre (550 m) y en el poblado de La Bonita (1.950 m)

mientras viajábamos de un campamento al otro. Otras aves de orilla probablemente utilicen los lagos dentro del páramo en esta región. Las únicas otras aves migratorias observadas en Laguna Negra fueron un Águila Pescadora (*Pandion haliaetus*) volando sobre el campamento a más de 3.700 m el 16 de octubre, y una Golondrina Tijereta (*Hirundo rustica*) junto a una bandada de Golondrinas Ventricafés (*Orochelidon murina*) el 17 de octubre. En Alto La Bonita, la única ave migratoria que encontramos fue la Reinita Pechinaranja (*Dendroica fusca*), la cual apenas alcanzó el sitio de estudio a 2.600 m. Era moderadamente común a menores elevaciones alrededor del poblado de La Bonita y en la trocha hacia este poblado.

La mayoría de especies migratorias que encontramos, un total de diez, estaba en los bosques que rodean a Río Verde. Estos bosques incluyeron tres especies de atrapamoscas: Pibí Boreal (*Contopus cooperi*), Pibí Oriental (*C. virens*), y Pibí Occidental (*C. sordidulus*); y dos reinitas: Cerúlea (*Dendroica cerulea*) y Collareja (*Wilsonia canadensis*). Otras especies migratorias en Río Verde fueron Gavilán Aludo (*Buteo platypterus*), Añapero Común (*Chordeiles minor*), Vireo Ojirrojo (*Vireo olivaceus*), Zorzal de Swainson (*Catharus ustulatus*) y Piranga Roja (*Piranga rubra*). Pibí Oriental fue de lejos la especie más abundante entre las migratorias, seguido de la Reinita Collareja. Sin embargo, la vertiente oriental de los Andes es más crítica para las tres especies de reinitas y el Zorzal de Swainson, los cuales invernan en los Andes húmedos.

Dentro de las aves terrestres, algunas especies migratorias son conocidas—pero raras—a lo largo de la vertiente oriental de los Andes. Esperábamos encontrar solamente al Zorzal Carigris (*Catharus minimus*) y a la Piranga Escarlata (*Piranga olivacea*), aunque no encontramos a estas especies. Ésta última es de lejos más abundante que la Piranga Roja en el sureste del Perú a elevaciones similares a Río Verde (Robinson et al. 1995; Stotz obs. pers.), lo que convierte su ausencia en una intriga.

Otros registros notables

En Alto La Bonita, obtuvimos registros de dos aves acuáticas de llanura a una elevación inusual. Vimos un Cormorán Neotropical (*Phalacrocorax brasilianus*) volando sobre el bosque el 28 de octubre. Mena lo observó volando de oeste a este sobre un gran valle a 2.800 m, y cerca de 30 minutos más tarde, Stotz lo vio volando aguas abajo por el Río Sucio debajo de nuestro campamento. El 29 de octubre, una Garcilla Estriada (*Butorides striatus*) estaba perchada en el dosel de bosque bajo, con aguas quietas debajo, a 2.800 m. Ambas especies son de amplia distribución en las tierras bajas pero ocurren localmente en cantidades reducidas a mayores elevaciones (Ridgely y Greenfield 2001a).

Dos especies que no están consideradas como endémicas o amenazadas fueron no obstante interesantes de encontrar. En Laguna Negra, un solo Cinclodes Piquigrueso (*Cinclodes excelsior*) cantó, hizo exhibición de aleteos, y era generalmente bastante obvio el 16 de octubre en un parche de bosque con gran extensión de *Polylepis* cerca al campamento. No observamos a esta ave subsecuentemente. Ésta es una especie local en Ecuador y Colombia asociada a parches boscosos de *Polylepis* en y por encima de la línea de bosque. En Río Verde, nos percatamos que el Tirano Todi Golianteado (*Hemitriccus rufigularis*) no era común en el bosque a lo largo de los filos por los alrededores del campamento entre 900 y 1.000 m. Ésta es una especie local muy restringida a los filos distantes de los Andes desde el sur de Colombia hasta el norte de Bolivia entre 750 y 1.500 m (Ridgley y Greenfield 2001a; Schulenberg et al. 2007). No era inesperado en este sitio, porque Schulenberg (2002) lo encontró en sus tres sitios estudiados, pero permanece conocido de relativamente pocos sitios a pesar de su muy amplio rango geográfico.

Como notamos en los conteos para los campamentos individuales, la diversidad de frugívoros y nectarívoros fue alta durante todo el presente estudio. En general, la diversidad de picaflores (29 spp.) y tangaras (52 spp.; ver Fig. 7) fue impresionante. Los picaflores estuvieron distribuidos de manera bastante pareja en los tres campamentos, aunque eran considerablemente más obvios en el campamento de Laguna Negra, donde dos

especies, Zamarrito Pechidorado (*Eriocnemis mosquera*) y Picoespina Arcoiris (*Chalcostigma herrani*), fueron quizás las especies de aves más vistas.

Encontramos escasa evidencia de aves en reproducción durante este inventario. Los bajos niveles de vocalizaciones nos sugirieron luego que el principal periodo de reproducción no está cercano a la época del año en la que realizamos el estudio. En Laguna Negra, la única evidencia de reproducción fue un pichón de Chotacabras Alifajeado (*Caprimulgus longirostris*), el cual fotografiamos. En Alto La Bonita, había un poco más de evidencia de reproducción. Una pareja de Patos Torrenteros (*Merganetta armata*) tenía dos pichones en el Río Sucio, apenas aguas arriba de nuestro campamento. Avistamos a una pareja de Tangaras Montanas Encapuchadas (*Buthraupis montana*) alimentando a un juvenil grande encima del campamento. Un Frutero Verdinegro (*Pipreola riefferii*) tenía un nido con dos huevos, y un Pitajo Dorsipizarro (*Ochthoeca cinnamomeiventris*) cuidaba un nido con un pichón al borde de una quebrada por encima del campamento. En Río Verde una pareja de Guacamayos Militares defendía el agujero de su nido ubicado aguas abajo en el acantilado del río Cofanes. Desconocemos si el agujero contenía huevos o pichones.

Comparaciones entre los sitios estudiados y comparaciones con otras áreas

Durante los inventarios rápidos realizados en tierras bajas generalmente encontramos niveles altos de superposición de especies entre los sitios de estudio. A menudo 70 % – 80 % de las especies de un sitio son encontradas en los otros sitios estudiados y a través de sitios múltiples frecuentemente la mitad o más de especies son registradas en todos los otros sitios. En este inventario, una sola especie, el Vencejo Cuelliblanco (*Streptoprocne zonaris*), ocurrió en los tres sitios. Esta especie generalmente se reproduce cerca de cascadas a altas elevaciones en los Andes, aunque busca comida frecuentemente durante el día, alcanzando a menudo las llanuras amazónicas. Río Verde, el sitio montano más bajo, era muy diferente a los otros sitios. No compartió especies a parte del vencejo con Laguna Negra, y solamente siete especies adicionales con Alto La Bonita. Esto, sin embargo, no es particularmente sorprendente debido a la marcada diferencia de altitud entre Río Verde y los otros sitios. Es notable, no obstante, el hecho que Laguna Negra y Alto La Bonita, los que estaban separados el uno del otro por 400 m de elevación, compartieron sólo 27 especies, lo cual representa 36% del total registrado en Laguna Negra. Entonces, a pesar de su proximidad en cuanto a elevación, estos dos sitios tuvieron avifaunas muy distintas. De muchas maneras esta superposición limitada exagera la similitud entre Laguna Negra y Alto La Bonita. Solamente una especie, el Mirlo Grande (*Turdus fuscater*), era común en ambos sitios, y sólo cuatro especies eran "no comunes" en los dos sitios. Las especies compartidas restantes eran raras por lo menos en uno de los dos sitios.

En términos generales, la cantidad de especies de aves registradas en este inventario es apenas comparable a la encontrada en un típico inventario rápido de similar duración en las llanuras amazónicas (p. ej., Stotz y Pequeño 2006; Stotz y Díaz 2007). Sin embargo, esta diversidad está distribuida de modo muy diferente. En las tierras bajas, los sitios individuales tienen generalmente una alta riqueza de especies, pero escasa variación relativa entre los sitios. En contraste, en Cabeceras Cofanes-Chingual encontramos una moderada riqueza de especies dentro de nuestros sitios pero una variación muy alta a través de todos los sitios. Esto enfatiza la necesidad de mantener hábitats naturales—especialmente hábitats con bosque—que generan esta diversidad beta a través de toda una gradiente de altitud. La pérdida de hábitat en cualquier parte de la gradiente precipitaría la pérdida de una porción sustancial de diversidad aviar, así como de diversidad en otros taxones.

Laguna Negra puede compararse con dos sitios cercanos de la vertiente occidental de los Andes en Carchi, los cuales están ubicados a elevaciones similares, La Estación Biológica Guandera (Cresswell et al. 1999) y Cerro Mongus (Robbins et al. 1994). Nuestro periodo de estudio fue mucho más corto y nuestro equipo mucho más pequeño que los de esos dos sitios. También cubrimos un rango de elevación más estrecho y ligeramente más alto (3.400–3.750 m, versus 3.100–3.700 m en Guandera y 3.200–3.650 m en Cerro Mongus), y como resultado registramos menos especies (74) de las que se han registrado en Guandera (144) o Cerro Mongus (119). En particular, registramos menos especies del bosque continuo ubicado por debajo del límite de la línea boscosa, donde la diversidad es mayor, y el cual cubrimos sólo de manera casual. A pesar de esto, es claro que las avifaunas de los tres sitios son bastante similares. La mayoría de especies registradas en ambos sitios y que no encontramos en Laguna Negra fueron especies del bosque continuo. La mayoría de ellas fueron registradas en Alto La Bonita, a elevaciones un poco menores que Guandera o Cerro Mongus. Robbins et al. (1994) comparan la avifauna de Cerro Mongus con aquella de hábitat similar en Cerro Chingela, en el norte del Perú, y notan la gran similitud entre estos dos sitios ubicados a unos 650 km de distancia, entonces la semejanza entre Laguna Negra con Guandera y Cerro Mongus no es inesperada. Es impresionante, sin embargo, el hecho que la similitud a través de cientos de kilómetros a elevaciones parecidas es mucho mayor que la similitud a través de sitios separados por sólo unos kilómetros difiriendo únicamente por unos cuantos cientos de metros en elevación, como Laguna Negra y Alto La Bonita.

BirdLife International (2008a) cataloga tanto a Guandera como a Cerro Mongus como parte de la misma Área Importante para Aves (IBA por sus siglas en inglés, *Important Bird Area*). Debido a su proximidad y avifauna similar, parece claro que el área de Laguna Negra podría ser considerada parte de esa IBA. BirdLife International (2008a) lista 29 especies amenazadas o de rango restringido de esa IBA. Registramos 20 de estas especies en Laguna Negra y encontramos cuatro de las otras especies en Alto La Bonita. Las especies restringidas o en peligro de Guandera o Cerro Mongus que no pudimos encontrar en alguno de nuestros sitios de estudio de mayor altitud fueron Perico Cachetidorado (*Leptosittaca branickii*), Loro Carirrojizo (*Hapalopsittaca amazonina*), Cotinga Ventricastaña (*Doliornis remseni*), Cachudito Ágil (*Anairetes agilis*) y Urraca Turquesa (*Cyanolyca turcosa*). Todas estas especies podrían estar presentes en Laguna Negra o

Alto La Bonita, pero no fueron registradas debido a nuestros breves periodos de estudio.

Las especies que ocupan el páramo o parches aislados de bosque por encima de la línea boscosa registradas en Guandera o en Cerro Mongus, y que no pudimos registrar en Laguna Negra, incluyeron, a parte de la recientemente descrita Cotinga Ventricastaña, Aguilucho Cinéreo (*Circus cinereus*), Búho Orejicorto (*Asio flammeus*), Bisbita del Páramo (*Anthus bogotensis*) y Semillero Paramero (*Catamenia homochroa*). Las especies que registramos en Laguna Negra que no fueron encontradas en Guandera o en Cerro Mongus fueron pocas. Éstas incluyeron unas cuantas migratorias de Norteamérica, así como Solángel Turmalina (*Heliangelus exortis*), Cinclodes Piquigrueso (*Cinclodes excelsior*) y Tangara Pechianteada (*Pipraeidea melanonota*).

Una comparación obvia para nuestro campamento de Río Verde es el inventario rápido de Serranías Cofan-Bermejo (Schulenberg 2002). En ese inventario fueron estudiadas elevaciones entre 450 y 2.200 m (versus los 750−1.100 m de Río Verde). Los tres sitios de estudio de Serranías Cofan-Bermejo incluyeron elevaciones comparables a aquellas estudiadas en Río Verde. Dado que los tres sitios de estudio estaban a tan sólo 5−20 km de distancia de Río Verde, se podría esperar una alta similitud entre todos estos sitios; sin embargo, hubo mucho más variación entre estos sitios que entre Laguna Negra y los sitios cercanos de altura descritos arriba. Algo más notable es el hecho que Río Verde difirió de los sitios de Serranías Cofan-Bermejo por tener una menor influencia de especies de llanura. Las especies montanas eran más comparables. En Río Verde no pudimos encontrar 61 especies de tierras bajas registradas entre 600 y 1.100 m durante el inventario de Serranías Cofan-Bermejo, mientras que sólo 19 especies de llanura que registramos no fueron encontradas ahí. En contraste, encontramos 15 especies montanas que no fueron encontradas en Serranías Cofan-Bermejo, mientras que no encontramos 26 de las especies montanas registradas en esa localidad. A pesar de tener una mayor proporción de especies montanas, algunas de éstas ocurrieron en Río Verde a menores elevaciones que en Serranías Cofan-Bermejo. Algunas de estas especies fueron encontradas sólo por encima de los 1.400 m en Serranías Cofan-Bermejo (p. ej., Gavilán Barreteado [*Leucopternis princeps*] y Limpiafronda Lineada [*Syndactyla subalaris*]) y otras fueron especies encontradas ahí por encima de los 900 m, que nosotros encontramos hasta los 750 m (p. ej., Pava Carunculada, Tucán Mandíbula Negra, Tangara Orejinaranja [*Chlorochrysa calliparaea*] y Tangara Punteada [*Tangara punctata*]).

En general, la avifauna de Río Verde mostró una evidencia montana más clara que la que muestran elevaciones similares tan sólo unos kilómetros hacia el este. Esto podría reflejar la posición de Río Verde, varios kilómetros hacia arriba en un río con un valle muy angosto y con limitada planicie pluvial, lo que podría limitar el acceso a especies de tierras bajas al área. Podría también reflejar un medio muy húmedo: Comparado a otros sitios de elevación similar donde Stotz ha trabajado, Río Verde tiene un bosque más corto y con mayor cantidad de epifitas en los árboles.

Sitios ubicados a elevaciones similares en la parte central del Perú (Schulenberg et al. 1984) y en el sureste del Perú (Stotz et al. 1996; Fitzpatrick, Willard y Stotz, no publicado) muestran un elemento de tierras bajas mucho más marcado que en Río Verde, con aproximadamente 75% de su avifauna siendo especies de tierras bajas, versus 65% en Río Verde. La topografía local podría tener mucho que ver con estas diferencias, teniendo estos dos sitios mayores conexiones directas con bosques bajos en grandes valles emplazados a unos 500 m de altitud.

RECOMENDACIONES

Las principales amenazas para las especies de aves son la deforestación, quemas excesivas del páramo, y la cacería y otros medios de explotación realizados por humanos. Debajo planteamos recomendaciones específicas para la protección, manejo, investigación futura, inventarios adicionales y monitoreo de especies de aves en Cabeceras Cofanes-Chingual.

Protección y manejo

- Proteger la extensión significativa de los bosques de esta región es de lejos la medida de mayor importancia requerida para proteger la avifauna. Para proteger el bosque, será crucial limitar la creación de nuevas carreteras hacia el corazón de áreas boscosas. La carretera a La Sofía es claramente una amenaza para la integridad ecológica de esta área, y requerirá ser monitoreada para reducir esta amenaza. Mientras el bosque permanezca protegido, el área mantendrá poblaciones significativas de casi todas las especies de aves y otra fauna que actualmente se encuentra aquí; sin esta protección, un número de especies desaparecerá.

- La cacería es una de las principales amenazas contra la Pava Carunculada. Actualmente, el acceso limitado a los niveles de altitud donde ocurre esta especie significa que la presión de caza no es severa. Sin embargo, podría verse afectada por cacería si incrementa la población humana en el área, o si aumentan las operaciones mineras.

- Limitar el uso de fuego en el páramo. Los estudios demuestran que la riqueza de especies y abundancia de aves en el páramo generalmente disminuyen con fuegos más frecuentes (Koenen y Koenen 2000). Algunas especies amenazadas, como por ejemplo la Tangara Montana Enmascarada, son conocidas por haber sido negativamente afectadas por los fuegos frecuentes (BirdLife International 2008f). Mantener la avifauna, especialmente aquella asociada con los parches de bosques aislados ubicados por encima del límite arbóreo, requerirán un manejo cuidadoso de fuego en el páramo para mantener la diversidad de hábitats.

- Crear un área protegida que cubra una gradiente de altitud completa. Esto será necesario para proteger toda la diversidad actual: La pérdida de cualquier segmento de la gradiente causará la subsecuente pérdida de una significativa parte de la diversidad. Esto también es crítico en la tarea para impedir el cambio climático debido a que la gradiente continua proveerá corredores para las especies en respuesta a las condiciones cambiantes.

Investigación

Elaborar los detalles sobre la ecología del Guacamayo Militar; particularmente, movimientos estacionales,

rangos territoriales, plantas alimenticias cruciales y lugares de anidamiento. Esta especie amenazada tiene una población significativa en el área. Para hacer un manejo efectivo del área y poder contraarrestar las amenazas de la deforestación y explotación directa, precisaremos entender su ecología y determinar si la población aquí se aventura regularmente hacia áreas circundantes que podrían carecer de una protección adecuada.

Inventarios y monitoreo

- Inventariar la Gralaria Bicolor. Los resultados de Alta La Bonita sugieren que esta región alberga probablemente una de las mayores poblaciones existentes de esta especie, dado que la mayor parte de su rango en Colombia ya está deforestado. Entender el tamaño y extensión de esta población es esencial para el desarrollo de un plan para manejar los bosques que ocupa.

- Inventariar otros sitios del páramo para la Tangara Montana Enmascarada, la que ha sido aparentemente impactada negativamente por las quemas de este ecosistema. Ccuttopoé es especialmente importante debido a que carece de fuegos generados por humanos.

- Inventariar hábitats apropiados para especies casi amenazadas de distribución local, incluyendo al Zamarrito Muslinegro, al Jacamar Pechicobrizo y al Matorralero de Anteojos.

- Inventariar elevaciones entre 1.100 y 2.600 m no abarcadas en este inventario. Los principales centros de población humana en el área (La Bonita y La Sofía) se encuentran dentro de este rango de altitud, entonces las amenazas al bosque a estas elevaciones son potencialmente altas. Además, una sustancial diversidad aviar, incluyendo especies amenazadas y de rango restringido, se concentra en este rango de elevación. De hecho, el punto más alto en cuanto a riqueza de especies montanas se encuentra a estas elevaciones intermedias (Stotz et al. 1996). Para proteger efectivamente la fauna de esta región, precisamos conocer qué especies se encuentran presentes a través de toda la gradiente de altitud.

- Monitorear poblaciones de Guacamayos Militares.

MAMÍFEROS

Autores/Participantes: Randy Borman y Amelia Quenamá Q.

Objetos de Conservacion: Poblaciones saludables de tapir de montaña (*Tapirus pinchaque*) y oso andino (*Tremarctos ornatus*); poblaciones abundantes de Nasuella olivacea, Agouti taczanowskii y otras especies de bosques montanos; depredadores importantes, incluyendo puma (*Puma concolor*) y jaguar (*Panthera onca*); poblaciones intactas de mono chorongo (*Lagothrix lagothricha*) y mono araña de vientre amarillo (*Ateles belzebuth*) a altitudes medias; rangos de altitud protegidos para todas estas especies, especialmente para tapir de montaña y oso andino

INTRODUCCIÓN

Cabeceras Cofanes-Chingual es una de las áreas más remotas y difíciles de acceder que quedan en el Ecuador. Cubriendo más de 100.000 ha, y con altitudes que van desde los 600 m en la bocana del río Chingual hasta más de 4.200 m en sus puntos más elevados, este bloque es fácilmente el refugio remanente más importante para el tapir de montaña (*Tapirus pinchaque*). Cabeceras Cofanes-Chingual se caracteriza por un cambio de altitudes, desde bosques altos tropicales (>1.000 m, p. ej., nuestro sitio en Río Verde), a través de ecosistemas montanos (1.000–3.000 m, p. ej., Alto La Bonita), hasta hábitats de páramo y alta montaña alcanzando los 4.100 m (p. ej., Laguna Negra y Ccuttopoé). La comunidad de mamíferos refleja esta realidad, con una mezcla de especies de tierras bajas y montanas en Río Verde, una serie más representativa de especies montanas en Alto La Bonita, y una mezcla de especies montanas y de páramo en Laguna Negra y Ccuttopoé.

MÉTODOS

Del 20 al 27 de septiembre de 2008, visitamos el sitio de Ccuttopoé junto al equipo de avanzada, con quienes establecimos un campamento para ser utilizado por todo el equipo del inventario. Luego en octubre visitamos los sitios de Laguna Negra, Río Verde y La Bonita con todo el equipo completo del inventario biológico rápido (ver Perspectiva General de la Región y Sitios de Inventario para mayores detalles).

Trabajamos con una lista inicial de aproximadamente 50 especies de mamíferos grandes, representando 8 órdenes y 18 familias que esperábamos que estuviesen presentes en Cabeceras Cofanes-Chingual. Nos concentramos en huellas, heces, sitios de alimentación, madrigueras y otras formas secundarias de evidencia para la mayoría de nuestras observaciones; también utilizamos avistamientos directos para confirmar la presencia de mamíferos. En Laguna Negra (y en menor medida en Ccuttopoé durante las actividades de los equipos de avanzada) pudimos recorrer extensos transectos a campo traviesa, pero en los otros dos campamentos nos vimos forzados a usar los sistemas de trochas existentes (lo que casi nunca representa un buen método de muestreo de la gran comunidad de mamíferos la cual es asustadiza y cautelosa). Para obtener una mejor perspectiva de cada campamento, entrevistamos también a los residentes de las comunidades locales, a los guardaparques Cofan que han trabajado en el área y a otros individuos con vasta experiencia en la región. "Especies confirmadas" incluyen nuestras observaciones directas, aquellas obtenidas con escaso o ningún margen de error por otros miembros del equipo del inventario y registros locales proporcionados por personas que consideramos observadores de confianza de las especies en cuestión. (Por ejemplo, un guardaparque Cofan que reporta haber visto una tropa de monos chorongo es considerado un observador de confianza, ya que el ampliamente conocido mono en cuestión figura sobremanera dentro de la dieta de los Cofan, y no podría ser confundido con alguna otra especie de primate por un observador Cofan experimentado; sin embargo, esta misma persona podría no ser considerada como un observador fidedigno cuando se trata de describir una especie de ardilla pequeña, la cual no es cazada regularmente.)

En Río Verde, dependimos mucho de entrevistas con pobladores locales. Nuestra fuente más fiable de información resultó de conversaciones sostenidas con Serafín Cárdenas, un minero que ingresó a la región en 1980 y nuevamente en 2000, con presencia continua desde el año 2000; y también de conversaciones con los guardaparques Cofan, los que han estado en el área desde 2003. Aunque estas fuentes no son siempre precisas, añaden importante información y contexto. Por ejemplo, el señor Cárdenas describió sus encuentros con un par de perros de monte de orejas cortas (*Atelocynus microtus*) cuya madriguera estaba cerca de su campamento en el río Claro, y también proporcionó información adicional interesante (como la del consumo de plátanos por parte de estos animales en el lindero de sus campos, o las vocalizaciones tipo ladridos agudos escuchadas durante la noche mientras perseguían una guatusa). Los guardaparques Cofan ayudaron a proveer detalles informativos sobre este sitio, especialmente sobre las especies de primates presentes, basados en su extensos patrullajes por el área.

RESULTADOS

Pudimos confirmar la presencia de 40 especies de mamíferos grandes y medianos, representando 8 órdenes y 18 familias, a través de nuestros cuatro sitios de estudio, con 29 especies en Río Verde, 15 en Alto La Bonita, 13 en Laguna Negra y 12 en Ccuttopoé (Apéndice 9; Fig. 8). Las únicas especies registradas en los cuatro sitios fueron el oso andino (o, "de anteojos," *Tremarctos ornatus*) y el puma (*Puma concolor*). De las 19 especies que esperabamos encontrar, no registramos evidencia de miembros de Dinomyidae o Bradypodiae, pero registramos inesperadamente un miembro de la familia Geomydae.

Laguna Negra

Registramos 6 órdenes, 10 familias y 13 especies en este sitio, incluyendo registros de heces que podrían haber sido de gato andino o de las pampas (*Leopardus pajeros*). Tambien observamos excrementos que podrían haber pertenecido al zorro *Cerdocyon thous*, aunque no pudimos confirmar este registro. Es probable que el ciervo enano o pudu (*Pudu mephistopheles*, Cervidae) esté presente, aunque no observamos a esta especie.

De los cuatro sitios. Laguna Negra fue definitivamente el más impactado por actividades humanas. La mayoría de los extensos páramos de frailejón muestran evidencia de quemas recientes, así como largas trochas bien definidas y bastante utilizadas a través del páramo desde los poblados de Julio Andrade, Huaca, Playón y otros asentamientos menores. La presión de caza aparenta ser elevada, con presas obvias

incluyendo conejo silvestre (*Sylvilagus brasiliensis*), venado de cola blanca (*Odocoileus virginianus*) y tapir de montaña (*Tapirus pinchaque*). Nos sorprendió que casi no habían conejos: nuestra única evidencia legítima de presencia fue pelo de conejo encontrado en una sola muestra de heces de lobo de páramo (*Lycalopex culpeas*), aunque también encontramos algunos huesos de conejo cerca de Laguna Negra. Desconocemos a ciencia cierta esta escasez, ya sea por causa de una combinación de quemas y cacería o, más probable, por una de varias posibles enfermedades periódicas que atacan a las poblaciones de conejos.

Obtuvimos un solo registro de huellas de tapir de montaña, cerca de un pequeño parche de bosque intacto que probablemente sirva de refugio a un único individuo. Debido a que esta especie es sumamente vulnerable a la cacería con perros, la supervivencia de este individuo es poco probable.

El venado de cola blanca (*Odocoileus virginianus*) es por lo general una especie extremadamente resistente, y encontramos una población estable y relativamente intacta apenas dejamos las trochas principales: numerosos dormideros, muestras de heces y huellas sugieren que por lo menos esta especie no se encuentra en peligro inmediato en la región.

Los osos andinos están presentes en cantidades reducidas, trasladándose y alimentándose durante la noche, escondiéndose aparentemente en los parches remanentes de bosque andino en los valles durante el día. La pérdida del hábitat por debajo de los 3.400 m probablemente limite el tamaño de la población; la cantidad de lugares de alimentación que encontramos sugiere que probablemente no exista más de un par de osos activos en el área cubierta por nuestro sistema de trochas. La pérdida del hábitat restringe también severamente su dieta a las achupallas (*Puya hamata*), las cuales son relativamente pobres en nutrientes, tal como lo evidenciaron las numerosas muestras de heces fibrosas de textura casi algodonosa que encontramos—en marcado contraste con las oscuras y complejas deposiciones fecales de los osos del área de Ccuttopoé, donde el rango de elevaciones de hábitats es más amplio.

Los depredadores de este sitio incluyen pumas, una especie más pequeña de felino (probablemente *Leopardus* colocolo), lobo de páramo (*Lycalopex culpeaus*) y posiblemente zorro (*Cerdocyon thous*). Las muestras de excrementos indican que estos depredadores dependen enormemente de la caza de roedores y marsupiales pequeños, pudiendo ser la situación de alimentación tan crítica que un *Lycalopex* se vio obligado a ingerir hasta un zorrillo (*Conepatus semistriatus*). Esto—para un animal que depende de su sentido del olfato para llevar a cabo sus actividades predatorias—resulta extremadamente sorprendente, aun cuando pudiera tratarse más de un acto carroñero que predatorio. En general, *Lycalopex culpeaus* fue común, con una dieta que consiste en roedores y marsupiales menores.

Los pequeños parches de bosque andino intacto combinados con las más complejas praderas de frailejones (*Espeletia*) libres de quemas albergan a especies menores como venado colorado enano o cervicabra (*Mazama rufina*), sacha cuy o guanta andina (*Agouti taczanowskii*), cuchucho o coatí andino (*Nasuella olivacea*), zorrillo, y—para enorme sorpresa nuestra—un armadillo, el cual al momento asumimos que se trata del armadillo de nueve bandas (*Dasypus novemcinctus*). Esta observación a 3.400 m constituye uno de los registros más altos para este género y especie, lo cual podría evidenciar un caso de un animal o una población que ha sido desplazada a zonas más elevadas como consecuencia del avance de la frontera agrícola—en otras palabras algo así como una "población de refugiados". Todos estos animales de tamaño mediano pueden sobrevivir en áreas relativamente pequeñas y tienen buena resistencia a las presiones de caza.

Las crestas más escarpadas (3.800–4.100 m) albergan una población experimental de llamas, aparentemente liberadas hace seis años como parte de un esquema de "reintroducción" pobremente planeado. La manada cuenta al momento con por lo menos 15 individuos aparentemente saludables y estables, como lo evidenciaron varios animales jóvenes así como una cría nacida recientemente. El impacto de estos camélidos con respecto a otras poblaciones de animales probablemente sea mínimo, aunque la población de pumas podría salir beneficiada. No es claro si las llamas compiten con los venados de cola blanca por el mismo hábitat.

Una gran extensión del páramo en Laguna Negra ha sido expuesta a repetidas quemas, probablemente durante centurias o quizás milenios, y muchas rutas de acceso al área han dado lugar a una excesiva presión de caza. Sin embargo, estos impactos relativamente tienen poca importancia comparados con las enormes consecuencias de la pérdida de hábitats naturales ubicados a menores altitudes, los cuales han cedido terreno ante el avance de la frontera agrícola. La pérdida de casi la totalidad los bosques originales por debajo de los 3.100 m—con una intervención que se está extendiendo bastante hacia los bosques remanentes más altos—ha creado un panorama muy crítico para los mamíferos grandes, el cual será muy difícil de revertir.

Río Verde

Río Verde fue el sitio de menor altitud que visitamos, y como era predecible tuvo la diversidad de mamíferos más alta, con fauna tropical dominando la lista. También fue la localidad en la que dependimos más de registros previos obtenidos por observadores Cofan, los que aportaron a nuestro conteo general. Registramos 5 órdenes, 11 familias y 15 especies en este sitio. Trabajos previos en este sitio por parte de los Cofan añadieron 3 órdenes, 5 familias y 14 especies, para un total de 8 órdenes, 16 familias y 29 especies (Apéndice 9).

Los guardaparques Cofan y los mineros locales consideran a la región de Río Verde como una sección del bosque con escasos animales de caza; ellos describen los parches ubicados en "Shancoé" y río abajo en "La Chispa" como áreas mucho más ricas. Dada la aparente fertilidad de suelos y complejidad de hábitats, sospechamos que la cacería constante realizada por parte de los mineros es la principal causa por la cual el área es pobre en especies y abundancia. Una razón secundaria podría ser el acceso limitado a fuentes específicas de alimentación y hábitats, especialmente para los herbívoros y omnívoros grandes. A través de los bosques continuos de Cabeceras Cofanes-Chingual y la vecina Reserva Ecológica Cayambe-Coca, la presencia desperdigada de algunas especies es un fenómeno reconocido, aunque no entendemos todas las causas. Abundaban pequeñas especies de presa (guatusas, guanta y armadillo). Las huellas de puma y tigrillo eran evidentes. A pesar de las escasas poblaciones de peces, las nutrias están presentes a lo largo del río principal y sus afluentes.

Las grandes especies de primates en el área incluyen mono chorongo común (*Lagothrix lagothricha*), mono araña de vientre amarillo (*Ateles belzebuth belzebuth*) y mono aullador rojo (*Alouatta seniculus*). Las tres especies son escasas a través de sus extensos rangos, pero registros repetidos obtenidos por los guardaparques Cofan confirman un uso infrecuente de esta área por parte de estos monos. Los monos capuchinos blancos (*Cebus albifrons*) son comunes, como lo evidenciaron repetidos avistamientos así como abundantes sitios de alimentación. Un solo reporte de una tropa de monos ardilla (*Saimiri sciureus*) trasladándose con *Cebus* está registrado en los cuadernos de monitoreo de los guardaparques Cofan. Pudimos confirmar la presencia de chichicos de manto negro (*Saguinus nigricollis*), probablemente la única especie de la familia Callitrichidae que ha sido capaz de cruzar la barrera del río Cofanes. Los monos nocturnos vociferantes (*Aotus vociferans*) han sido registrados varias veces en el área circundante al campamento, y son obviamente abundantes. Los rangos de todos estos primates son temas de futuros estudios. (Más hacia el este, los sistemas fluviales crean importantes límites para las especies. También sospechamos que, además de estos "cercos" naturales, los tipos de hábitat creados por eventos geológicos tienen por lo menos igual importancia en bosques montanos.)

Los osos andinos (*Tremarctos ornatus*) están presentes en bajas densidades. Pudimos observar huellas y sitios de alimentación. En 2005, un grupo de guardaparques Cofan observó a un individuo cruzando a nado el río Cofanes, y los Cofan han observado varios osos alimentándose de frutos en el área. Esto es probablemente cerca al borde altitudinal más bajo del rango del oso, aunque tenemos registros por debajo de los 450 m de la vecina Reserva Ecológica Cofan-Bermejo.

Las principales amenazas al área continúan siendo los ingresos sin control de mineros artesanales mestizos, los cuales buscan complementar sus alimentos mediante la cacería, y con la apertura potencial de la región a través de sistemas de trochas y caminos. La Federación Indígena de la Nacionalidad Cofan del Ecuador (FEINCE) se encuentra en proceso de crear una "villa estratégica" en Río Verde, con un plan de manejo estricto enfocado en la recuperación de las poblaciones locales de especies de caza. Este asentamiento permitirá un mucho mejor control de ingreso a los mineros mestizos, y esperamos que posibilite que el área de Río Verde se recupere.

Las oportunidades incluyen la opción de construir planes de manejo realistas y estructuras que facilitarán la conservación del área a largo plazo. Se requiere aplicar extensos programas de investigación con respecto a la presencia desperdigada de ciertas especies.

Alto La Bonita

Registramos 5 órdenes, 8 familias y 8 especies en este sitio. Observaciones adicionales por parte de cazadores locales añadieron 3 familias y 7 especies, para un total de 5 órdenes, 11 familias y 15 especies en el sitio.

Este bosque fue difícil de muestrear: nuestras actividades estuvieron confinadas a trochas recientes y bien definidas donde los índices de perturbación son altos. Normalmente nos desplazamos entre las diferentes trochas, pero esto aquí fue imposible debido al tipo de vegetación y las características del terreno, lo que limitó sobremanera nuestra habilidad para registrar los mamíferos presentes. Esperábamos ver algunas especies de ardillas y quizás otros mamíferos medianos, pero no obtuvimos registros visuales. Pudimos observar bastante evidencia de alimentación y desplazamiento de *Nasuella* y *Agouti*, los que indicaron la presencia de un bosque alto montano saludable. Las huellas de oso y tapir fueron encontradas por toda el área, sugiriendo asimismo que por ahora las poblaciones de estos dos animales permanecen intactas. La presencia de una gradiente de altitudes intacta fue evidente para estos dos grandes mamíferos, con trochas que se dirigían a través de los bosques andinos directamente hacia arriba de las colinas, hacia bosques más altos a los que no pudimos acceder.

Las tres "especies bandera" están presentes: tapir de montaña (*Tapirus pinchaque*, en cantidades saludables mas no abundantes), oso andino (*Tremarctos ornatus*, utilizando las trochas como rutas de tránsito hacia los sitios de alimentación) y puma (*Puma concolor*, el cual en una de las trochas dejó una muestra de su dieta,

Agouti taczanowskii, completa con garras y huesos destrozados). Ambos *A. taczanowskii* y el coatí de montaña (*Nasuella olivacea*) son muy comunes en el bosque; a menudo encontramos trochas bien marcadas y señales de alimentación. Un avistamiento de mono capuchino blanco (*Cebus albifrons*) a 2.700 metros de altitud podría significar uno de los registros más altos para este primate. Esta observación confirma que esta especie utiliza estos bosques al menos ocasionalmente. Las franjas de hábitat orientadas verticalmente son utilizadas por mamíferos más grandes, proveyendo muchas etapas de sucesión, los cuales son generados por los frecuentes derrumbes.

Un registro extremadamente interesante ocurrió, no en el mismo lugar del campamento, pero a nuestro retorno a La Bonita cuando entrevistamos a cazadores locales, a conservacionistas, y a otros residentes con respecto a los mamíferos del área. Aparentemente tres meses antes de nuestro inventario, los tractores que trabajaban el nuevo camino en construcción que eventualmente unirá La Bonita con el poblado de la Sofía—en el valle alto de la localidad de Valle Negro (algo análogo al campamento de Alto La Bonita en el río Sucio en cuanto a altitud y tipos de hábitat)—expuso accidentalmente un agujero de un roedor grande en un corte de carretera de cuatro metros de profundidad. Hemos identificado tentativamente a este roedor como una especie de cova-cova (*Orthogeomys* sp., Geomyidae). El ejemplar adulto capturado tenía aproximadamente 45 centímetros de largo, era color marrón oscuro con pelos grises en el dorso (dándole un aspecto "entrecano"), y poseía enormes garras frontales. La madriguera estaba cubierta por pelos y contenía dos crías medianamente crecidas. Luego de inspeccionar a los prácticamente indefensos animales, los trabajadores los liberaron, y los observaron mientras huían avanzando por el lodo antes de cavar nuevamente un agujero para esconderse bajo la tierra. Si se trata de un *Orthogeomys*, el hallazgo podría sugerir una enorme expansión de rango con respecto a registros previos obtenidos en el noroeste de Colombia. Mayor información, y si fuese posible, especímenes apropiadamente colectados serán necesarios antes de que podamos hacer seguimiento a este interesante descubrimiento. El hecho que estos animales pasen toda su vida profundamente bajo tierra nos permite plantear la hipótesis acerca de la existencia de una numerosa y saludable población que vive tanto fuera de nuestra vista como fuera de nuestra imaginación. Estos roedores pueden ser la explicación a las repetidas historias contadas por mineros, guardaparques y otros pobladores locales sobre sonoros ruidos subterráneos escuchados en trochas ubicadas en crestas por encima de los 1.700 metros tanto en la Reserva Ecológica Cofan-Bermejo y en el complejo Muraya ubicado entre Río Verde y La Bonita.

Amplias trochas nuevas exponen el área a actividades de cacería por parte de residentes de la Bonita entre otros.

Ccuttopoé

Éste es un gran bloque intacto de páramo y bosques montanos altos que permanece en su estado natural. Registramos 5 órdenes, 10 familias y 12 especies en este sitio. Ccuttopoé está localizado en las cabeceras del sistema hidrológico del río Condué. El acceso a esta región es por el poblado de Monte Olivo, localizado a 2.400 metros en el drenaje del Pacífico. Desde el pueblo, el camino se eleva escarpadamente hacia la Asociación de Palmar Grande, una pequeña comunidad ubicada en la ladera de la montaña entre los 2.700 y 3.100 m. Desde este punto uno ingresa a áreas de pasturas mixtas y bosques andinos poco intervenidos, donde ya han sido extirpadas las especies maderables de mejor calidad como el "olivo" (*Podocarpus* sp.) y el cedro (*Cedrella montana*), siendo el aliso (*Alnus* sp.) actualmente la principal especie maderable. La trocha sigue un curso establecido para llevar agua desde las cabeceras hasta el río, y se eleva hasta los 3.200 m antes de caer abruptamente en el lecho. Desde esta corriente de agua, la trocha sube a través de bosques andinos intactos hacia los páramos abiertos, coronando un pequeño pico desde donde se divisa la Laguna Las Mainas. Esta laguna es de forma ovalada, de alrededor de 800 metros de largo por 600 de ancho, y ha sido sembrada con truchas durante los últimos 30 años. La fama de este lugar como un sitio de pesca de trucha ha inspirado una corriente constante de pescadores, locales y de otras partes de la sierra, habiéndose creado un enorme potencial para el turismo, el cual buscan explotar tanto el poblado de Monte Olivo

como la Asociación para Turismo en Palmar Grande.
A pesar del tráfico fluido de personas hacia la laguna,
una vez pasado el tramo más abierto de la quebrada,
todas las señales de actividad humana desaparecen por
completo, e inmediatamente surge abundante evidencia
de tapires y osos. Una nueva trocha recientemente
acondicionada por los Cofan sube escarpadamente por
las partes más frondosas del valle hacia las praderas de
juncos y frailejones (*Espeletia*), para luego proseguir
por el filo de la divisoria continental, prácticamente
desprovista de vegetación y fuertemente azotada por los
vientos. Desde este lugar, con tiempo despejado, puede
apreciarse el vasto valle del Condué en todo su esplendor
revelando uno de los paisajes más impresionantes de la
región. El campamento de Ccuttopoé en sí está localizado
al lado de una pequeña laguna a 3.600 m. Las boscosas
laderas alternan con las praderas de frailejón rumbo
al valle cuesta abajo hacia la confluencia de los ríos
Ccuttopoé y Agnoequi a 3.200 m. Un marcado cambio
ocurre con la flora en esta pendiente a aproximadamente
3.350 m, con grandes bromelias arbóreas que de manera
repentina y dramática aparecen en las ramas de los
árboles de estos bosques andinos.

Los registros de mamíferos grandes incluyen al
oso andino, venado colorado enano (*Mazama rufina*),
sacha cuy o guanta andina (*Agouti taczanowskii*),
zorrillo (*Conepatus semistraitus*) y puma, entre otros;
sin embargo el mamífero aparentemente más dominante
es el tapir de montaña (*Tapirus pinchaque*). Trochas
grandes y bastante recorridas, sitios de pastoreo, heces,
dormideros y bañaderos son increíblemente abundantes,
lo que indica que existe una población extremadamente
estable y saludable de esta especie amenazada. El impacto
ecológico de la población de esta danta es inmenso, y
es probablemente un factor muy importante para el
mantenimiento de las extensas praderas y parches de
páramo abierto. A primera vista, es fácil notar que estos
páramos y praderas son mucho más diversos que sus
sobrequemadas contrapartes en lugares como Laguna
Negra. Mientras que a este punto sería prematuro
vaticinar un estimado de las poblaciones, consideramos
que existe en este lugar una densidad mayor a un animal
por cada cinco hectáreas. Una población de mamíferos
grandes de esas proporciones tiene un efecto significativo

sobre su hábitat. El tapir es un conocido dispersor de
semillas así como creador de trochas y, aparentemente,
una alternativa al fuego como encargado de mantener las
comunidades de plantas del páramo. Podemos sugerir, al
menos de manera tentativa, que la región de Ccuttopoé es
un ambiente creado por y para el tapir de montaña, y a
este punto probablemente sea un caso único a manera de
ejemplo de lo que han podido ser gran parte de las zonas
alto-andinas antes de la intervención humana.

Todos los mamíferos grandes parecen hacer uso
extensivo de los rangos de altitudes presentes en la
región. Las trochas de danta y oso oscilan desde los
4.100 m hasta los bosques ubicados a 2.800 m y menos.
Durante el mes en que trabajamos estableciendo el
campamento, un tapir hembra permaneció con su cría
bordeando la marca de los 3.700 m, aprovechando
posiblemente el hábitat abierto del páramo para poder
defender a la cría de los enormes pumas (cuyas huellas
encontramos en nuestras trochas a ambos lados de la
divisoria continental). Mientras tanto, el hecho que la
mayoría de las huellas cerca de nuestro campamento
eran viejas, y que la mayor parte de las huellas se dirigían
cuesta abajo, nos sugirió que había algo de alimento
disponible a menores altitudes durante nuestra estadía
y que la población se ha trasladado hacia abajo para
aprovechar esto.

Este gradiente altitudinal intacta contrasta
sobremanera con la situación de Laguna Negra, donde
la mayoría de los hábitats más bajos han sucumbido
ante el avance de la frontera agrícola y otras actividades
humanas. Los excrementos de oso en Ccuttopoé estaban
llenos de semillas, frutos, pequeños huesos de roedores y
restos de insectos, además de los fácilmente reconocibles
brotes de achupalla, lo que indica el acceso a una variada
y compleja dieta. Esto resalta en marcado contraste con
las heces blanquecinas y esponjosas que encontramos en
Laguna Negra, típicas de cuando la ingesta es meramente
de brotes de achupalla. Mientras que no nos fue posible
muestrear excrementos de tapir en Laguna Negra,
creemos que indudablemente se repetiría esta tendencia.

Otro de los registros notables de Ccuttopoé fue el
hallazgo de grandes huellas dejadas por un enorme puma
que nos precedió en la trocha pasando la Laguna Las
Mainas. Las huellas sugieren que se trata de un animal

adaptado para matar presas grandes—¡como las dantas! En base a previa experiencia, estimamos que este puma puede fácilmente sobrepasar los 2.5 m de largo, con un peso probable de más de 75 kilos—verdaderamente un animal impresionante.

Como nota final de interés mencionamos nuestro descubrimiento de los restos de un pequeño puercoespín dentro de estos bosques andinos aproximadamente a 3.500 m. No pudimos determinar la especie por las espinas, y en el presente la taxonomía de los *Coendou* es pobremente conocida, entonces la posibilidad de que se trate de una nueva especie es alta. De hecho, la totalidad de las poblaciones de mamíferos medianos permanece pobremente conocida y nunca ha sido muestreada dentro de un ecosistema intacto dominado por las dantas.

DISCUSIÓN

La lección más impresionante de nuestras observaciones es la extrema importancia de la contigüidad de los hábitats de múltiples altitudes para mamíferos grandes, especialmente para el tapir de montaña (*Tapirus pinchaque*) y el oso de anteojos. Aun las especies de bosques húmedos tropicales, como el mono capuchino blanco (*Cebus albifrons*), usan este gradiente de altitudes, con un registro de 2.700 metros cerca del sitio de Alto La Bonita.

Dentro del panorama general de la diversidad de mamíferos, el registro más importante e impresionante es la población intacta de tapir de montaña en dos de los cuatro sitios de inventario; la especie ocurre dentro de la mayor parte de la región por encima de los 2.000 m. El oso andino aparentemente se encuentra presente por toda la región. Registramos esta especie en los cuatro sitios, y encontramos poblaciones saludables en Ccuttopoé, Alto La Bonita y Río Verde; aunque escasearon en Laguna Negra donde se encuentran en potencial peligro debido a la pérdida de hábitat. Ambas especies son consideradas vulnerables o en peligro (UICN 2008), o cerca de la extinción (CITES 2008). Observamos abundantes huellas y sitios de alimentación de la poco conocida guanta de montaña (*Agouti taczanowskii*) y coatí de montaña (*Nasuella olivacea*). Asimismo, una especie no identificada de *Coendou* observada en Ccuttopoé

también está presente. A elevaciones más bajas (por debajo de los 1.500 m), todavía existen poblaciones relativamente intactas de *Lagothrix lagothricha*, *Ateles belzebuth* y *Alouatta seniculus*. La protección de bosques contiguos, cubriendo rangos de altitudes para cada uno de estos animales, es crítica para su conservación.

Extensas discusiones sostenidas con cazadores locales sobre sus técnicas y principales especies de caza nos dieron un mejor panorama de algunas de las amenazas inmediatas para las poblaciones de mamíferos grandes. Las dantas por lo general suelen ser cazadas con la utilización de perros: un solo cazador dirigirá a la jauría de perros hacia el área de tapires conocida, encontrará huellas frescas e iniciará el proceso de rastreo. Cuando la jauría detecta el rastro, el cazador permanecerá en el bosque a apoyar con la caza mientras que otros cazadores esperan en el canal más cercano. La danta descenderá casi invariablemente hacia el canal y buscará refugio en una de las pozas más profundas. Los cazadores posicionados en la quebrada se reunirán, matarán al tapir y lo jalarán aguas abajo por la quebrada hacia un lugar conveniente para carnearlo. Los venados son cazados de la misma manera. Las poblaciones de tapir no pueden resistir este relativamente sencillo sistema de cacería, como se ha podido constatar por las poblaciones diezmadas por casi todo el Ecuador.

Los osos son más resistentes. Son considerados como presas mucho más difíciles de cazar, mostrando una tendencia de desplazarse más a campo traviesa que por zonas accesibles. También son considerados peligrosos tanto por los cazadores como por los perros de las jaurías; dos de los cazadores que entrevistamos hicieron una pantomima (en medio de risas pero con obvio respeto) del miedo que muestran los perros cuando se encuentran con un oso. Los osos son cazados ocasionalmente cuando comen los cultivos o son encontrados alimentándose en árboles en fruto cerca de los poblados. Sin embargo, aunque su carne es apreciada, no son frecuentemente buscados debido a las dificultades mencionadas.

Tanto la guanta de montaña como el coatí de montaña son atrapados, mientras utilizan su tendencia de seguir senderos establecidos. Los cazadores utilizan trampas simples y cepos. Cerca de campos de agricultura las guantas son especialmente cazadas, frecuentemente con perros, y se refugian en huecos de donde luego son desenterradas.

AMENAZAS

Laguna Negra

- Quema intencional del páramo
- Pérdida de hábitats contiguos por debajo del páramo

Río Verde

Ingreso sin control de mineros artesanales mestizos, quienes suplementan su alimentación con cacería; y la potencial apertura de la región por sistemas de trochas y carreteras

La Bonita

Trochas nuevas, bien establecidas que exponen el área a actividades de cacería por parte de residentes de La Bonita y otros

Ccuttopoé

El desarrollo de un mercado de turismo receptivo para la Laguna Las Mainas podría constituir una amenaza a esta región ya de por sí muy vulnerable. Debido a nuestras trochas, el área de Ccuttopoé puede accederse desde Monte Olivo en menos de siete horas, existiendo el potencial de fomentarse la cacería furtiva e inclusive la colonización. Si la actividad del turismo es manejada de manera indebida podría generarse un impacto humano sobre lo que obviamente significan poblaciones bastante sensibles

RECOMENDACIONES

Laguna Negra

- Proteger hábitats ubicados a menores alturas, para posibilitar la presencia de poblaciones más saludables de oso andino (*Tremarctos ornatus*) y tapir de montaña (*Tapirus pinchaque*).
- Estudiar una potencial competencia de hábitat por parte de los venados de cola blanca y las llamas recientemente introducidas.

- Estudiar el efecto de quemas controladas en poblaciones de venado de cola blanca (*Odocoileus virginianus*) y otros animales medianos.

Río Verde

- Crear una "villa estratégica" en Río Verde para controlar la explotación y la colonización.
- Elaborar planes de manejo con bases y estructuras sólidas que provean conservación a largo plazo en esta área.
- Estudiar los rangos de todos los primates.
- Estudiar la disgregación de especies para entender mejor los mecanismos que crean barreras ecológicas en los bosques montanos. (Estamos analizando la extrema importancia de las gradientes altitudinales y ecológicas, y diversidad para los osos y las dantas, mientras que al mismo tiempo nos topamos con el fenómeno opuesto que ocurre con muchos de los otros mamíferos grandes. Por ejemplo, no existe razón aparente por la que los monos chorongo puedan estar presentes en un área determinada y no en otra.)

La Bonita

- La amenaza que representan las muy utilizadas trochas puede ser contrarrestada por el establecimiento de la propuesta reserva municipal y el pronto comienzo de patrullajes por los guardaparques.
- Estudiar el uso por parte de los mamíferos de las franjas verticales de hábitats creados por derrumbes de varias épocas, para determinar así cuánto afectan la abundancia de mamíferos.

Ccuttopoé

- Con un mínimo de infraestructura, una presencia constante de guardaparques Cofan, además de una coordinación más estrecha y el refuerzo de los lazos de amistad ya establecidos con los miembros de las comunidades de Palmar Grande y Monte Olivo, esta región podría ser adecuadamente protegida.
- Los futuros estudios deben concentrarse primero en la increíble oportunidad poder contar con un ambiente dominado por las dantas, y segundo en mecanismos de

manejo que permitan una actividad turística selectiva y cuidadosamente controlada, que pueda ayudar a crear conciencia pública y generar a la vez incentivos económicos para los pobladores locales.

ARQUEOLOGÍA

Autor/Participante: Florencio Delgado

Objetos de conservación: Dos asentamientos arqueológicos: uno en La Bonita (un asentamiento precolombino, compuesto por montículos y modificaciones del entorno); y otro en Río Verde (asentamiento precolombino en la confluencia del río Verde y río Cofanes)

INTRODUCCIÓN

Por mucho tiempo los estudios biológicos y ecológicos orientados a la conservación mantuvieron la idea de la existencia de áreas no intervenidas por la actividad humana. El ejemplo clásico es de la Amazonía, en donde se conceptualizaba algunos paisajes como netamente naturales. En una discusión sobre las características del paisaje previo a la colonización europea del Nuevo Mundo, Denevan (1992) señala que la idea de que muchas áreas que hoy permanecen sin presencia humana y que parecen zonas no colonizadas en realidad es un mito. Indica que después de la conquista europea áreas densamente pobladas fueron abandonadas por la gran reducción de las poblaciones nativas producto de enfermedades y otras consecuencias de la conquista. En el caso de sociedades de la alta Amazonía y el pie de monte andino, muchos grupos abandonaron sus asentamientos como medida para escapar a las políticas coloniales (Denevan 1992).

La idea del mito prístino en la actualidad se desestima con la cantidad de información arqueológica (Heckenberger et al. 2008). Luego de la desaparición y abandono de poblaciones, las zonas habitadas se cubrieron otra vez con flora y fauna silvestre, así los bosques reemplazaron a las sabanas, y animales no domesticados otra vez repoblaron áreas antes hábitats de humanos y animales y plantas domesticadas. Este hecho hace evidente la necesidad de estudiar aquellas zonas consideradas hasta hace poco como prístinas con el fin de en primer lugar establecer la presencia o no de sociedades pasadas, y luego establecer los procesos históricos de las mismas con la intención de entender como estas sociedades pasadas trasformaron el paisaje y sus componentes bióticos y ecológicos. La arqueología del paisaje y la ecología histórica son aportes modernos al entendimiento de las sociedades del pasado que se basan en la idea de que el paisaje actual es el resultado de un largo proceso de transformación natural y cultural, por lo que se hace imperativo el análisis de la intervención antropogénica en la construcción del mismo. Mediante los aportes de la arqueozoología y paleobotánica, así como de los estudios geoarqueológicos y del paisaje, en los últimos tiempos investigadores del pasado buscan entender la forma en la que sociedades pasadas se adaptaron a los diferentes entornos y los trasformaron.

Con estos antecedentes, en el inventario rápido se incluye un muestreo de las evidencias antrópicas que pudieron transformar el paisaje de las Cabeceras Cofanes-Chingual (Murra 1975).

Desde la perspectiva del pasado ésta es una oportunidad única, pues permite estudiar un gradiente altitudinal desde aproximadamente los 4.000 m (con un ecosistema de páramos) hasta los 600 m (considerado zona alta amazónica), incluyendo la zona de pie de monte andino, y contribuye al entendimiento del proceso histórico de una franja del norte ecuatoriano.

Contexto histórico

Una de las características más importantes de las sociedades del pasado de la región constituye una amplia interacción regional basada en el intercambio y en las economías verticales (Murra 1975; Oberem 1978) La interacción se manifiesta en el constante intercambio de alimentos e ideas que se dio en la región, trasportándose productos de subsistencia y bienes exóticos desde los diversos pisos ecológicos continuos. De hecho las zonas del norte del Ecuador y sur de Colombia están dotadas de valles que conectan el área interandina con zonas templadas del oriente y occidente a través de un área de pie de monte (un área de transición entre las zonas altas y bajas).

Las investigaciones desarrolladas en zonas adyacentes tanto al norte como al sur indican la existencia de una marcada interacción cultural entre sociedades de varios pisos ecológicos, sobre todo entre sociedades de las hoyas interandinas y la vertiente oriental de los andes. Se cree que estas rutas de integración corresponden principalmente a los valles continuos que forman los ríos y permiten el acceso a varios pisos altitudinales. La información etnohistórica, y de la colonia también, informan de esta interacción vertical, pero aún se desconoce la antigüedad de la misma y sus características intrínsecas.

La historia cultural de la región mantiene una serie de vacíos y varios problemas que limitan los intentos de reconstrucción del proceso histórico pasado. Aunque existe un gran número de materiales arqueológicos en colecciones públicas y privadas, casi en su totalidad este material es producto de excavaciones clandestinas llevadas a cabo por los huaqueros y comprados luego por los coleccionistas. A pesar de aquello, han existido varios intentos de reconstruir el proceso cultural de las zonas norte del Ecuador y sur de Colombia (Francisco 1969; Uribe 1986; Cardenas-Arroyo 1989, 1995; Groot de Mahecha y Hooykaas 1991; Jijón y Caamaño 1997).

El área de estudio no contiene datos de investigaciones, por lo que la reconstrucción histórica que se presenta a continuación trata de un contexto más amplio y utiliza datos publicados tanto sobre Carchi y Sucumbíos en el lado ecuatoriano y Nariño y Putumayo en Colombia.

La época del Pleistoceno

El poblamiento de Sudamérica durante la época final del Pleistoceno aún se mantiene en debate producido por la existencia de datos controversiales y por la falta de datos en muchas zonas. En la región Carchi-Nariño-Sucumbíos-Putumayo no se han registrado hasta la fecha asentamientos del período Paleoindio (circa 11.000–9.500 AP, es decir desde hace 11.000 hasta aproximadamente hace 9.500 años), época que corresponde a tiempos de finales del Pleistoceno e inicios del Holoceno. Tanto en las zonas adyacentes, como norte de Popayán en Colombia y el valle de Quito en Ecuador, existen asentamientos paleoindios como la

Elvira y el Inga (Salazar y Gnecco 1998). Este período está caracterizado por la explotación de la megafauna pleistocénica cuyo hábitat estaba en zonas altas. (Cuevas formadas en el valle glaciar de Laguna Negra tiene el potencial de funcionar como espacio de habitación de grupos de esta época.) En general las zonas de páramo y las estribaciones altas de la cordillera andina son los nichos explotados durante la época.

El período Arcaico

Los cambios ecológicos ocurridos con el advenimiento del Holoceno generaron cambios en los procesos adaptativos, que se traducen en el uso de los valles interandinos y valles aluviales formados a lo largo de los ríos a los dos lados de la cordillera. En el caso de la vertiente oriental, valles aluviales del sistema Cofanes-Chingual debieron proveer espacios para la conformación de campamentos dentro de un sistema mucho más móvil que el paleoindio (en la medida en que la fauna se conforma de especies mucho más pequeñas y mucho más móviles). Esto a la postre generó la necesidad de intensificar las actividades de caza y especializar las herramientas para la misma. Esta intensificación de la caza, es decir mayor tiempo dedicado a la misma, produjo una división sexual del trabajo en donde las mujeres aportan a la dieta a través de la recolección de semillas, tubérculos y plantas. A través de este proceso largo que ocurre durante el período denominado Arcaico (circa 9.000–4.000 AP), se generan procesos de domesticación de las plantas que dio como resultado la transformación social de grupos cazadores-recolectores en agrícolas. En la zona norte, la ausencia de investigaciones paleobotánicas y arqueozoológicas no permite establecer como ocurrieron estos cambios. Las investigaciones de Mora (2003) en el Araracuara indican que las sociedades del suroeste de la Amazonía colombiana ya estuvieron cultivando desde aproximadamente los 2000 antes de Cristo. Aunque no sin controversias, un análisis palinológico de los sedimentos del lago Ayauch en la Amazonía ecuatoriana indica la existencia de maíz domesticado en depósitos que pueden datar de hace 5.000 años. El área de estudio es uno de los mejores escenarios en donde se habría dado este proceso, sin embargo no se ha documentado hasta la actualidad.

Desde el período Formativo hasta el presente

Para el subsiguiente período cultural conocido como Formativo (~5.000–2.800 AP), que se caracteriza por el desarrollo de sociedades agrícolas, ceramistas y sedentarios, la información es inexistente. Algunos autores asignan este fenómeno a la intensa actividad volcánica que la zona ha sufrido, aunque otros argumentan que en zonas con igual o quizás mayor intensidad de este tipo de actividad, como el valle de Quito, se observan comunidades formativas, y más bien señalan que esto se debe a la ausencia de investigaciones arqueológicas en la zona. En todo caso, el área de estudio se constituye también en un escenario perfecto que permitiría evaluar la forma en la que se dio este cambio.

Después de un largo proceso formativo, las sociedades locales se integran y conforman poblados, realizando importantes modificaciones al entorno. En términos regionales los asentamientos se nuclean, desbrozan importantes extensiones de bosques, incrementan las tierras utilizadas en la agricultura, y en algunos lugares transforman el sistema agrícola extensivo en intensivo. Esto causó grandes cambios al entorno, pues mientras el primero se basa en la agricultura de roza y quema—que tiende a convertir grandes extensiones de tierra en áreas de cultivo mediante un sistema de rotación—en el caso del segundo se intensifican lugares específicos. (Sin embargo la transformación del paisaje aunque no es extenso, si es más marcado en las regiones en donde se practico la agricultura intensiva.) Como productos del proceso agrícola intensivo se destacan la construcción de terrazas de cultivo, la implementación de sistemas de irrigación y el mejoramiento del suelo con abono. La construcción de terrazas y canales de irrigación causaron modificaciones directas al entorno, mientras que la producción de abono requirió del uso del excremento de animales domesticados, para cuya obtención se construían corrales, que también hubieran causado modificaciones al entorno.

En la región de estudio, en el sitio arqueológico la Bonita ocurrieron transformaciones que pueden haber sido construidas durante este período, pero por el momento no es más que una hipótesis que puede ser aclarada a por medio de los análisis de las muestras de carbón obtenidas en el presente inventario.

Como último período precolombino en la región se destaca el de la formación de grandes confederaciones, o grupos de cacicazgos, que conformaban estructuras regionales fuertes (Uribe 1977; Athens 1980). En la región fronteriza, se conformó en una zona con presencia de cuatro grupos étnicamente distintos: Pastos, Quillacingas, Sibundoyes y Abades. Mientras los Pastos ocupaban los territorios interandinos desde las cercanías de Popayán al norte hasta el valle del Chota-Mira al sur, los Quillacingas y Sibundoyes se ubicaban en las estribaciones occidentales. Los Abades eran grupos de tierra caliente que ocupaban las zonas bajas orientales (Ramírez de Jara 1992, 1996). Se conoce que los Pastos entraron a conformar la alianza en contra de los Inkas junto con los vecinos del País Caranqui (Bray 1995, 2005) pero la historia de los Quillacingas, Abades y Sibundoyes es más oscura. A manera de hipótesis se plantea que los Pastos poblaron el callejón interandino, los Quillacingas y Sibundoyes el pie de monte oriental, mientras que los Abades eran las poblaciones de las zonas bajas. Desarrollando este argumento un poco más, se plantea que la conformación tardía del área de estudio estuvo representada por Pastos, Quillacingas y Abades, siendo los últimos étnicamente relacionados con los actuales Cofan.

El colapso del imperio Inka truncó cualquier evento de dominación y más bien en la zona se instauro el sistema colonial que entre reducciones y encomiendas mantuvieron un sistema de control de la tierra y la fuerza laboral. Éste sin embargo es un momento de ruptura entre el control ejercido en la zona alta y el poco éxito español de dominar a las sociedades de pie de monte y de la Amazonía. En este episodio, fueron las sociedades del pie de monte y de la alta Amazonía quienes abandonaron el sector y se ubicaron en zonas selváticas huyendo la dominación. Muchos de estos grupos ya entraron en contacto con los virus traídos desde el viejo mundo y sucumbieron, produciéndose así el abandono de amplias zonas (Denevan 1992). Además, muchos de estos grupos sufrieron transformaciones importantes que produjeron procesos de redefinición étnica. En este proceso aparecen los grupos actuales como los Cofan.

MÉTODOS

De forma convencional, la práctica arqueológica reconoce tres etapas: una de gabinete, una de campo y una tercera de análisis y presentación de los resultados. Tres actividades, reconocimiento, prospección y excavación, son las tareas que se realizan en el campo. El reconocimiento es una primera aproximación al área con el fin de evaluar las posibilidades de que las zonas bajo estudio contengan material arqueológico. La prospección envuelve el análisis sistemático de regiones en busca de sitios arqueológicos, mientras que las excavaciones ya son labores desarrolladas en específicos sitios arqueológicos.

Aunque dentro de la investigación arqueológica y del trabajo en la arqueología de contrato establece de forma clara los procedimientos a seguir, estos no se han definido para los casos de un inventario rápido. Consecuentemente, para este estudio se ha desarrollado una estrategia que permita en el mejor de los casos obtener las metas del inventario. Si bien, el estudio del pasado es un proceso que toma tiempo, un inventario rápido de los recursos arqueológicos constituye una magnifica oportunidad para un primer acercamiento a la región que puede determinar la presencia humana pasada en zonas por mucho tiempo consideradas vírgenes a la presencia antrópica.

La metodología utilizada incluyeron las siguientes actividades: (1) Revisión bibliográfica del área de estudio y zonas adyacentes, con la idea de identificar la información sobre la zona dentro de un contexto amplio. (2) Visita de campo, con la finalidad de establecer un inventario rápido de evidencias existentes y que pueden ser examinados durante la corta visita. (3) De regreso del campo, realizar descripciones breves del material cultural, tabulaciones y fotografiado.

Las labores de campo incluyeron entrevistas con la población adyacente a los sitios de muestreo. Estas entrevistas incluyeron al personal de guías, personas que han recorrido el lugar, tanto en varias ocasiones como en la apertura de picas de los diferentes transectos. En los centros poblados, como en La Bonita, Puerto Libre y Monte Olivo, conversé con la población local a la que tuve acceso. En La Bonita realicé entrevistas con los profesores del Colegio Mixto Sucumbíos, y con los directores de Cultura y de Turismo y Medio Ambiente del Municipio del Cantón Sucumbíos. En el Colegio Mixto Sucumbíos tuve acceso a una colección de hachas y cerámica formada por donaciones de estudiantes de esa institución. Al mismo tiempo los personeros municipales informaron de zonas de asentamiento dentro del poblado y acompañaron a la búsqueda de evidencia y revisión de perfiles en varias zonas del pueblo.

Otra actividad de campo consistió en la revisión de perfiles de cortes de carreteras, cortes de ríos, arroyos y quebradas. Adicionalmente realicé el análisis visual de la geomorfología local ubicando zonas planas con potencial de ser asentamientos humanos. En estos cortes se realizaron limpieza de perfiles con el fin de ubicar actividades antrópicas enterradas. Finalmente realicé varios sondeos rápidos en conjunto con el equipo de suelos mediante del uso de barrenados y badilejo. En río Verde realicé 12 pruebas de barreno siguiendo un sistema de ejes cartesianos x-y con el propósito de definir la extensión del sitio que fue ubicado mediante la limpieza de perfiles de un arroyo pequeño en una terraza alta ahora ocupada por un puesto de guardaparques Cofan. Las pruebas de barreno, y la limpieza de los perfiles, tuvieron como objetivo establecer la presencia antrópica que se deducía por la presencia de fragmentos de cerámica y lítica, y en mayor medida por la presencia de suelos antrópicos. Al encontrarse material, éste era recolectado, luego lavado y clasificado. Se levantó un registro gráfico de la proveniencia de estos artefactos. En varios sitios tomé muestras de suelo de los perfiles y muestras de carbón, pero dado el alcance del inventario, este material será analizado en futuras oportunidades.

El material fue lavado, clasificado en sus componentes (es decir en cerámica, lítica, suelos, etc). Agrupé los fragmentos cerámicos de cada sitio en base a decoración de superficie, grosor de las paredes y partes del cuerpo al que pertenecían. Bordes fueron identificados y separados de los demás tiestos al ser estos fragmentos diagnósticos que permiten reconstruir las formas de las vasijas (Rice 1987). Clasifiqué el material lítico en base a la materia prima de la que fue construida (Andrefsky 1998). Las muestras de carbón fueron inventariadas y almacenadas en el laboratorio de arqueología de la Universidad San Francisco de Quito hasta que puedan ser enviados a los laboratorios de fechamiento radiocarbónico.

El paisaje cultural construido

En los setentas, los estudios de patrón de asentamiento señalan que el concepto de sitio arqueológico tiene varios inconvenientes y por ello se deben estudiar los paisajes como tales. El problema siempre radicó en que constituye un sitio, y éste es asunto de escala de análisis. Es posible que alguien identifica un barrio de una gran ciudad y la llama sitio, mientras que otros pueden identificar una sola cosa y llamarle también un sitio. La manera de resolverlo es enfocarse más bien en el paisaje, que se considera un agregado de "sitios" y zonas arqueológicas. En este trabajo el enfoque es regional y el interés se enfoca en la identificación del paisaje como eventos culturales.

RESULTADOS

El presente estudio resultó en la identificación de dos asentamientos arqueológicos, Río Verde y La Bonita. En el primer caso fue fácil determinar la existencia del sitio porque corresponde al campamento base de Río Verde, mientras que en el segundo caso, se lo encontró en la visita realizada al pueblo de La Bonita.

Río Verde

El sitio del inventario corresponde a una terraza aluvial en la confluencia de los ríos Cofanes y Verde, formado por la acción del río Cofanes, y abarca un espacio de superficie regular que en la actualidad funciona como un huerto de miembros de la comunidad Cofan. Por el medio del sitio cruza un pequeño arroyo que desemboca en el río Verde. La superficie del terreno se encontraba bajo la transformación antrópica actual, evidenciada a través de la tala de la madera y la transformación de este entorno arbóreo en zona de cultivo.

Estratigrafía

Aunque los cuatro perfiles que se limpiaron en el sitio tienen alguna variación mínima, la conformación de los mismos indica que la estratigrafía se conforma de horizontes O (humus), A (depósito transicional),

Bw (un suelo enterrado), Bwb (un suelo antrópico) y finalmente la roca madre. El deposito cultural tiene un grosor de alrededor de 40 cm y se encuentra debajo de una profundidad de ~50 cm.

Material Cultural

El material recuperado consiste de fragmentos de cerámica y lítica (Fig. 9A). En cuanto a la cerámica se encontraron 12 fragmentos de cuerpo de vasija. Los fragmentos corresponden a dos tipos, uno de cerámica burda y gruesa y otro de cerámica burda y fina. Se encontraron también 8 fragmentos de material lítico y que corresponden a dos variedades de materia prima.

La Bonita

El asentamiento de La Bonita (Fig. 9B) se concentra en el actual poblado del mismo nombre, que se asienta sobre una de las terrazas aluviales del río Chingual. Constituye uno de los pocos lugares con una topografía menos abrupta que las quebradas que dominan la región. En la actualidad, gran parte del centro del sitio muy probablemente este destruido producto de las construcciones del asentamiento actual, el mismo que resulta de la migración de poblaciones del norte del Chingual, proceso que empezó durante la época cauchera. Lo que más llama la atención del paisaje de La Bonita y sus alrededores es la convivencia de la transformación paisajística precolombina y moderna que resulta en un paisaje cultural construido desde probablemente los primeros siglos de la era cristiana. La información obtenida hasta el presente no permite establecer la extensión del asentamiento, pero si se suma el área de asentamiento con la zona de producción, La Bonita constituye un asentamiento de un tamaño importante para la zona.

Estratigrafía

Debido a la complejidad del sitio, no existe un perfil estratigráfico que por si solo caracterice la estratigrafía del sitio. En la mayoría de los sectores inspeccionados debajo de la capa de humus, el suelo cultural tenía un variado grosor como resultado de la construcción antrópica de plataformas y montículos. La inspección de los varios perfiles expuestos lleva a pensar que existen dos eventos ocupacionales, sin embargo esto se mantiene a nivel de hipótesis hasta que se puedan fechar las muestras obtenidas de estos perfiles.

Material cultural

El material cultural encontrado en La Bonita corresponde también a material cerámico y lítico. En el caso de la cerámica, contiene una amplia variabilidad estilística diferenciada en base a una clasificación muy preliminar realizada en base al tratamiento de superficie, decoración y grosor de las paredes. Se encontraron 14 estilos, que arbitrariamente se los denominó con los nombres de A–N. Estos tipos definidos aun de forma preliminar manifiestan la variabilidad local, con dos tipos K (46%) y M (18%) fragmentos en la muestra recolectada. Estos dos tipos corresponden a cerámica de uso doméstico, mientras que el resto del material corresponde a cerámica decorada y fina, es decir, material de carácter suntuario.

Si bien estos tipos no son definidos en base a la consulta de museos y literatura, fueron agrupados para demostrar la riqueza del material cerámico en la zona. Sin embargo de forma preliminar se puede observa una alta variabilidad en el tratamiento de superficie de las vasijas del sitio. Concomitante con la alta variabilidad se observa alta abundancia del material cerámico que junto al considerable volumen de suelo removido para la construcción de plataformas de vivienda y de montículos, dan cuenta de una considerable población que se asentó en el Valle de La Bonita.

La cerámica predomina en el material muestreado con un número tan superior a la lítica que hace imposible que se trate sólo de prejuicios del muestreo. En realidad, como sucede con sociedades agroalfareras complejas, en los sitios de ocupación la densidad de material cerámico sobrepasa al lítico.

Hay que aclarar que este cuadro corresponde al material recolectado en el presente inventario rápido, por lo que no se incluyó una colección de hachas observada y fotografiada en el Colegio Nacional Mixto Sucumbíos (Fig. 9C). Esta colección corresponde a material en piedra pulida, de formas sofisticadas y de una impresionante variabilidad. El uso de la materia prima para la fabricación de las herramientas líticas

en La Bonita corresponde a material local, como el granito y el basalto, pero también incorpora obsidiana, cuyas fuentes naturales conocidas se encuentran a una gran distancia del sitio (Salazar 1992). En el muestreo no se identificaron restos óseos y de metal, aunque los habitantes del lugar señalan que en realidad si existe material metalúrgico asociado a tumbas.

DISCUSIÓN

La evidencia encontrada permite establecer la existencia de dos asentamientos ubicados en un gradiente desde los 600 hasta los 2.600 m de altura sobre el nivel del mar. Mientras La Bonita corresponde a un poblado estructurado con habitantes claramente sedentarios que utilizaban el valle para la producción agrícola, el sitio Río Verde corresponde a un asentamiento pequeño, muy posiblemente de habitantes que complementaban su subsistencia entre la caza, pesca, y agricultura de roza y quema realizada en pequeñas extensiones del valle del río Cofanes. En términos demográficos, La Bonita corresponde a un asentamiento de varias familias, mientras que el de Río Verde pudiera haber correspondido a una familia extendida.

El impacto en el entorno es mucho más marcado en el caso de La Bonita, en donde sus habitantes transformaron el paisaje mediante la construcción de terrazas y montículos. En Río Verde, esta transformación fue poco perceptible. Esta transformación lleva a concluir que en caso de La Bonita se trata de una sociedad con una organización social compleja, es decir pudo ser el asentamiento de un cacicazgo del pie de monte, mientras que en la caso de Río Verde puede corresponder a un asentamiento de una familia, es decir de una sociedad igualitaria.

El área constituye una zona en donde existieron habitantes desde tiempos precolombinos quienes mantuvieron contactos a través de los rangos altitudinales. En Río Verde, entre el material cerámico se encontraron dos fragmentos de cerámica con pintura roja en el interior, un tipo característico de las zonas altas, lo que lleva a pensar que se trata de material de intercambio. Algunos autores han señalado que entre los productos de intercambio entre la sierra y la alta

Amazonía se encontraban las hachas, y esta evidencia señala la existencia de una red de intercambio entre las zonas altas y bajas. En el caso de La Bonita, las hachas observadas en el colegio local contienen un espécimen especial que debe ser de intercambio (Fig. 9C).

Oportunidades

La presencia de estos sitios arqueológicos es una gran oportunidad, pues contribuye a su importancia para la conservación. Permite por otro lado estudiar la forma en la que los antiguos habitantes utilizaron el entorno local. Provee de una nueva dimensión dentro del programa de conservación en la medida en la puede promover formas de que la población local se relacione con su patrimonio cultural.

Amenazas

La principal amenaza a los que estos bienes culturales están expuestos es la destrucción como producto del huaqueo, actividad de buscar tesoros muy conocida en el lugar. Se me informó incluso que algunas personas en La Bonita tenían detectores de metal con los que ubicaban áreas para excavar en búsqueda de tesoros.

Otras de las amenazas constituyen las obras de infraestructura, como la apertura de vías, construcción de viviendas y otras construcciones, que alteran parte de los sitios; esto se manifiesta de forma clara en La Bonita. La actividad agrícola causa también alteración de la estructura de los sitios, como en La Bonita y Río Verde.

Finalmente, otra amenaza constituye la introducción de ganado vacuno en la zona, p. ej., en La Bonita, la presencia del mismo oblitera las terrazas y lugares en donde se encuentran las viviendas precolombinas.

Recomendaciones

La protección de estos sitios requiere de algunas medidas puntuales:

- Que antes de realizar actividades que conlleven a la alteración de la superficie de los terrenos en donde se encuentres los asentamientos se realicen estudios previos que permitan minimizar el impacto negativo que estas puedan generar.

- Que mediante el concurso del Instituto Nacional de Patrimonio Cultural se realicen talleres en donde se informe a las comunidades que habitan o cercanas a los sitios sobre las reglas de protección de los sitios arqueológicos cuya legislación la regula dicha institución.

- Y, desarrollar procesos de investigación de los sitios definidos y en general del área de estudio. La investigación debería empezar con el análisis del material obtenido, la realización de los fechamientos radiocarbónicos, etc.

HISTORIA DEL TERRITORIO DEL RÍO COFANES

Autor: Randall Borman A.

Esta historia, con una perspectiva Cofan, ha sido recopilada de varias fuentes, incluyendo a Ferrer (1605), Velasco (1841), Porras (1974) y de historias orales de los Cofan.

Cambios constantes y a menudo violentos caracterizan los ecosistemas de la región del Río Cofanes-Chingual a través de los milenios. La presencia humana probablemente se remonta por lo menos al Pleistoceno tardío, cuando los cazadores paleolíticos empujaron hacia el sur a lo largo de las orillas de los glaciares andinos. Al ir derritiendose estos glaciares durante el Holoceno temprano, las poblaciones empezaron a asentarse en los valles interandinos y los cazadores-recolectores se extendieron a través de los valles (como el de la parte superior del Chingual) a una Amazonía relativamente fresca y húmeda.

No tenemos una manera muy precisa para determinar cuando los primeros "proto-Cofanes" entraron en la región, pero ancestros culturales directos estuvieron activos en estos valles tan siquiera hasta hace 5.000 años. Estos primeros colonos han de haber sido testigos a increíbles acontecimientos. Soche, un volcán pequeño y todavía activo en las riberas del Chingual, realizó su última enorme erupción de hace aproximadamente 10.000 años. Reventador, al sur y al este, todavía se estaba recuperando de la explotación que lo había destruido 5.000 años antes, cuando arrojó más de ocho kilómetros cúbicos de material y destruyó la mayor parte alta del valle del Aguarico en una tremenda explotación lateral. Y Cayambe, ubicado un poco más alto y más al oeste que estos volcanes menores, experimentó un período bastante constante de eventos de crecimiento de montaña durante todo este tiempo. Mientras tanto, estaban ocurriendo terremotos constantemente y el Abra y otras fallas de importancia estaban compitiendo con decenas de fallas menores. Por lo menos un "gran" terremoto por siglo sigue siendo la regla para la región, incluso hoy en día. En cima de todo esto con procesos constantes de erosión—deslizamientos, cambio de curso de los ríos, montañas siendo comidas por las grandes precipitaciones—y agregenle constantes inundaciones de todos tipos y tamaños—y la presencia de seres humanos en la región se convierte en algo sorprendente

Lo que no es nada sorprendente es que los mitos y leyendas de la cultura actual de los Cofan estén llenos de referencias sobre estos fenómenos geológicos:

> *"La tierra se movió y se sacudió durante días y en su paso toda la tierra se convirtió en barro…" " y de la montaña vinieron los demonios, con fuego en sus ojos…" "escalaron y escalaron, pero las aguas seguían subiendo, hasta que llegaron a la cima de la montaña, pero las aguas se detuvieron allí…" "los demonios usaron piedras grandes como sus balsas, parandose en ellas en las olas…"*

Éstas son las huellas indelebles de lo que es tratar de vivir en un mundo en el que el fuego, agua y la tierra inestable crean un reto para la supervivencia diaria de todos los que trataron de construir sus casas en la región.

A pesar de todo esto, a finales del 1300, la presencia de los Cofan y otros grupos indígenas en la región estaban muy bien establecidos, con muchas rutas comerciales, grandes poblaciones y un sistema sofisticado de interacción social, tanto entre las unidades culturales y con otros actores. El idioma Cofan ha sido considerado un aislado por mucho tiempo, derivado de raices proto-Chibchan. Sin embargo, recientemente, investigación extensa sugiere que lejos de ser un idioma aislado de una cultura montana pequeña, fue una vez parte de un bloque más grande lingüístico que incluía mucho lo que hoy en día es la parte norte del Ecuador, incluyendo

Caranqui, Quijos, y tal vez otros grupos históricos. Estos otros grupos perdieron sus idiomas originales al Quichua, como al principio con los Incas y después con lo españoles cuando impusieron este idioma indígena-boliviano como la lengua franca para sus imperios. Por esto el idioma Cofan de hoy es probablemente la última manifestación de lo que alguna vez fue una familia linguística mucho más grande. Por ejemplo, "Cotacachi" y "Sumaco" son los nombres que se usan actualmente para dos volcanes ecuatorianos, uno que estaba en territorio Caranqui y el otro en territorio Quijos. *Ccottacco* es la palabra Cofan para montaña. *Cotacocho* se traduce facilmente en Cofan moderno como "montaña redonda", mientras que Sumaco todavía es nombrado *Tsumaco* ("la montaña de los escarabajos") por los Cofan. Las terminaciones como *gué* (en el Cofan moderno indicando "la ubicación de"), *qui* ("quebrada o río") y *cco* ("montaña") todos aparecen con frecuencia en los nombres de los lugares, tanto en las historias originales españolas al igual que en los nombres de lugares actuales en todo la parte norte del Ecuador.

La primera mención histórica del pueblo Cofan por su nombre proviene de los relatos de Cieza de León de la resistenca Caranqui a la expansión incaica bajo Huayna Capac a finales del siglo XV. Los Cofan se unieron a los Quijos, Pimampiros y otros como parte de un grupo mixto de aliados de la región oriental montana que pelearon y perdieron en contra de las fuerzas incaicas cerca de la ubicación que hoy en día es Ibarra. Las fuerzas Cofan evidentemente retrocedieron a los territorios en las montañas con los otros grupos del oriente, dejando que los Caranquis soportaran el peso e ira de los Inca y la venganza de Yahuarcocha, donde más de 3.000 guerreros fueron masacrados.

Las victorias militares de los Inca en la región probablemente afectaron solamente marginalmente a los Cofan y a los otros grupos del oriente. El comercio aparentemente continuó, con sistemas de senderos intactos y sitios de poblaciones estables durante las siguientes décadas. Los intentos de los Inca de conquistar las tríbus montanas militarmente tuvo póco éxito: por lo menos dos y posiblemente tres invasiones fueron organizadas a través de la ruta actual de Papallacta, con los Incas reclamando "victorias" pero con muy poco daño aparente a los grupos Quijos afectados. Misioneros incaicos linguísticos y culturales se repartieron entre los grupos tribales de las montañas con más éxito. Ya cuando llegaron los españoles, la mayoría de las tribus del altiplano estaban usando el idioma Quichua como su idioma principal y las culturas de los Quijos, Archidona y Napo estában empezando a aprender Quichua.

Todos estos procesos, sin embargo se detuvieron totalmente con la invasión de los Españoles a principios de 1530. La expansión parcialmente consolidada fue destruida de una forma espectacular al ir extendiendose los españoles por el altiplano. Mientras tanto, las epidemias de Europa también se fueron extendiendo destruyendo poblaciones enteras más allá del alcance de las actividades militares españolas. Quito y otros sitios fueron conquistados rápidamente y "refundadas" como ciudades españolas, y después de la cosecha vertiginosa del oro y plata de los Inca, sirvieron como puntos de despegue para numerosas expediciones a todos los rincones de la región.

En este caso los españoles pudieron usar el sistema extensivo de senderos que habían sido desarrollado a través de los siglos como rutas comerciales, incluyendo las cuatro rutas mencionadas anteriormente a las regiones montanas nororientales. Expediciones tan temprano como en 1536 a los territorios de los Quijos y Cofan regresaron con historias de canela, oro y tierras ágricolas extensas. Gonzalo Díaz de Pineda regresó con un reporte extenso en 1538 que incluía información sobre la "provincia de los Cofan" pero concentró más sus esfuerzos de colonización en el valle de los Quijos que era presumiblemente más fácil. El intento desastroso de Gonzalo Pizarro en 1541 exploró la mayor parte de la zona comprendida entre la parte alta del río Napo y el Coca, pero probablemente no entraron a los territorios Cofan mismos. Es interesante notar la importancia del sistema de los senderos en el área de Quijos: Díaz de Pineda pudo usar caballos por la mayor parte desde el valle de Cosanga hasta el sitio actual de Baeza (aunque el criticó severamente la falta de mantenimiento en la ruta). Menos de cuatro años más tarde, las tropas de Pizarro marcharon a lo largo de esta ruta con por lo menos mil personas, dos mil cerdos y con varios caballos, vacas y otros diversos animales. Francisco Orellana, llegando

más tarde para la expedición se lamenta que el camino estaba en un estado terrible—para nada sorprendente con este tipo de tráfico! Pero el hecho que estos senderos, hechos para viajar a pie fueron capaces de soportar este tipo de abuso, indica el alto grado de sofisticación e ingeniería invertida en las rutas comerciales.

Durante los siguientes años, los Cofan aparecen sobre todo como un grupo belicoso causando graves problemas para las actividades de los Españoles a lo largo de los ríos Guamues y San Miguel. Ecija fue destruido por guerreros Cofan en 1550. Más guerra resultó en la quema de Mocoa y el sitio de Pasto durante la última parte del siglo. La Nación Cofan era considerada belicosa, intractable, salvaje y una fuente de continuas revueltas entre los vecinos mejor portados. Probablemente fue durante este período que las rutas de comercio en el norte empezaron a desintegrarse al romperse los sistemas de comercio en el altiplano.

La primera incursión bien documentada a la región del río Cofanes vino con una expedición a pie por Pedro Ordóñez de Cevallos, un aventurero que había decidido convertirse en sacerdote además de una lista larga de otras ocupaciones que incluían corsario, escritor, biólogo, pugilista y explorador. Entró a la región montana por Papallacta, bajó el Coca, se siguió a la cuenca del Aguarico, visitó enumerables pueblos Cofan y eventualmente regresó por la ruta commercial del sendero ahora ya sobrecrecido de Pimampiro. Su forma robusta de cristianismo evidentemente fue bien acepatada por los caciques Cofan con quien se encontró: Los Cofan en poco tiempo empezaron a visitar Quito y Bogotá para adquirir imágenes católicas, campanas y otros artículos de iglesia, y las actividades belicosas asociadas hasta este punto con la Nación Cofan parece que empezaron a disminuir.

Esto despertó el interés de los jesuitas. Mientras que no tenían un uso para el cristianismo particular que Ordónez había comenzado, no les importó aprovechar que les había abierto el camino para un ámbito de nuevas actividades de la iglesia. Así Rafael Ferrer de los jesuitas se aventuró a la provincia "salvaje" de los Cofan por la ruta comercial de Pimampiro en 1602. Desafortunadamente, en este momento no sabemos con certeza exactamente donde se encuentra este sendero. Sospechamos que cruzaba la cordillera cerca del sitio presente de Monte Olivo y seguía el valle del río Condué hacia lo que evidentemente era el valle bien poblado del río Cofanes. El Padre Juan de Velasco, el historiador jesuita del siglo XVIII, nos cuenta que los Cofan estaban divididos entre aproximadamente viente centros poblacionales en este momento, esparcidos a lo largo del las riberas los ríos Cofanes, Sardinas (después cambiado al Chingual), Azuela (posiblemente el Dué actual), Aguarico, Duvuno y Payamino. Velasco se refiere a una serie de atributos culturales de los Cofan de este tiempo, como la dispersión de los hogares a lo largo del río, cada uno con sus chacras y chozas para otros familiares pero conectado por los senderos locales que permitían "visitar a todo mundo en el área durante un solo día". Ferrer empezó rápidamente a tratar de formar ciudades completas—para ayudar en su trabajo de evangelización—para que pudiera "enseñar a un mayor número de personas a la vez, enseñandoles cultura cristiana y civilizada para ayudarse mutuamente" y de formar "gobiernos civiles con elecciones anuales...".

En 1603, logró en unir cinco comunidades en un solo pueblo llamado "San Pedro de los Cofanes" en algún lugar del valle del río Cofanes. No tenemos idea donde estaba ubicado el pueblo original, pero un posible sitio es lo que es hoy en día La Sofía. Este punto estratégico tenía tanto acceso a las áreas del altiplano (por el sendero del Condué) como a las partes bajas del río Aguarico. En cualquier lugar que hubiera sido establecido este pueblo, fue probablemente demasiado grande para sobrevivir. Ferrer cuenta de una población de 3.000 personas, que hubiera creado una carga sobre los recursos naturales, sin mencionar las tierras arables del valle del río Cofanes. Otros pueblos secundarios fueron formados más lejos "a lo largo del Payamino y Diuno en el norte y el Aguarico y Azuela al sur", con poblaciones de más de 6.500 en total. Esto despertó interés entre los españoles en Quito para recuperar los pueblos destruidos de Mocoa y Ecija y también para establecer el sistema de *encomienda* entre los Cofan. Para darle crédito, Ferrer parece haber protestado en contra de la implementación de trabajo forzoso entre los Cofan, citando que eran "nuevos para el Cristianismo". Regresó a San Pedro por un corto tiempo,

trató de arreglar los diferentes problemas que encontró allí y empezó su viaje de regreso a Quito. En el Puente cruzando el río Cofanes, parece que cayó a su muerte— ya sea en manos de los guías que lo acompañaban (como es sugerido por Velasco en su relato) o simplemente al resbalarse en un tronco que evidentemente abarcaba el abismo, nunca sabremos. Pero, con la muerte de Ferrer, el ímpetu de actividades misioneras empezaron a disminuir. En 1620, la ciudad de San Pedro estaba casi abandonada, con sólo una de las comunidades originales viviendo todavía allí. Al mismo tiempo, soldados españoles basados en uno de los pueblos reestablecidos a lo largo del río San Miguel estaban presionando a los Cofan en el norte, tratando de establecer el sistema de encomienda con su trabajo forzoso. Los Cofan organizaron una revuelta, una vez más destruyendo las ciudades españolas y dejando el "Gobierno de Mocoa y Sucumbíos tán perdido como antes." Así termina el primer intento de establecer misiones y colonización en la región del río Cofanes.

Sin embargo, en 1630 los intentos de conquistar la región estaba otra vez en marcha. Gabriel Machacón, nombrado Teniente General de la provincia de los Cofan, estableció la "ciudad" de Alcalá del Dorado a lo largo del río Aguarico. Una vez más sólo podemos tratar de adivinar la ubicación de este lugar de avanzada de los españoles, aunque parece que estaba situado estratégicamente a lo largo de una de las dos rutas comerciales del norte. Asimismo, Ecija fue refundada en alguna parte de la cuenca del río San Miguel y sirvió como punto de partida para los esfuerzos misioneros que se estaban concentrando más en grupos más al este. Parece que Alcalá sobrevivió por algun tiempo; aparece en registros Dominicanos en 1637 y otra vez en 1644. Sin embargo, la impresión general que logramos sacar de los relatos durante este tiempo es que la presencia de los Cofan es mínima. ¿Qué pasó? Probablemente lo mismo que también estaba ocurriendo al mismo tiempo entre los antiguos aliados de los Cofan al sur, los Quijos: enfermedades del hombre blanco (como viruela, sarampión, cólera, difteria, la gripe y muchas otras) estaban destruyendo poblaciones enteras. Sospecharíamos que a mediados del siglo XVII, sólo una pequeña fracción de los Cofan todavía existían que el número que Ordónez y Ferrer encontraron unas cuantas décadas anteriores. Con esto el valle del río Cofanes quedó en gran medida despoblado. Las numerosas comunidades ya no existían y los extensos senderos que comunicaban el altiplano con las llanuras al este empezaron a sobrecrecerse. Curiosamente, la mayoría de las áreas que pudieran haber sido adecuadas para la agricultura—relativamente planas en un mundo de montañas escarpadas y con profundos barrancos—están hoy en día cubiertos de especies de árboles inmensos que normalmente son colonizadores o de crecimiento secundario. Abajo de la elevación de 1.000 m, "canelo", "copal" y "chanul" dominan las partes planas, mientras que arriba de esta elevación de 1.000 m, "cedro" (*Cedrella montana*?) domina y llega hasta los 2.800 m. Quisiera sugerir que estos árboles crecieron en fincas abandonadas de la gente que vivió en estos bosques montanos y que fueron exterminados por la ola de expansión europea.

Los siguientes siglos sólo vieron actividades humanes ocasionales dentro de la región del río Cofanes. Con el colapso de las poblaciones indígenas en la cuenca del Aguarico, los grupos familiares restantes adoptaron un tipo de vida semi-nomádica, basando su organización social en unidades de familias extendidas que raramente permanecían en un sitio por más de cinco o seis años. Referencias históricas de la nación Cofan en general son escasas desde mediados del siglo XVII hasta mediados del siglo XIX. Éste fue un período de inestabilidad política para España, y la enorme y agresiva ola de colonización y de actividades misioneras que caracterizaron el principio del imperio español casi se colapsaron totalmente durante estos siglos. El único sendero que seguían manteniendo al "Oriente" (los bosques tropicales orientales) era la ruta a Papallacta que permitía a los viajeros de ir desde Baeza a Tena, donde las misiones que quedaban tenían un existencia precaria. Las pocas menciones que tenemos de los Cofan durante este tiempo son mayormente con respecto a guerras en contra de grupos "civilizados" en las cuencas del Coca y Napo, aunque hay unas cuantas notas interesantes sobre unos comerciantes Cofan que aparecieron en la pueblo misión de Cuyuja durante principios de 1800.

En las décadas 1850s y 1860s, las comisiones de la frontera entre Ecuador y Colombia encontraron los Cofan dispersos desde la boca de río Chingual (cerca de lo que hoy en día es Puerto Libre) al Cuyabeno. Una fiebre de oro que no duró mucho tiempo ocurrió en el sitio actual de Cascales, donde estaba ubicado un pueblo Cofan grande, durante la década de 1870. Sin embargo, las poblaciones mestizas, incluyendo a los misioneros no vieron ninguna razón de entrar al territorio del río Cofanes, dejandonos sin ninguna información escrita de esta época. No obstante, la presencia de parcelas extensas de *chonta ruro* (la palmera, *Bactris gasipaes*) y otros árboles frutales a lo largo del río Cofanes indica que las familias estaban usando esta región por lo menos para sitios de casas ocasionales durante tiempos relativamente más recientes.

La historia oral Cofan de este período es también rica en información del área, especialmente del valle del río Cofanes. Historias incluyen la mención de colpas enormes de tapires, ubicadas en el sitio actual de la union del Saladero de Cuvi y el río Cofanes, y hablan de cuevas ricas en minerales usadas como colpas por los mono araña. También mencionan con frecuencia el oro, aunque los Cofan lo veían solamente como un mercancia para ser colectado para poder comerciar con el mundo mestizo estrícamente sólo "cuando quiero comprar algo especia... voy a colectar un poco" que como algo que buscaban agresivamente. Incursiones ocasionales de los mestizos durante estos años aparentemente tuvieron poco éxito.

Por el principio del siglo XX, probablemente habían menos de 400 Cofan sobreviviendo dentro de todo el territorio histórico Cofan. Un grupo familiar, contando con tal vez 25 personas, vivía en la parte alta del Aguarico y ocasionalmente recorría la región del río Cofanes, generalmente como guías para los exploradores mestizos. Este grupo familiar entra en la historia moderna como el clan Umenda. Soju, el jefe y patriarca de este grupo, era muy conocido como chamán y curandero. Su estilo de vida semi-nomádica incluía por lo menos un pueblo en la parte baja del río Cofanes (probablemente en el río Claro) y sitios a lo largo del Dué, el Coca y otros ríos en el zona. Las rutas comerciales de Soju seguían siendo importantes. El y grupos de familiares de río abajo hicieron varios viajes en los senderos a Quito, aparentemente usando la ruta por Papallacta y sus conecciones incluyendo el Waorani al sur, con quien comerciaban arcos para pesca por curare.

Mientras tanto sus hijos Lino, Aquerino y Sebastián sirvieron como guías para exploradores mestizos en busca de caucho y oro en la región del río Cofanes. Aunque no tenemos una idea clara de todos los lugares que visitaron, estos Cofan fueron importantes en la reapertura de la ruta del río Chingual (que fue usado por la familia Calderón para colonizar lo que hoy en día es Puerto Libre) y probablemente estuvieron involucrados en la apertura de los sitios de La Bonita y La Barquilla. La Sofía, que puede ser accedida desde La Bonita, aparentemente fue colonizada sin la ayuda de estos guías, aunque la mayoría de los colonos durante este período conocían a estos Cofan por nombre y dependían de su ayuda para sus actividades.

Sin embargo, a fines de 1900, estos Cofan ya eran ancianos y sus hijos y nietos tenían poco o ningún interés en continuar la exploración. El grupo de la familia Umenda se estableció en el actual sitio de Sinangue (tambien escrito como "Sinangoe") y casi por completo abandonaron sus viajes y actividades fuera de las inmediaciones. No fue hasta el 2000 que nuevo interés en el área empezó a desarrollarse, estimulado por las actividades en las áreas circundantes de la Reserva Cayambe-Coca. Con la formación del programa de Guardaparques Cofan en 2003, un gran número de Cofan de diferentes comunidades ecuatorianas empezaron a familiarizarse con los territories ancestrales. Hombres y mujeres jóvenes se esparcieron a los bosques, con el cargo de monitorear y proteger áreas que hasta ese punto habían sido míticas. El sitio del tronco del "árbol de pez" (una roca enorme en la forma del fuste de un árbol), el sitio de la "cueva de los mono araña", el sitio de la "imagen del jaguar" y otras referencias de leyendas Cofan ahora se conviertieron en lugares reales para estos guardaparques, y el interés para recuperar el territorio Cofan creció. Viajes exploratorios al área empezaron durante el 2004 y culminaron en la actual delimitación de lo que actualmente son las 30.700 ha del territorio del río Cofanes (Figs. 2A, 2B, 10J de este informe), una propiedad titulada que pertenece a la nación Cofan.

Esto, entonces, son los antecedents para la adquisición del Territorio del Río Cofanes.

HISTORIA DE CONSERVACIÓN: Un breve recorrido por la historia de las acciones de conservación en la zona de amortiguamiento del área contemplada para la creación de la Reserva Municipal La Bonita

Autores/Participantes: Susan V. Poats y Paulina Arroyo Manzano

Al recordar la historia de la conservación en la zona definida como *rim area* o "zona de amortiguamiento" ubicada en las provincias de Carchi y Sucumbíos, en la zona norte de la Reserva Ecológica Cayambe-Coca, es importante valorar el trabajo que hizo Patricio Fuentes (biólogo), comenzando en 1995 y por varios años subsiguientes para despertar el interés en esta zona del norte del Ecuador que él denominaba como "el rincón olvidado". Se debe recordar que este interés estimuló a The Nature Conservancy (TNC) a considerar realizar trabajos en esta zona, y posteriormente Corporación Grupo Randi Randi (CGRR) y Fundación Jatun Sacha llegaron a incorporarse en este interés.

Patricio, oriundo de San Gabriel, Montufar, Carchi, estudió biología en la Universidad Central del Ecuador en Quito, y desde hace muchos años atrás tenía interés en los recursos naturales de Carchi y de la cordillera boscosa llamada "ceja andina", que siempre estaba a la vista desde el pueblo de San Gabriel. Patricio se incorporó como investigador en el Centro de Datos para la Conservación (CDC) en su inicio cuando TNC apoyó en parte su tesis de graduación. (Años después CDC se afilió con Fundación Jatun Sacha donde está ubicado actualmente.) Desde este espacio institucional, junto con su esposa Ximena Aquirre (también bióloga y profesora de la Universidad Tecnológica Equinoccial e investigadora del Herbario Nacional), iniciaron un proyecto de tesis conjunto para la zona atrás de la Cordillera Oriental, en el punto más al norte de la Reserva Ecológica Cayambe Coca (RECAY). Habían antecedentes para este interés desde CDC y TNC porque ambas instituciones desde inicios de los años 90 estaban apoyando a la Fundación Antisana, y luego a Fundación Rumicocha, (ONGs de conservación recientemente creados) en mejorar la conservación de la RECAY y en propiciar acciones de conservación comunitaria alrededor de la RECAY para aumentar la participación local y sobre todo, el compromiso local para la conservación del ambiente y al adopción de prácticas productivas amigables con el ambiente. Todo esto estuvo dentro de una perspectiva, liderado por TNC, de identificar las amenazas actuales y potenciales a la RECAY, y orientar las acciones de conservación hacia estos. En ese tiempo, las amenazas más activos a la Reserva eran la quema de páramo y la expansión de actividades agrícolas y ganaderas que estaban directamente relacionadas con las actividades humanas realizadas por las comunidades locales como parte de sus estrategias de sobrevivencia. Por tal motivo, promover su participación en la conservación e ilustrar los beneficios de la conservación, se convirtió en una estrategia clave para el bien de la RECAY y manejo de los recursos naturales. En ese tiempo, esta posición no tuvo mucha resonancia dentro de la autoridad ambiental del estado porque aún se adoptaba una visión parque-centrista del manejo del área. Sin embargo, se contempló trabajar muy de cerca con las autoridades del parque para fomentar una visión de participación.

Cabe mencionar también que TNC inició sus trabajos en la RECAY con el proyecto SUBIR/USAID, que en su primera fase estuvo aliado con Conservación Internacional (CI) y Wildlife Conservation Society (WCS). Sin embargo, a pesar de la culminación de dos fases del proyecto (y en su conclusión se dividió la alianza) no se realizaron trabajos en "el rincón olvidado".

En 1995, TNC, en colaboración con la Facultad Latinoamericana de Ciencias Sociales de Ecuador (FLACSO), consiguió financiamiento de la Fundación Ford para hacer un estudio del impacto de la conservación comunitaria alrededor de toda la RECAY. El estudio arrancó en 1996 y concluyó en 1997, y luego fue publicado como *Construyendo la conservación participativa en la Reserva Ecológica Cayambe-Coca, Ecuador: Participación local en el manejo de áreas protegidas* (Poats et. al. 2001) Como parte del trabajo de campo, en 1996 se realizó un recorrido por la zona de

Pimampiro y de Julio Andrade-Playón de San Francisco hasta La Bonita. Se siguió hasta donde llegaba la carretera en ese tiempo (12 km después de La Bonita). Sin embargo, tampoco se encontró una iniciativa que se podría calificar como conservación comunitaria. Tampoco se identificaron estudios sobre este sector de la zona de amortiguamiento o influencia de la RECAY. Lo que sí se pudo constatar fue el fuerte flujo de colonización desde Carchi, siguiendo la carretera, y que varias personas comentaban sobre la especulación de tierras en la zona, con la expectativa de oportunidades productivas con la construcción de la carretera. Sin embargo, la construcción de la carretera duró años, y aún terminado, el transito fue dificultado hasta que se hizo la pavimentación (que aún estaba incompleta) por lo que no se llegó a tener una ola de colonización como se esperaba. Y aún con la carretera construida, el aumento de la inseguridad de la zona por ser fronterizo con Colombia, donde hay alta presencia de guerrilla, también influyó sobre la cantidad de colonización.

Otra observación importante sobre la zona en esta época fue la fuerte extracción de madera. El bosque llegaba hasta la carretera una vez que se pasaba Sta. Barbara, y estuvo hasta la carretera en varios parches antes de este punto, a partir de Playón. Hubo muchos sitios a lo largo de la carretera con pilas altas de tablones cortados recientes con motosierra. Finalmente, pudimos observar la destrucción causado por la construcción de la carretera en una zona tan precipitada con bosque nublado tan intacto.

En 1997, TNC, dentro del marco del proyecto Biorreserva del Cóndor (con fondos de USAID y basado en el estudio PALOMAP, a través de su socio Fundación Antisana en Quito), decidió financiar la elaboración de dos planes de manejo comunitarios con las comunidades indígenas que tienen territorios ancestrales dentro de la RECAY: Oyacachi y Sinangoe. Este trabajó fue hecho por medio de un contrato de consultoría compartido entre Susan Poats y Segundo Fuentes (actualmente director regional del MAE-Ibarra), con el apoyo de Adriana Burbano (WCS Ecuador) y Paulina Arroyo (actualmente de TNC-Programa Amazonía). Durante las varias visitas a Sinangoe, las entrevistas, los transectos y los talleres participativos, no salió mucha mención de las tierras río arriba de Sinangoe, las cuales hoy forman parte del territorio reconocido por el pueblo Cofan. Lo más relacionado a esto fueron los recuentos o historias de vida de algunas de las personas de la comunidad que habían nacido en Carchi, pero que se habían incorporado en la comunidad por medio de matrimonios a mujeres Cofan. Esto más probable se debe a que las familias de Sinangoe no usaban esta parte de su territorio con regularidad, sin embargo esto no resta que el territorio fue alguna vez usada por el pueblo Cofan en su conjunto, como indica ciertas referencias bibliográficas.

TNC consiguió unos recursos para seguir algunas de las pistas de investigación identificados en la primera fase de PALOMAP, y esto permitió el acercamiento inicial entre Patricio Fuentes y el equipo de PALOMAP en Ecuador. Patricio y Ximena ya habían iniciado sus investigaciones de campo (60% cumplido) y estuvieron buscando apoyo para concluirlos. Basado en su propuesta del 2000, EcoCiencia y TNC apoyaron el trabajo de campo para poder concluir el estudio y por ende su tesis.

Es importante recalcar que los mapas, presentados por Patricio y Ximena como parte de la tesis *Estudio de alternativas de manejo para los bosques montanos del área de influencia norte de la Reserva Ecológica Cayambe-Coca, RECAY* (Aguirre y Fuentes 2001) demarcan el área de su estudio—como ellos lo dominan "el rincón olvidado"—donde recomiendan fuertemente la necesidad de acción rápida para proteger este espacio y sus ecosistemas, y sugieren que la RECAY debe ser ampliado para incluir toda la zona y los bosques andinos hasta la zona de Playón, incluyendo los bosques alrededor de La Sofía. Ellos indican la necesidad de llegar a acuerdos con la comunidad de La Sofía, e identifican la situación de conflicto con el municipio de La Bonita. En ese entonces, ellos no mencionan en su tesis el interés ancestral de los Cofan por parte de este mismo territorio.

Una parte muy importante de los mapas y la descripción del texto es que definen también una zona de amortiguamiento a ser conservado. Esta franja cubre los bosques altos andinos o ceja de montaña que se extiende desde Julio Andrade en Tulcán, hasta Monte Olivo en Bolívar, incluyendo los bosques y remanentes de bosques en Montufar y Huaca. Una parte fundamental de esta franja es la Estación Biológica Guandera de Fundación Jatun Sacha, de 1.000 ha en el cantón Huaca, en la parroquia de Mariscal Sucre. Es decir, dibujan un corredor de bosques de más de 40 km que colinda con toda la zona de interés actual al oeste en Sucumbíos. Este mapa y los varios debates y discusiones que resultaron despertaron un interés en lograr, de alguna manera, la protección de esta área tan importante, reconocido como la última área grande de bosque alto andino dentro del callejón andino.

En 2002, Patricio volvió a trabajar en la zona esta vez a través de un pequeño proyecto que TNC apoyó con la CGRR (con fondos del proyecto Parques en Peligro en la Biorreserva del Cóndor) para profundizar en la identificación de las estrategias de conservación para el "rincón olvidado". Patricio produjo el estudio *Estrategia de conservación para los bosques montanos del área de influencia de las reservas ecológicas Cayambe-Coca y Cofan-Bermejo* (Fuentes 2002), en el cual recomienda el trabajo concertado entre TNC, CGRR, Fundación Jatun Sacha, Fundación Espeletia y otros para impulsar las acciones de conservación en la zona. Este trabajo derivó de los talleres de TNC sobre Planificación para la Conservación de Sitios (PCA) en 2002 que definieron los objetos de conservación para la Biorreserva del Condor (con RECAY en el centro). Ocho objetos de conservación fueron identificados y subsecuentemente se determinaron las estrategias de conservación, líneas de acción, zonas geográficas de intervención y los responsables. El trabajo de Patricio se concentró en la ceja andina de la Cordillera Real y páramo del Mirador, y en el "rincón olvidado", y produjo "un análisis de definición de estrategias de conservación para estas dos zonas geográficas con base en la determinación del estado de la calidad de varios objetos de conservación previamente definidos".

Este mismo trabajo llevó TNC a apoyar después, junto con el Programa de Pequeñas Donaciones de las Naciones Unidas (PPD), un estudio inicial y luego (en 2003) el *Plan de apoyo al desarrollo parroquial y al manejo comunitario de los recursos naturales de la parroquia La Sofía, Cantón Sucumbíos*. Durante un pequeño tiempo después de terminar el Plan, TNC mantuvo dos reuniones de trabajo con miembros de la

Fundación Espeletia con el fin de encontrar una manera de apoyar la ejecución del Plan. Sin embargo, debido a la débil conformación legal de la Fundación, no se pudo concretar una alianza formal. Por tal motivo, se apoyó la contratación de un técnico en La Sofía para dar continuidad e implementación al Plan. A través del técnico, se mantuvo dos reuniones con representantes de La Sofía, en particular con Antonio Paspuel con el fin de identificar las acciones iniciales para la zona, relacionados al Plan. Las familias en La Sofía tenían mucho interés de ser capacitados como guardaparques comunitarios y participar en la red que existía en otros sectores de la Reserva. TNC intentó coordinar con Fundación Rumicocha y también el Ministerio del Ambiente (MAE) para que dos o tres personas de La Sofía podría visitar los sitios de trabajo de los guardaparques comunitarios. Sin embargo, la peligrosidad de la frontera norte, la dificultad de acceso a La Sofía y sobre todo la débil capacidad institucional, esta actividad no logró prosperar. En esta época el MAE no consideraba viable la ampliación de la RECAY en la parte norte por la poca capacidad que tenía para manejar esta zona sin personal en campo, y porque los responsables de las áreas permanecían en Lumbaquí y Cayambe.

Por tal motivo, no se concretó una ampliación de la Reserva ni se dio visto bueno para la creación de un bosque protector, que fue la propuesta que Patricio y las familias de La Sofía presentaron al MAE.

Posteriormente varias organizaciones apoyaron la primera reunión entre los Cofan y las personas de La Sofía y La Bonita con el fin de analizar la propuesta de ampliar los territorios ancestrales a la zona norte de la RECAY. Inicialmente pareciera que hubiera objetivos comunes entre la gente de La Sofía y los Cofan, por el interés de proteger el bosque. Sin embargo, en el proceso de negociación posterior a la entrega de tierras, surgieron otro tipo de intereses que fueron negociados entre los dos grupos.

FORTALEZAS SOCIALES Y USO DE RECURSOS

Autores/participantes: Alaka Wali, Stephanie Paladino, Elizabeth Anderson, Susan V. Poats, Christopher James, Patricia Pilco, Freddy Espinosa, Luís Narváez y Roberto Aguinda

Objetos de Conservación: Caminos de acceso por caballo o pie, como el camino de La Bonita a La Sofía y el camino a La Estación Biológica Guandera (en contraste a los vías grandes que exponen al área a colonización y extracción a grande escala); producción de queso artesanal en pequeña escala; granjas ecológicas y orgánicas que usan métodos y cultivos tradicionales; uso de plantas medicinales nativas; documentos comunales de la historia de la zona; técnicas y lugares de minería artesanal de oro, incluso lugares aparentemente premodernos, que también podrían ser objetos de turismo; sitios arqueológicos o históricos conocidos por los residentes; el "Camino del Oriente", sendero histórico que vincula a Monte Olivo y La Sofía y que podría complementar esfuerzos comunitarios de turismo ecológico y histórico; Laguna de Maynas, cerca la Parroquia de Monte Olivo

INTRODUCCIÓN

El inventario social fue realizado del 8–30 de octubre de 2008 por un equipo intercultural y multidisciplinario (antropologas, ecologas, educadores, dirigentes de la Nacion Cofan). El inventario social tenía varios objetivos, entre ellos (1) analizar las principales fortalezas y oportunidades socioculturales en el área; (2) conocer a las tendencias de uso de recursos naturales en el área de estudio; (3) determinar las posibles amenazas para las poblaciones humanas y los ecosistemas del área; y (4) informar a las comunidades sobre las actividades desarrolladas por el equipo biológico en los sitios de muestreo.

Visitamos 22 comunidades, seleccionadas por su representatividad del patrón social de la región y por su proximidad al área de conservación propuesta. En 13 de estas comunidades solamente entrevistamos autoridades y actores claves, y aprovechamos de la visita para hacer observaciones de los patrones de uso de los recursos naturales. En 9 de las comunidades (Figs. 2A, 18), hicimos trabajos más intensivos, incluyendo estadías de dos a tres días, visitas a familias y areas agrícolas, y reuniones o talleres informativos. Las comunidades visitadas puedan ser divididas o agrupadas en tres sectores geográficos o "socio-ambientales"—Sureste, Norte y Suroeste—según

Fig. 18. Sectores, y comunidades "focales" visitados por el equipo social en octubre 2008.

su ubicación geopolítica y sus patrones de uso de recursos naturales (Fig.18, Tabla 3). Las comunidades del Sector Sureste están muy entretejidas entre si en cuanto a su historia, asentamiento, desarrollo y economía, y sus terrenos caen dentro de un rango de altura de 800 a 2.500 m. Las comunidades del Sector Norte se encuentran algunas en la Provincia Sucumbíos y otras en la Provincia Carchi. Las de la franja norte de Sucumbíos comparten relaciones históricas con las de la primera zona, pero en términos geográficos, ecológicos, económicos y de comunicaciones, tienen más en común con sus comunidades vecinas de la Provincia Carchi. Esta zona cae dentro de un rango de altura de 3.000 a 3.800 m. Los poblados en el Sector Suroeste rodean el pueblo principal de Monte Olivo, y caen dentro de un rango de altura de 1.700 a 3.700 m.

En este capítulo detallamos la metodología empleada y proveemos una vista panorámica de nuestros resultados mediante una discusión de la historia del proceso de asentamiento; información sobre demografía e infraestructura; y descripciones de fortalezas sociales, patrones económicos, uso de recursos naturales y amenazas principales. Además entregamos algunas

recomendaciones pertinentes para la conservación del área de estudio.

MÉTODOS

Seguimos una metodología que incluyó técnicas similares a las que fueron empleadas en los inventarios previos (p. ej., Wali et. al. 2008). Para el propósito del inventario social rápido, en nueve comunidades focales (Tabla 3) realizamos investigaciones más intensivas, incluyendo entrevistas semiestructuradas a mujeres y hombres, informantes claves y autoridades comunitarias; para estas actividades contamos con una guía de temas generales con preguntas abiertas. También participamos en las actividades cotidianas de la gente, acompañándoles a sus fincas, asistiendo a reuniones comunales y visitando sus casas. Para el taller informativo sobre el inventario, usamos materiales visuales (como cartillas y mapas) para explicar los objetivos del inventario a la gente y para generar discusión. En las demás comunidades, hicimos una combinación de recorridos y entrevistas con informantes claves.

En siete de las comunidades focales, aprovechamos de las reuniones informativos para que la gente presente dibujara croquis participativos de su poblado y sus usos del entorno y recursos naturales, y realizamos una actividad comunal llamada la "Dinámica de la Buena Vida". Este ejercicio provee una oportunidad de generar discusión entre la comunidad sobre sus percepciones de diferentes aspectos de la vida: el medio ambiente, aspectos culturales, condiciones sociales, la vida política y la situación económica (ver a Wali et al. 2008 para más detalles).*

Además de las actividades en el campo, consultamos fuentes secundarias para recoger información: revisión de documentos, bases de datos, informes y material bibliográfico (sobre todo Aguirre y Fuentes 2001; el Plan Estratégico del Cantón Sucumbíos, de 2005; CGRR 2005; el Plan de Desarrollo de la Parroquia Monte Olivo, de 2006; y un informe no publicado de Pilco, de 2008).

---

* Varios miembros del equipo sugirieron modificaciones a este dinámica (por ejemplo, agregando una quinta dimensión para llenar la cabeza) que esperamos probar en el próximo inventario.

Tabla 3. Comunidades visitadas por el equipo social en octubre 2008.[1]

Cantón	Parroquia	Comunidad
Sector Sureste		
Sucumbíos	Rosa Florida	La Barquilla[2], El Paraíso[2], Rosa Florida[2]
	La Bonita	La Bonita[2]
	La Sofía	La Sofía[2]
Sector Norte		
Sucumbíos (Provincia Sucumbíos)	Santa Bárbara	Santa Bárbara
	El Playón	El Playón de San Francisco[2], Santa Rosa, Cocha Seca, Las Minas
Montúfar (Provincia Carchi)	San Gabriel	San Gabriel
Huaca (Provincia Carchi)	Huaca Mariscal Sucre	Huaca Mariscal Sucre[2]
Tulcan (Provincia Carchi)	Tulcan	Tulcán
Sector Suroeste		
Bolívar (Provincia Carchi)	Monte Olivo	Monte Olivo[2], Palmar Grande[2], Raigrass, Miraflores, El Aguacate, Manzanal, Motilón, Pueblo Nuevo

1 En Ecuador, la provincia es la unidad geopolítica más grande bajo la nación (hay 24 provincias). Cada provincia está dividida en cantones y los cantones se dividen por parroquias. Las provincias tienen la Prefectura como máxima autoridad. Los cantones tienen municipalidades formado por el Alcalde y Consejo Cantonal. Las parroquias tienen Presidente de la Junta Parroquial y su Junta Directiva. La Junta Parroquial es la directiva de la parroquia, liderado por el o la presidente o presidenta.

2 Comunidades "focales" donde hicimos investigaciones más intensivos.

RESULTADOS

Historia del proceso de asentamiento

Los tres sectores (Sureste, Norte y Suroeste) tienen distintos patrones de asentamiento. Toda la región del inventario tiene una historia prehispana, lo cual merita más estudio (véase el capítulo de la arqueología en este informe). La Provincia Carchi tiene una historia colonial y varias de las ciudades que visitamos, como Huaca, San Gabriel y Tulcán, retienen en su diseño y arquitectura las raíces coloniales, mientras que la Provincia Sucumbíos no tiene tanta antigüedad colonial o post-colonial en sus patrones de asentamiento, pero si tiene evidencia arqueologica de asentamientos prehistoricos.

Sector Sureste: Cantón Sucumbíos (Parroquias de Rosa Florida, La Sofía y La Bonita), Provincia Sucumbíos
Hemos recolectado la historia de este sector a través de entrevistas con informantes claves (algunas de los más ancianos moradores de las comunidades y descendientes de familias fundadoras). Sus cuentos, en general, conforman con la historia documentada por elProfesor Fernando Cuarán Ibarra, residente de Playón y reconocido como historiador del Cantón Sucumbíos.

Este sector fue asentado durante varias olas de extracción de los recursos naturales, empezando en los fines del siglo decimonoveno, con la ola del caucho. Los caucheros vinieron al cantón desde Colombia y otras partes de Ecuador, abriendo los caminos para todos los demás (Cuarán Ibarra 2008: 11–12). Según fuentes locales, durante la época cauchera hubo un tiempo cuando existían poblaciones tan grandes que la zona tuvo una escuela grandísima para los niños de los caucheros. Muchos de los caucheros no se asentaron en la zona: quedaban en campamentos por temporadas de 1 a 2 meses en las zonas de explotación, y luego regresaban a sus comunidades de orígen. La extracción del caucho fue autolimitante y temporal, a razón de que los métodos utilizados requerían la tumba del árbol. La zona también ha sido, desde tiempos atrás, sitio de la extracción de oro de forma artesanal, actividad que todavía se lleva a cabo ocasionalmente, en particular en los alrededores de La Sofía, por sus pobladores y por otras personas foráneas a la zona. Otros minerales fueron explotados en la zona, y también la madera.

Entre los años 1915 y 1944, las Parroquias de La Bonita, Rosa Florida y La Sofía obtuvieron personería jurídica y abrieron escuelas, legalizando su estatus como parroquias reconocidas. La Misión de Las Carmelitas jugaba un rol importante en la región por haber auspiciado las escuelas y haber traído gente para trabajar en la Misión. En La Bonita y La Sofía, las familias se quedaron en el área cultivando el terreno, mientras en Rosa Florida una gran parte de la gente se fue asentando más hacia el sur y Puerto Libre, en búsqueda del caucho y del oro.

En las siguientes décadas, la población se iba aumentando poco a poco, pero la densidad poblacional se mantenía baja debido a la dificultad de acceso a la zona. Los primeros posesionarios en la zona de La Barquilla y El Paraíso fueron miembros de las Cooperativas "20 de Febrero" y "Los Cerritos" con sede en La Bonita, quienes llegaron en los años 1970 y sacaron escrituras colectivas (títulos de propiedad) para terrenos en las terrazas fluviales al largo del río, espacios planos y fértiles que son escasos en La Bonita. En las primeras décadas, dejaron ganado en estos terrenos pero siguieron viviendo en La Bonita. En esta epoca, también ya habían terrenos apropiados por indivíduos provenientes de Colombia, Carchi y otras regiones de Ecuador, pero la mayoría eran tenientes ausentes (no se asentaron en la zona). No fue hasta el mejoramiento de la Vía Interoceánica entre 1995 y 2000, o la anticipación del mismo, que empezaron a haber asentamientos permanentes en la zona de La Barquilla y El Paraíso. Ya que con la Vía, la extracción de madera a nivel más intensivo y la comercialización de la fruta "naranjilla" fueron posibilitados, ambos siendo los más fuertes impulsos de la economía de la zona, asímismo se dieron mejores condiciones para establecer hogares permanentes.

Con tiempo, los miembros de las cooperativas dividieron el terreno colectivo en fincas individuales, sólo unos cuantos vinieron a asentarse en las comunidades, otros quedaron como dueños ausentes y otros vendieron o alquilaron sus terrenos, incluyendo a inmigrantes colombianos.

Así es que el asentamiento permanente de La Barquilla y El Paraíso se ha dado principalmente durante las últimas dos décadas. Hay enlaces de parentesco entre miembros de las parroquias de La Bonita, Rosa Florida y La Sofía; y miembros de La Barquilla y El Paraiso, y

personas de las primeras, más antiguas comunidades que han venido a vivir en las nuevas. Pero en contraste con las primeras tres, en La Barquilla y Paraíso hay un mayor grado de tenientes de tierra ausentes, una tasa mayor de cambios en los dueños de los terrenos, más pobladores provenientes de otras regiones de Ecuador y Colombia, y más inmigración y emigración entre los residentes.

La tenencia de la tierra en todo el sector Sureste, en la forma de títulos legales, sigue en fluctuación. Mientras los primeros en llegar tomaron posesión de "tierras baldías" (terrenos sin dueño), los asentadores subsecuentes a menudo compraron las tierras con contratos de compra-venta pero usualmente sin titulo legal. Muchas residentes actualmente han llegado a tener tenencia de tierra sólo por herencia no más, sin respaldo de escrituras legales. Otras personas han llegado y ocupado tierras con dueños ausentes, y se conocen por algunos como invasores. En este sector, hay actualmente un movimiento fuerte entre los residentes para conseguir la escrituración de sus terrenos, algo que es necesario para poder participar en varios proyectos del gobierno o conseguir créditos.

Sector Norte: Parroquias Santa Bárbara y El Playón de San Francisco, Cantón Sucumbíos, Provincia Sucumbíos; Cantones Huaca y Montúfar, Provincia Carchi

Las Parroquias del Playón de San Francisco y Santa Bárbara fueron establecidas a principios del siglo vigésimo por gente de Carchi, Colombia, y ecuatorianos con raices colombianas en búsqueda de terrenos aptos para cultivo. Según informantes en la zona, también había matrimonios entre colombianos y ecuatorianos en esta época. Las familias posesionaron de los terrenos y siguieron con los patrones serranos de siembra de la papa. Sin embargo, las comunidades de la Parroquia Santa Barbara dependen más de extracción de madera y de los patrones de uso de recursos igual que al Sector Sureste.

Al inicio, se dividieron las tierras usando los ríos como bordes ("de río a río", según gente local). Algunos de los fundadores de esta zona aún viven allí, trasmitiendo tras las generaciones sus conocimientos y cuentos de este lugar. La influencia de las Carmelitas también ha sido importante en esta parte del sector norte, debido a su ayuda en la organización de actividades para mejorar la economía local y las oportunidades de educación. La iglesia carmelita sigue jugando un papel importante en estas parroquias, apoyando varias gestiones productivas y educativas. Estas dos parroquias son importantes históricamente porque eran "puertos de entrada" desde Colombia durante el tiempo de caucho. La Fama, por ejemplo, era un punto de paso importante en el camino entre Colombia y el sector Sureste de los caucheros. En contraste con las primeras parroquias del sector Sureste, El Playón y Santa Bárbara estaban desde muy temprano bien vinculados a Carchi y sus mercados, a través de carreteras y la comunicación telefónica. Además, Santa Bárbara fue la sede del Cantón Sucumbíos por 31 años, hasta 1999, cuando se traslado a La Bonita.

Los Cantones de Huaca y Montúfar de la Provincia Carchi, colindantes con el Cantón Sucumbíos, crecieron y urbanizaron durante el último siglo. Las ciudades principales, tales como Huaca y San Gabriel, desarrollaban como puntos de enlace y mercados principales para este sector de la Provincia Carchi. Aquí también había una fuerte ola de la tala de madera, tanto para establecer áreas de cultivo como para la industria maderera y la fabricación del carbón. Con el crecimiento económico y poblacional, y también con la expansión de áreas agrícolas, la deforestación en ambos Cantones ha avanzado hasta la "ceja andina" (bosque siempre-verde montano alto). La población de la Parroquia Mariscal Sucre creció rápidamente durante el siglo vigésimo, parecido a otras zonas de la cordillera oriental. Al principio, se conoció el asentamiento como Colonia Popular Huaqueña, porque la gente que colonizó la zona era originalmente de Huaca. Luego se cambió de nombre a Mariscal Sucre. Clodomiro Aguilar, quien falleció en Monte Olivo, fue el líder en el establecimiento de la comunidad y lideró con "mano de hierro". Hay varios nombres comunes de las familias numerosas en Mariscal, como Cando, Rosero, Chamorro, Quimbal y Imbaquingo. La gente se dedicaba a la siembra de la papa y la venta de madera. Según uno de los moradores más antiguos, cuando llegaron los primeros pobladores desde zonas ya más desarrolladas en la parte central de Carchi, la vida era mucho más difícil, con largos viajes a caballo para vender madera en San Gabriel. Enfatizó que en estos años (antes de las 80s), la zona era tan húmeda que la agricultura era muy difícil, sino imposible. Más bien la gente que subió a ocupar estas tierras vivía de la madera, cortándola para leña, tablas y carbón. Poco a poco la población creció, convirtiendo el bosque en pasto y cultivo de papa. Hoy en día existen cuatro comunidades en esta parroquia. Según los residentes más antiguos, la zona ha pasado por un proceso paulatino de calentamiento y secado desde esa época.

Sector Suroeste: Cantón Bolívar (Parroquia Monte Olivo), Provincia de Carchi

La historia de la Parroquia de Monte Olivo está recordada en varios documentos producidos por la Jefatura de la Parroquia (véase Benavides 1985). Estos documentos y los cuentos de los moradores quienes entrevistamos dicen que originalmente el territorio perteneció a una gran hacienda—Hacienda San Rafael—cuyos dueños no querían ceder terreno a otros. Entre 1920 y 1935, un grupo de la "Colonia Huaca" (hoy Mariscal Sucre en el Cantón Huaca) decidió ocupar parte del terreno de la hacienda, primero asentándose en las alturas (hoy la comunidad de Palmar Grande), y luego bajando hasta Monte Olivo. En 1937, esos colonos lograron reconocimiento como posesionaríos y formaron la parroquia en el año 1941. Durante los años 1940 y 1970, la parroquia creció con la formación de nuevas comunidades y caseríos, y con la expansión de actividades agrícolas. Pero en 1972, un fuerte deslave en el cañón del río Carmen causó tremendos daños a las comunidades, resultando que algunas familias huyeron y formaron un nuevo asentamiento, Pueblo Nuevo. Su población actualmente está compuesta principalmente de trabajadores agrícolas, sin tierra, de otras áreas. Desde este tiempo, la comunidad de Monte Olivo no ha recuperado su papel central en esta zona en gran parte por el colapso de un puente que aisló la comunidad y cortó las vías de comunicación y transporte por varios años.

Demografía e Infraestructura

Actualmente la población humana alrededor de las propuestas áreas de conservación (excluyendo a la

Tabla 4. Poblaciones de las parroquias y comunidades en el Sector Sureste. Parroquias y comunidades visitadas parecen en letras negritas.

Cantón	Parroquia (individuos)[3]	Comunidad (familias)[4]
Sucumbíos	**Rosa Florida** (304)	**La Barquilla** (32), **Rosa Florida** (27), **El Paraíso** (12)
	La Bonita (686)	**La Bonita** (171–180)
	La Sofía (86)	**La Sofía** (22)

3 Número de individuos en 2001 del Sistema Integrada de Indicadores Sociales Ecuador (SIISE 2001).

4 Número de familias en residencia 2008 (Autoridades y moradores locales coms. pers.).

Parroquia San Gabriel) es de 11.500 personas (según datos recolectados de varios documentos, y Sistema Integrada de Indicadores Sociales Ecuador, SIISE). Las tendencias demográficas varían por sector, así que hacemos referencias específicas a ciertos sectores en la discusión abajo. La composición étnica de la zona refleja la diversidad nacional y incluye poblaciones serranas, amazónicas, afro-ecuatorianas, y indígenas Cofan. Por ser una zona fronteriza, la presencia de colombianos es notable. No obstante, esta población tiene un estatus marginalizado en algunos aspectos, sobre todo legal: la mayoría no tiene documentos ecuatorianos, algo que dificulta tramites como obtención de titulo de propiedad. Ninguno de las autoridades mencionó si la población está creciendo actualmente, aunque si hablaron de la inmigración y emigración constante de colombianos. No existen datos exactos para la estratificación económica en la región, pero nuestras observaciones sugieren que una alta variabilidad de condiciones económicas exista en la región.

Sector Sureste

En el Cantón Sucumbíos (Provincia Sucumbíos), la población es 2.686. Según el gobierno municipal, la tasa de crecimiento poblacional del Cantón Sucumbíos es 1,7%.

Por ejemplo, en el Sector Sureste, basado en entrevistas y observaciones, notamos que el nivel de desigualdad entre familias no es muy grande en comparación con los otros sectores. De los que no tienen terreno, muchos son jóvenes y hacen trabajo jornalero, en agricultura, serrando madera o trabajo por la municipalidad. La política municipal de crear empleo para la gente local a través de "microempresas" (por ejemplo en el mantenimiento de la Vía Interoceánica) también ayuda para que personas que no tiene acceso a terreno tengan una fuente de ingreso. Los que tienen más recursos son gente con escrituras de 25 ha o más, como algunas familias posesionarías originales de la zona.

En términos de infraestructura, todas las comunidades visitadas tienen centros educativos como escuelas y colegios a distancia. El sistema de colegios a distancia es un servicio del Ministerio de Educación Nacional, donde se asignan uno o dos profesores locales que asesoran a estudiantes con interés en seguir los cursos básicos usando libros y currículos normal de los colegios presenciales. Los que aprovechan de los colegios a distancia son jóvenes y adultos quienes no terminaron su educación la secundaria. El colegio de La Bonita es el único presencial en este sector, pero tiene internado, y vienen estudiantes de toda la región. El colegio está implementando el nuevo pensum de estudios desarrollado por la Secretaria Provincial de Sucumbíos del Departamento de Educación, una guía para profesores que se llama "Cuaderno Verde", que describe la manera de integrar la educación ambiental en todas las materias en los cursos básicos desde la escuela primaria hasta el colegio a través de ejes transversales.

Las comunidades de La Bonita y La Sofía cuentan con subcentros de salud (La Sofía abrirá en 2009), y Rosa Florida, La Barquilla y Paraíso tienen botiquines apoyados en un inicio por los municipios y encabezados por una persona de la comunidad. Con la excepción de La Barquilla, todas las comunidades visitadas tenían luz eléctrica, y La Barquilla recibiría electricidad antes del fin del 2008. Pequeñas plantas hidroeléctricas proveen electricidad para La Sofía y El Paraíso, y las demás están conectadas a la red provincial.

Todas las comunidades, salvo La Sofía, están al borde de la Vía Interoceánica, conectadas a los mercados y centros administrativos provinciales de Sucumbíos y Carchi. La Vía está totalmente pavimentada, menos un tramo entre Rosa Florida y La Bonita. Hay un sistema de transporte público, con buses manejados por empresas privadas. La carretera a La Sofía está en construcción, con aproximadamente la mitad terminada y se piensa terminarla a los finales de 2009. Desde el fin de la carretera, hay un camino de pie y caballo que lleva entre 3–4 horas para llegar a la comunidad. La Bonita, como sede del municipio, tiene las oficinas administrativas, incluyendo el departamento de Medio Ambiente y Turismo. La biblioteca de la municipalidad ofrece servicio de Internet gratis, si bien un poco esporádico. También cuenta con servicio de teléfono satelital para el público. Las otras comunidades visitadas de este sector no tienen servicio telefónico y también es difícil encontrar señal celular. La Junta Parroquial de La Sofía gestionó la instalación de una torre satelital de conexión Internet, que se espera tener en funcionamiento antes del fin del 2009.

Es importante también mencionar los sistemas de agua que van desarrollándose en la zona a través del tiempo, y el estado de las tomas. Todas las comunidades visitadas en este sector tienen acceso a agua entubada y sistema de alcantarillado ya instalado o en medios de construcción. Sin embargo, según las autoridades de las mismas comunidades y del gobierno municipal, no existe presupuesto para sistemas de tratamiento de aguas servidas (aguas negras), y estas serán desechadas directamente a los ríos adyacentes Chingual, Sucio y Laurel. Hasta ahora, no hay escasez de agua, y la población está conciente de que sus aguas están abundantes por la existencia de bosques intactos, sobretodo protegiendo las cabeceras.

Sector Norte

En el Sector Norte, nuestras entrevistas sugieren más estratificación económica en comparación con el Sector Sureste, basado en acceso a terreno (sobre todo, en las cantones del Provincia Carchi). Aquí, las grandes propiedades y haciendas (>20 ha) están en las comunidades bajas y cercanas a la carretera panamericana, mientras en las comunidades ubicadas a mayor altura tienen un promedio de 5 a 6 ha de terreno por familia. En Parroquia Playón, existe una

población significativa de colombianos, quienes han llegado buscando trabajo y se quedan haciendo trabajo "a medias" o "a partir" (es decir, compartiendo los productos agrarios que cultivaron con los dueños del predio). Según un miembro de una organización de mujeres en Playón, 30%–50% de la población está trabajando en esta forma. El hecho de ser colombiano ha prevenido muchos de tener acceso a terreno propio. Muchos colombianos, después de llegar a Playón, siguen a los centros urbanos en Carchi e Imbabura.

Otro factor demográfico que contribuye a la estratificación es la presencia de jóvenes sin trabajo o fuentes de ingreso. Según la misma informante arriba, hay alrededor de 30 madres solteras en la comunidad. Muchas de éstas viven con sus padres y no reciben apoyo de los padres de sus hijos. En las parroquias de Playón y Sta. Bárbara, muchos jóvenes salen a las ciudades para estudiar pero regresan y están buscando trabajo. Recurren al trabajo pagado en la producción agrícola, sobre todo de la papa, pero informantes locales reportan que es difícil mantener una familia solamente en base del ingreso que esta actividad proporciona. Además, la disponibilidad de este trabajo varía según las tendencias del mercado: cuando el precio de la papa está baja, los dueños tienden a invertir más esfuerzo en la ganadería lechera, lo cual requiere poca mano de obra. Las familias en estas parroquias tienen relaciones de parentesco en otras comunidades de Cantón Sucumbíos. En Playón, son más notables las relaciones de parentesco entre familias de la comunidad.

Hay colegios presénciales en El Playón (Sucumbíos), Santa Bárbara y en Mariscal Sucre. Además, las ciudades más grandes de la Provincia Carchí (p. ej., Julio Andrade) tienen toda la infraestructura de educación. También hay subcentros de salud en todas las comunidades focales visitadas en este sector. Aquí, las carreteras, vías de comunicación (radio, teléfono, televisión) y servicios básicos son más desarrolladas que en el Cantón Sucumbíos, sobre todo en las zonas más urbanizadas (Huaca, Tulcán, San Gabriel).

Es importante resaltar que el tema de agua vinculan las provincias de Carchi y Sucumbíos: las tomas actuales de agua para ciertas comunidades en Carchi, por

Tabla 5. Poblaciones de las parroquias y comunidades en el Sector Norte, en 2008. Parroquias y comunidades visitadas parecen en letras negritas.

Cantón	Parroquia (individuos)[5]	Comunidad (familias)[6]
Sucumbíos (Provincia Sucumbíos)	**Santa Bárbara** (550)[7]	**Santa Bárbara** (120)[7]
	El Playón (500)	**El Playón de San Francisco** (350)[8], **Santa Rosa**, **Cocha Seca**, **Las Minas**
Montúfar (Provincia Carchi)	**San Gabriel** (19,230)	**San Gabriel**, San Cristóbal, Chután Alto, Cumbaltar, Chután bajo, La Delicia, Santa Rosa, Chiles, El Capulí, El Ejido, Monte Verde, El Cerote, Canchaguano, El Chamizo, Athal, Chamizo Alto, Loma, Jesús del Gran Poder
	Piartal (1,148)	Piartal, El Rosal
Huaca (Provincia Carchi)	**Huaca** (5,512)	Cuaspud, Picuales, San José, Veracruz, Timburay, **Huaca**, Paja Blanca, Guananguicho Norte, Guananguicho Sur, Solferino
	Mariscal Sucre (1,344)	**Mariscal Sucre**, El Porvenir, Línea Roja
Tulcán (Provincia Carchi)	**Tulcán**	**Tulcán**
	El Carmelo (2,304)	El Carmelo, La Esperanza, La Florida, El Chingual, Aljún, Aguas Fuertes
	Julio Andrade (9,302)	Julio Andrade, El Frailejón, La Aguada, La Envidia, Casa Grande, Cartagena, Ipuerán, Chiguaran, San Francisco de Troje, La Paya, Michuquer, Yalquer, Chauchin, San José de Troje, Chunquer, El Morán, Casa Fría, Guananguicho, Casa Fría Alta, Yangorral, Piedra Hoyada

5 Con execepción de Santa Barbara, los datos en este columna provienen del Sistema Integrada de Indicadores Sociales Ecuador (SIISE 2001).
6 Datos no disponibles para las comunidades salvo Santa Barabra y El Playón.
7 Elena Rodríguez, residente de Santa Bárbara, Catequista para la Parroquia, com. pers. (en 2008).
8 Hernán Josa, Presidente de Junta Parroquial El Playón, com. pers. (en 2008).

ejemplo Julio Andrade y Huaca, están en la frontera con Sucumbíos en las cabeceras del río Chingual. Además existen nuevas propuestas para llevar agua de la quebrada de Agua Clara en Sucumbíos cerca de El Playón a ~21 comunidades en Carchí. Hay un fuerte interés en proteger a los bosques alrededores de las tomas de agua, no obstante, varias de las tomas se ubican en terrenos privados y su conservación depende mucho de las acciones del dueño. Los sistemas de agua potable o agua entubada son administrados por "juntas de agua potable", que consisten en miembros elegidos de la misma comunidad para encargarse de cobrar a los usuarios y dar mantenimiento al sistema. En este sector, también, faltan más atención al desarrollo de sistemas de tratamiento de aguas servidas.

Sector Suroeste

La población de la Parroquia Monte Olivo es 1.811 (Tabla 6), pero notamos que la Parroquia está perdiendo población debido a la fuerte salida de familias hacia centros urbanos (como Ibarra y Quito) en búsqueda de trabajo u otras actividades económicas. Se habla de jovenes o personas sin terreno propio que emigran hacia afuera, y de que los que han salido a trabajar no tienden a regresar ni a invertir sus ganancias en las comunidades que dejaron atrás, por ejemplo en negocios o actividades agrícolas. Por otro lado, algunos hablan de cambios en el patrón de lluvias que han intensificado los tiempos de secas, y que esto ha dificultado el trabajo agrícola en algunos poblados cercanos, como Raigrass y Miraflores, y a razón de esto, los pobladores se han emigrado. Se comentó que esto ha contribuido a un círculo vicioso, en donde la disminución en mano de obra local por la emigración en turno ha afectado a los que siguen cultivando productos y necesitando ayuda laboral.

Además notamos que la desigualdad económica que se encuentra entre los miembros de la comunidad en la parroquia se debe a factores como la edad y acceso a terreno. Muchas de las personas de tercera edad en la comunidad de Monte Olivo viven del bono

Tabla 6. Poblaciones de las parroquias y comunidades en el Sector Suroeste. Parroquias y comunidades visitadas parecen en letras negritas.

Cantón	Parroquia (individuos)[9]	Comunidad (familias)[10]
Bolívar (Provincia Carchi)	Bolívar (19,230)	Las Lajas, Cuesaca, Pistud, Bolívar, Santa Marta, La Purificación, Angelina, Impueran
	Monte Olivo (1,811)	**Raigrass** (17), **Miraflores** (caserío, 4), **Palmar Grande** (25), **Monte Olivo** (150), **El Aguacate** (32) **Pueblo Nuevo** (145), **Manzanal** (45), **Motilón** (32), El Carmen (4), San Augustine (4)
	San Rafael (1,699)	Alor, El Rosal, Caldera, Sixal, San Rafael

9 Datos del Sistema Integrada de Indicadores Sociales Ecuador (SIISE 2001).
10 Datos no disponibles, menos las comunidades donde se indican los datos del Plan de Desarrollo de la Parroquia Monte Olivo, de 2006.

social y no tienen como trabajar sus terrenos; tampoco son siempre mantenidos por sus hijos que han salido de la comunidad. En Palmar Grande, conocimos y nos comentaron de personas mayores que viven algo aislados de los servicios de Monte Olivo, por la falta de una carretera que conecte la comunidad a Monte Olivo o las demás comunidades. Además, en la parroquia existen segmentos de las poblaciones, en algunos casos significativos, que no tienen terreno propio y trabajan de jornaleros en la agricultura y/o como partidarios con los proprietarios locales. En Pueblo Nuevo, en particular, se reconoce que entre casi la mitad (Plan de Desarrollo de la Parroquia 2006) y el 96% (según residentes locales de Monte Olivo) de los habitantes trabajan a partir o como jornaleros. Algunos residentes de Monte Olivo también señalaron la concentración de propriedad en las manos de unas cuantas familias en los casos de algunas comunidades de la parroquia. Aquí también, aunque aparentemente a un grado mucho menor comparado con los demás sectores descritos, hay algunos descendientes de colombianos que han tenido dificultad en lograr establecerse como dueños de suficiente terreno para vivir.

Las poblaciones de otras comunidades de la parroquia—Raigrass, Aguacate y Palmar Grande— están perdiendo población en los últimos diez años por varios motivos. La gente entrevistado nos dijeron que muchas familias bajaron a vivir en Monte Olivo porque las escuelas locales no eran buenas. En Palmar Grande, solamente se quedaron cinco estudiantes en la escuela. Las familias que mantienen sus terrenos en la comunidad también tienen casas en Monte Olivo, y la mayoría vienen a Monte Olivo para los fines de semana. Palmar Grande es aparentemente la única

de los poblados de la parroquia que no tiene acceso directo a una carretera. En cambio, Monte Olivo y las demás comunidades de la parroquia están conectadas al Valle de Chota por carretera. Actualmente, muchos miembros de la comunidad sacan sus productos, sobre todo el tomate de árbol, por una tarabita que cruza por encima del valle a una de las comunidades cercanas. Una asociación, constituida por miembros de Palmar Grande, se ha encargado de construirse una carretera entre Monte Olivo y su comunidad, con el propósito de mejorar condiciones de acceso, facilitar la saca de productos y apoyar a un proyecto de turismo que la asociación está llevando a cabo en el páramo justo arriba de la comunidad. La carretera se está haciendo casi completamente con recursos de la misma comunidad; los residentes comentan que no han podido conseguir apoyo de parte del cantón, y algunos entienden que una de las razones por esto es el temor de que una carretera facilitaría una explotación más intensiva de los bosques que quedan en los altos de los cerros.

Monte Olivo cuenta con un centro de salud, bien equipada, y con atención de un enfermero y una odontóloga. El enfermero va a las otras comunidades de la parroquia para hacer campanas de vacunación y visitas médicas. El colegio presencial de Monte Olivo sirve a toda la parroquia. También, Monte Olivo cuenta con varios centros telefónicos. La oficina de la parroquia tiene internet satelital.

La Junta de Agua Potable de la parroquia es muy activa, cuenta con un Plan de Protección Parroquial de las fuentes de agua y un estudio bacteriológica y física realizado por El Ministerio de Desarrollo Urbano y Vivienda (MIDUVI). Además, ha sido responsable de administrar fondos del PRODERENA*. Actualmente, el núcleo de población centrado en y alrededor de Monte Olivo (200 usuarios según el Presidente de esta Junta) cuenta con cinco tomas de agua, un tanque de filtración, y un operador que mantiene la cloración del agua y hace un recorrido del sistema cada dos semanas. Uno de los retos de la Junta ha sido la protección de las fuentes de agua, por un lado de los deslaves y derrumbes características de la zona, y por otro de los usos de terreno que realizan los dueños de las tierras donde se ubican las tomas, como la tala de árboles o el pastoreo de ganado. En un caso, la Junta compró una pequeña extensión alrededor de la toma, y hay planes para encercar a más.

Hay dos canales de riego que entregan agua de las zonas altas de la parroquia a comunidades más bajas, tanto como a parcelas en la zona de San Rafael. Juntas de Agua de Riego existen para el manejo y mantenimiento de ambos canales.

Dinámica del uso de los recursos naturales

En los tres sectores, las relaciones entre moradores y el medio ambiente está estructurado por las actividades económicas tantos familiares como institucionales en el uso de los recursos naturales. En contraste con otras regiones más remotas donde hemos hecho inventarios rápidos, las comunidades alrededor de las Cabeceras Cofanes-Chingual están enuna zona más urbanizada e involucrada con el mercado nacional. Las instituciones, regionales y nacionales, juegan un papel clave en determinar las relaciones entre moradores y el medio ambiente. Las instituciones, tanto gubernamentales como no-gubernamentales, determinan políticas, proveen recursos financieras y brindan apoyo técnico. En este sector delineamos la manera en que familias, comunidades y instituciones gubernamentales y no-gubernamentales interactúan con el medio ambiente.

Gestión Nacional

El Gobierno Nacional a través de varios ministerios ha impulsado o está empezando a impulsar programas

e iniciativas para conservación de medio ambiente y desarrollo sostenible que tiene un impacto en toda la región. Entre ellos, podemos destacar la creación de una oficina en Ibarra del Ministerio del Ambiente (MAE) para coordinar mejor los esfuerzos en las Provincias de Carchi, Sucumbíos, Imbabura y Esmeraldas. Esta oficina regional (que existia más de 15 años) ahora, bajo el liderazgo de Ing. Segundo Fuentes, está estableciendo conexiones a los departamentos de medio ambiente municipales y está apoyando programas como manejo comunitario de bosques y silvicultura sostenible para los pequeños propietarios de tierras. Los nuevos programas sobre los cuales escuchemos mucho en las comunidades, como "Socio Bosque", aún están en fases pilotos pero están generando muchas expectativas. El programa Socio Bosque del MAE se lanzó en fase piloto en Septiembre de 2008. El Gobierno nacional, bajo liderazgo del MAE, establecío un fondo especial para dar incentivos a propietarios individuales y comunidades indígenas en forma de pago anual por hectáreas conservado en bosque. Los programas bajo el nuevo "Plan Ecuador" (un programa conceptualizado como una respuesta Ecuatoriana a las consecuencias del "Plan Colombia", para promover desarrollo y sostenibilidad en la region frontera) también tienen su impacto en la región (p. ej., el FEINCE y el Gobierno Municipal Cantón Sucumbíos recién recibieron fondos del Fondo Italo-Ecuatoriano, auspiciado por el Plan Ecuador).

Conservación de Agua

En los tres sectores el tema de agua es sobresaliente. En todas las comunidades donde hicimos los croquis de la comunidad, los y las participantes empezaron dibujando los ríos. En las conversaciones durante los talleres, explicaron la importancia del agua tanto para la agricultura como para las necesidades cotidianas. En todas las comunidades visitadas había un reconocimiento de la necesidad de cuidar las cabeceras de los ríos y quebradas por el largo plazo, y todos tienen una necesidad de suma importancia de sistemas de tratamiento de aguas residuales. Sin embargo, en cada sector, hay retos o preocupaciones sobre el uso del agua. En el Sector Sureste, el reto es mantener bosque intacto

---

* Programa de Apoyo a la Gestión Descentralizada de los Recursos Naturales del Norte del Ecuador.

alrededor de las tomas de agua, y proteger las cabeceras. También algunas personas en la comunidad de La Barquilla mencionaron vario episodios de contaminación del río Chingual (desperdicios y manchas de petróleo en el agua que mataron los peces). En La Sofía, el gobierno provincial Sucumbíos está empezando la construcción de una obra hidroeléctrica para Lago Agrio. El proyecto ya tiene estudios de factibilidad e impacto ambiental, pero existe dudas sobre su impacto. El proyecto tiene el apoyo de la junta parroquial porque pueda generar empleo e ingreso para la parroquia (como alternativa a la actividad minera en la zona).

En el Sector Norte, existe la amenaza de un escasez de agua por el aumento de la demanda y la falta de protección de las cabeceras. En el Playón y Santa Bárbara, no hay necesidad por sistemas de riego, sin embargo, moradores comentaron que hay una diminución en la cantidad de agua en las quebradas y sequías afectando los lagos en los páramos cercanos. La gente reconoce el valor de tener bosques intactos alrededor de estas fuentes para mantener el buen estado de calidad del agua. Actualmente hay poca necesidad de tratamiento para potabilizar el agua fuera de filtración y cloración básica.

En Carchi, el control de recursos hídricos suele producir conflictos entre los que viven más arriba y los que viven abajo y depende del agua para sus sistemas de riego. Las tomas de agua frecuentemente se encuentran en propiedad privado y éste dificulta la conservación de bosque alrededor de las fuentes de agua. Reconociendo los retos que tiene La Provincia, entidades gubernamentales y organizaciones de usuarios están tratando de tomar medidas para la protección de los ríos y cabeceras. Por ejemplo, Cantón Huaca recién entró en un convenio de mancomunidad con Cantón Sucumbíos para la protección del Rió Chingual.

En el Sector Suroeste, la comunidad de Monte Olivo está preocupado por el agua, dado que está aumentando la demanda por parte de las comunidades aguas abajo para los sistemas de riego. También comentaron su frustración con las juntas de riego por no participar en la conservación de los bosques alrededor de las tomas de agua. Un caso muy preocupante para la comunidad fue la reciente venta del terreno alrededor de la fuente

San Miguel, donde el nuevo dueño (un Quiteño) está talando madera (con permisos semilegales del MAE). Además, la laguna en el páramo arriba de Palmar Grande, objeto de planes ecoturísticos comunitarios, también ha sido objeto de pesca por gente ajena a la comunidad, pero con técnicas nocivas como la dinamita. A continuación, seguimos con documentación de los usos de los demás recursos, por Sector.

Sector Sureste

En este sector, la mayoría se dedica a una mezcla de actividades muy relacionadas con el mercado tanto nacional como regional. En La Bonita, Rosa Florida, La Barquilla y Paraíso, muy pocas familias viven mayormente de sus propias predios (economía de subsistencia), aunque casi todos cultivan yuca, plátano, fréjol, caña de azucar y otros productos básicos para el auto consumo. En las comunidades con más antiguedad, como La Bonita y Rosa Florida, muchas prácticas y productos agrícolas tradicionales se siguen utilizando, pero también se comenta que el mejoramiento de la Vía y el aumento en trabajo asalariado ha causado que la gente han ido dependiendo más de productos traídos por comerciantes desde otras regiones, y menos de su propia producción para abastecerse. En las comunidades más recientes de La Barquilla y Paraíso, aparentemente hay escasa producción para el autoconsumo, y una más fuerte dependencia sobre productos traídos por comerciantes. Solamente en La Sofía vimos una economía más basada en la autosuficiencia y menos vinculado al mercado (debido a la falta de acceso a la Vía Interoceánica). Los ejes principales para vincular al mercado son la extracción de madera, la producción agropecuaria y el trabajo asalariado (en la municipalidad o microempresas, o como jornaleros). En el sector en general, hay una fuerte carencia de asesoria técnica para el desarrollo de actividades agropecuarias y madereras sustentables, una dependencia fuerte sobre el uso de agroquímicos y muchos problemas en establecer actividades productivas adaptadas al ambiente.

En cuanto a recursos del bosque, la extracción selectiva de madera ha sido significativa a través del tiempo y continua aún en varias partes de este sector.

A lo largo de la carretera entre Puerto Libre y Santa Bárbara se ven cables (como un sistema de tarabita modificada) que son usados para sacar la madera fácilmente del bosque hasta los mercados. En las comunidades establecidas más recientemente, como La Barquilla y El Paraíso, la madera es la actividad principal para generar dinero en efectivo, y especies de alto valor ya han sido extraídas. Aunque existen normas para la extracción de madera, el problema de la tala ilegal ha sido fuerte y difícil a regular en esta zona fronteriza. En 2008, el gobierno nacional ha hecho mayor esfuerzo para controlar la actividad, por un lado con un aumento en la vigilancia y las sanciones a la tala inmoderada, y por otro, apoyando a que los madereros de la zona se rigen por planes de manejo sustentables, reforesten sus parcelas, y se organicen para mejorar los precios que reciben y captar más del valor agregado del producto. Estas acciones han ayudado a convencer a la mayoría de moradores con quienes conversamos que deben buscar avenidas legales para sacar madera. Con un aporte parcial del MAE, muchos están en los trámites para tener planes de manejo para el aprovechamiento legal de la madera. Algunas ahora son miembros de "La Asociación de Propietarios de Pequeños Bosques Nativos" al nivel cantonal. Esta asociación está recibiendo apoyo del Municipio de Sucumbíos y el MAE para entrar en el programa Socio Bosque, hacer actividades de reforestación, y desarrollar planes de manejo forestal.

La importancia de la actividad ganadería en este sectores es de escala pequeña (entre 2 y 20 cabezas por familia), pero con uso extensivo de terreno (un hectárea de pasto por cabeza). La saca de madera es a veces el precursor al establecimiento de potreros. La Sofía tiene una larga historia de engorda comercial, relacionada con comerciantes de Carchi, y de dueños ausentes que pastorean sus ganados en la zona. Algunas familias mantienen el ganado como un "banco de ahorro" para venderlo en caso de emergencias. Otras personas venden regularmente los animales ya engordados. En La Sofía y La Bonita hay producción lechera y la fabricación de queso artesanal. Gente en La Barquilla y El Paraíso discutieron invertir en más producción lechería, pero están buscando un mercado viable. En La Bonita, los

dueños de varias fincas nos mencionaron su deseo de tener un sistema más intensivo de producción, para no tener que deforestar bosque primario. En La Bonita, Rosa Florida y La Sofía, los suelos son más fértiles (con características volcánicas) y pueden nutrir mejor los pastos (en contraste con suelos amazónicos que no son aptos actividad ganadera).

La producción agrícola varia en la región según la altura y los suelos de las distintas comunidades. Uno de los principales retos del sector es el establecimiento de cultivos adaptados, sustentables y con buen mercado. La primera ola fue de naranjilla (*Solanum quitoensis*) que empezó hace 12 años atrás, aproximadamente. La naranjilla produce un pequeño fruta mediana comercializada por su jugo y es actualmente el producto comercial más común en la zona. Ha sido una importante fuente de ingreso para las comunidades al borde de la Vía, pero es muy susceptible a enfermedades y requiere de un regímen muy fuerte de agroquímicos, en muchos casos disminuyendo o eliminando su rentabilidad. Algunas personas en La Barquilla comentaron también que la naranjilla no produce como antes por causa de varias sequías que ha sufrido la región (hay especulación sobre el cambio climático y sus efectos locales). En algunos casos (sobre todo en La Bonita), miembros de otro asociación de productores están experimentando con granadilla (*Passiflora quadrangularis*), pero con técnicas orgánicas.

En este sector, dos organizaciones semigubernamentales—ECORAE (Instituto para el Ecodesarrollo Regional Amazónico) y CISAS (Centro de Investigaciones y Servicios Agropecuarios de Sucumbíos)—han fomentado o apoyado otras iniciativas agropecuarias, como la producción de hortalizas, la crianza de cuyes, oveja y ganado, y la piscicultura. Tanto ECORAE como CISAS requieren el establecimiento de una asociación (reconocido legalmente y formalmente inscrito) antes de brindar una línea de crédito y el apoyo técnico. Es una política del gobierno trabajar con estas asociaciones*.

---

* Observamos que en muchos casos, las asociaciones productivas sufran de problemas organizativas. Cuesta mucho para los participantes de hacer todo los trámites para inscribirlas, mantener la participación amplia y después de realizar ganancias suficientes para pagar las deudas del préstamo.

En La Barquilla, vimos un proyecto de piscicultura que tiene nueve piscinas, con una variedad de peces— tilapia, sábalo y cachama, entre otros. El presidente de la asociación nos contó que el proyecto tiene muchos problemas ahora, tanto en la comercialización como en el mantenimiento de los peces. Con la pérdida de rentabilidad, el proyecto no está realizando sus metas y la asociación ha perdido miembros y carece de la falta de participación. Todas las ganancias han sido usadas para repagar la deuda del préstamo.

A pesar de la fuerte presencia de estas actividades de la "domesticación" del paisaje, existe todavía un vínculo con los bosques altos. Los moradores del sector expresaron su apreciación de la presencia del bosque y las aguas abundantes de la región. En La Bonita, la más urbanizada comunidad en este sector, los participantes dibujaron su entorno durante nuestro taller, enfatizando los bosques, la flora y fauna, y sobretodo los ríos y quebradas. Entre las familias con más antigüedad en el sector, se anota un vínculo fuerte y personal con el paisaje local y una apreciación de la flora y fauna. Como muchos de los residentes más recientes vienen de zonas parecidas en Colombia o Ecuador, también puedan tener bastante conocimiento ecológica de la zona. En general, aparte de la pesca, que se practica en todas las comunidades para el consumo familiar, fue difícil evaluar la intensidad actual de caza y uso de recursos silvestres en las diferentes comunidades. Muchos de los residentes contaron de sus experiencias previas de cambio ambiental y las consecuencias de degradación.

La Sofía es la comunidad donde más se nota el vínculo con el bosque. Aquí, vimos plantas medicinales del bosque en los jardines, y mucho más actividad de caza y pesca. La parroquia de La Sofía está desarrollando su Plan Estratégico y lo va a tener terminado para el fin de 2009. La Junta Parroquial logró obtener fondos ($6.000) para el Plan a través de una ONG, Plataforma de Acuerdos Socioambientales (PLASA), y está recibiendo apoyo técnico de CODIS (otra ONG, con sede en Lago Agrio) y de la Frente de la Defensa de la Amazonía (también de Lago Agrio). Pero, aun así, hay actividades extractivas que impactan fuertemente al medio ambiente. De estos, la actividad minera empresarial de oro ha

tenido el mayor impacto. La mina principal es de una empresa de Australia (Halls Metals, S.A.) y fue un fuente de trabajo para algunas familias en el sector. (Hay familias en todas las comunidades visitadas que tienen miembros asociados con la mina.) En La Sofía, la mina causó una división: algunas familias apoyaban la actividad y otras en contra. El gobierno nacional declaró en 2007 una derogatoria contra las concesiones mineras. En el caso de la Parroquia de La Sofía, la derogatoria apoyó a las familias quienes estaban contra las actividades mineras.

En febrero de 2008, el Gobierno Municipal del Cantón Sucumbíos estableció un Departamento de Medio Ambiente y Turismo. Además está desarrollando nuevas políticas ambientales, reflejando el aprecio que tiene los moradores del Cantón tienen de la importancia del bosque intacto. De estos, lo más importante fue la declaración de un Área de Conservación Municipal constituido por aproximadamente 70.000 ha baldías existentes en el Cantón. Tiene también programas de reforestación (con un fondo de $215.000). Se firmó en agosto de 2008 un convenio con el MAE para gestionar la protección del medio ambiente, incluyendo llevar a cabo un programa piloto de Socio Bosque.

Sector Norte

En toda la zona, la gente depende de la agricultura como su ingreso principal económico, y mucho del paisaje visible desde las carreteras comprende un mosaico de diferentes cultivos mezclados con parches de bosque. En el Sector Norte la tala de árboles para hacer carbón ha generado ingresos para las comunidades mientras ha tenido fuertes impactos en los bosques. El carbón se vende en mercados regionales (p. ej., Tulcán) y nacionales. Sin embargo, algunas personas comentaron que la fabricación de carbón en la parroquia de El Playón ha disminuido en los últimos años debido al mayor presencia del Ministerio del Ambiente. Observamos muy poco uso o venta de productos no-maderables del bosque. El avance de la frontera agrícola llega en ciertas partes hasta aunque en las zonas de El Playón y Santa Bárbara todavía se observan bastantes extensiones de bosques en las laderas de los cerros y en las fincas, algo que contrasta mucho con el paisaje de Carchi justo al otro lado del río Chingual. En los lugares en donde la frontera agrícola todavía no ha subido hasta la cima, la gente dice que es porque el dueño no tiene los recursos necesarios (p. ej., dinero para pagar peones) para desmontar. Varias personas también confirmaron que la frontera agrícola y los desmontes no cruzan el filo de la montaña. La actividad agrícola concentra en ganadería (principalmente de leche) y cultivo de papa.

En Cantón Sucumbíos, un finca familiar cerca de las carreteras secundarias o de un pueblo normalmente tiene 5 a 6 ha, casi todo dedicado a cultivos y ganado. Las fincas en la Parroquia Playón que están más lejos del camino tienen mayores extensiones, especialmente las que están cerca de la ceja de la montaña y definen la frontera agrícola. En El Playón y sus alrededores actualmente se enfoca casi toda la producción comercial en una variedad de papa destinada exclusivamente a los mercados de Quito, aunque algunas familias reportan la rotación ocasional de papas con cultivos como melloco y habas para descansar el terreno y para el consumo local. Esto contrasta con las prácticas agrícolas de unas cuantas décadas atrás, según los entrevistados locales, cuando en el tiempo de su niñez había más diversidad en variedades de papa y de cultivos, como el trigo, cebada y habas, y los huertos familiares de hortalizas eran muy comunes. En Santa Bárbara, la producción del tomate de árbol (*Cyphomandra betacea*) tiene más importancia como producto agrícola comercial, y también se está experimentando con el cultivo de la granadilla. Desde los años 80, ha habido fuertes aplicaciones de agroquímicos a los cultivos en todo el sector. Particularmente con la papa, los productores reportan el uso común de hasta 20 o más aplicaciones de agroquímicos por ciclo de producción. Según entrevistados en El Playón, se reconoce que la alta producción de la zona se ha vuelto muy dependiente del uso intensivo de agroquímicos.

La ganadería de leche a escala familiar es otra fuente de ingresos. Los moradores nos comentaron que cuando el precio de la papa esta baja, la gente tiende a invertir más esfuerzo en la ganadería, con posibles implicaciones para la expansión de potreros a costo de cobertura forestal. Esta fluctuación también afecta a la cantidad de de trabajo agrícola pagado que pueda mantener residentes locales.

En El Playón, la leche se vende a compradores externos que llegan a la comunidad diario. En Santa Bárbara, se ha logrado establecer una empresa local de valor agregado que compra la leche local y produce quesos destinados a los mercados de Colombia y Tulcán.

En las parroquias de El Playón y Santa Bárbara, han habido varios esfuerzos institucionales en busca de un desarrollo sostenible han sido variados. Como en el Sector Sureste, aquí CISAS y ECORAE también han seguido líneas de apoyo a huertos famliares, cajas de ahorro, y la producción de ganado grande y ganado pequeño de traspatio. También han fomentado experiencias con la producción orgánica de tomate de riñon en pequeños invernaderos. En general, los residentes entrevistados reportan que muchos de estos proyectos fallan por falta de asesoria técnica y seguimiento a largo plazo, como en los demás sectores. En ambas parroquias, la Iglesia Carmelita también ha apoyado a proyectos productivos llevados a cabo por asociaciones locales. Como en otras partes del Cantón Sucumbíos, hay proyectos de piscicultura apoyado por ECORAE, pero en menor escala. En la comunidad de Santa Rosa, en la parroquia de El Playón, existe un criadero de truchas que es propiedad del municipio de Sucumbíos en donde hay alrededor de 12.000 ejemplares. El propósito de este lugar es negocio, y el pescado se vende cada ocho a nueve meses a los mercados de Tulcán. Sin embargo, debido a altos costos de inversión relacionados a la alimentación de los peces, el negocio no es muy rentable. La trucha también ha sido introducida a muchos cuerpos de agua en la zona. Más que todo esta introducción permite la pesca recreativa y suplementa la dieta de la gente local.

La Junta Parroquial del Playón tiene en su plan estratégico un eje de ecoturismo (con apoyo de ECORAE), aprovechando de la existencia de los páramos y cataratas. Turistas regionales y nacionales ya vienen a estos sitios y los guías turísticos están siendo entrenados.

En contraste, la provincia Carchi tiene una larga historia de esfuerzos gubernamentales y no-gubernamentales para manejar mejor el uso de los recursos naturales. El Departamento Provincial de Ambiente y Desarrollo (sede en Tulcán) está realizando o colaborando en proyectos y iniciativas de zonificación (con apoyo de PRODERENA), manejo y protección de tomas de agua, reforestación y apoyo técnico a los agricultores (con financiamiento de varias agencias internacionales de desarrollo). Los cantones Huaca y Montúfar también están realizando gestiones de reforestación, incentivando la agricultura orgánica y promoviendo la conservación de la ceja andina. El Cantón Montúfar tiene el Departamento de Medio Ambiente más antiguo de la provincia y está experimentando con una mezcla de incentivos para la conservación tanto a nivel comunal como predial. El Departamento busca alianzas con organizaciones no-gubernamentales para implementar programas de apoyo técnico a finqueros. También, apoya al manejo de los Bosques Protectores el Chamizo (2.750 ha) y El Hondón (4.283 ha) en la cordillera oriental y occidental del cantón Montúfar; ninguno cuenta con un plan de manejo.

Actividades de las organizaciones no-gubernamentales en Carchi se han enfocado en apoyo a los pequeños productores en la búsqueda de alternativas a la fuerte dependencia en agroquímicas, en la educación ambiental, fortalecimiento de organizaciones campesinas y el mejor manejo de los recursos naturales. Observamos varias de estos esfuerzos. Por ejemplo, en Mariscal Sucre, la Estación Biológica Guandera de la Fundación Jatun Sacha ha jugado un rol importante en educación ambiental local y en fomentar apoyo para agricultura orgánica y abonos orgánicos. Como resultado de sus esfuerzos, existe ahora un pequeño "Club Ecológico" que realiza proyectos de reciclaje, arte ecológico y concientización de los moradores en temas del medio ambiente.

En el año 2000, la organización no-gubernamental ECOPAR realizó un proyecto denominado "La biodiversidad como sustento de la vida del bosque de ceja andina: Uso sustentable de la agro-biodiversidad de los bosques de ceja andina del Carchi, Ecuador". Como producto de este proyecto se generó planes de manejo de las quebradas de El Oso y Juan Ibarra, que se encuentran en la parroquia de Piartal, Cantón Montúfar. Este esfuerzo podría ser un modelo para otras parroquias de este sector porque integraba apoyo técnico con fortalecimiento y empoderamiento de organizaciones locales (Ambrose et al. 2006). Similarmente, La Corporación Grupo Randi Randi (CGRR) diseñó planes

de manejo comunitario participativo y el Plan de Manejo para la Reserva Ecológica El Ángel en los Cantones de Mira y Espejo (CGRR 2005). Todo este trabajo es un modelo para este sector.

La Universidad Técnica del Norte (UTN), con sede en Ibarra abrió un sucursal en Cantón Huaca, en terreno dado en concesión por el Municipio en 2005. El sueño es poder establecer una granja integral en la propiedad para fines educativos e investigativos, tener un tipo de demostración de tecnologías adecuadas o adaptadas a las condiciones de la zona. Actualmente hay dos escuelas operando: uno agropecuario en la modalidad presencial (lunes a viernes) con 60 estudiantes, y otro de contabilidad y auditoria en un formato semi-presencial (clases los sábados de 8 a 4) con 90 estudiantes. Uno de los más nuevos profesores de la UTN-Huaca es Ing. Geovanny Suquillo, investigador de largo trayectoria del Instituto Nacional Autónomo de Investigación Agropecuaria (INIAP), quien trabaja desde más de 15 años en Carchi. Ingeniero Suquillo ha trabajado mucho en la elaboración de las propuestas de manejo integrado de plagas en papa para Carchi, y ahora va a integrar estos temas y prácticas en sus clases en la UTN.

Sector Suroeste

En la Parroquia Monte Olivo, observamos una mezcla de patrones de uso de recursos naturales parecidos a los que vimos arriba en los sectores Sureste y Norte. La producción agrícola varía según la altura y pendiente de los terrenos, y el uso de agua de riego. Los terrenos planos son muy escasos, y por su carácter muy accidentada hay mucho riesgo de derrumbes. Los patrones de cultivo se han ido cambiando en décadas recientes, según informantes locales, a razón de cambios en los patrones de lluvias y la creciente escasez de mano de obra por la emigración de residentes en búsqueda de oportunidades económicas. Se habla de tiempos no tan atrás cuando se cultivaba mucho más maíz, fréjol, trigo, cebada, arveja, variedades de papa, morocho y tubérculos comestibles como la zanhoria, melloco y oca. Estos cultivos todavía se encuentran, pero ya en cantidades mucho menor o hasta escasos, y más para el uso familial o local. Incluso en la zona alta de Raigrass, se vendía la semilla del pasto del mismo nombre (*rye grass*, en inglés).

La mora de castilla, que se considera nativa a la zona, se vendía por buen precio, pero ya es muy escaso, además más delicado para sacar al mercado.

Actualmente, en las alturas más bajas de la parroquia —sobre todo alrededor de Pueblo Nuevo— se encuentran mayor cantidad de terrenos relativamente planos con suelos cultivables, por las terrazas ribereñas y valles más abiertos que hay, y un clima un poco más caliente. En esta zona, en general entre Pueblo Nuevo y Aguacate, hay la producción comercial de hortalizas, sobre todo la cebolla, del tomate de riñon en invernaderos y al aire libre, y de árboles frutales como cítricos y aguacate. Aquí también es donde más se aprovecha de los canales de riego que bajan de las zonas altas.

En las zonas medianas y altas, los productos comerciales agrícolas que actualmente predominan durante la última década son el tomate de árbol y la cebolla, aunque también empieza a haber la granadilla (en Motilón). En Manzanal se produce papas que se llevan a mercados de la provincia. Se dice que el tomate de árbol es rentable en esta zona, y junto con los demás cultivos comercializados, proporciona una fuente de trabajo para los residentes sin terreno propio. Pero igual que a los demás sectores estudiados, el tomate de árbol se está cultivando bajo un régimen fuerte de agroquímicos, sin mucha asesoría técnica. Algunos experimentan con combinar el tomate de árbol con fréjol o morocho. También se comenta que la producción de otros cultivos en la zona ya llevan por lo menos uno o dos décadas de manejo con agroquímicos, y que la baja en la productividad del suelo a través los años es muy notable.

Existe tambén ganadería en la parroquía, de pequeña escala y baja intensidad de manejo, con enfasis en la producción lechera. Se produce, por ejemplo, cuajadas de leche en Palmar Grande y Monte Olivo, con un mercado principalmente local.

La extracción de madera para la venta en la parroquia parece ser a una intensidad mucho más baja que en el Sector Sureste. Según algunos residentes de Palmar Grande y Monte Olivo, esta actividad sirva como fuente de ingresos a algunas familias, algunas de pocos recursos, durante las temporadas bajas de trabajo agrícola pagado. Las estimaciones de la cantidad de habitantes locales que están involucrados varían entre 3 y 8 familias de Palmar Grande, por ejemplo, hasta 25 familias en todo el sector. El teniente político de la parroquia estimó que podrían estar saliendo unos 140 tablones, de approximadamente 3 m por 25 cm, cada tres meses, los cuales se bajan a las carreteras por caballo. La extracción de baja intensidad no necesariamente se lleva a cabo con permiso legal. Uno de los residentes involucrados comentó que estaría interesado en hacer la extracción de forma legal, pero estima que los costos de hacer los trámites y realizar los planes de manejos no se justifica por el nivel de ingresos que le proporciona la actividad. Algunos residentes comentan que la falta de una carretera entre Monte Olivo y Palmar Grande es debido al deseo del cantón de no facilitar la saca de madera.

Sin embargo, se conservan todavía extensiónes importantes de bosque en la parroquia, y el páramo de la zona se encuentra en buen estado de conservación. En base de eso, otra actividad en este sector relacionada con el ambiente es el turismo. Turistas nacionales ya llegan a la parroquia para subir al páramo arriba de Palmar Grande y pescar en la laguna más cercana, que fue sembrado con truchas hace unos 14 años. Una de las amenazas a la laguna ha sido la pesca con técnicas nocivas, como la dinamita, por gentes ajenas a las comunidades locales, según informantes locales. Como anteriormente mencionado, una asociación de Palmar Grande se dedica al desarrollo de un atractivo ecoturístico en el páramo, con la oferta de guías y cabañas y la protección de la zona. Este grupo, que ya ha invertido mucho de sus propios esfuerzos y recursos en esta empresa, expresa la falta y el deseo de más capacitación y apoyo para crear un proyecto realmente ecológico y lucrativo a la vez. Al mismo tiempo, algunos residentes de Monte Olivo también tienen interés en desarrollar actividades turisticas de baja intensidad, enfocadas en otras lagunas y sitios posiblemente pre-hispanos o pre-modernos, y buscan asesoría.

Igual como en el Sector Norte, la Municipalidad está realizando proyectos y gestiones de zonificación (con el apoyo de PRODERENA), y apoyo a alternativas agrícolas más sostenibles y reforestación. El Municipio recibe aportes de agencias o instituciones gubernamentales, tal como el Ministerio de Desarrollo Urbano y Vivienda (MIDUVI), quien apoya a las juntas de agua y asociaciones de riego.

En Monte Olivo y Palmar Grande, se expresa mucha conexión con el lugar y el paisaje, un fuerte deseo de tener una área protegida de bosque y páramo propia, y un gran apoyo a las actividades del Inventario Rápido y sus propósitos de conservación. Hay reconocimiento de cambios ambientales en la parroquia, como cambios en los patrones de lluvias y en la fertilidad de los suelos, y una consciencia de la fragilidad de sus actividades productivas en un entorno tan propensa a deslaves, derrumbes y posibles competencias para el recurso de agua.

Moradores de Monte Olivo y Palmar Grande, sobre todo las personas de mayor edad, tenian mejor conocimiento y relación con los bosques y páramos que los en el Sector Norte, en general. Varias de los mayores nos contaron de sus paseos, cruzando los páramos y bosques del Cantón Sucumbíos. Muchas familias van a pasear y pescar en las lagunas (hace 14 años atrás, sembraron trucha en una de las lagunas). Algunas consideran las lagunas como sitios sagrados y hacen peregrinajes para rezar por lluvia.

Fortalezas sociales e institucionales

Con respeto a la conservación ambiental, las fortalezas sociales incluyen los patrones de organización, prácticas, costumbres, percepciones y conocimientos relacionados a la capacidad y voluntad de la gente de la zona para involucrarse en la gestión y la protección del medio ambiente. Identificar a las fortalezas facilita el diseño y la implementación de intervenciones de conservación y ayuda a asegurar que la gente alrededor del área protegida pueda participar a largo plazo en el proceso de conservación en una forma activa. En esta región, a pesar de mucho cambio en las culturas y prácticas originarias de los moradores, descubrimos fortalezas sociales e institucionales relevantes, incluyendo prácticas y actitudes vinculadas a una vida de pioneros en zonas fronterizas. Con respeto a la zona entera, la demografía de las poblaciones hace esta área única y ésta también podría ser una fortaleza para la conservación. Los enlaces

de parentesco y amistades entre familias son comunes en toda la región, dado a los patrones históricos de colonización. De hecho, las familias del Sector Sureste tienen muchas familiares en el Sector Norte, en Carchi, y aún en Colombia. Las familias en Mariscal Sucre tienen conexiones a familias en Monte Olivo, y familias en Monte Olivo tienen parientes en el Cantón Sucumbíos. La característica pionera-aventurera ha resultado en un conocimiento amplio de la región entre los moradores. Por ejemplo, un señor de tercera edad en Monte Olivo nos contó de sus 26 caminatas en zonas orientales, llegando hasta Lago Agrio en los tiempos cuando no había carreteras. Finalmente, la participación activa de las mujeres en las gestiones comunitarias y la vida económica es una fortaleza importante.

Los tres sectores comparten muchas otras fortalezas sociales e institucionales, pero se expresan en distintas formas y con diferencias en su importancia. Abajo mencionamos las más importantes para la conservación por sector.

Sector Sureste

La fortaleza más notable en este sector es que los moradores ahora valoran los bosques y los recursos hídricos en su entorno, y quieren protegerlos. En todas las comunidades, los participantes empezaron dibujando los ríos durante la elaboración de los mapas. En las comunidades de la Parroquia de Rosa Florida, las personas valoraban la "tranquilidad" del lugar.

Entre la gente que tiene una larga historia viviendo en la región—en cada comunidad hay un núcleo de familias descendentes de los fundadores originales— esta valoración tiene mucho que ver con el "amor por su tierra" que está íntimamente vinculada a la identidad comunal. Muchas personas nos contaron con entusiasmo de cómo llegaron sus padres o abuelos, y recordaron de las tradiciones de "minga" (trabajos comunales) que unieron las familias. Nos mostraron a nosotros los lugares o "íconos" en el paisaje que tienen una historia o significado especial para ellos o para la comunidad. Fue en la Parroquia de La Sofía que más vimos esta fortaleza, quizás por ser el más remoto de las comunidades, y por haber mantenido más familias originarias. Para los moradores que son más recién llegados a la zona, la valoración del lugar viene precisamente de sus experiencias de deforestación y fragmentación de terreno en sus lugares originarias (p. ej., Carchi, Colombia, o otras lugares en Sucumbíos.)

La fortaleza de valoración del entorno por muchos años no fue el factor con más influencia en la vida económica. Los moradores, involucrados desde el principio en la extracción de recursos naturales, pensaban que la extracción fue el único beneficio del medio ambiente. Pero, desde los últimos meses del año 2007 empezaron a cambiar sus acciones y están empezando ahora a tomar medidos para la protección de los bosques y las aguas. Por cierto continúan actividades que depredan el medio ambiente, sin embargo se notaba curiosidad e interés entre la gente en alternativas sostenibles y en la potencial de beneficios que puedan traer gestiones de conservación.

En este sector, sobre todo en las parroquias de Rosa Florida y La Bonita, el cambio de actitud parece ser debido a una coyuntura de factores. Primeramente, como describimos arriba, el Ministerio de Ambiente está tomando acciones fuertes para controlar la tala ilegal de madera. Cabe mencionar otros factores que han causado el cambio de actitud hacia los recursos naturales. Uno es el temor a la posible sequía de los ríos y quebradas. Los moradores de las dos parroquias comentaron que según sus observaciones los ríos ya no son como antes, aunque todavía mantienen caudales suficientes para satisfacer las necesidades humanas del agua. Otro factor es la expectativa de los nuevos programas del gobierno nacional para impulsar a la conservación ambiental. Los moradores de esta región abiertamente hablaron de sus opiniones favorables hacia la creación del área de conservación municipal; pero a la vez también expresaron su incertidumbre sobre los limites del área y si se restringirá el uso de recursos dentro de sus propios predios. No obstante, parece haber mucha esperanza que el área pueda traer alternativas de trabajo u otros beneficios.

La capacidad de organizar y unir la comunidad es otra fortaleza sobresaliente en este sector. Las cinco comunidades mencionaron sus iniciativas para tener luz eléctrica, agua entubada y un sistema de alcantarillado.

Mencionaron que todavía se hacen mingas para abrir caminos, limpiar espacios públicos (como canchas) o realizar trabajos de mantenimiento. En tres de las comunidades (Rosa Florida, La Barquilla, El Paraíso), unos residentes piensan que hay una buena cohesión social en la comunidad (p. ej., no hay peleas entre vecinos ni conflictos profundos) y en todas las comunidades los moradores percibieron* que el gobierno local tiene la capacidad de gestionar y cuentan con lideres honestos que cumplen con gestiones. En las comunidades donde se percibieron que su vida cultural también era fuerte (El Paraíso, La Barquilla y La Sofía), aún más fuerte es el sentido de capacidad organizativa. Contribuya también a esa cohesión la menor tasa de desigualdad económica relativa a otras regiones o zonas urbanas. Es interesante que esta fortaleza sea al contraste con la debilidad de las asociaciones productivas jurídicamente establecidas que mencionamos en la sección previa. Finalmente, observamos en estas comunidades que los jóvenes (de 15 a 35 años) quieren quedar en la región y están buscando oportunidades para invertir en alternativas económicas a la tala ilegal de maderas. Recientemente 15 personas (mayormente de La Bonita), mayormente jóvenes, fueron capacitados como guardabosques en un curso de ICCA (Instituto para la Capacitación y Conservación Ambiental, afiliado con La Fundación Sobrevivencia Cofan). Otras familias jóvenes están desempeñando comercialización de verduras, y otros jóvenes estudian en los colegios de larga distancia materias, como agroecología y agroforestería.

Sector Norte

En este sector, la fortaleza más notable en es la capacidad organizativa, sobre todo alrededor de los recursos hídricos. Enlaces de parentesco y de lugares de origen, aunque no tan fuerte como en el Sector Sureste, crean una red de intercambio de información y recursos familiares. La gente de Carchi, Playón y Santa Bárbara comparten el orgullo de ser pioneros o fronterizos. Este sentido les da una capacidad para experimentar con nuevos cultivos o nuevas técnicas. Aunque se está

---

* Las percepciones de los comuneros se expresaron durante el dinamica del "Hombre de la Buena Vida". En si, esta dinamica es subjetiva y refleja las opinions de los participantes. En cualquier estudio más profundo, sería importante validar esas percepciones.

desapareciendo la costumbre de ayuda mutua (como la minga) que caracterizó la cultura andina, mantienen patrones de gestión comunal para realizar obras comunales. Las mujeres (tanto de mayor edad como jóvenes) participan en las organizaciones comunales (como las juntas de agua) o asociaciones productivas. En Mariscal Sucre, una joven es la Presidenta del Club Ecológico, y en El Playón, hay dos asociaciones fuertes de mujeres, una con 8 años y la otra con 13 años de existencia legal, las cuales han perdurado a pesar del fracaso de varios proyectos (de ganadería, de cultivo en invernaderos y de la papa). La más antigua de estas asociaciones tiene más mujeres de las familias más originarias de la zona mientras que la más nueva tiene mujeres con más educación pero sin acceso a sus propios terrenos.

En el Sector Norte, recién ha habido también un cambio en actitud hacia la conservación, similar al Sector Sureste. Uno de los factores importantes es la inquietud sobre el uso de agua y la escasez potencial en el futuro de dicho recurso. En El Playón, por ejemplo, hay una preocupación de que las tomas de agua destinada para Cantones en Carchi puedan perjudicar a los moradores de la Parroquia. El fuerte enlace del agua y su manejo, que conecta zonas de altura con zonas bajas, ha resultado en la formación de organizaciones (como las juntas de agua mencionadas anteriormente) y otras instancias. Aquí cabe mencionar el sistema de riego cantonal en Montúfar, que es uno de los sistemas más grandes en el norte del país. Tiene 3.000 concesiones registradas, las cuales probablemente abastecen agua a 1.800 individuos. En el pasado, la junta de regantes aportaba con $1.000 por año al municipio de Montúfar para apoyar en acciones de protección de las fuentes. Recientemente no han seguido con este aporte (no sabemos porque) pero dijeron que sería importante continuar para proteger el recurso. De lo que vimos en nuestro viaje, éste es el único ejemplo de un pago por parte del uso de agua para riego hacia la conservación de los recursos en esta cordillera.

Sector Suroeste
En este sector, la fortaleza más notable es la iniciativa de los moradores en buscar mejores alternativas sostenibles al avance de la frontera agrícola. Aquí, como en el Sector Sureste, existe un fuerte vínculo con el lugar y orgullo en el entorno. Los conocimientos del entorno se transmiten entre las generaciones. También, los y las jóvenes que deciden quedarse en la parroquia (o quienes regresan después de haber salido por trabajo o estudios) tiene interés en participar en gestiones locales, como el proyecto de ecoturismo. Otra fortaleza notable fue la presencia de profesores en la escuela y el colegio que son de Monte Olivo mismo—muy dedicados, organizados y comprometidos al mejoramiento del lugar y el pueblo— con ideas, por ejemplo, como vincular los estudiantes con el ambiente y el inventario rápido.

En la Parroquia de Monte Olivo, igual como en los otros sectores, observamos un fuerte interés en la protección de los bosques vecinos. Durante el taller informativo en la comunidad de Monte Olivo, las 54 personas participantes expresaron un sentimiento unánime a favor de la protección de los bosques en la Parroquia. Los participantes dijeron que "El bosque es lo nuestro." y algunas hablaban de la importancia de los bosques no solamente para ellos sino por el mundo. En la Dinámica de la Buena Vida, calificaron a la vida natural a nivel 4 (en una escala de 0 a 5), reconociendo que los suelos estaban agotados y el problema de la deforestación, pero también pensando en los bosques y páramos intactos que quedan en la zona. El Presidente de la Junta Parroquial de Monte Olivo recontó sus esfuerzos para buscar protección a través de la creación de un bosque comunitario (buscando apoyo del Departamento de Medio Ambiente de Montúfar) y su reclamo con COSINOR (la agencia encargada con la instalación y mantenimiento del sistema de riego en Cantón Bolívar), porque no está apoyando en la protección de bosques alrededor de la toma de agua (Fuente San Miguel). En esta parroquia, como en el Cantón Sucumbíos, la valoración del bosque y agua viene de la historia larga de conexión con el lugar.

Algunos miembros de la comunidad de Palmar Grande han formado una Asociación para Promover el Turismo, con la intención de fomentar ecoturismo en el páramo alrededor de la Laguna de Mainas. Miembros de la asociación conversaron por largo tiempo con nosotros sobre sus deseos de mantener el páramo, y asegurar que su programa de turismo sea ecológicamente compatible.

Parecido a las comunidades del Sector Sureste, observamos una cohesión social, lo cual podría ser una fortaleza para la conservación ambiental en la zona. Moradores nos hablaron de la casi no-existencia de crimen, de las prácticas de ayuda mutua y de las gestiones comunales para realizar obras publicas. Aquí, en contraste a los otros lugares, las asociaciones cívicas parecen funcionar por más tiempo. Particularmente, hay una buena experiencia en la asociación de mujeres, empezando con FUNDELAM (Fundación de la Mujer Campesina) formado en 1995, como una caja de ahorro y fondo rotativo para la crianza de cuyes. Esta asociación en un momento acumuló $30.000; su nombre ahora es Asociación para la Gestión Comunitaria Monte Olivo, y tiene 95 mujeres miembros y 10 hombres. Ofrece préstamos para la compra de ganadería de vacuno. Hay dos otras asociaciones de mujeres: una que es auspiciada por la iglesia (Promoción de la Mujer Luz y Verdad) y otra apoyada por la Prefectura Provincial (Mujeres Unidas al Progreso).

AMENAZAS PRINCIPALES

- La continuación de actividades ilegales de tala de madera en todos los sectores y de la actividad minera industrial cerca de La Sofía (a pesar de la suspensión de las concesiones)

- Deforestación en las cabeceras de los ríos y quebradas, con la potencial de de crear problemas en el abastecimiento de agua, la sequía de terrenos y otros impactos ecológicos

- Conflictos posibles sobre el uso del agua entre comunidades rio "arriba" y comunidades rio "abajo" (donde usan agua para el riego), en la Provincia de Carchi

- Incremento de desigualdad debido a a la escasez de alternativas económicas viables y ecológicamente sustentables para jovenes, familias y inmigrantes colombianos sin empleo, de pocos recursos, sin terreno propio o con poco acceso al terreno; y la falta en general de inversión en el desarrollo de alternativas

sustentables y compatibles con la preservación de ecosistémas

- Fluctuaciones en los precios de productos, por ejemplo la papa y la leche, que podrían causar presión en otros recursos en épocas de bajos precios

RECOMENDACIONES PRINCIPALES

- Delimitación y zonificación del área protegida del Cantón Sucumbíos (la Reserva Municipal La Bonita), en una forma participativa y con socialización adecuada para los moradores

- Fortalecimiento y seguimiento de capacidades locales para gestiones de desarrollo y ambientales y la creación de cuerpos locales de guardabosques, guías y "científicos nativos" (con los colegios locales) que puedan apoyar al monitoreo, estudio y mantenimiento de ecosistemas regionales y las áreas de conservación

- Consolidación de esfuerzos colaborativos entre el Cantón de Sucumbíos y los Cantones adyacentes en Carchi (p. ej., la Mancomunidad entre Cantones Sucumbíos y Huaca) para la protección del rió Chingual y las áreas de conservación propuestas

- Consolidación y continuación de esfuerzos colaborativos entre la nación Cofan y el Cantón de Sucumbíos (como el apoyo para la creación de la Reserva Municipal, y el apoyo de la Municipalidad para infraestructura en el nuevo territorio Cofan)

- Creación de un espacio o foro regional de intercambio y coordinación que permita a las instituciones de los gobiernos locales, regionales y nacional, y las organizaciones y asociaciones civiles relevantes, a concertar y influir en políticas y acciones que apoyan a la conservación de las áreas protegida propuestas y el desarrollo sustentable en las comunidades aledañas

- Apoyo urgente para la gestión de la Parroquia de Monte Olivo para aclarar los limites de la Parroquia, y lineamientos para crear un bosque comunitario

- Apoyo urgente para mejor planificación y implementación del proyecto de ecoturismo de la Asociación de Palmar Grande

(for Color Plates, see pages 27–46)

FIELD TEAM

Roberto Aguinda L. (*field logistics, social inventory*)
Fundación para la Sobrevivencia del Pueblo Cofan
Dureno, Ecuador
robertotsampi@yahoo.com

William S. Alverson (*herbarium*)
Environment, Culture and Conservation
The Field Museum, Chicago, IL, USA
walverson@fieldmuseum.org

Elizabeth P. Anderson (*social inventory, fishes*)
Environment, Culture and Conservation
The Field Museum, Chicago, IL, USA
eanderson@fieldmuseum.org

Randall Borman A. (*large mammals*)
Fundación para la Sobrevivencia del Pueblo Cofan
Federación Indígena de la Nacionalidad Cofan del
   Ecuador
Quito, Ecuador
randy@cofan.org

Ángel Chimbo P. (*field support*)
Fundación para la Sobrevivencia del Pueblo Cofan
Dureno, Ecuador

Ángel Criollo L. (*field support*)
Fundación para la Sobrevivencia del Pueblo Cofan
Dureno, Ecuador

Álvaro del Campo (*field logistics, photography*)
Environment, Culture and Conservation
The Field Museum, Chicago, IL, USA
adelcampo@fieldmuseum.org

Florencio Delgado E. (*archeology*)
Universidad San Francisco de Quito
Quito, Ecuador
fdelgado@usfq.edu.ec

Sebastián Descanse U. (*field logistics, plants*)
Comunidad Cofan Chandia Na'e
Sucumbíos, Ecuador

Freddy Espinosa (*general logistics, social inventory*)
Fundación para la Sobrevivencia del Pueblo Cofan
Quito, Ecuador
freddy@cofan.org

Robin B. Foster (*herbarium*)
Environment, Culture and Conservation
The Field Museum, Chicago, IL, USA
rfoster@fieldmuseum.org

Christopher James (*social inventory*)
Fundación Jatun Sacha
Quito, Ecuador
courses@jatunsacha.org

Bolívar Lucitante (*cook*)
Comunidad Cofan Zábalo
Sucumbíos, Ecuador

Laura Cristina Lucitante C. (*plants*)
Comunidad Cofan Chandia Na'e
Sucumbíos, Ecuador

Javier A. Maldonado O. (*fishes*)
Instituto de Investigación de Recursos Biológicos
   Alexander von Humboldt
Villa de Leyva, Colombia
gymnopez@gmail.com

Jonathan A. Markel (*cartography*)
Environment, Culture and Conservation
The Field Museum, Chicago, IL, USA
jmarkel@fieldmuseum.org

Patricio Mena Valenzuela (*birds*)
Museo Ecuatoriano de Ciencias Naturales
Quito, Ecuador
pmenavelenzuela@yahoo.es

Humberto Mendoza S. (*plants*)
Instituto de Investigación de Recursos Biológicos
    Alexander von Humboldt
Villa de Leyva, Colombia
hummendoza@gmail.com

Norma Mendúa (*cook*)
Comunidad Cofan Zábalo
Sucumbíos, Ecuador

Debra K. Moskovits (*coordination, birds*)
Environment, Culture and Conservation
The Field Museum, Chicago, IL, USA
dmoskovits@fieldmuseum.org

Jonh J. Mueses-Cisneros (*amphibians and reptiles*)
Universidad Nacional de Colombia
Bogotá, Colombia
jjmueses@gmail.com

Luis Narváez (*social inventory*)
Federación Indígena de la Nacionalidad Cofan del Ecuador
Lago Agrio, Ecuador
luis.narvaez.feince@gmail.com

Stephanie Paladino (*social inventory*)
El Colegio de la Frontera Sur
San Cristóbal de las Casas
Chiapas, Mexico
macypal@gmail.com

Patricia Pilco O. (*social inventory*)
Corporación Grupo Randi Randi
Quito, Ecuador
patypilc@yahoo.es

Susan Poats (*social inventory*)
Corporación Grupo Randi Randi
Quito, Ecuador
spoats@interactive.net.ec

Amelia Quenamá Q. (*natural history*)
Fundación para la Sobrevivencia del Pueblo Cofan
Federación Indígena de la Nacionalidad Cofan del Ecuador
Quito, Ecuador

Ángel Quenamá O. (*field support*)
Fundación para la Sobrevivencia del Pueblo Cofan
Dureno, Ecuador

Diego Reyes J. (*plants*)
Universidad Central del Ecuador
Quito, Ecuador
diego.reyes_jurado@yahoo.com

Thomas J. Saunders (*geology, soils, and water*)
Environment, Culture and Conservation
The Field Museum, Chicago, IL, USA
tomsaun@gmail.com

Douglas F. Stotz (*birds*)
Environment, Culture and Conservation
The Field Museum, Chicago, IL, USA
dstotz@fieldmuseum.org

Antonio Torres N. (*fishes*)
Universidad de Guayaquil
Guayaquil, Ecuador
atorresnoboa@hotmail.com

Gorky Villa M. (*plants*)
Finding Species
Washington DC, USA
gfvilla@gmail.com

Corine Vriesendorp (*plants*)
Environment, Culture and Conservation
The Field Museum, Chicago, IL, USA
cvriesendorp@fieldmuseum.org

Tyana Wachter (*general logistics*)
Environment, Culture and Conservation
The Field Museum, Chicago, IL, USA
twachter@fieldmuseum.org

Alaka Wali (*social inventory*)
Environment, Culture and Conservation
The Field Museum, Chicago, IL, USA
awali@fieldmuseum.org

Mario Yánez-Muñoz (*amphibians and reptiles*)
Museo Ecuatoriano de Ciencias Naturales
Quito, Ecuador
m.yanez@mecn.gov.ec

COLLABORATORS

Cofan Communities of Chandia Na'e, Dureno, and Zábalo
Sucumbíos, Ecuador

Ejército Ecuatoriano
Ecuador

Helicópteros Ícaro
Ecuador

Parroquias Huaca, Julio Andrade, and Monte Olivo
Carchi, Ecuador

Parroquias La Sofía, Playón de San Francisco, and Rosa Florida
Sucumbíos, Ecuador

Sectors La Barquilla and Paraíso
Sucumbíos, Ecuador

The Field Museum

The Field Museum is a collections-based research and educational institution devoted to natural and cultural diversity. Combining the fields of Anthropology, Botany, Geology, Zoology, and Conservation Biology, museum scientists research issues in evolution, environmental biology, and cultural anthropology. One division of the Museum—Environment, Culture, and Conservation (ECCo)—is dedicated to translating science into action that creates and supports lasting conservation of biological and cultural diversity. ECCo works closely with local communities to ensure involvement in conservation through their existing cultural values and organizational strengths. With losses of natural diversity accelerating worldwide, ECCo's mission is to direct the museum's resources—scientific expertise, worldwide collections, and innovative education programs—to the immediate needs of conservation at local, national, and international levels.

The Field Museum
1400 South Lake Shore Drive
Chicago, Illinois 60605-2496, USA
312.922.9410 tel
www.fieldmuseum.org

Fundación para la Sobrevivencia del Pueblo Cofan

The Fundación para la Sobrevivencia del Pueblo Cofan (FSC) is a non-profit organization dedicated to conserving the indigenous culture of the Cofan and the Amazonian forests that sustain them. Together with its international counterpart, the Cofan Survival Fund, the foundation supports conservation and development programs in seven Cofan communities in eastern Ecuador. Their programs focus on research and the conservation of biodiversity, protecting and titling Cofan ancestral territories, developing economic and ecological alternatives, and education opportunities for young Cofan.

Fundación para la Sobrevivencia del Pueblo Cofan
Casilla 17-11-6089
Quito, Ecuador
593.2.247.0946 tel/fax, 593.2.247.4763 tel
www.cofan.org

Federación Indígena de la Nacionalidad Cofan del Ecuador

FEINCE, the "Indigenous Federation of the Cofan Nation in Ecuador" is the political arm of the Ecuadorian Cofan, representing the five legalized communities in the country—Chandia Na'e, Dureno, Dovuno, Sinangoe, and Zábalo—at the national level. FEINCE works to defend the human rights of the Ecuadorian Cofan as a member of the larger umbrella groups that support indigenous groups in Ecuador: the Confederation of the Indigenous Nationalities of Ecuador (CONAIE) and the Confederation of the Indigenous Nationalities of the Ecuadorian Amazon (CONFENIAE). FEINCE is directed by a board of officers elected by the Cofan community every three years.

Federación Indígena de la Nacionalidad Cofan del Ecuador
Lago Agrio, Ecuador
593.62.831200 tel

Ministerio del Ambiente del Ecuador

The Ministerio del Ambiente del Ecuador (MAE) is the national environmental agency responsible for sustainable development and natural resource management. It is the highest authority for issuance and coordination of national policies, rules, and regulations, including basic guidelines for organizing and implementing environmental management. MAE develops environmental policies and coordinates strategies, projects, and programs for the protection of ecosystems and for sustainable use of natural resources. MAE sets regulations necessary for environmental quality associated with conservation-based development and the appropriate use of natural resources.

Ministerio del Ambiente, República del Ecuador
Avenida Eloy Alfaro y Amazonas
Quito, Ecuador
593.2.256.3429, 593.2.256.3430 tel
www.ambiente.gov.ec
mma@ambiente.gov.ec

Museo Ecuatoriano de Ciencias Naturales

The Museo Ecuatoriano de Ciencias Naturales (MECN) is a public entity established on 18 August 1977 by government decree 1777-C, in Quito, Ecuador, as a technical, scientific, and public institution. MECN is the only state institution whose objectives are to inventory, classify, conserve, exhibit, and disseminate understanding of the country's biodiversity. The institution offers assistance, cooperation, and guidance to scientific institutions, educational organizations, and state offices on issues related to conservation research, natural resource conservation, and Ecuador's biodiversity. It also provides technical support for designing and establishing national protected areas.

Museo Ecuatoriano de Ciencias Naturales
Rumipamba 341 y Av. De los Shyris
Casilla Postal: 17-07-8976
Quito, Ecuador
593.2.244.9825 tel/fax

Herbario Nacional de Ecuador

The Herbario Nacional de Ecuador (QCNE) is a section of the Museo Ecuatoriano de Cíencias Naturales that carries out programs of inventory, research and conservation of the Ecuadorian flora and vegetation. It houses a collection of 160,000 plant specimens and a botanical library of 2,000 volumes. The Herbarium serves as the national center for information on the flora and vegetation of Ecuador, with broad public access, and is among the principal scientific and cultural institutions of the country. It constitutes a public service to scientists, natural resource managers, and students, and makes its voice heard in nationwide forums dealing with environmental and biodiversity issues. In the past two decades the Herbarium has provided training for hundreds of young Ecuadorian botanists, and carried out dozens of intensive botanical inventories throughout Ecuador.

Herbario Nacional del Ecuador
Casilla Postal 17-21-1787
Avenida Río Coca E6-115 e Isla Fernandina
Quito, Ecuador
593.2.244.1592 tel/fax
qcne@q.ecua.net.ec

Instituto de Investigación de Recursos Biológicos Alexander von Humboldt

Instituto de Investigación de Recursos Biológicos Alexander von Humboldt (IAvH) is a private, civil, non-profit corporation linked to the Ministerio del Ambiente, Vivienda y Desarrollo Territorial in Colombia. It was created by law #99-1993, was constituted on 20 January 1995, and it is part of the Sistema Nacional Ambiental (SINA). IAvH is responsible for developing basic and applied research on genetic resources of Colombia's flora and fauna, and for conducting scientific inventories of biodiversity throughout the entire nation.

Instituto de Investigación de Recursos Biológicos
   Alexander von Humboldt
Claustro de San Agustín, Villa de Leyva
Boyacá, Colombia
578.732.0164, 578.732.0169 tel
www.humboldt.org.co

Gobierno Municipal del Cantón Sucumbíos

The headquarters of the Gobierno Municipal del Cantón Sucumbíos (GMCS) are located in the community of La Bonita. GMCS was created by legislative decree on 31 October 1955, and published in the official registry #196 of 26 April 1957 (which regulates the juridical and institutional life of the municipality). The Cantón Sucumbíos is located in the northwestern corner of the Sucumbíos Province in northern Ecuador, on the border with Colombia. The *Cantón* (County) is the oldest in the province and was established in 1920.

Gobierno Municipal del Cantón Sucumbíos
La Bonita, Sucumbíos, Ecuador
593.6.263.0063, 593.6.263.0069 tel

Corporación Grupo Randi Randi

Corporación Grupo Randi Randi (CGRR) is a private, non-profit, Ecuadorian corporation. It was created in 2000 with a mission to encourage the conservation of natural resources, sustainable development, and social and gender equity. It promotes research and technical assistance to communities and organizations located in threatened ecosystems. The Group adopted the expression Randi Randi—"giving and giving" in the Kichwa language—because it expresses the sense of reciprocity that drives their work: they offer their knowledge, support, and experience knowing that it will be well received and returned in one form or another.

Corporación Grupo Randi Randi
Calle Burgeois N34-389 y Abelardo Moncayo
Quito, Ecuador
593.2.243.4164, 593.2.243.1557

Fundación Jatun Sacha

The Jatun Sacha Foundation is a non-profit Ecuadorian organization that has been working since 1985 to conserve the country's biological diversity and promote the sustainable development of its peoples. The Foundation protects a variety of unique forest, aquatic, and paramo (high mountain grassland) ecosystems, all of which are under threat due to burning, deforestation, pollution, and other destructive activities. It has been a pioneer in the creation of private reserves as bases of operation to carry out various conservation activities, including research, ecosystem restoration, environmental education, and the development of sustainable alternatives for the communities in the local area. These reserves are found from sea level up to over 13,000 feet in altitude, and in environments as diverse as the Galapagos, the Amazon, dry-forest, and the high Andes.

Fundación Jatun Sacha
Pasaje Eugenio de Santillán N34-248 y Maurián
Urbanización Rumipamba
Quito, Ecuador
593.2.243.2240, 593.2.331.8191 tel
www.jatunsacha.org

ACKNOWLEDGMENTS

Nearly nine years ago, we singled out the Cabeceras Cofanes-Chingual as a significant conservation priority during one of our previous inventories in the northern Andes. The entire team is grateful for the opportunity to survey these rugged mountains and the communities that live nearby. Our effort builds on years of invaluable work in this area by conservation groups, the Cofan, and local authorities, and would not have been possible without the generous help of many collaborators and colleagues.

We would like to extend our gratitude to the Cofan nation, especially the Federación Indígena de la Nacionalidad Cofan del Ecuador (FEINCE), the Cofan Survival Fund (FSC), all of our Cofan guides and counterparts, and the Cofan communities of Chandia Na'e, Dureno, and Zábalo.

Following the inventory, a working group was formed to pursue legal protected status for the area. We are incredibly grateful to this group of dedicated individuals, as their efforts led to the sectional resolution declaring the Área Ecológica de Conservación La Bonita-Cofanes-Chingual (AECBCC). At the time of the report, the proposal is still being evaluated at the national level. We would like to acknowledge the many people who have provided support to this process, among those Mayra Abad, Diego Aragón, Elizabeth Anderson, Wilson Arévalo, Paulina Arroyo, Margarita Benavides, Emerson Bravo, Diana Calero, Gerardo Canacuán, Tatiana Castillo, Byron Coronel, Gerardo Cuesta, Hugo Encalada, Mateo Espinosa, Segundo Fuentes, Chris James, Irene Lloré, Pedro Loyo, Manuel Mesías, Luis Naranjo, Luis Narváez, Angel Onofa, Patricia Pilco, Susan Poats, Ana Lucía Regalado, Guillermo Rodríguez, Orfa Rodríguez, Edgar Rosero, Esteban Salazar, Sadie Siviter, Luis Tatamues, and René Yandun.

We are deeply grateful to the Minsterio del Ambiente del Ecuador for their support, both nationally and regionally. We would like to extend special recognition to the minister of the environment, Dr. Marcela Aguinaga Vallejo, and our colleagues at the Dirección Nacional de Biodiversidad: Wilson Rojas, Laura Altamirano, Gabriela Montoya, and Elvita Díaz. Regionally, we are indebted to Fausto González, Dr. Orfa Rodríguez, and Dr. Ángel Onofa.

The Ministerio de Defensa Nacional, especially the minister of defense, Javier Ponce Cevallos, facilitated logistical support. In the Ejército Ecuatoriano, we are grateful to Mayor Nicolás Ricuarte, Mayor Freddy Ruano, Sargento Abraham Chicaiza, General de División Fabián Varela Moncayo, General de División Luis Gonzáles Villareal, Coronel Wilson Carrillo, Mayor Iván Gutiérrez, Mayor Marroquín, Capitán Carrasco, and Sargento Kléver Espinosa. In the Aero Policial, we extend our thanks to Mayor Guillermo Ortega and Teniente J. Pozo. For helping with logistics, we thank Dr. Juan Martines of Plan Ecuador.

We received important strategic support from Coronel Dario "Apache" Hurtado Cárdenas of the Peruvian National Police, as well as Daniel Schuur, and Coronel Jorge Pastor in Quito.

We were privileged to spend time in some incredible, isolated sites in the high Andes. None of this would have been possible without the support we received from Ícaro S. A., and their fantastic pilots and staff: Capitán Mario Acosta, May Daza, Capitán Jácome, and Capitán Esteban Saltos.

This inventory demanded substantial logistical wizardry, and as always, we are very fortunate to have Álvaro del Campo leading the effort. He was supported by the incredible team of Roberto Aguinda, Carlos Menéndez and Cesar Lucitante, who supervised all of the food and equipment logistics for the advance and rapid inventory teams. We are very grateful to all of them.

We give our deepest thanks to our fabulous cooks, Bolívar Lucitante and Norma Mendúa. Their transformation of camp staples into delicious meals was extraordinary.

The community members of our advance team deserve enormous credit for the success of the inventory. In Monte Olivo, we are grateful to José Beltrán, Paul Carbajal, Pablo Cuamacaz, René Erazo, Amable Flores, Carlos Flores, Marcos Flores, Segundo Flores, Armando Hernández, German Hernández, Edwin Huera, Homero Lucero, Rubén Lucero, Aníbal Martínez, Dario Martínez, Ramiro Martínez, Miguel Mejía, Germán Mena, Juan Narváez, Manuel Paspuel, José Portilla, Enrique Reascos, Fernando Robles, Marcelo Rosero, Daniel Yaguapaz, Fernando Yaguapaz, and Osvaldo Yaguapaz.

In La Bonita and El Playón de San Francisco we are deeply grateful to Johnny Acosta, Gener Aus, Ramiro Bolanos, Gerardo Calpa, Darío Cárdenas, Diego Cárdenas, Mario Cárdenas, Vicente Ceballos, Danny Chapi, Vinicio Chapi, Faber Cuastumal, Fabio Escobar, Patricio Fuertes, Ermel García, José Guerrero, Arturo Guerrón, Felipe Guerrón, Remigio Hernández, Galo Jurado, Jimmy Jurado, Carlos Maynaguer, Lisandro Mena,

Anderson Meneses, Luis Montenegro, Milton Montenegro, Romay Ortega, Artemio Paspuel, Armando Pinchao, Rubén Pinchao, Iván Ramírez, Danilo Rayo, Alexander Rosero, Campos Rosero, Carlos Rosero, Edison Rosero, Franklin Rosero, Humberto Rosero, Libardo Rosero, Jovanny Ruano, Freddy Selorio, Germán Villa, Henry Villarreal, Jairo Villota, Olmedo Villota, Juan Yepez, and Iván Zúniga

While the inventory team was in the field, Freddy Espinosa and María Luisa López did a brilliant job coordinating efforts from Quito. In addition, from the Cofan Survival Fund (FSC) office in Quito, Sadie Siviter, Hugo Lucitante, Mateo Espinosa, Juan Carlos González, Víctor Andrango and Lorena Sánchez expedited logistics before, during, and after the inventory, while Elena Arroba and Nivaldo Yiyoguaje did the same from the FSC office in Lago Agrio. Similarly, Luis Narváez and FEINCE were critical in planning and executing logistics, for both the social and the advance teams.

The social team would like to extend its deepest thanks to all of the people in Sucumbíos and Carchi who shared their time, knowledge, experience, and hospitality. It was truly a privilege to spend time with all of you, and we regret that we cannot list every single person here.

We would like to thank certain individuals for going above and beyond during our work in the communities. In San Pedro de Huaca, we would like to thank Oliva Rueda, Unidad de Ambiente, Producción y Turismo; Nilo Reascos, Alcalde; and Oscar Muñoz, Secretario Municipal. In the Universidad Técnica del Norte, extensión Huaca, we thank Erika Guerrón, academic coordinator; Ing. Geovanny Suquillo, INIAP and mathematics professor Julio Aguilar; Luis Unigarro, Ing. Agropecuario, and receptionist Amanda Padilla. In Mariscal Sucre, we are grateful to Don Félix Loma and his wife, Doña Teri, experimental agriculturalists; Martha Muñoz, member of the Club Ecológico de Mariscal Sucre; Jadira Rosero, secretary-treasurer of the Junta Parroquial de Mariscal Sucre; Piedad Mafla, president of the Club Ecológico de Mariscal Sucre; Don Mesías Mafla, Junta de Agua Potable del Barrio Solferino, de Mariscal Sucre; and José Cando, Responsable de la Estación Biológica Guandera.

In San Gabriel, we are grateful to Emerson Bravo, director of the Unidad Ambiental Municipal, UNAM, Municipio de Montufar; Guadalupe Pozo; Irene Lloré, Escuela Superior Politécnica de la Amazonía (ESPEA); Fernando Ponce, coordinator of the Asamblea de Unidad Cantonal de Montufar; and Gerardo Canacuán, administrator of the Sistema de Riego Montufar.

In Monte Olivo and Palmar Grande, we thank Fausto Omero, president of the Cabildo de Palmar Grande; Hanibal Martínez, president of the Asociación de Palmar Grande (grupo de turismo); Homero Lucero Armas, president of the Comunidad de Palmar Grande; Elmer Robles, Palmar Grande; Osvaldo Mejía, Palmar Grande; Don Segundo Salazar, long-term resident of Monte Olivo; Edita Pozo, secretary of the Colegio de Monte Olivo; Guido Villareal, director of the Colegio de Monte Olivo; Santos Quilco, president of the Junta Parroquial de Monte Olivo; Franklin Osejas, Teniente Político; Germán Mena, president of the Junta de Agua Potable; Eulalio Mueses; Marujita Cuasquer; and Wilmer Villareal, MIDUVI-Tulcán.

In Paraíso, we are grateful to Sr. Peregrino Realpe, president of the Junta de la Comunidad, and the Maestra Nancy. In La Barquilla, we thank Mariana Recalde and her husband, José Tenganán; Lucía Irva; Rosa Villa; and Sr. Abiatar Rodríguez, president of the Junta de la Comunidad. In Rosa Florida, we are indebted to Germán Tulcán, president of the Junta Parroquial, and José Burbano.

In La Bonita, we are grateful to Luis Armando Naranjo, mayor of the Gobierno Municipal del Cantón Sucumbíos; and Ing. Byron Coronel T., director of Medio Ambiente y Turismo, Gobierno Municipal del Cantón Sucumbíos; with a special recognition to Doña Rosa Zúniga, who shared not only the history of La Bonita but also several beautiful songs of the region.

In La Sofía, we are grateful to Antonio Paspuel, president of the Junta Parroquial; Daniel Rayo, secretary-treasurer of the Junta Parroquial; the family of Sra. Carmen Arteaga and Juan Narváez: Lorenzo Narváez, Narciso Narváez, and Vasalia Narváez Arteaga. We are also grateful to Carlos Rosero, Ramiro Benavidez, and Rodrigo Rosero, our guides for our trip to La Sofía.

In El Playón de San Francisco, we are grateful to Guido Fuel; Bolivar Carapaz; Herman Josa, president of the Junta Parroquial; Emilio Mejía, rector of the Colegio; Eruma Mejía, and the rest of the Mejía family.

Although they are both recognized above, we would like to give a special thanks to Paulina Arroyo, The Nature Conservancy, for her helpful suggestions and providing key historical context;

and to Chris James for his fantastic work coordinating and planning the presentations in Ibarra and in Quito.

All of the biologists are grateful to the museums and herbaria in Quito, with special thanks to David Neill and the Herbario Nacional, and to Marco Altamirano of the Museo Ecuatoriano de Ciencias Naturales, for facilitating export permits and work in the collections. Jonh Jairo Mueses would like to thank Cecilia Tobar, for her help during his stay in Quito. The ichthyologists thank Ermel García, José Guerrero, and their driver Lucía for their support while collecting near La Bonita, as well as Jonathan Valdivieso and Juan Francisco Rivadeneira for help with specimens. The botany team would like to acknowledge all of the staff at the Herbario Nacional for facilitating their visit, as well as Lorena Endara, Mario Blanco, James Luteyn, Lucia Kawasaki, Nancy Hensold, and Jose Manzanares for valuable help identifying specimens.

Jonathan Markel prepared excellent maps for the advance team, inventory team, and for the final report. In addition, he stepped in whenever necessary during the writing and presentation process, even serving soup to the participants. We are grateful to Dan Brinkmeier and Nathan Strait for producing great visual materials for the work in local communities by the social team.

As always, Tyana Wachter played a fundamental role, stepping in to solve problems whenever and wherever necessary in Chicago, Quito, Ibarra, Puerto Libre, and La Bonita. Rob McMillan and Dawn Martin worked their usual magic to solve problems from Chicago.

Funds for this inventory were provided by generous support from The John D. and Catherine T. MacArthur Foundation, The Boeing Company, Exelon Corporation, and The Field Museum.

The goal of rapid inventories—biological and social— is to catalyze effective action for conservation in threatened regions of high biological diversity and uniqueness.

Approach

During rapid biological inventories, scientific teams focus primarily on groups of organisms that indicate habitat type and condition and that can be surveyed quickly and accurately. These inventories do not attempt to produce an exhaustive list of species or higher taxa. Rather, the rapid surveys (1) identify the important biological communities in the site or region of interest, and (2) determine whether these communities are of outstanding quality and significance in a regional or global context.

During social asset inventories, scientists and local communities collaborate to identify patterns of social organization and opportunities for capacity building. The teams use participant observation and semi-structured interviews to evaluate quickly the assets of these communities that can serve as points of engagement for long-term participation in conservation.

In-country scientists are central to the field teams. The experience of local experts is crucial for understanding areas with little or no history of scientific exploration. After the inventories, protection of natural communities and engagement of social networks rely on initiatives from host-country scientists and conservationists.

Once these rapid inventories have been completed (typically within a month), the teams relay the survey information to local and international decisionmakers who set priorities and guide conservation action in the host country.

Dates of field work	Biological team: 15–31 October 2008 Social team: 8–30 October 2008
Region	Northern Ecuador, forested slopes covering elevations from 650–4,100 m on the eastern flank of the Andes. The Cabeceras Cofanes-Chingual spans Sucumbíos, Carchi and Imbabura provinces, sheltering the confluence of two major watersheds (Cofanes and Chingual), which drain into the Amazon basin, as well as the headwaters of a western-slope drainage (Chota), which flows to the Pacific Ocean.
Sites inventoried	The biological team visited three sites: 01 Laguna Negra, paramo at 3,400–4,100 m, 15–19 October 2008 02 Alto La Bonita, upper montane forest at 2,600–3,000 m, 23–26 October 2008 03 Río Verde, lower montane forest at 650–1,200 m, 26–31 October 2008 Only the mammal and advance teams visited a fourth site, Ccuttopoé, which is unburned paramo at 3,350–3,900 m. The social team visited 22 communities. In the following nine focal communities they conducted intensive interviews, workshops, and informational meetings: 01 La Barquilla, El Paraíso, and Rosa Florida—Parroquia (parish of) Rosa Florida, Cantón (county of) Sucumbíos, Provincia (province of) Sucumbíos 02 La Bonita, La Sofía, and El Playón de San Francisco—Cantón Sucumbíos, Provincia Sucumbíos 03 Mariscal Sucre—Cantón Huaca, Provincia Carchi 04 Monte Olivo and Palmar Grande—Parroquia Monte Olivo, Cantón Bolivar, Provincia Carchi In 13 additional communities, the team interviewed authorities and other key actors, conducted visual surveys of land use patterns, and briefly interviewed residents. These included Santa Barbara, Santa Rosa, Las Minas, and Cocha Seca (in Provincia Sucumbíos); and Huaca, Tulcán, San Gabriel, Miraflores, Raigrass, El Aguacate, Manzanal, Motilón, and Pueblo Nuevo (in Provincia Carchi).
Biological focus	Geology, hydrology, soils, vascular plants, fishes, reptiles and amphibians, birds, and large mammals
Social focus	Social and cultural strengths, natural-resource use, community management practices, and archeology (historical human settlement in the region)

Principal biological results

Organism group	Laguna Negra 3,500–4,100 m	Alto La Bonita 2,600–3,000 m	Río Verde 650–1,200 m	Total registered 650–4,100 m	Total estimated 650–4,100 m
Vascular plants	~250	~300	~350	~850	3,000–4,000
Fishes	—*	1**	12	19*	25–30
Amphibians	6	10	22	36	72
Reptiles	2	1	3	6	38
Birds	74	111	214	364	650
Medium and large mammals	13***	15	29	40	50

* Ichthyologists did not sample Laguna Negra but instead visited an additional site, Bajo La Bonita, where they registered 11 species.
They encountered an additional 12 species at lower elevations outside the proposed reserve, at sampling stations 017 and 018.

** *Oncorhynchus mykiss* (trout), a non-native, introduced species

***12 species were recorded at the other high-altitude site, Ccuttopoé.

Geology, hydrology, and soils: Fourteen million years and massive energy built the Andes from a seafloor into a towering, geologically complex, dynamic mountain range. Cabeceras Cofanes-Chingual is the result of this large-scale folding, faulting, and uplift; the rise and slow cooling of deep subsurface plumes of magma; and volcanic eruptions, deposition of magma and ash, and massive mud and rock slides. These geological processes continue today. The steep mountains rise from the floodplain of the Aguarico River, at an elevation of 650 m, to high-altitude lakes and paramo at more than 4,000 m. This dramatic rise occurs over a distance of 35 km and divides the Pacific and Amazon basins. During the last ice age (10,000 years ago), glaciers carved U-shaped valleys from the highest mountains. Powerful rivers continue to carve deeper into the lower valleys and deliver sediments and nutrients from the Andes to the Amazon River. Moisture-laden air masses from the Amazon Basin cool as they rise up the Andes, causing condensation and precipitation that maintain wet environments year-round at higher elevations. The paramos capture much of this moisture, channeling it to the rivers and streams that provide water to nearby human settlements and agricultural areas. The steep slopes that dominate the watersheds of Cabeceras Cofanes-Chingual are highly sensitive to erosion, induced by both natural and anthropogenic perturbations. A protected area in the region is essential to avoid deforestation and protect the water resources that arise in the paramo and Andean forests.

Vascular plants: The botanists encountered approximately 850 vascular plants during fieldwork—with essentially no overlap among the sites sampled—of which 569 have been identified to species, genus, or family. The rugged terrain and exceedingly wet conditions create dramatic small-scale differences in vegetation and plant composition. We estimate that the region harbors 3,000–4,000 plant species. Endemism is high and many species are restricted to the few remaining forests of northern Ecuador and southern Colombia. We found signs of logging, with *Polylepis* (Rosaceae) and *Podocarpus* (Podacarpaceae) extracted for local use and commercial markets. In contrast to heavily

Principal
biological results
(continued)

deforested Andean forests elsewhere, Cabeceras Cofanes-Chingual offers the rare opportunity to protect a diverse, intact gradient from rainforest to alpine grasslands.

Fishes: The ichthyologists registered 19 species in the three sites surveyed—Alto La Bonita, Bajo La Bonita, and Río Verde—one of them being the introduced trout (*Oncorhynchus mykiss*) in the higher elevations of the Cofanes-Chingual watershed, and the Sucio River. Of the species collected, four (in the genera *Characidium*, *Astroblepus*, *Hemibrycon*, and *Chaetostoma*) are likely new to science. The team registered an additional 13 species at lower elevations, to 480 m. We estimate 25–30 species in the 500–3,000 m altitudinal range of the region, a normal species-richness for this elevational gradient on the eastern slopes of the Andes. Typical of Andean foothill streams in Ecuador, Peru, and Colombia, the two most species-rich and abundant orders were Characiformes and Siluriformes, encompassing 55% and 36% of the species registered. Three families—Characidae (31%), Loricariidae (19%), and Astroblepidae (16%)—had the majority of species. Most abundant were the species of Astroblepidae and Loricariidae that show special adaptations to the rushing torrents of the Andean foothills, such as mouths modified with suction cups and interopercular teeth for clinging to rocks, and small or medium-sized bodies with reduced swimming bladders adapted for swimming along the bottom where currents are weaker.

Amphibians and reptiles: The herpetologists found 36 species of amphibians and 6 of reptiles (12 families, 19 genera) in 170 hours of effort. We estimate 72 amphibians and 38 reptiles for the region. With the exception of *Pristimantis chloronotus* frogs (found in two of the three sites), there was no overlap of species among the sites sampled, indicating three distinct herpetofaunas. The fauna at Laguna Negra, typical of paramo, had few species, most with localized, small ranges. Our methodology of searching in dead Espeletia and puya bromeliads confirmed the abundance of two frogs (*Osornophryne bufoniformis* and *Hypodactylus brunneus*) that are considered rare in the literature. Alto La Bonita's high-montane herpetofauna was dominated by *Pristimantis* frogs, including the first record of *P. colonensis* for Ecuador and a range extension for *P. ortizi*. *Osornophryne guacamayo*, a rare endemic, was abundant here; this would be a good site to learn about the species and what might protect it. The herpetofauna at Río Verde had Amazonian elements mixed with Andean foothill species. We recorded a latitudinal range extension for the frog *Cochranella puyoensis*—known previously only from the central portions of Ecuador's Oriente—and an altitudinal range extension for the frog *Rhinella dapsilis* (700–800 m), previously known only from Amazon lowlands below 300 m.

Birds: The ornithologists registered 364 species of birds during the inventory and estimate 500 for the three sites surveyed. Including the entire elevational range in the region—from 650 m to paramo—increases the estimate to 650 species. The forest avifauna is diverse, and we recorded relatively few species of other habitats. Aquatic species were poorly represented; we observed a few species in rushing streams and occasional migrants at paramo lakes. The open paramo is species poor; most birds use the patches of isolated forest. The avifaunas were markedly distinct at each site surveyed, with essentially no overlap between Río Verde and the two high elevation sites, and only a quarter of the species in common between the paramo site at Laguna Negra and Alto La Bonita. Within each site, the avifauna varied greatly in association with changing elevation and topography. We registered one endangered species (Bicolored Antpitta), four vulnerable species (Wattled Guan, Military Macaw, Coppery-chested Jacamar, and Masked Mountain-Tanager), and nine near-threatened species; most species of conservation concern were at Río Verde. We recorded 14 range-restricted species: 9 are restricted to eastern Andean slopes, and 5 are in paramo. Although Ecuador is south of the main wintering grounds for migrants from North America, we found 17 species of migrants, including 4 (Swainson's Thrush, plus Blackburnian, Cerulean, and Canada warblers) that winter almost entirely in the humid Andes.

Medium and large mammals: The mammalogists used visual observations, scat, tracks, feeding evidence, smell, vocalizations, and interviews with local people to confirm the presence of 40 species (18 families, 8 orders) of the 50 species they estimate for the region. Our most important finding is intact populations of mountain tapir (*Tapirus pinchaque*) in two of our four sites (both above 3,000 m). Spectacled bear (*Tremarctos ornatus*) was present in healthy numbers at all four sites. Both species are considered vulnerable or endangered (UICN 2008), and threatened with extinction (CITES 2008), through most of their range. We observed abundant tracks and feeding sites of the little-known mountain paca (*Cuniculus* [*Agouti*] *taczanowski*), olive coatimundi (*Nasuella olivacea*), and an unidentified species of *Coendu* porcupine. At lower elevations around 1,500 m, populations of *Lagothrix lagothricha*, *Ateles belzebuth*, and *Alouatta seniculus* still exist. The protection of contiguous forests covering altitudinal ranges for each of these animals is critical for their conservation. Interviews with local people led us to one of the most interesting animals in the region: a giant pocket gopher (*Orthogeomys* sp.) that workers uncovered 4 m underground during excavations for the new road between La Bonita and La Sofía.

Principal social and archeological results	**Past cultural landscape:** The region has a rich and wide variety of archeological evidence that indicates it is an anthropogenic landscape formed during centuries, if not millennia. We found materials indicating the presence of early humans in two of the three areas sampled. In the lowlands of upper Amazonia (our Río Verde site) we found a small riverside occupation. In the Andean foothills we found a large settlement at the modern town of La Bonita, with evidence of a complex form of social organization, and transformation of the landscape through mound building and terracing. Although we found no evidence of human presence in the caves of Laguna Negra (in the paramo), these caves may have been occupied at the end of the Ice age.

Principal social and archeological results (continued)

Present-day cultural landscape: Cantón Sucumbíos (county of Sucumbíos), in Provincia Sucumbíos, was settled during waves of natural resource extraction, starting with rubber-tapping at the end of the nineteenth century. Population in the cantón was 2,868 in 2001. The entire county has electricity and piped water, all communities have elementary schools and distance-learning secondary schools, and La Bonita and El Playon have high schools. La Bonita and El Playon have health clinics; the other communities have medical and first-aid supplies and trained personnel. Economic activities include salaried jobs (especially for the municipality and other governmental work), farming and tending livestock, and logging. Communities along the "Interoceanic Highway" are intimately tied with the market economy—regional, national, and with Colombia—while more isolated La Sofía maintains a largely self-sufficient economy. The greatest assets in this cantón are (1) strong support for protection of forests and watersheds, (2) a dedicated search for alternatives to illegal logging, and (3) capacity to organize around public projects, such as the successful *juntas de agua potable* (management groups for potable water). Residents showed great interest in participating in emerging governmental programs for payment of ecological services, such as the Socio Bosque program of MAE (the environmental ministry). This interest in conservation stems from stricter regulations on illegal logging, fear of droughts, and the possibility of revenues through ecotourism or payment for ecological services. Another major asset in the region is that residents recognize that despite economic difficulties they have a good quality of life because their forests and waters are still healthy and their soils fertile. In February 2008 the municipal government created a protected area approved at the county level, the Reserva Municipal La Bonita (Figs. 2A, 2B, 10J, 12B). In addition, La Sofía is developing a strategic plan to protect its forests, reduce commercial mining activities, and maintain its communal identity and strong link with its environment.

In Provincia Carchi, the social inventory team focused on institutional players in cantones Huaca and Montúfar, which neighbor Cantón Sucumbíos. Carchi is more heavily populated than Sucumbíos. Today residents engage in farming (primarily potatoes) and dairy production. Illegal logging and charcoal production using forest trees still persist, with markets in Quito and Ibarra. Nonetheless, Huaca and Montúfar are developing conservation policies to protect the Andean highlands. Institutional assets in the region also include the Estación Biológica Guandera (part of the NGO Jatun Sacha) and the new extension of the Universidad Técnica del Norte, based in Huaca. Residents of Parroquia Monte Olivo (parish of Monte Olivo, including Palmar Grande, which we studied in more detail) are very enthusiastic for ecotourism and conservation of their forests and paramos. Monte Olivo was more successful than other towns we visited in forming cooperatives (*asociaciones*) for economic activities, especially women's cooperatives.

Principal threats	01 Mining
	02 Logging
	03 Deforestation and subsequent erosion, especially in headwater regions (with subsequent effects on human and wildlife populations that depend on streams for their water supply)
	04 Expansion of the agricultural frontier
	05 New roads and trails into intact habitat or sensitive archeological sites
	06 Excessive burning of paramos
	07 Introduction of non-native species (especially trout)
	08 Water-use conflicts because of diversions for irrigation (Carchi)
	09 For archeological sites, introduction of dairy cows (which disturb the soil) and raiding of valuable objects from ancient sites
Opportunities and targets for conservation	The rugged Cabeceras Cofanes-Chingual is one of the last remote, intact mountainous regions in Ecuador. Encompassing more than 100,000 ha of unbroken habitats, with altitudinal ranges from 650 meters at the mouth of the Chingual River to more than 4,100 meters on the meadows of the highest ridges, this mountainous landscape is the most important remaining refuge for endangered, range-restricted flora and fauna of the Ecuadorian Andes. Spectacular orchids, highly adapted fishes, brightly colored tanagers, and the mountain tapir are among the more conspicuous conservation targets at Cofanes-Chingual. So is the source of water that supplies the entire region. The invaluable, unbroken altitudinal gradient allows movement of plants and animals up and down the slopes and provides crucial buffer for global climate change.
	Specific conservation targets appear in the chapter for each taxonomic group. Below we list the broader conservation targets in the region:
	01 Ecosystem services of freshwater production in paramos, serving the entire region
	02 A broad elevational gradient of intact forest, critical in allowing migration, especially in response to climate change
	03 Diverse and endemic flora of the Northern Andes, a region largely deforested in other parts of Colombia and Ecuador
	04 Highly endemic Andean and paramo fauna between 650 and 4,100 m
	05 Distinct granite- and volcanic-rock-based, high-altitude glacial valleys and lakes

Opportunities and targets for conservation (continued)	06 Hydrologic connectivity between rivers in both the Cofanes and Chingual watersheds
	07 Aquatic ecosystems with little human impact (except introduction of trout)
	08 Healthy populations of montane forest timber species (e.g., *Polylepis, Podocarpus, Humiriastrum*)
	09 Diverse forest avifauna across an entire, montane elevational gradient
	10 Endangered species that are common at the sites inventoried
Principal recommendations	These integrated recommendations use the strengths we encountered in the region to combat the threats that could fragment and destroy the remaining forest, an area vitally important for three provinces and globally valuable for its biodiversity:
	01 **Grant formal conservation status for the continuous vegetation along the entire altitudinal range from lowland forest to Andean paramos.** This is a critical refuge for diverse habitats and water sources crucial for the region.
	02 **Seize the opportunity to catalyze and implement a new conservation model— a municipal reserve.** The Reserva Municipal La Bonita should be supported by a Ministerial Decree from the national environmental authorities, and should integrally involve the local government and indigenous populations.
	03 **Develop and implement participatory management plans for proposed and existing conservation areas:** Reserva Municipal La Bonita, Territorio Ancestral Cofan, and others.
	04 **Form strategic alliances—among indigenous organizations, campesino associations, and municipalities—founded on a shared vision for protecting intact forests.** These alliances will become a local complement to the Ministerio del Ambiente.
	05 **Reinforce and expand alliances among Carchi, Sucumbíos, and Imbabura provinces, strengthening existing links.** Evaluate the unique opportunities to conserve the globally important, intact forests and headwaters in Carchi and Imbabura, especially mechanisms that halt the advance of the agricultural frontier and join forces to protect water sources.
	06 **Pursue binational collaborations for coordinated management of existing and potential conservation areas in Colombia.**
Current conservation status	Presentation of our preliminary results to the provincial governments and regional organizations generated a spirited discussion that resulted in a declaration—signed by all authorities present—to support the Reserva Municipal La Bonita and to create

similar reserves in the two neighboring provinces that still have a narrow band of forest shielding the headwaters of a third important river, the Chota (Figs. 2B, 12B).

Since the start of 2009, The Field Museum has facilitated several meetings in northern Ecuador with local government organizations, NGOs, and local scientists and residents. The goal of this Work Group (*Grupo de Trabajo*) is to secure immediate legal protection for the roughly 70,000 ha that we inventoried in October 2008, along an intact elevational gradient. Neighboring provinces (Carchi and Imbabura) have requested continued support from the Work Group to protect the two adjacent forest remnants, for an additional 18,450 hectares.

At the time of printing of this report, plans were moving forward for the official declaration of the Área Ecológica de Conservación La Bonita-Cofanes-Chingual (AECBCC) to protect the 70,000 hectares envisioned initially as a municipal reserve. The technical proposal for the area received initial approval by the Ministerio del Ambiente in July 2009. The Work Group continues to follow the declaration process closely, and will start developing a management plan for the AECBCC.

Why Cabeceras Cofanes-Chingual?

Following the tracks of a mountain tapir, one can descend from the surreal, windswept paramos* of Cabeceras Cofanes-Chingual through the precipitous slopes of cloud forests dripping with mist and orchids all the way down to tall Amazon forests in the lowlands. The conservation complex proposed in this report will protect the headwaters of two important rivers in the region, the Cofanes and Chingual, and will conserve water resources critical to human populations and to a rich assemblage of wild species. The complex will safeguard the forested slopes from 650 to 4,100 meters in elevation, one of the last intact altitudinal gradients remaining in Ecuador. Contiguous with Cofan ancestral lands and the Reserva Ecológica Cayambe-Coca, this new reserve will provide a key piece in the region's conservation puzzle, resulting in a corridor of more than 550,000 hectares of highly diverse forests.

The streams that drain the region are the sources of the Aguarico-Napo river system, one of the most important fluvial systems of western Amazonia. The Cofanes and Chingual rivers, which join to form the Aguarico, are some of the last unfragmented mountain rivers in Ecuador and provide crucial habitat for aquatic biota. Paramos and forests filter rainwater and modulate river flow in these headwaters, protecting critical sources of water for domestic and agricultural uses.

Habitat variation is striking and the distribution of species is narrow and markedly patchy: species on one ridge are often not on the next, nor are they found at lower or higher elevations. The intact vegetation of Cabeceras Cofanes-Chingual allows free movement of bears, tapirs, macaws, and other wide-ranging species up and down the mountains in search of food, mates, and nesting sites. The forested slopes buffer the effects of climate change because they allow species to migrate in response to hotter, wetter, or drier conditions.

Human history in the area spans thousands of years and has left a strong imprint on the environment. Accelerating deforestation and unsustainable mining and agricultural practices now endanger both wilderness and humans, and local residents are mobilizing to retain the forests that surround them. Three provinces—Sucumbíos, Carchi, and Imbabura—have joined forces to create a conservation complex that will ensure the long-term survival of this spectacular and diverse landscape.

* High-altitude grasslands.

Conservation in Cabeceras Cofanes-Chingual

CONSERVATION TARGETS

We envision Cabeceras Cofanes-Chingual as a conservation complex that protects diverse Andean forests for the long term and sustains the quality of life in neighboring towns and villages. Implementation of this vision will depend on a network of government and non-government organizations, public officials, scientists, local residents (including indigenous groups), and a strong scientific foundation. Below we highlight ecosystems, habitats, species, and human practices important for conservation of the area. Some of the conservation targets occur only in this region; others are rare, threatened, or vulnerable in other parts of the Amazon or Andes. Some are crucial for local residents; others play critical roles in ecosystem function; and still others are critical for the long-term health of the area.

Landscapes and ecosystem services	▪ A broad elevational gradient (650–4,100 m) of intact forest, critical in allowing migration in response to climate change ▪ High-altitude glacial valleys and lakes, including a rare glacially carved valley surrounded by solid granite walls ▪ Intact forests that provide natural protection from erosion in rugged mountain landscapes ▪ Forests that store globally important reserves of carbon ▪ High-gradient rivers and streams that ensure water supply for the entire region ▪ Hydrological connectivity between the headwaters and downstream areas throughout the Cofanes-Chingual basin, important for aquatic and human communities
Vascular plants	▪ A well-conserved sample of the diverse and endemic flora of the northern Andes, a region largely deforested in other parts of Ecuador and neighboring Colombia ▪ Healthy populations of timber species in upper and lower montane forests (e.g., *Polylepis, Podocarpus, Weinmannia, Humiriastrum*)

Conservation Targets (continued)

Vascular Plants (continued)		▪ Tremendous diversity of orchids, including possibly some of the highest local richness of genera such as *Masdevallia*
Fishes		▪ Highly endemic, poorly studied, Andean fish assemblages located between altitudes of 500 and 3,500 m
		▪ Ecological integrity of aquatic communities, including fishes as a principal component
Amphibians and reptiles		▪ Endemic species of the eastern foothills of northern Ecuador and southern Colombia classified as endangered, including *Cochranella puyoensis*, *Gastrotheca orophylax*, and *Hypodactylus brunneus*
		▪ Amphibians whose reproductive strategies have been affected by climate change and epidemiologic factors in the Ecuadorian and Colombian Andes (*Hyloscirtus larinopygion*, *Cochranella puyoensis*, *Gastrotheca orophylax*)
		▪ Species with restricted distributions associated with paramo microhabitats, which are threatened by excessive burning by humans (*Osornophryne bufoniformis*, *Hypodactylus brunneus*, *Riama simoterus*, and *Stenocercus angel*)
		▪ Endemic species categorized as Data Deficient with restricted distributions in northern Ecuador and southern Colombia (*Pristimantis ortizi*, *P. delius*, and *P. colonensis*)
Birds		▪ Endangered birds, including Bicolored Antpitta (*Grallaria rufocinerea*)
		▪ Threatened birds, including Wattled Guan (*Aburria aburri*), Military Macaw (*Ara militaris*), Coppery-chested Jacamar (*Galbula pastazae*), and Masked Mountain-Tanager (*Buthraupis wetmorei*)

	■ Fourteen range-restricted species of Andean slopes and paramo
	■ Diverse forest avifauna across an entire montane elevational gradient
Mammals	■ Healthy populations of mountain tapir (*Tapirus pinchaque*) and Andean bear (*Tremarctos ornatus*)
	■ Abundant populations of *Nasuella olivacea, Agouti taczanowskii*, and other montane species
	■ Important predators, including puma (*Puma concolor*) and jaguar (*Panthera onca*)
	■ Intact populations of woolly monkey (*Lagothrix lagothricha*) and white-bellied spider monkey (*Ateles belzebuth*) at mid-level altitudes
	■ Intact altitudinal ranges for all these species, especially mountain tapir and Andean bear
Archeological and historical artifacts	■ A pre-Columbian settlement at La Bonita, made up of mounds and other modifications of the environment
	■ A pre-Columbian settlement at Río Verde, at the confluence of the Verde and Cofanes rivers
	■ Other archaeological artifacts and earthworks, an invaluable historical record of pre-Colombian settlements in the region, some of which are known to local residents
Human communities	■ Organic farms using traditional methods and crops and small-scale production (e.g., artisanal cheeses)
	■ Local ecological knowledge, including use of native medicinal plants
	■ Artisanal gold mining operations and technology, including apparently premodern sites that could become tourism opportunities

Conservation Targets (continued)

| | Human communities (continued) | ▪ Access roads for horseback or pedestrian travel, such as the road from La Bonita to La Sofía and the road to La Estación Biológica Guandera (as opposed to bigger thoroughfares that expose the area to colonization and large-scale extraction of natural resources) |
| | | ▪ The "Eastern Road" (Camino del Oriente), a historical path linking Monte Olivo and La Sofía, which could complement community efforts in ecological and historical tourism |

The rugged headwaters of the Cofanes, Chingual, and Chota rivers (including the latter's tributaries: Apaquí, Escudillas, and Sataqui) represent one of the last opportunities to conserve the distinct biological communities along an altitudinal gradient from 650–4,100 m. This mountainous area is the most important remaining block of forests providing refuge for unique and threatened species in the Andes, as well as essential water sources for human populations in Carchi, Imbabura, and Sucumbíos.

One portion of the forested block already is an established conservation area, Territorio Ancestral Cofan (30,700 ha). To the north is the proposed Reserva Municipal La Bonita* (70,000 ha; Figs. 2A, 2B), a conservation initiative originating within Provincia Sucumbíos. The western fringe indicated with a dotted line in Fig. 2B offers a unique opportunity to protect water sources and the few remaining forests and paramos in the provinces of Carchi and Imbabura.

Below we list our principal recommendations. These recommendations mobilize the strengths we encountered in the region to mitigate the threats that could fragment and destroy the remaining block of forest, an area vitally important for three provinces and globally valuable in its biodiversity.

Protection and management

01 **Grant formal conservation status to the entire altitudinal range, from lowland forest to Andean paramos, which harbors unique biological communities and water sources for the region.**

- We recommend that the Instituto Nacional de Desarrollo Agrario (INDA, the national institute for agrarian development), conduct an evaluation to designate the area as appropriate for the conservation of natural resources. Steep cliffs, vertical slopes, and frequent landslides create highly unfavorable conditions for agriculture in the mountains.

- Delimit specific conservation areas to protect the integrity of watersheds, (especially the headwaters) and a continuous range of intact habitats; coordinate the management of these areas as an integrated network.

- Strengthen inter-institutional links among the Secretaría Nacional del Agua (SENAGUA, the national water authority), the Ministerio del Ambiente (MAE, the ministry of the environment), local governments, and community water organizations, among others.

- Support and strengthen local conservation interests within the integrated network of protected areas (e.g., the Guandera Biological Station and a new conservation area in Monte Olivo, among others).

02 **Seize the opportunity to catalyze and implement a new conservation model— a municipal reserve (la Reserva Municipal La Bonita),** with integral participation from parishes (*parroquias*) and indigenous populations, and the approval of the national environmental authorities with a Ministerial Decree.

* The proposed municipal reserve is now being protected as the Área Ecológica de Conservación La Bonita-Cofanes-Chingual (AECBCC).

Protection and
management
(continued)

03 Develop and implement participatory management plans for proposed and existing conservation areas: Reserva Municipal La Bonita and the Territorio Ancestral Cofan, and others.

- Form a work group that includes the department of environment of the Sucumbíos municipal government (Departamento del Medio Ambiente del Gobierno Municipal Cantón Sucumbíos, GMCS), the mayor of GMCS, representatives of the parish (*parroquia*) boards of Rosa Florida and La Sofía, members of the Cofan Survival Fund (FSC), and the Cofan indigenous federation (Federación Indígena de la Nacionalidad Cofan del Ecuador, FEINCE), and other key actors.

- Together with local landholders, adjust the limits of the proposed La Bonita municipal reserve.

- Zone each conservation area, defining strict protection areas, areas of traditional use, and management areas.

- Identify critical access points for establishing control posts, using the La Bonita–La Sofía highway as a patrol route—with sentry huts at points of access to the highway—and halt land trafficking along the length of the road.

- Manage excessive burning in the paramos, hunting levels, and exotic species (e.g., trout, grasses, cattle).

- Restrict unsustainable fishing practices in the lowlands (e.g., use of dynamite and *barbasco* fish-poison)

- Implement initiatives (e.g., agroforestry) to reduce and ultimately eliminate timber extraction from conservation areas.

- Research alternatives to harmful agrochemicals and promote development of water treatment projects to preserve water quality.

- Implement a participatory *comité de gestión* ("management committee") that involves residents living in and around the conservation areas in the development of management plans and the administration of the areas.

- Conduct an "environmental flows assessment" and use appropriate technologies to minimize the ecological impact of the proposed hydroelectric plant in La Sofía.

- Coordinate management among the neighboring conservation areas.

- Reinforce management plans with municipal ordinances.

04 Build strategic alliances—among indigenous organizations, *campesino* associations, and municipalities—founded on a shared vision for protecting intact forests. These alliances will provide a crucial local complement to the activities of the Ministerio del Medio Ambiente. Build on existing successful models, e.g., Cofan conservation management and park guard systems, and Reserva Ecológica El Ángel.

05 **Reinforce and expand alliances among Carchi, Sucumbíos, and Imbabura provinces, strengthening existing links.** Evaluate the unique opportunities to conserve globally important intact forests and headwaters in Carchi and Imbabura, especially mechanisms that halt the advance of the agricultural frontier; join forces to protect water sources.

06 **Develop financial mechanisms for the protected areas through the national and provincial governments.**

07 **Elaborate a strategic development plan for responsible land use, especially soil management, in the surrounding conservation areas and provide technical support for suitable aquaculture practices.**

- Strengthen and improve existing programs, including the Centro de Investigación y Servicios Agrícolas para Sucumbíos (CISAS, the Sucumbíos agricultural research and services center) and municipal initiatives in Sucumbíos, Carchi, and Imbabura, improving follow-up with agriculturalists.

- Pursue opportunities to collaborate with other private and public entities, e.g., the national agrofisheries research institute (Instituto Nacional Autónomo de Investigaciones Agropecuarias) and local extensions of various universities, including the Escuela Superior Politécnica Ecológica Amazónica (ESPEA) and the Universidad Técnica del Norte–Extensión Huaca.

08 **Consider economic alternatives that are ecologically compatible with the area, such as local handicrafts, and orchid and bromeliad cultivation, using successful models in Ecuador and other countries** (e.g., micropropagation of orchids).

09 **Carefully define possible financial mechanisms that could support environmental services, manage expectations, and base development of ecotourism on existing experiences** (e.g., the "Y" in the Laguna de Mache Chindul, and the Red Indígena de Comunidades del Alto Napo para la Convivencia Intercultural y el Ecoturismo [RICANCIE]).

10 **Expand successful training programs for teachers in environmental education, and distribute identification guides for native species and other materials to existing programs** (e.g., the "Green Notebook" (*Cuaderno Verde*) curriculum developed by the environmental education department in Sucumbíos.)

11 **Pursue binational collaborations with Colombia in contiguous conservation areas.**

12 **Conduct feasibility studies for an avoided-deforestation project in the Cofanes-Chingual region.**

Research

01 **Determine the distribution of the introduced rainbow trout** in the Cofanes-Chingual basin and evaluate its impacts on the aquatic ecosystem and native fish species.

Research (continued)	02 **Conduct cost-benefit studies of rainbow trout cultivation** to determine whether or not this "alternative economic development activity" is financially feasible.
	03 **Study population dynamics and ecology of threatened species** (e.g., amphibians, macaws, mountain tapirs, spectacled bears), in particular, seasonal movements, home ranges, and key food and reproductive resources.
Additional inventories	01 **We recommend additional inventories targeting elevations we did not sample** (i.e., 1,100–2,500 m and 3,000–3,500 m) and focused on the isolated massif to the east of La Sofía, the upper Condué valley, the Ccuttopoé paramo, the upper Cofanes drainage, and the forested areas on the western flanks in Carchi province. For aquatic communities, we recommend additional inventories in the Cofanes and Chingual rivers and their main tributaries, beginning near La Sofía.
	02 **Conduct inventories to understand the size and extent of the Bicolored Antpitta population.** Given the deforestation in Colombia, the populations in Cabeceras Cofanes-Chingual are likely among the largest within its range and critical for long-term conservation of this rare species.
	03 **Inventory other paramo sites for Masked Mountain-Tanager,** which seems to be negatively impacted by burning of the paramo. Ccuttopoé is especially important because it lacks human-generated fires.
	04 **Inventory appropriate habitat for locally distributed, near-threatened species,** including Black-thighed Puffleg, Coppery-chested Jacamar, and White-rimmed Brush-Finch.
Monitoring and surveillance	01 **Train a local corps of forest wardens, guides, and scientists to support the monitoring, surveillance, research, and inventory work for the complex of conservation areas in Cabeceras Cofanes-Chingual.**
	02 **Monitor deforestation in the buffer zone,** to understand and eventually mitigate its causes.
	03 **Monitor water quality, especially in the Chingual River,** which drains deforested lands to the north and east of its course, to create an early-alert mechanism to mitigate sources of pollution.

Technical Report

OVERVIEW OF REGION AND INVENTORY SITES

Authors: Corine Vriesendorp, Randall Borman, and Stephanie Paladino

Cabeceras Cofanes-Chingual ("Cofanes-Chingual") is a rugged and remote wilderness in northern Ecuador—a vast expanse of diverse, intact forests covering the eastern flank of the Andean cordillera. These forests grow on the youngest extension of the Andes, part of the volcanic chain running south from Colombia into Ecuador.

The area is named for the two rivers—the Cofanes and the Chingual—which originate high within its paramos (Andean wet meadows). These two rivers and their many tributaries drain the northern, central, and eastern portions of the area into the Amazon basin (Figs. 2A, 12B). A thin band of the westernmost edge of the area comprises the upper headwaters of the Mira-Chota river drainage, which eventually feeds into the Pacific.

Cofanes-Chingual covers over 100,000 ha and spans two provinces, Carchi and Sucumbíos; the majority of the area rests within Sucumbíos. Few people live on the Sucumbíos side, but the neighboring valley in Carchi harbors a substantial and growing human population. Sucumbíos and Carchi share a common interest in the area because headwater streams in Cofanes-Chingual provide water for human settlements in both provinces.

Current conservation plans envision two adjacent pieces: a municipal reserve (*reserva municipal*)* covering the central and northern portions, and an indigenous territory (*Territorio Río Cofanes*) in the south. In September 2007, the Ecuadorian government granted the Cofan indigenous people title to a 30,700-ha block of ancestral territories along the Cofanes River (Figs. 2A, 2B, 10J). The Cofan already manage other parts of their territories along the Aguarico River, and have extended their park-guard system and patrolling efforts into the southern portion of the Cofanes-Chingual.

Residents in the central and northern portions of Cofanes-Chingual are very interested in creating a municipal reserve of approximately 70,000 ha. In 2008, the municipal government of Cantón Sucumbíos, headquartered at La Bonita, took an important step towards protecting the area, passing a near-unanimous resolution to

---

* At the time of printing of this report, plans were moving forward for the official declaration of the Área Ecológico de Conservación La Bonita-Confanes-Chingual (AECBCC).

create the reserve. The next step—the creation of a valid legal framework and management plan for the municipal reserve—is still pending.

Cofanes-Chingual shares its southern border with the Reserva Ecológica Cayambe-Coca (403,103 ha). And, across the Río Chingual to the east lies the Reserva Ecológica Cofan-Bermejo (53,451 ha). Combined, these three areas would create a reserve of more than 550,000 ha, conserving a complete elevational range of Andean forests, which are some of the most critically endangered habitats in South America.

Our rapid inventory of Cofanes-Chingual supports conservation planning and implementation in the region by means of a survey of the biological value of the area and the social strengths and aspirations in surrounding villages and towns.

In the technical reports that follow, scientists discuss their findings on the geology, hydrology, flora, vegetation, fishes, amphibians, reptiles, birds, mammals, archeology, and social assets of the region. Below we provide a brief context for those reports, describing the sites surveyed by the biological team, and the human communities visited by the social team.

BIOLOGICAL INVENTORY
(15–31 OCTOBER 2008)

A highly heterogeneous jumble of soils and rocks—ranging from uplifted ancient geologic formations to young volcanic material and more recently altered metamorphic rocks—underlies Cabeceras Cofanes-Chingual. The landscape is terrifically dynamic, reflecting historical and ongoing processes of earthquakes, volcanic eruptions, glaciers, and landslides.

The nearest meteorological measurements, taken at the Guandera Biological Station on the western slopes of the inventory area, indicate an annual rainfall average of 1,700 mm. This number likely underestimates actual conditions in Cofanes-Chingual because of unmeasured condensation inputs from moisture-laden winds and near-constant cloud cover most of the year.

Spanning more than 3,500 m of elevational change, Cofanes-Chingual is bounded at it lowest point at 650 m (in the southeast) and extends over steep slopes and jagged peaks to reach its highest points over 4,200 m (in the northwest). Above 3,600 m, wet meadows, known as "paramos" (páramos in Spanish), form a large, discontinuous rim around the northern and western edges of the area. With the exception of some isolated terraces, a few flat crests, and the occasional glacially formed valley, there are remarkably few flat areas. The steepest slopes are on the southern edge of the isolated massif east of the town of La Sofía.

Using satellite imagery and a June 2008 helicopter overflight of the northern part of Cofanes-Chingual, we chose four sites: two within the Cofan ancestral lands and two within the proposed municipal reserve. Sites were selected to represent a broad altitudinal range (650–4,000 m) and the greatest diversity of habitats in the two proposed conservation areas.

Logistically, access to the area was extremely challenging, and we used a combination of horses, hiking, and helicopters to reach our sites. We traveled counterclockwise around the area, beginning in the northwest and ending in the northeast. Weather and helicopter availability prevented us from reaching Ccuttopoé, our southwestern site, despite three days of attempts.

Below we describe the three inventory sites visited by the biological team from 15 to 31 October, and include some information about the fourth site, Ccuttopoé, visited only by our advance team and our mammalogist (R. Borman) during early reconnaissance trips to the area. Our ichthyological team sampled streams at two additional sites near the towns of La Bonita and Puerto Libre; these habitats are described in their technical report (p. 187).

Laguna Negra (15–19 October 2008, 00°36'44.1" N, 77°40'12.5" W, 3,400–4,100 m)

This was our highest-elevation site. We camped midway along a kilometer-long valley, on a low rise at the base of a 25-m tall waterfall. Glaciers formed the valley, creating a U-shaped trough and leaving behind a series of rounded hills at the trough's lower end. The waterfall separates the valley into two sections, and both the upper and lower sections have a flat area amidst the hills. In the lower valley, a small lake, Laguna Negra, fills the flat valley bottom and is visible on the satellite image. In the upper valley the area is swampy, apparently a former lake slowly filling with eroded soil and vegetation.

Tussock-grass paramo dominates the landscape, dotted with stems of *Espeletia pycnophylla*, known locally as *frailejones* (Figs. 1, 3A). Only the steepest slopes of the valley support patches of forest, which vary in size from small clumps of trees and shrubs to larger expanses of a hectare or more (Fig. 1).

We established 12 km of trails and explored the valley in which we camped, as well as two valleys to the west and one to the east. One of our trails descended to 3,400 m on an east-facing slope, where it entered much wetter forests. Because the paramo is open grassland, we could blaze across the landscape and not restrict ourselves to existing trails.

To reach the site, we hiked for two hours along a horse trail used frequently by residents of El Playón de San Francisco, a town only 6 km away. The town has initiated a tourism project near Laguna Negra, and residents are stockpiling wooden planks to build an inn and seeding the lake with trout (an exotic species). Currently people hunt and fish in the paramo, extract some timber for fuelwood, and set fires to the grasslands. Their trails criss-cross the paramo, as do occasional trails of spectacled bear.

Río Verde (22–26 October 2008, 00°14'13.9" N, 77°34'34.7" W, 650–1,200 m)

We flew by helicopter from the town of Puerto Libre to our lowest-elevation site, in the southeastern corner of Cofanes-Chingual. This site was closest to the diverse forests of Amazonia, and the only one where we found strong evidence of recent human settlement.

We camped on a high terrace, in a clearing at the edge of a sheer drop-off 50 m above the fast-flowing, ~30-m-wide Cofanes River. In the last year, Cofan park guards have established a guard post here, building a small house and creating a small garden of plantains, sugar cane, and corn. This is one of two areas within the Río Cofanes ancestral territory where the Cofan are establishing control posts; the other is on the western slopes in Carchi several kilometers upslope from Monte Olivo.

We explored 14 km of trails that traversed the high terrace where we camped, the ridge to the north of our camp, and forests on the other side of the Cofanes and Verde rivers. Many of the trails scrambled up steep faces; the few flat areas were restricted to ridges and the saddles between them. A network of small streams drains each of the hilltops, cutting through heterogeneous substrates to feed the Cofanes River and its tributaries.

Both the Cofanes and Verde rivers cut deep ravines and no true floodplain is evident along the inner meanders. All of the rivers had high water levels during our stay, and were rough and fast flowing. River levels created challenging sampling conditions for the ichthyologists, and, because fording the rivers was dangerous, we established cables to traverse the wider rivers using harnesses and pulleys.

We observed remnants of a mining camp along the Cofanes River, downstream from our camp. For the last three decades, illegal miners have been an ongoing presence in the area, with the most intense period of activity in the 1980s.

Alto La Bonita (26–31 October 2008, 00°29'18.0" N, 77°35'12" W, 2,600–3,000 m)

We flew by helicopter directly from the Río Verde site to Alto La Bonita—a spectacular flight up the Cofanes River drainage, flanked by forested peaks—and landed along the upper reaches of the Sucio River on a grassy bluff at the end of a massive landslide.

The landslide is recent, having occurred in the last four years, and apparently deposited enough material to dam the Sucio River temporarily. When the dam burst, the large pulse of water flooded expanses of pasture and agricultural lands near La Bonita. The landslide covers tens of hectares in its entirety but is ~50 m wide at its base at the river's edge.

We explored 13 km of demanding trails, including (1) a long trail along the Sucio and over a large hillcrest to La Bonita, the nearest town, 6 km downstream; (2) a trail upriver along the Sucio and along a tributary to two side-by-side waterfalls; (3) a loop through montane forest growing on the slopes southwest of our camp; and (4) a long trail that traveled up the ridge north of our camp, descended into a glacial valley, traversed a series of Andean bogs, and reached the base of the granite cliffs that ring the valley.

The Sucio River was ~10-m-wide during our stay, and rose and fell dramatically with rainfall. Three years ago, the Sucio was stocked with trout (*Oncorhynchus mykiss*), a non-native species. The Amarillo River, a tributary of the Sucio that dissects the glacial valley, is currently devoid of trout, however, barring physical barriers, trout will almost certainly expand within the drainage.

Some small-scale logging is occurring in the area, mainly of *Podocarpus* trees, both for local use and commercial markets.

We reached this site by following an old, abandoned trail created by residents of La Bonita. The trail is now well established, and our campsite could provide an ideal location for a park guard post to monitor and stem hunting excursions and timber extraction from the area.

Ccuttopoé (00°19'57.6" N, 77°48'54.5" W, 3,350–3,900 m)

The biological team was not able to reach Ccuttopoé during the inventory. However, mammalogist Randy Borman visited the site twice before the inventory. Ccuttopoé is a Cofan word meaning "place of the mists." In contrast to Laguna Negra, few people have visited this site, and it appears to be one of the few remaining wild paramos in Ecuador.

From Monte Olivo, a town on the western slopes at 2,400 m, a trail leads steeply upwards through a mix of pastures and relatively intact montane forest until it reaches a small, oval lake ~1,400 m² in size (Fig. 3A). More than 30 years ago the lake was stocked with trout, and local residents are keen to develop tourism here.

Beyond this first lake, signs of human activity vanish, and bear and tapir tracks are abundant. A new trail established by the Cofan rises sharply from the trout-stocked lake through heavily forested sections of the valley, continuing up to tussock-grass- *Espeletia* paramos to the windswept and virtually bare ridge of the continental divide. From the divide downward, the Ccuttopoé camp comes into view, located at the headwaters of the Condué River, alongside a small lake at 3,600 m. Here, heavily forested hillsides alternate with paramo meadows down the Condue valley to the confluence of the Condué and Agnoequi rivers at 3,200 m.

SOCIAL INVENTORY
(8–30 OCTOBER 2008)

The social team visited communities within and surrounding Cabeceras Cofanes-Chingual to identify the main patterns of natural-resource use of these communities (Figs. 2A, 12B), their potential interactions with and aspirations for the proposed conservation areas, and existing community and regional assets for participating in conservation planning.

The team visited 22 communities. In 9 focal communities, scientists conducted intensive interviews, community workshops, and informational meetings. We visited 13 additional communities to interview representatives of local and regional governments and other key actors, conduct visual surveys of land-use patterns, and briefly interview residents.

Although the communities visited are in the two provinces of Sucumbíos and Carchi, conceptually they can be grouped into three categories according to their sociohistorical patterns and regional contexts.

The first group of communities includes Paraíso, La Barquilla, Rosa Florida, La Bonita, and La Sofía. Here, forested areas dominate the landscape, ranging in elevation from 800 to 2,500 m. Communities are linked by (1) the Chingual River and its tributaries; (2) historical relations of settlement, kinship, migration, and economy; and (3) a highway (which connects them to Lago Agrio, the provincial seat of Sucumbíos, to the south, and Provincia Carchi to the north). In addition, communities share a common set of agricultural- and natural-resource use patterns, with local variations reflecting timing of settlement, altitude, microclimate, and geography. While sharing many of these characteristics, the community of La Sofía is distinctive because (1) it is located in a valley deep within the proposed municipal reserve, close to the Río Cofanes ancestral territory; (2) it still has no direct highway access; and (3) it is on the Laurel River, a tributary of the Cofanes River.

The second group comprises communities situated along the northern extent of the proposed municipal reserve. Some are in the northernmost extension of Cantón Sucumbíos (in Provincia Sucumbíos), and the rest fall within Provincia Carchi. While these Sucumbíos communities have some historical and economic ties with the communities discussed above, they are economically, geographically, and ecologically most like their Carchi neighbors. The focal community visited was El Playón de San Francisco. However, observations and interviews with key institutional actors were carried out in Santa Barbara, Santa Rosa, Las Minas, and Cocha Seca (Sucumbíos); and Tulcán, Huaca, San Gabriel, and Mariscal Sucre (Carchi). These communities fall within an altitudinal range of 3,000–3,800 m. In this region, a patchwork of potato fields and cattle pastures surrounds human settlements, with the agricultural frontier gradually giving way to forested areas on hill crests just below the paramo. These forests protect water sources for several communities in both Sucumbíos and Carchi provinces.

The third group of communities inventoried is in Cantón Bolívar, at the southernmost tip of Provincia Carchi, bordering Sucumbíos and Imbabura provinces. Monte Olivo and Palmar Grande were our focal communities. We conducted observations and brief visits in nearby Miraflores, Raigrass, Aguacate, Manzanal, and Motilón villages, perched on the flanks of the surrounding mountains that drain into the Carmen and Escudillas rivers. The social team also briefly visited Pueblo Nuevo, a community a few kilometers downstream from Monte Olivo, established when some Monte Olivo residents relocated after a massive 1972 landslide. These settlements are at approximately 1,900–3,100 m and share historical links and a common struggle to adapt production systems to the demanding conditions of mountain microclimates, steep topography, and periods of water scarcity. The region provides irrigation water for downstream farming communities.

A core social team (Alaka Wali and Stephanie Paladino) was present throughout the inventory and was joined by additional members during different phases. Details and discussion of the natural-resource use practices and social assets of the communities within and adjacent to Cabeceras Cofanes-Chingual appear in the last chapter of the technical report (see pages 230–248).

GEOLOGY, HYDROLOGY, AND SOILS:
Landscape properties and processes

Author/Participant: Thomas J. Saunders

Conservation targets: High-altitude glacial valleys and lakes; a rare glacially-carved valley surrounded by solid granite walls; high-gradient rivers and streams; valuable ecosystem services of water capture and supply; and intact forests that provide natural protection from erosion in high gradient mountains

INTRODUCTION

The geological template of Cabeceras Cofanes-Chingual is among the most complex and dynamic on the planet. Outcrops of solidified volcanic debris, walls of solid granite, and a mixture of sedimentary and metamorphic rocks break the surface along an altitudinal gradient rising from 650 to over 4,000 meters in elevation. Rock ages range from geologically young volcanic deposits to slates whose original material was deposited well over a hundred million years ago. Steep, forested slopes, long sinuous ridgelines, and high-gradient rivers link high-altitude paramos (alpine grasslands) to the depositional floodplain of the Aguarico River. The region receives large quantities of rain and condensation, and water plays a huge role in shaping the landscape via erosion, landslides, and the constant export of sediments from the Andes to the Amazon.

During the last ice age, glaciers carved into the volcanic deposits and granite outcrops near these mountain summits to create deep glacial valleys bounded by steep rock cliffs. The Soche volcano shaped the landscape through its past eruptions and the resulting deposits of ash and rock throughout the region. Volcanic fire met glacial ice when Soche reportedly erupted ~10,000 years ago (Hall et al. 2008), creating huge mud and lava flows ("lahars"), again reshaping the landscape. Continually punctuated by change, the Andes of Cabeceras Cofanes-Chingual are still subject to major geological events. The Chingual-La Sofía fault line crosses directly through the middle of the inventory region (Eguez et al. 2003). This fault system has been very active over the past 10,000 years. Ego et al. (1996) estimate that an earthquake of 7.0–7.5 magnitude can be expected along this fault line every 400 (+/-440) years.

This 70-km fault line is just one indication of the active geology in the region: Significant eruptions of the nearby volcanoes Cayambe, Reventador, and Soche would also affect Cabeceras Cofanes-Chingual.

Less-dramatic landslides triggered by small storms and soil creep (the slow, downslope movement of soil due to gravity) occur across the landscape and exemplify the variety of temporal scales over which the mountains are shaped. Highly variable rock types and the high incidence of landslides result in a truly heterogeneous and dynamic arrangement of young soils. Despite this variability, a large-scale trend in soil conditions emerges: Regardless of underlying rock type, organic matter accumulation increases with altitude as the temperature drops and moisture levels rise in the soils. The physical and chemical properties of water also change as a function of altitude and geological variability but generally exhibit elevated pH and conductivity levels characteristic of whitewater Andean rivers. Small high-altitude lakes and marshes are common in the paramo landscape, and have their own unique physical and chemical properties.

Cabeceras Cofanes-Chingual dramatically influences regional meterological and hydrological cycles by capturing much of the moisture held in the air masses blowing in from the Amazon Basin. An "orographic effect" wrings moisture from warm moist air forced up the eastern Andean slopes by the prevailing winds. With increasing altitude, dropping temperature gradually decreases the saturation point of these air masses and forces condensation of water molecules into droplets. Condensation accumulates on plant leaves, drains into the soil, and eventually drains through the subsoil and into streams and rivers. However, if vegetation cover decreases (i.e., via deforestation), so will the amount of condensation collected. With its intact forest cover and paramo, Cabeceras Cofanes-Chingual performs a monumental environmental service by capturing freshwater for human uses and environmental services.

Intact forests also prevent erosion and deter landslides that would otherwise occur on the steep mountainsides. Slopes in the region range from low-gradient terraces to vertical cliffs, and many of the slopes observed at the camps were at angles greater than 45°. The potential for erosion increases as a slope increases because the rain

that falls on it travels faster and can carry more sediment. While the soils themselves may be fertile—especially in areas with a strong volcanic influence—clearing the forest for agriculture will result in a rapid loss of fertility because the heavy rainfall in the region quickly erodes bare soil. While it is possible to farm a steep hillside for a short period of time, erosion rates eventually become so high as to quickly exhaust the fertility of the soils. Also common in steep landscapes like the Cofanes-Chingual are large landslides that can endanger human habitations or cause temporary, natural dams along small rivers and streams that drain the steep valleys; these natural dams cause significant flooding downstream.

METHODS

I evaluated the landscape, soils, water bodies, and geological past of the region based on observations made while hiking the established trails in each camp, using aerial photos taken on overflights and during helicopter transport to each camp, and via existing data derived from satellite images (Aster, Landsat) and topographic information (SRTM 90-m resolution; IGN 1:50,000 scale maps). I assessed rock types along existing outcrops and in riverbeds to understand the dominant underlying bedrock at each camp. I used a Dutch Auger to sample soils to a depth of approximately 1.4 m within different landforms. I noted differences in soil color, texture, and horizonation in association with different landforms and along topographic gradients. Finally, I measured conductivity, pH, temperature, and dissolved oxygen in water bodies using a YSI Professional Plus datalogger and sensor assembly. I combined observations of geology, soil, hydrology, and water quality to form a landscape history at each site and to provide a physical context to the biological work completed during the inventory. References to soil taxonomy follow that of the USDA Soil Survey Staff (2006).

RESULTS

Data for the conductivity, dissolved oxygen, oxidation/reduction potential, pH, and temperature of water bodies are given in Appendix 1.

Laguna Negra

Geology and landscape processes

Laguna Negra sits at the base of a long, glacially carved valley bounded by a combination of sheer rock walls and steep hillsides. The relatively flat valley bottom is segmented by two waterfalls, which drop 10–25 m. Streams and small rivers near Laguna Negra slowly meander over a bedrock that tells of an explosive past. Volcanic breccia, the bedrock dominating the entirety of the Laguna Negra camp trail system, is formed when rocks created by volcanic eruptions (basalt, rhyolite, andesite, and pumice) are mixed with lava, water, and ash in violent torrents ("lahars"). This heterogeneous mix of rock and water eventually hardens into a solid rock mass containing inclusions of various rock types. After glaciers cut into this rock, the resulting valleys were again filled with lahars and landslides that occurred following the glacial retreat.

The valley of Laguna Negra resembles other, glacially carved headwater valleys that I observed nearby at similar elevations along the trail system. The glacial and volcanic landscape that originally formed by a violent combination of fire and ice continues to be transformed by slow but persistent geomorphic and pedogenic processes. Plant growth, organic matter deposition, and sediment slowly fill the hollows of the valley bottoms and convert lakes into wetlands by creating deep, soft deposits of organic matter, fine sand, and silt. Small landslides descend from the steep hillsides, burying old soil surfaces with fresh organic and mineral material, and adding to the hummocky topography in the valley. Small streams meander around these landslide surfaces, slowly cutting into the valley bottom.

Soils

Owing to its high elevation, Laguna Negra is characterized by cold and wet conditions that dramatically slow the decomposition of organic matter. Grasslands produce large amounts of organic matter, which then accumulate into thick organic deposits. (Notably, paramo soils act as considerable storehouses for carbon.) Surface horizons, rich in organic matter, often exceeded 1 m in depth, especially in relatively flat areas of the landscape. Steep hillsides alternate between exposed bedrock covered by lichens and mosses to those covered by a shallow organic-rich soil over bedrock. Textures are often much sandier on hillsides because weathered bedrock from above mixes with the surface soil. Where Andean forests are present in patches, thick mats of moss (up to 60-cm thick in places) occur on the surface of shallow soils. The soils dominating this region fall under the soil order of Andisols (using USDA taxonomy) due to the presence of volcanic materials within 50 cm of the soil surface. Limited expanses of Histosols, those soils dominated by organic matter, are especially prevalent in the saturated valley bottoms and wetlands.

Water

Lakes, streams, bogs (*pantános*), and small pools were common throughout the wet, high-elevation paramo. Temperatures were consistently <10 °C in all water bodies, but small exposed pools had temperatures up to 12 °C during day. The pH of streams and rivers was affected by the concentration of base cations (Ca, Mg, K, Na) commonly associated with volcanic rocks, leading to higher pH values (>6.3) compared to water in wetlands (often <5.0) maintained by organic acids derived from the dead plant material with which they are in direct contact. In effect, the thick organic deposits disconnect the stagnant or slow moving water from the influence of the bedrock, resulting in a dominantly organic chemical signature (low pH, low conductivity). Regardless of relatively minor variation in the chemical signatures of its waters, the paramo plays a significant role in the region's hydrological cycling and freshwater production through its consistent production of potable freshwater resources via condensation.

Alto La Bonita

Geology and landscape processes

Rock composition at Alto La Bonita is the most heterogeneous of the entire inventory. As at Laguna Negra, a massive glacier carved a valley out of the landscape. However, at Alto La Bonita, the glacier slowly cut through an outcrop of solid granite (Fig. 3B), breaking the rock and mixing it with volcanic debris that was then deposited into two large and notable lateral moraines (essentially plow rows of the glacier). Along a landslide on one lateral moraine, large cobbles and boulders of granite were found high on the hillside, mixed with sand and gravel-size pieces of pumice, rhyolite, and basalt. Lower in the valley, at an elevation of approximately 2,600 m, the lateral moraines terminate and a steep V-shaped, river-carved valley dominates the landscape. The bed material of the Sucio River mainly consists of granite from the upper valley, however, many metamorphic rocks (including schist and gneiss) were also common. Easily broken and eroded lightweight volcanic rocks are quickly transported down the steep river gradient of this lower, V-shaped valley, leaving only a few traces of rock with volcanic origins in the sands and small gravels of the riverbed.

Soils

Like Laguna Negra, Alto La Bonita is a high-elevation, low-temperature site where organic matter degradation is slowed and accumulations of thick organic horizons are common. Thick root mats (often 1 m or more thick) blanket the steep hillslopes and valley bottoms, making it difficult to walk. Mirroring its geologic complexity, the soils of Alto La Bonita are extremely heterogeneous because they form over distinct rock types across a variety of dynamically changing landforms. Landslides transport huge masses of mineral and organic material tangled with tree trunks, large boulders and cobbles to the valley floor or onto abandoned river terraces. Soils here are extremely complex, heterogeneous, and often just beginning to form on fresh deposits, with few diagnostic horizons. In general, soils are of the order "Inceptisol," i.e., soils that are just beginning the process of forming distinct horizons. Similar to Laguna Negra, Histosols predominate the wetland areas of the flat valley bottoms where organic matter has accumulated in thick deposits.

Water

Water bodies in Alto La Bonita are high-gradient, high-energy rivers and streams that transport huge volumes of stone, tree trunks, root balls, and suspended sediment from the high valleys to the lowlands. The meandering stream that drains the low-gradient, glacially carved valley of the Amarillo River is the lone exception. The channel substrate consists of smaller gravels and cobbles that contrast the boulder-choked channel of the Sucio River. Iron, after being dissolved from the surrounding, flat, water-saturated valley, drains to this river and is oxidized (rusted) by bacteria in the water and growing on the rocks. This imparts a yellowish-orange color to the river rock and the water itself. In rivers throughout the Sucio River's headwaters, the pH is generally high, but the varied composition of granite and volcanics balances the pH toward 7.

Río Verde

Geology and landscape processes

The geology and soils of Río Verde, the lowest elevation camp, are distinct from our other camps. The bedrock underlying the Río Verde inventory area is no longer dominated by the granites, gneiss, and schist found in the upper catchment but instead consists of sedimentary, meta-sedimentary, and metamorphic rocks derived from former sedimentary deposits. The dominant rock at the base of the Río Verde region is a dark black slate, a metamorphic rock that began its formation well over 14 million years ago (before the Andes began to rise in Ecuador) as thick deposits of organic matter and clay.

As the Andes formed, rivers that once drained toward the western edge of South America began to drain eastward, where they formed large pools. Their organic matter and fine sediment continued to accumulate at the base of the young Andes. As the mountain range continued to grow, so did the particle size of the sediments arriving in its floodplains, grading from clays into silts and sands. Organisms growing in the waters created calcium carbonate shells that accumulated in some areas to form limestone. Pressure built and the soft deposits were compressed into a hard stone known as shale. As the pressure of mountain building continued to influence this area, the shale was further compressed (metamorphosed) into the dense-layered black slate found today. Overlying these slates are mudstone and limestone that underwent varying degrees of compression and metamorphism. Intrusions of magma from below caused localized melting and re-cooling of these rocks, creating a gradient of rock types derived from the same original sedimentary material, each melted and resolidified to varying degrees. Durable, hard cherts also are common in the area and formed when mudstones were exposed to high concentrations of dissolved silica that then precipitated within the mudstone matrix. Hard silica-rich cherts are often used by humans for tool making.

Finally, the Cofanes River transported the granite, schist, and gneiss from the upper catchment and deposited them along the river's edge in the form of terraces, meanwhile dumping large boulders and cobbles into the tributary rivers during massive floods. Abandoned river terraces high above today's riverbed still contain fragments of these rounded stones. As a result, the soils formed on these old terraces contain a mixture of rocks from the entire Cabeceras Cofanes-Chingual region. The rivers of the area continue to cut into the deep bottoms of the steep V-shaped canyons.

Soils

The conditions at Río Verde were similar to those encountered at Alto La Bonita in that landslides and erosion maintain a young and heterogeneous set of soils, constantly evolving within the landscape. However, one major difference between Río Verde and our higher camps is the content of organic matter in the soil. At Río Verde, warm temperatures contribute to faster decomposition of soil organic matter. Soils are firm and easy to walk on, and thick root mats like those covering Alto La Bonita were not present. The deepest soils were found on river terraces, and soils were generally shallow on steep slopes and even on the narrow, high ridges. Sand content was higher in the shallow soils of the steep slopes because rock material was mixed with the upper soil during landslides. The majority of soils at Río Verde would again be classified as Inceptisols due to their youth and limited differentiation into horizons.

Water and water bodies

Upstream from its union with the Cofanes River, the bed substrate of the Verde River changes from large, well-rounded granite and metamorphic boulders and cobbles deposited by the Cofanes to the slate and mudstone cobbles drawn from local formations. Due to mixed outcrops of slate, mudstone, and limestone, the chemical properties of the small streams feeding the Verde River are variable. One stream in particular had an elevated pH (8.13) and the highest conductivity (107.7 µS) recorded during the inventory, suggesting the presence of a surface or shallow subsurface deposit of calcium or magnesium carbonate. During the inventory I also noted that the Verde River responded dramatically to rainfall events: Its water level rose and fell substantially over a two day period. High levels of erosion were notable on the hillsides (landslides) as well as by a change in color when suspended sediments filled the river channel following rainstorms. Any further deforestation in the system would quickly lead to elevated rates of erosion.

THREATS AND OPPORTUNITIES

High-altitude Andean forests and paramo are known for their production of large volumes of high-quality freshwater. This intact ecosystem service has immense value and should be protected by preventing deforestation of local watersheds. The steep slopes of Cabeceras Cofanes-Chingual are held in place by the plant communities growing on them. These precarious slopes are already sensitive to natural landslides originating from earthquakes and intense rain events. Anthropogenic deforestation in the region would dramatically increase rates of landslides and erosion and cause further slope instability. The cold and wet soils of high-elevation habitats of the inventory region are major storehouses for carbon in the form of soil organic matter. The extent and significance of these carbon stores need to be quantified and considered when making decisions regarding land use.

The tremendous value of ecosystem services of water production, slope stabilization, and carbon storage in Cabeceras Cofanes-Chingual present clear opportunities to justify and perhaps provide a source of stable funding for conservation in the region.

RECOMMENDATIONS

- Retain forest cover on all slopes to ensure the production of clean water and limit the loss of soil and organic matter.

- Limit destructive human activities (mining, roads, agriculture, cattle grazing, excessive burning) in forested and paramo landscapes to protect water quantity and quality.

- Conduct studies of carbon storage in high-altitude areas of the Cofanes-Chingual region.

FLORA AND VEGETATION

Authors/Participants: Corine Vriesendorp, Humberto Mendoza, Diego Reyes, Gorky Villa, Sebastián Descanse, and Laura Cristina Lucitante

Conservation targets: The diverse and endemic flora of the northern Andes, a region largely deforested in other parts of Colombia and Ecuador; healthy populations of timber species in upper and lower montane forests (e.g., *Polylepis, Podocarpus, Weinmannia, Humiriastrum*); tremendous diversity of orchids, including possibly some of the highest local richness of genera such as *Masdevallia*; and a broad elevational gradient of intact forest, critical in allowing migration in response to climate change

INTRODUCTION

Cabeceras Cofanes-Chingual ("Cofanes-Chingual") comprises the forested slopes on the eastern flank of the Andes in northern Ecuador. The area has been largely unexplored by botanists, and we know little about the local flora. Currently, our best approximation comes from plant collections at elevations above 1,000 m in eastern Carchi and western Sucumbíos provinces, representing ~2,200 species (TROPICOS 2008; D. Neill pers. com.). Nearly all of these collections come from areas along or near the Pan-American highway and other major roads that encircle Cofanes-Chingual.

In addition, three nearby reserves share plant species with some elevations of Cofanes-Chingual: the paramo of Reserva Ecológica El Angel (Foster et al. 2001), elevations between 600 and 4,200 m in Reserva Ecológica Cayambe-Coca, and areas above 600 m in the Reserva Ecológica Cofan-Bermejo (Foster et al. 2002). In nearby Colombia, floristic records exist for a 25-ha plot, La Planada (Vallejo et al. 2004), and although La Planada is on the western slopes of the Andes and covers a small elevational range (1,718–1,844 m), there is some floristic overlap with Cofanes-Chingual.

METHODS

From 15–31 October 2008, we surveyed flora and vegetation in paramo (3,400–4,200 m), upper montane forest (2,600–3,000 m), and lower montane forest (650–1,200 m) in sites in the northern, eastern, and southern parts of Cofanes-Chingual. At each of our three sites, we covered as much ground as possible, collecting fertile species and noting gross differences in habitat types. In the field, H. Mendoza, D. Reyes, and C. Vriesendorp took more than 2,500 photographs of plants, mostly in fertile condition. A selection of the best of these photographs will be freely available on the web at *http://fm2.fieldmuseum.org/plantguides/*.

Our estimates of relative differences in diversity are approximations; we made no quantitative measurements of plant diversity. Using our collection records and observations of well-known species, we generated a preliminary list of the flora of the Cofanes-Chingual (Appendix 2). We matched these data with records from the Red Book of Endemic Plants of Ecuador (Valencia et al. 2000) to determine the endemic status of plants recorded during the inventory.

We collected 843 specimens during the inventory. R. Foster and W. Alverson spent a combined twenty days pressing, drying, and identifying specimens at the Herbario Nacional (QCNE) in Quito, Ecuador, joined for six days by H. Mendoza, D. Reyes, and G. Villa. These collections are deposited at QCNE, with duplicate specimens at The Field Museum (F) in Chicago, USA, and the Herbario Federico Medem Bogotá (FMB) of the Instituto Alejandro von Humboldt, Bogotá, Colombia. Any additional specimens were sent to specialists or distributed to Ecuadorian herbaria.

FLORISTIC RICHNESS AND COMPOSITION

During the inventory we encountered approximately 850 species of vascular plants—with almost no overlap among our three sites—of which 569 have been identified to species, genus, or family (Appendix 2). We estimate Cofanes-Chingual harbors 3,000–4,000 plant species. This estimate reflects our sense that within the ~2,200 collections known from the region, forests in the middle elevations (1,500–3,000 m) are under-represented and likely harbor 800–1,800 additional species. In addition, regional endemism is high, with many species likely restricted to the remaining forests in northern Ecuador and southern Colombia.

In order of increasing elevation, we registered approximately 350 species at Río Verde (650–1,200 m), 300 species at Alto La Bonita (2,600–3,000 m), and 250 species in Laguna Negra (3,400–4,100 m). Conservatively, we estimate that 1,000–1,200 species occur at Río Verde, 700–800 at Alto La Bonita, and 300–350 species at Laguna Negra.

Certain families and genera were particularly diverse and abundant. At Laguna Negra, our paramo site, the most species-rich families were Ericaceae, Asteraceae, and Poaceae. Generic diversity in Ericaceae at Laguna Negra was especially high, with many species of *Ceratostema*, *Disterigma*, *Gaultheria*, *Macleania*, *Pernettya*, *Plutarchia*, *Themistoclesia*, *Thibaudia*, and *Vaccinium*. At Alto La Bonita, in the upper montane forests, we found great diversity of Asteraceae, Melastomataceae, and particularly Orchidaceae. At the generic level, we registered at least 5 species of *Masdevallia* (Orchidaceae). At Río Verde, our lowest elevation site, we had more lowland species and greater rates of disturbance. Piperaceae, Melastomataceae, and Rubiaceae were the most species-rich families, with the genus *Piper* (Piperaceae) particularly species rich. Generic diversity in Rubiaceae was spectacular, with species representing 16 genera: *Coussarea*, *Faramea*, *Guettarda*, *Hamelia*, *Hippotis*, *Hoffmannia*, *Joosia*, *Macbrideina*, *Manettia*, *Notopleura*, *Palicourea*, *Pentagonia*, *Psychotria*, *Schradera*, *Sphinctanthus*, and *Warszewiczia*.

In these wet montane forests, epiphytes are an important element of the flora. The dominance and

richness of orchids at Alto La Bonita was particularly impressive, ranging from big showy species (e.g., *Maxillaria*, *Masdevallia*) to many tiny orchids (e.g., *Lepanthes*, *Stelis*). Overall, bromeliads and hemi-epiphytes were abundant, but not particularly diverse.

VEGETATION TYPES AND HABITAT DIVERSITY

Rugged terrain and exceedingly wet conditions create dramatic small-scale differences in vegetation and plant composition. Below we briefly describe the plant communities we encountered at each site.

Laguna Negra (3,400–4,200 m)

At Laguna Negra we surveyed two habitats: tussock-grass paramo and forest patches growing on wet, steep slopes. Neither of these habitats is very diverse; however both harbor species endemic to high-elevation Andean forests and grasslands.

The major landscape-level disturbances are landslides and fires, with paramo vegetation representing one of the first successional phases in the recolonization of disturbed areas. Some of the disturbances are mediated by local residents, who set fires in the paramo and extract trees (especially *Polylepis*, Rosaceae; *Escallonia*, Grossulariaceae; *Weinmannia*, Cunoniaceae) for fuelwood or fence-building.

Paramo

Despite natural and anthropogenic disturbance, the paramo flora at Laguna Negra is rich and similar to paramo in nearby areas (e.g., Reserva Ecológica El Angel and the Guandera Biological Station). The grass *Calamagrostris intermedia* (Poaceae) dominates the landscape, which is punctuated by stems of *Espeletia pycnophylla* (Asteraceae), known locally as *frailejón*. A predictable suite of other species—*Calceolaria* cf. *crenata* (Scrophulariaceae), *Halenia weddelliana* (Gentianaceae), *Hypericum laricifolium* and *H. lancioides* (Clusiaceae), *Brachyotum lindenii* (Melastomataceae), *Chuquiraga jussieui* (Asteraceae), and numerous other Asteraceae—are scattered throughout the grasslands. *Puya hamata* (Bromeliaceae) was only moderately common, and only a few individuals had inflorescences;

however, spectacled bears appear to be eating both their tufted, white seeds and inner core.

The paramo in the upper valley has a broad flat bottom, without *Espeletia*. The soils here are waterlogged, spongy, and covered in yellow and white-flowered rosettes of *Hypochaeris* (Asteraceae). A handful of species of Rubiaceae form scrambling carpets across wetter areas, including *Arcytophyllum setosum* (with small white flowers), *Galium hypocarpium* (with tiny orange fruits), and *Nertera granadensis* (with small red fruits). The cushion plants that often dominate wetter areas in Colombian paramos are surprisingly scarce or absent here.

Remnant forests

A few forest patches on the steepest cliff faces grow on moss mats heavy with moisture, creating areas so waterlogged that they resemble vertical swamps. Tree composition did not appear different from other areas, but, growing amidst the forest, we observed greater densities of terrestrial orchids, *Fuchsia* (Onagraceae), and *Castilleja* (Scrophulariaceae).

The majority of forest patches grow on steep slopes without extensive moss mats. The most common trees are *Gaiadendron punctatum* (Loranthaceae), visible from afar with rusty orange leaves and yellow inflorescences; *Escallonia myrtilloides* (Grossulariaceae) with tiny leaves; *Baccharis* sp. (Asteraceae) with grayish-white lanceolate leaves; *Gynoxys* (Asteraceae) with appressed terminal leaflets; and *Weinmannia pinnata* (Cunoniaceae) with flat-topped canopies. In addition, two trees in different families, *Ilex colombiana* (Aquifoliaceae) and *Cybianthus marginatus* (Myrsinaceae), are common and have a similar morphology of tiny, spiralled, densely packed leaves that give their branches a tower-like aspect.

The only regeneration of forest species we observed in the paramo were substantial numbers of *Gaiadendron punctatum*, and an occassional *Weinmannia pinnata*. Current hypotheses regarding factors that determine treelines suggest that cold night-time temperatures, coupled with high solar radiation, may inhibit photosynthesis of forest species in open areas, preventing their invasion of paramo at higher altitudes (Bader 2007). We speculate that *G. punctatum* either has less stringent physiological constraints, is reproducing clonally, or may be parasitizing roots (given that it a member of the largely parasitic family Loranthaceae).

In forest canopies, the long, red, erect tubular flowers of *Tristerix longebracteatus* (Loranthaceae) stand out, as well as the emergent inflorescences of the common climber *Pentacalia* (Asteraceae). Evolutionary convergence is common. For example, the red flowers of the common vine, *Ceratostema alatum* (Ericaceae) are pendulous but superficially similar to the erect flowers of *Psittacanthus*. Trees and shrubs in many families have converged on an "ericoid" habit, with small, sclerophyllous leaves.

Clusia flaviflora (Clusiaceae) was not present in forest patches, however we did observe this species along ridges at lower elevations. This species, known locally as *guandera*, is extracted for fuelwood, especially on the western slopes of Cofanes-Chingual in Provincia Carchi.

Older paramo on landslides

As mentioned above, we found limited regeneration of forest species in the wide and open paramo that dominates the area. However, older paramo was being invaded by forest species on an east-facing slope with several landslides. The oldest landslides were covered in high grasses, giant *Espeletia* (>5-m tall), and many forest species. Our working hypothesis is that areas colonized after landslides are small enough that forests can recolonize, not only because of the proximity of seeds, roots, and rhizomes, but also because the microclimatic conditions in smaller clearings may be less stringent than in bigger, open areas. However, perhaps east-facing slopes receive more moisture and are therefore less subject to burns.

Compared to other areas we sampled at Laguna Negra, this east-facing slope was lower (~3,400 m) and much wetter, with greater moss mats growing on trees, and many more orchids. This was the only place we saw *Podocarpus* (Podocarpaceae). The forest on this slope was dominated by *Cybianthus marginatus*, *Escallonia myrtilloides*, and a Melastomataceae with domatia (small structures typically inhabited by mites or ants) on the underside of the leaf.

Alto La Bonita (2,600–3,000 m)

Compared to other sites at 2,600 m, Alto La Bonita appears to have more in common with higher-elevation areas, perhaps because it is a river valley isolated from lower areas by constricted canyons and waterfalls, and because it is surrounded by higher elevation peaks. Although we had only a few dozen plants shared among our inventory sites, the few species overlaps that did occur were between Alto La Bonita and Laguna Negra, despite these sites not having overlapping elevational ranges. A very similar pattern was detected with birds during the inventory; see that chapter of this technical report.

We encountered a diverse upper-montane forest assemblage, with a mix of older, well-established forests and successional habitats. We coarsely define habitats as ranging from montane forests growing on slopes and ridges, successional forests in the glacial valley, and ephemeral communities along river edges and in andean bogs. Cold temperatures and the amount of water (especially in the waterlogged glacial valley) appear to determine which species can make a living here.

Orchid diversity was incredibly high. In these montane forests, up to half of the diversity can be concentrated in epiphytes, and the majority of that richness rests within the Orchidaceae. We recorded numerous genera, including *Encyclia*, *Masdevallia*, *Maxillaria*, and *Stelis*. Many of our collections remain unidentified, and we suspect that several of these species are restricted to this area or to Ecuador, as 33% of the 4,011 species endemic to Ecuador are orchids (Valencia et al. 2000).

Montane forests on slopes and ridges

The most common tree locally is *Hedyosmum translucidum* (Chloranthaceae), with white fruits, present near the Río Sucio and extending up onto nearby ridges. We observed substantial populations of *Podocarpus macrostachys* (Podocarpaceae), known locally as *pino*, reported to be logged selectively in the area. Other important elements of the arboreal flora include a *Styrax* (Styracaceae, with deep purple fruits and fuzzy leaves), *Weinmannia pinnata* (Cunoniaceae), a *Saurauia* (Actinidiaceae, with white flowers), an *Ocotea* (Lauraceae, with golden leaves and ripe black fruits),

Ilex laurina (Aquifoliaceae, with coriaceous leaves and flower buds), and *Clusia flaviflora* (Clusiaceae, the same species we observed in forests below our paramo site in Laguna Negra). Similar to Laguna Negra, Ericaceae are important elements of the epiphytic and shrub flora, with *Ceratostema peruvianum* exceedingly common, as well as *Cavendishia* cf. *cuatrecasasii*.

Many of the species were shared between the ridge and the slopes near our camp. However, we observed some species only on the ridge: a scrambling *Chusquea* (Poaceae) bamboo, a *Desfontainia spinosa* (Loganiaceae) shrub with red flowers, a simple-leaved tree *Weinmannia* (*W. balbisiana,* Cunoniaceae), and *Oreopanax nitidum* (Araliaceae), a tree with 3-to-5-lobed leaves. We suspect that all of these species are likely present near camp, and would almost certainly appear with more extensive searches. Much greater variation exists between the species present on slopes and ridges and the species present within the glacial valley.

Glacial valley

The glacial valley is relatively flat and drained by numerous tributaries of the Amarillo River. *Podocarpus* disappears here, despite being common on the ridge and neighboring slopes. The valley is substantially wetter than other habitats at this site, and some plant species were observed only here: *Brunellia cayambensis* (Brunelliaceae), *Gaiadendron punctatum* (in flower at Laguna Negra but not here), another *Ocotea* (Lauraceae) with much smaller leaves, and two species of *Hedyosmum* (Chloranthaceae). The two species of *Hedyosmum* (*H. cuatrecazanum* with smaller leaves, and *H. strigosum* with densely pubescent leaves) appear to replace *H. translucidum*, and give an indication of the small-scale heterogeneity and species replacement at this site.

Within the valley, there are a series of successional habitats that seem to respond to the amount of water present. The youngest areas are the wettest and are represented by three Andean bogs that may be small former lakes filling with vegetation. Crossing the valley, the forest structure changes as one approaches the granite cliffs. Trees are covered in more moss, and there is almost no understory. Presumably this reflects the moister microclimate created by water pouring off the cliffs and the near-persistent clouds and mist against the cliff faces.

Andean bogs

In the Andean bogs we were surprised to document paramo vegetation, including a *Puya* bromeliad (Fig. 4S), *Ugni myricoides* (Myrtaceae), *Hypericum* (Clusiaceae), abundant cushion plants, as well as numerous individuals of a tiny white-flowered orchid (*Epidendrum fimbriatum*). Woody vegetation surrounds the bogs, including species of *Clethra* (Clethraceae), *Eugenia* (Myrtaceae), *Gaiadendron punctatum*, and *Geissanthus* (Myrinaceae).

Riverine herbs

Along the Sucio River, herbs are abundant on exposed rocks and cliff faces. Most of these are genera typical of disturbed montane habitats, e.g., *Gunnera* (Gunneraceae, with fruits), *Begonia fuchsiiflora* (Begoniaceae, with big red flowers and perhaps not buzz-pollinated like the majority of *Begonia*), *Fuchsia pallescens* (Onagraceae), *Bomarea* (Alstroemeriaceae, with red flowers), herbaceous *Phytolacca rugosa* (Phytolaccaceae), woody *Coriaria ruscifolia* (Coriariaceae), shrubby *Cleome anomala* (Capparaceae), and numerous Asteraceae herbs.

Río Verde (650–1,200 m)

Río Verde was our lowest elevation site, our most diverse site, and the only site where we recorded species more typical of the Amazonian lowlands. Many species are shared between Río Verde and the Reserva Ecológica Cofan-Bermejo (Pitman et al. 2002).

Steep terrain characterizes the area, and landslides appear to be frequent. We loosely divide habitats into diverse forests growing on flatter areas and highly disturbed forests growing on slopes. Plant diversity is concentrated on the mountain crests and saddles, and even the flat terrace near camp was much more diverse than any of the slope forests.

Slope forests

Our trails scrambled up steep slopes, through areas recovering from landslides. One large landslide appeared to be a patchwork of smaller slides, each 30–50 m² in size. However, this may have been a larger landslide that came to a halt in flat areas, or encountered groups of trees that resisted the slide, creating an archipelago of less-disturbed patches (each with bigger trees, ~35-m tall and ~50 cm dbh) within a sea of disturbance.

The disturbed areas are covered in *Guadua* bamboo, a few species of *Acalypha* (Euphorbiaceae), several species of *Cecropia* (Cecropiaceae), and many *Piper* (Piperaceae). In the wetter disturbed areas we found *Alloplectus* and *Besleria* (Gesneriaceae), *Notopleura* (Rubiaceae), and *Costus* (Costaceae) and *Renealmia* (Zingiberaceae). The understory is dominated by Rubiaceae (*Faramea oblongifolia*, *Palicourea* sp., *Psychotria cuatrecasasii* and *P. racemosa*), Melastomataceae (*Clidemia heterophylla*, *Henriettella*, *Miconia*, *Ossaea macrophylla*, *Tococa*), *Pseuderantemum hookerianum* (Acanthaceae), cauliflorous *Calyptranthes speciosa* (Myrtaceae), and a floppy *Ischnosiphon* (Marantaceae).

In the less disturbed areas, individuals of *Pourouma* (Cecropiaceae) are abundant (especially *P. minor*), as well as *Capparis detonsa* (Capparaceae). Trees on slopes included *Dendropanax* cf. *caucanus* (Araliaceae), and in less disturbed areas, *Chryosophyllum venezuelanense* (Sapotaceae) and *Clarisia racemosa* (Moraceae). Growing on the larger trees, we found *Gurania* (Cucurbitaceae) vines, Araceae epiphytes (especially *Anthurium*), and a *Marcgravia* sp. (Marcgraviaceae), which was common. We observed at least four species of *Burmeistera* (Campanulaceae) with remarkable leaf variation across species, akin to the variation in *Passiflora* (Passifloraceae) that appears to be driven by an insect-plant arms race.

Forests on crests, saddles, and terraces

Forests growing on flat areas harbor the greatest diversity at Río Verde: a mix of species from rich-soil lowland areas (e.g., Parque Nacional Yasuní) and species typical of lower montane forests. Although many rich-soil genera (e.g., *Ficus*, *Guarea*, *Heliconia*, *Inga*, *Protium*, *Virola*) are present, the richness within these genera is low, and each is represented only with a few species.

Examples of Amazonian species present include *Hasseltia floribunda* (Flacourtiaceae), *Grias neuberthii* (Lecythidaceae), *Warscewiczia coccinea* (Rubiaceae), *Protium amazonicum* (Burseraceae), *Marila laxiflora*

(Clusiaceae), *Discophora guianensis* (Icacinaceae), *Guarea pterorachis* (Meliaceae), *Inga marginata* and *I. thibaudiana* (Fabaceae s.l.), *Minquartia guianensis* (Olacaceae), and *Theobroma subincanum* (Sterculiaceae, with toothed leaves). On mountain crests, Amazonian species mix with montane elements, e.g., *Saurauia* (Actinidiaceae), *Brunellia* (Brunelliaceae), *Billia rosea* (Hippocastanaceae), and *Blakea harlingii* (Melastomataceae).

Annonaceae and Lauraceae are dominant on crests, represented by *Annona*, *Guatteria* and *Unonopsis* (Annonaceae), and *Aniba* and *Ocotea* (Lauraceae). Palms (Arecaceae) were less common and diverse than in the lowlands. The most common palm was *Oenocarpus bataua*; we also recorded *Aiphanes ulei*, *Chamaedorea pinnatifrons*, *Wettinia maynensis*, an occasional *Bactris gasipaes*, and several species of *Geonoma*.

The lower, flat areas (old terrace around camp) are covered in monodominant patches of certain species, in both the tree and understory strata. Dominant trees include *Dacryodes olivifera* and *Protium* (Burseraceae), *Vochysia braceliniae* (Vochysiaceae), and *Humiriastrum diguense* (Humiriaceae). In the understory, the dominance of *Tovomita weddelliana* (Clusiaceae), *Tabernaemontana sananho* (Apocynaceae), and *Psychotria cuatrecasasii* (Rubiaceae) was overwhelming, substantially reducing understory diversity.

NEW SPECIES, RARITIES, AND ENDEMICS

Some of our 843 collections were identified to species during our extensive work in the QCNE herbarium in Quito, and the rest await revision by specialists. Based on our preliminary work, we highlight a number of species that are endemic to Ecuador, endemic to northern Ecuador and southern Colombia, new records for Ecuador, and/or species potentially new to science.

Endemics

- *Blakea harlingii* (Melastomataceae, Fig. 4J), endemic to Ecuador. Collected at 1,100 m on crests above our Río Verde camp, this species is known from only two other localities: the slopes of Cordillera Huacamayos and the slopes of the Reventador volcano along

the Quijos River. It is considered rare, restricted to 1,000–1,500 m, and classified as Vulnerable (Valencia et al. 2000).

- *Meriania pastazana* (Melastomataceae), endemic to northern Ecuador and southern Colombia. This species has stunning, large, magenta flowers and is also known from La Planada in Colombia. We collected a specimen at Alto La Bonita.

New records for Ecuador

- *Miconia pennelli* (Melastomataceae). This species is known from the Pacific slopes in Colombia (both the type locality in the Cauca valley and in Antioquía), as well as an isolated collection in Cordillera del Condor in Peru. Our observation represents a new record for Ecuador. In addition, there are several existing specimens of *M. pennellii* in the QCNE herbarium that are currently misidentified as other *Miconia* (H. Mendoza pers. com.).

- *Morella singularis* (Myricaceae, Fig. 4P). There are two known *Morella* species from Ecuador, and we collected a third previously known only from Colombia, *M. singularis*, at Alto La Bonita.

- *Meriania peltata* (Melastomataceae). Our observation from Alto La Bonita represents a new record for Ecuador. This species was previously known only from Colombia, where it is threatened by large-scale habitat destruction (Mendoza and Ramírez 2006).

Possible new species

- *Meriania* (Melastomataceae, Fig. 4N). This specimen was collected along the river in Alto La Bonita on the strenuous hike from our campsite to the town of La Bonita. This beautiful plant with magenta and deep purple flowers is known from ~2,000 m in Colombia and appears to represent an undescribed species.

- *Semiramisia* (Ericaceae). Only one *Semiramisia* (*S. speciosa*) is known from Ecuador, and our collection from Alto La Bonita has much thinner and elongate leaves.

- *Protium* (Burseraceae, Fig. 4L). This species is a large tree with huge fruits. It appears to be similar to the species known from the 50-ha plot in Yasuní that is currently being described as a new species (D. Daly pers. com.).

- *Puya* (Bromeliaceae, Fig. 4S). We collected a *Puya* with yellow flowers at Laguna Negra that does not match any of the *Puya* known from Ecuador (J. M. Manzanares, pers. com.).

OPPORTUNITIES, THREATS, AND RECOMMENDATIONS

In contrast to heavily deforested Andean forests elsewhere, Cabeceras Cofanes-Chingual represents an opportunity to protect a diverse, intact elevational gradient from low-elevation cloud forests up through the paramos. Despite difficult access and rugged terrain, some timber is cut in the area. We found evidence that both *Polylepis* (Rosaceae) and *Podocarpus* (Podacarpaceae) are extracted for local use and commercial markets, and we are almost certain that other species are removed. We recommend establishing park guard posts, regular patrols, and agroforestry initiatives to reduce and ultimately eliminate timber extraction from within Cofanes-Chingual.

In the region, our inventory represents the first plant collections away from the Panamerican highway and other major roads. Although our records represent an important, first effort in the area, much remains to be explored. We recommend additional inventories of the isolated massif to the east of La Sofía, the upper Condué valley, the Ccuttopoé paramo, the upper Cofanes drainage, and the forested areas on the western flanks in Carchi province. In particular, we recommend concentrating initially on unsampled elevations, specifically 1,100–2,500 m and 3,000–3,500 m).

FISHES

Authors/Participants: Javier A. Maldonado-Ocampo, Antonio Torres-Noboa, and Elizabeth P. Anderson

Conservation targets: Highly endemic Andean fish communities located between altitudes of 500 and 3,500 m, for which there is a dearth of documented information; healthy aquatic ecosystems within the Cofanes-Chingual basin; ecological integrity of aquatic communities, of which fishes comprise a principal component; hydrological connectivity between the headwaters and downstream areas throughout the Cofanes-Chingual basin, where both altitudinal and longitudinal gradients define composition and structure of the area's ichthyofauna

INTRODUCTION

Fish diversity within the neotropical region is the most diverse in the world (Vari and Malabarba 1998). The region includes the Amazon River Basin, which harbors approximately 2,500 fish species (Junk et al. 2007). Over the last few years, new studies conducted in systematics and biogeography have sought to understand the processes that generated this enormous diversity. It is widely recognized that the upper Amazon is particularly important in terms of ichthyofaunal endemism, as it may harbor approximately 50% of the species known from the entire basin (Junk et al. 2007). Tectonic movements associated with Andean uplifts have been identified as one of the main factors leading to isolation, thereby increasing the proportion of endemic species in the area (Lundberg et al. 1998; Hubert and Renno 2006).

Despite widespread recognition of the importance of the biogeography of fishes within the Andean-Amazonian piedmont, very few studies have attempted to determine the true richness of the communities in the piedmont, which extend from Colombia to Bolivia, especially at altitudes greater than 500 m. Henry Fowler, a North American ichthyologist, conducted the first fish inventories within the Andean-Amazonian piedmont, in Colombia, along the Ecuadorian border. Between 1943 and 1945, he described nine species from the piedmont surrounding the Caquetá River basin (Maldonado-Ocampo and Bogotá-Gregory 2007). Another inventory of native fishes took place in 2005 in the upper basins of the Mocoa and Putumayo rivers, in the department of Putumayo and documented a total of 29 species, of which three were new registries for the hydrographic zone of the Colombian Amazon (Ortega-Lara 2005). A lack of information marks Ecuador's case as well; some inventories have been made in the Andean-Amazonian piedmont of the Pastaza River basin (Willink et al. 2005; Anderson et al., unpublished data), yet a portion of the information remains unpublished.

The principal goal of this study was to document the ichthyofauna present in the Cofanes-Chingual-Aguarico basin in order to determine its ecological value and identify conservation opportunities. We present the results of our fish inventory conducted during 22–29 October 2008, the first study of the ichthyofauna of the Cofanes-Chingual-Aguarico basin. We also offer comparisons to previous studies in nearby basins of the Amazonian piedmont of Colombia.

METHODS

Sample sites

We sampled 18 collection stations located in three areas within the Cofanes-Chingual-Aguarico basin (Río Verde, Alto La Bonita, and Bajo La Bonita) (Fig. 19). These were located between 500 and 2,600 m in altitude in a heterogeneous landscape characterized by complex topography and geomorphology (Appendix 1). To ensure that our collections best represented the entire Cofanes-Chingual basin, especially rivers at lower altitudes with more fish, we included sampling sites within Bajo La Bonita, an area east and south of the three primary camps of the rapid inventory and not sampled by the other members of the biological team.

Collecting stations at the Río Verde and Alto La Bonita sites were located in rivers within forested areas. In contrast, collection stations at the Bajo La Bonita site were in rivers and streams that drain a mosaic landscape of forest, agricultural lands, and communities. (Stations 017 and 018 were outside of the proposed municipal reserve.) As such, Bajo La Bonita stations were subject to more anthropogenic influence than the other collecting stations.

We sampled mid-sized streams (5–15 m wide) as well as larger rivers (15–30 m wide). At each sampling station, we measured water temperature (°C),

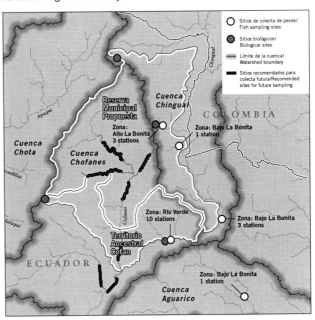

Fig. 19. The five open circles indicate areas where we sampled fishes during the inventory.

conductivity (µS), and pH using a HACH SensION156 Portable Multi-Parameter Meter. In addition, we recorded altitude and geographic coordinates (Appendix 3).

Collection

For collection of fishes we used an electrofisher along a 100-m transect at each sampling station (Fig. 5D). With this technique, electric current passes from two submerged electrodes that attract and stun fish, which are then captured using a trap basket (which also functions as one of the electrodes) and an additional net.

We fixed collected fish in a 10% formol solution, after which specimens were packed in plastic bags and labeled. In the lab, specimens were washed with water and placed in flasks with 75% alcohol for subsequent identification. We identified each specimen to the most precise taxonomic level possible, depending on access to taxonomic keys and existing bibliographic material for the taxonomic groups collected in the sampling area (Regan 1904; Géry 1977; Chernoff and Machado-Allison 1990; Vari and Harold 2001; Armbruster 2003; and Maldonado-Ocampo et al. 2005).

After identification, specimens were cataloged and deposited in the fishes collections of the Museo

Ecuatoriano de Ciencias Naturales (MECN) in Quito, Ecuador, and the Instituto Alexander von Humboldt (IAvH-P) in Villa de Leyva, Boyacá, Colombia. Our species list follows the taxonomic classification of Reis et al. (2003), where families are listed in systematic order, while genera and species of each family and subfamily are listed alphabetically.

RESULTS

Characterization of the collection stations

Our observations indicate that rivers found within the Cofanes-Chingual basin are typical of the Andean-Amazonian piedmont, characterized by high gradients, fast-running water, and bed sediments dominated by large rocks (>25 cm). As a result, rivers in this part of the basin are very dynamic and subject to rapid discharge fluctuation from rainfall events; habitats for aquatic fauna are unstable and few refuge areas are available during high-flow events. It has been shown that these unstable conditions could be regulating basic biological aspects, such as reproductive strategies, of the species distributed in these systems (Torres-Mejía and Ramírez-Pinilla 2008).

With respect to physicochemical sampling stations, water temperature ranged from 10.6°C to 22.9°C, conductivity ranged from 15.1 to 165.5 µS/cm, and pH ranged from 5.3 to 7.9 (Appendix 3). Of these parameters, the one most affecting fish distribution is water temperature, which is directly related to altitude. The average temperature of stations sampled in the Río Verde and Bajo La Bonita areas was 19.9°C and 20.6°C, respectively, while Alto La Bonita was 11.9°C. In our experience, a noteworthy decrease in fish abundance and diversity occurs in areas with water temperatures below 15°C; our results here support this idea. Conductivity values at stations sampled in Río Verde and Bajo La Bonita were similar: average values were 55.6 µS/cm and 58.6 µS/cm, respectively. In certain areas of the basin, our data suggest that soils of volcanic origin influence the water's chemistry; this could be the case in the Chingual River, which has elevated conductivity (165.5 µS/cm) relative to the other sites. For more detailed discussion of the bodies of water found within the basin, see the chapter on geology, water, and soils elsewhere in this report.

Table 7. Number and percentage of families and species for each order present in the Cofanes, Chingual, and Aguarico River Basins.

Order	# Families	%	# Species	%
Characiformes	6	54.5	16	50.0
Siluriformes	4	36.4	15	46.9
Salmoniformes	1	9.1	1	3.1

Richness, abundance, and composition

In total, we captured 653 individuals, representing 32 species (one introduced), 10 families, and three orders (Appendix 4). The most diverse order was Characiformes, followed by Siluriformes (Table 7).

This representation of orders, families, and species marks a pattern that has been recorded in other areas of the Amazonian piedmont of Ecuador, Peru, and Colombia (Ortega-Lara 2005; Ortega and Hidalgo 2008; Anderson et al. unpublished data). The families with greatest species richness were Characidae, Loricariidae and Astroblepidae. All other families had between one and three species (Table 8).

In terms of patterns of distribution, 31 native species were collected at stations located below 1,000 m. We registered the most number of species (17, representing 53% of all species collected) at station 017, located in Río Cabeno at 483 m; in fact, of those 17 species, 12 were found in no other station (Appendix 4).

Table 8. Number and percentage of species of each family present in the Cofanes, Chingual, and Aguarico river basins.

Family	# Species	%
Characidae	10	31.3
Loricariidae	6	18.8
Astroblepidae	5	15.6
Crenuchidae	3	9.4
Trichomycteridae	3	9.4
Parodontidae	1	3.1
Erythrinidae	1	3.1
Lebiasinidae	1	3.1
Heptapteridae	1	3.1
Salmonidae	1	3.1
	32	100.0

We registered 19 native species in the proposed conservation area of the Cofanes-Chingual basin (Bajo La Bonita's stations 017 and 018 are outside of the proposed borders). We consider this to be a low number, taking into account the basin area and type of habitats found within the basin. We estimate that 25–30 species live between 500 and 3,000 m altitude.

The fact that the number of native species is greater at the lower altitude stations (e.g., Río Cabeno) could the result of covarying hydro-geological factors along the area's altitudinal and longitudinal riverine gradients. These factors may limit dispersal of some species to upstream waters within the basin, as documented in other Andean and piedmont regions (e.g., Alvarez-León and Ortiz-Muñoz 2004; Miranda-Chumacero 2004; Pouilly et al. 2006). However, we did not sample in the important altitudinal zone between 1,000 and 2,000 m. Absence of species data from that zone may influence our results and observed patterns related to the decrease in species along altitudinal and longitudinal gradients.

In terms of abundance, the largest number of individuals collected belonged to the Siluriformes order (548, or 83.9%). We collected 103 individuals (15.8%) of Characiformes. The families Astroblepidae and Loricariidae were most abundant, with 296 and 226 individuals, respectively. We collected the species *Astroblepus* sp1, *Astroblepus* sp2, and *Chaetostoma* sp2 most consistently; they were present in 10 of the 13 stations and were the most abundant. Dominance of Siluriformes (in terms of abundance) was the result the ecomorphological adaptations of Astroblepidae and Loricariidae species to habitats found in Andean and piedmont rivers. These species are classified as "torrent species" according to Maldonado-Campo et al. (2005).

Of the 32 registered species, rainbow trout (*Oncorhynchus mykiss*) was the only non-native. In this study, it was only collected at the three stations located in the Sucio River at altitudes greater than 2,500 m in the Alto La Bonita area, where water conditions are optimal for its development. According to locals, *O. mykiss* was introduced to the upper Cofanes-Chingual river basin three years ago. We expected to capture species of the family Astroblepidae at stations 011, 012, and 013 in

Alto La Bonita, but none were encountered. Additional studies should be conducted to determine whether or not the presence of the introduced rainbow trout has resulted in the absence of native species because of competitive exclusion (we noted a large abundance of rainbow trout at these sites) or if the presence of physical barriers—specifically waterfalls—has limited dispersion of native species upstream.

Within the genera *Characidium*, *Hemibrycon*, *Astroblepus*, and *Chaetostoma*, it is possible that we registered new species not previously described (one species per each genus; see Figs. 5B, 5E–G). During identification, we encountered certain characteristics in our collections not present in species described for the genera. Additional material must be collected and further work conducted on collected specimens in collaboration with specialists in order to confirm this possibility.

We expect that the number of species in the area is greater than the number registered during this study. Climatic conditions during our sampling affected collection, especially in the area of Río Verde, where water levels were high. Furthermore, the collection stations represented only a small percentage of the entire Cofanes-Chingual basin. Due to logistical constraints, collection stations were concentrated around Río Verde and Alto La Bonita. The fact that this study did not include any sampling sites between 1,000 and 2,500 m provides an additional explanation for the low number of recorded species relative to the number of species that actually inhabit the basin.

THREATS

- Protection measures should be prioritized in areas below 1,000 m for two important reasons: (1) most human activity and consequent effects on rivers occurs in areas below 1,000 m, and (2) all native species collected were present at sampling stations below 1,000 m. Through interviews with locals we learned that rivers in the region have been affected by activities such as mining, and fishing with dynamite and *barbasco* (a fish poison, typically plant based), with probable effects on the ichthyofauna.

- Possible construction of a hydroelectric dam in the Cofanes-Chingual basin could negatively affect riverine connectivity and habitat availability within the aquatic ecosystem. The kinds and extent of effects will depend on the design and location of dams.

- The wide distribution and abundance of non-native rainbow trout in various rivers within the Cofanes-Chingual basin is notable, although the impact or threat its presence has on native fishes remains unknown. In certain parts of the basin where anthropogenic influences on the landscape are noteworthy, such as near Alto La Bonita, the habitat conditions remain in a natural state; however the presence of rainbow trout could be affecting the structure of biological communities. From conversations with locals, it became clear to us that people are interested in introducing rainbow trout to other rivers.

- Water pollution from increasing use of agrochemicals, as well as direct, untreated wastewater discharges, may affect the water quality of the Chingual River and its tributaries, with consequences for the aquatic biota.

- From a conservation perspective, a lack of local knowledge of the zone's native fish can be considered a threat. When we spoke with people living near La Bonita, La Barquilla, and Rosa Florida, several said that rainbow trout was the only kind of fish in the rivers. Without knowledge of native ichthyofauna, it is quite probable that locals will utilize rivers without regard for the quantity and quality of water needed by native fish populations.

OPPORTUNITIES

Compared with other river basins in the Andean-Amazonian piedmont, the Cofanes-Chingual basin still maintains a high level of ecological integrity. Because most of the basin drains healthy forests and there are no hydrologic alterations, aquatic ecosystems maintain natural physiochemical conditions and connectivity. In contrast, other Andean-Amazonian basins within Ecuador are degraded substantially as a result of polluting industrial and agricultural activities or because of water diversions for irrigation or hydroelectric projects, as is the case within the Pastaza and the Napo basins. In its current state, the Cofanes-Chingual basin offers a unique opportunity—not available in other parts of Ecuador—to conserve aquatic ecosystems and protect important fish populations along an altitudinal gradient, between 500 and 3,500 m.

RECOMMENDATIONS

Protection and management

- Prioritize protection measures in areas below 1,000 m and restrict unsustainable fishing methods, such as the use of dynamite or barbasco.

- Maintain hydrologic connectivity of the bodies of water throughout the Cofanes-Chingual basin.

- Implement clear regulatory and control measures over rainbow trout introductions that take into account possible negative effects on native fish communities.

- Seek out alternatives to the use of harmful agrochemicals and promote development of water treatment projects.

- Review hydroelectric project designs to verify that they include strategies to reduce negative effects on hydrological connectivity and aquatic environments.

Research

- Determine the distribution of rainbow trout in the Cofanes-Chingual basin and research the effects of its introduction on aquatic ecosystems, particularly native fish species. The studies should include comparisons between rivers without rainbow trout and rivers where rainbow trout were introduced at different times.

- Conduct cost-benefit studies of rainbow trout cultivation for alternative income to determine whether or not it is financially feasible.

- Collect complementary information (i.e., hydraulic parameters) to understand the habitat needs of different species.

- Conduct natural history studies (i.e., feeding habits, reproduction) for species in the Cofanes-Chingual basin.

Additional Inventories

The Andean-Amazonian piedmont, whether in Ecuador or Colombia, is one the least explored regions for fishes, yet it harbors incredible richness. We were able to sample a mere fraction of the ichthyofauna within the vast Cofanes-Chingual basin. Additional inventories are essential in other major tributaries of the Cofanes and Chingual rivers (Figs. 11G, 12B), as well as in the mainstem rivers themselves. Greater knowledge of the region and its fish fauna will help us identify additional conservation threats and opportunities. The geographic range and length of the inventories should be increased to gain a more complete understanding of the region's ichthyofauna.

AMPHIBIANS AND REPTILES

Authors/Participants: Mario Yánez-Muñoz and Jonh Jairo Mueses-Cisneros

Conservation targets: Endemic species of Nudo de Pasto and the eastern foothills of northern Ecuador and southern Colombia classified as Endangered (EN) by the International Union for Conservation of Nature and Natural Resources (IUCN), including *Cochranella puyoensis*, *Gastrotheca orophylax*, and *Hypodactylus brunneus*; amphibians whose reproductive strategies have been affected by climate change and epidemiologic factors in the Ecuadorian and Colombian Andes (*Hyloscirtus larinopygion*, *Cochranella puyoensis*, *Gastrotheca orophylax*); species with restricted distribution, associated with paramo microhabitats, which are threatened by excessive burning by humans (*Osornophryne bufoniformis*, *Hypodactylus brunneus*, *Riama simoterus*, and *Stenocercus angel*); endemic species categorized as Data Deficient with restricted distributions in northern Ecuador and southern Colombia (*Pristimantis ortizi*, *P. delius*, and *P. colonensis*)

INTRODUCTION

Biological conservation of the tropical Andes region is of global importance because the region harbors some of the richest biodiversity in the world (Freile and Santander 2005). The Andes' dominant physiographic characteristics have had a direct influence on the diversification and endemism of the herpetofauna. Thus, this a biologically important life zone because of the adaptations to the region's bio-ecological conditions exhibited by these organisms (Duellman 1979; Mena et al. 2001). Regionally, the Ecuadorian Andes harbor the largest diversity of amphibians, where endemism reaches 77% of the known species (Coloma 2005–2008). Despite their importance, dramatic population decreases—attributed to disease and abnormal climatic factors during the 1980s, stemming from global climate change—have been catastrophic in the region at altitudes between 1,200 and 3,000 m (Merino-Viteri 2001). Furthermore, biodiversity studies and inventories in the region have been focused on Amazonian tropical humid forests. Only a handful of scientists have ventured to the slopes and paramos of the Andes to study the richness of the herpetofaunal communities.

Herpetofauna are distributed throughout the upper mountains and eastern slopes of the Andes along the Ecuador-Colombia border, where vast, continuous expanses of natural vegetation connect the paramos to the forested foothills. The only sources of information about area's amphibian and reptile species are the original species descriptions and certain systematic studies of specific groups, mostly based on material obtained in El Playón de San Francisco, Santa Bárbara, La Fama, and La Bonita in Ecuador; and in the Pasto-Valle transect of Sibundoy-Puerto Asís in Colombia (Duellman and Altig 1978; Duellman and Hillis 1990; Lynch and Duellman 1980; Williams et al. 1996; Mueses-Cisneros 2005). During the last decade, there has been a notable increase in the number of studies in Ecuador. Marsh and Pearman (1997), Frolich et al. (2005), Yánez-Muñoz (2003), and Laguna-Cevallos et al. (2007) have researched the paramos and Andean forests of the Cordillera Oriental along the provincial border of Carchi and Sucumbíos. Based on work by Aguirre and Fuentes (2001) in the biological corridor north of the Reserva Ecológica Cayambe-Coca, Campos et al. (2001) developed a study of the herpetofauna between 1,000 and 2,000 m around the areas of La Bonita, Rosa Florida, La Sofía, and La Barquilla. Several additional studies focused on lower elevations (600 to 1,200 m) have contributed to a general picture of the species present in the region, such as Altamirano and Quiguango (1997) in Sinangoe (part of the Estudio Biológicos para la Conservación de Ecociencia Program), and the work of Rodríguez and Campos (2002) in Serranías Cofan-Bermejo, Sinangoe (during their Rapid Biological Inventory with the Field Museum). Less work has occurred in Colombian territory; there is only one study by Mueses-Cisneros (2005) in Valle de Sibundoy (between 2,000 and 2,800 m). No information exists for the foothills area in Mocoa.

Our principal objective was to characterize the composition of the herpetofauna diversity in Cabeceras Cofanes-Chingual, in order to establish baseline information needed for the area's conservation, zoning, and management. In addition, we provide an overall summary of the herpetofauna located along the border of northeastern Ecuador and southern Colombia, compiling available information from various studies of the region's herpetofauna conducted to date, while also highlighting this group's diversity and conservation importance.

METHODS

From October 15 to October 30, 2008 we worked in three camps located in Cabeceras Cofan-Chingual region (see Regional Overview and Study Sites). We conducted visual surveys with manual capture (Heyer et al. 1994) in each sampled location, completing 8 daytime walks of 2–8 h each and 11 nocturnal walks of 2–8 h each. We thoroughly reviewed all microhabitats along the established trails in order to find the greatest number of species in the least amount of time possible. We walked freely and directly to sites of interest (which is not permitted under transect or parcel methods). We quantified sampling effort by calculating the time (in hours) each person spent searching and capturing or observing individuals. We inspected any pond, puddle, or area with collected water that we encountered, including those along the trail, on the beaches along streams and rivers, as well as natural water deposits found between bromeliad leaves, in search of tadpoles. In the paramo ecosystem, we implemented a rake-and-hoe-removal technique (*Remoción con Rastrillo y Azadón*, or "RRA"), which we describe in detail in Appendix 7.

Furthermore, we registered vocalizations by anurans and any casual off-trail encounters. To verify our taxonomic identifications and for future reference, we deposited 432 voucher specimens in the collection at the Herpetological Division of the Museo Ecuatoriano de Ciencias Naturales (MECN).

We verified the species taxonomic nomenclature, known distribution patterns, and conservation status using the Amphibian Species of the World (Frost 2008), Global Amphibian Assessment (IUCN et al. 2004), and Reptile Data Base (Uetz et al. 2007).

To measure community complexity on the alpha-beta diversity scale, we utilized the Shannon Index ($H' = -\Sigma pi \ln pi$), which is based on proportional species abundance. Under this measure, a community is more diverse when the number of species within the community is great and the relative proportion of the species is relatively equal, that is, when no species are very common ("dominant") compared to the rest (Magurran 1989). The relative abundance reflects the proportional contribution of a given species to the total abundance of a community. We expressed it in proportion of individuals per species ($pi = ni/N$) and realized dominance-diversity curves for each studied area. The degree of similarity between sampled sites in each camp surveyed was calculated using a cluster analysis of similarity, based on the Jaccard coefficient. We analyzed the data using BioDiversityPro ver. 2 Software (McAleece et al. 1997).

RESULTS

Composition and characterization of the herpetofauna

After dedicating 170 man-hours, we registered 547 individuals representing 42 species (36 amphibians and 6 reptiles) in the three camps surveyed (Appendix 5). All amphibians belonged to the order Anura and represented seven families and 13 genera. The richest families (in terms of absolute richness) were Strabomantidae and Hylidae, with 38% (16 spp.) and 29% (12 spp) of all the species registered, respectively. Furthermore, the family Hylidae was represented by the most genera (five). We registered four species of Bufonidae and one species for each of the remaining families registered (Amphignathodontidae, Centrolenidae, Dendrobatidae, and Leptodactylidae).

Only reptiles from the order Squamata were represented, with two snake species (both Colubridae) and four lizard species, each from a different family (Gymnophthalmidae, Hoplocercidae, Polychrotidae, and Tropiduridae).

In absolute abundance, amphibians were more abundant than reptiles. The families Strabomantidae, Bufonidae, and Hylidae were the most abundant, with 46%, 35% and 16% respectively; the remaining families did not have more than 7% of the individuals registered.

The herpetofauna studied correspond to three associated assemblages: (1) paramo communities of the upper Andes, in Nudo de Pasto of Cordillera Oriental, Ecuador, (2) mountain communities of the eastern Andean foothills, and (3) foothill communities that converge with Amazonian lowlands.

The paramo communities are located in our Laguna Negra camp, 3,800–4,100 m in altitude. High densities of *frailejones* (*Espeletia pycnophylla*, Asteraceae) and *puyas* (*Puya*, Bromeliaceae), scattered throughout rough topography, drainages, and ravines encapsulating wetlands and surrounding small patches of Andean forest on pronounced slopes, characterize this area. Within this environment, the assemblage's composition is made up mostly of Anuras from the genera *Pristimantis*, *Hypodactylus* and *Osornophryne*, all of which have direct-development reproductive strategies associated with forest patches and other paramo vegetation, such as the puyas or decomposing leaves and/or trunks of *Espeletia*. Of the reptiles, the semi-fossorial lizard *Riama simoterus* utilizes decomposing frailejón trunks, like the Anuras; and *Stenocercus angel* was mostly observed in reed grasses (*Calamagrostris* sp.) and tall pampas grasses (*Cortaderia* sp.), although one individual was also found within a trunk.

The mountain assemblage of the eastern slopes found at Alto La Bonita, between 2,600 and 3,100 m. Frogs of the genus *Pristimantis* predominate this montane ecosystem, and we registered high dominance of the only species of Bufonidae here (*Osornophryne* aff. *guacamayo*; Fig. 6A). These species are distributed in the forest interior along the slopes and ridges, among shrubby vegetation and epiphytes (of families Bromeliaceae and Cyclanthaceae). Sizeable populations of *Hyloscirtus larinopygion* and *Gastrotheca orophylax* (Fig. 6C) inhabit the upper and lower valleys of Alto La Bonita, along riparian systems and floodable drainages.

The foothills community was sampled at our Río Verde site, near the lower portions of the Río Cofanes basin between 700 and 1,000 m. Amazonian influence on the herpetofauna in this region is clear: Most of the species belong to the family Hylidae and are distributed in small streams in forest clearings, with *Dendropsophus* and *Scinax* being most common. Tributary streams and wetlands drained by mountain slopes and riparian vegetation along the Cofanes River likewise make ideal habitat for *Hyloscirtus phyllognathus*, *Hypsiboas boans*, and *Osteocephalus cabrerai*. On forested slopes and terraces, the dominant species *Osteocephalus planiceps* prefers to inhabit canopy epiphytes (Bromeliaceae). In the understory, *Pristimantis* frogs are common leaf-litter and ground dwellers, and *Rhinella dapsilis* has a conspicuous presence as well. Reptiles were not diverse in this ecosystem, although some were registered within the forest (*Imantodes cenchoa* and *Enyalioides praestabilis*).

More than a quarter of the herpetofauna registered (29%) correspond to regional endemic taxa, restricted to the eastern Andean slope of southern Colombia and northern Ecuador. Furthermore, most correspond to montane and paramo communities, which harbor nine amphibians (*Gastrotheca orophylax*, *Osornophryne bufoniformis* and *O.* aff. *guacamayo*, *Hyloscirtus larinopygion*, *Hypodactylus brunneus* [Fig. 6E], and *Pristimantis buckleyi*, *P. chloronotus*, *P. colonensis* and *P. leoni*) and three reptiles (*Riama simoterus*, *Enyalioides praestabilis*, and *Stenocercus angel*). Four of the species have restricted distribution in the Amazon basin, three of which are present in Colombia, Ecuador, and Peru (*Hyloscirtus phyllognathus*, *Osteocephalus planiceps*, *Pristimantis quaquaversus*) and one in Brazil, Ecuador, and, Peru (*Pristimantis diadematus*). Two of the inventoried species are found only in Ecuador: we registered *Cochranella puyoensis* (Fig. 6F) in the foothills at Río Verde and *Pristimantis ortizi* (Fig. 6D) in the montane ecosystem of Alto La Bonita. A considerable percentage (38%) of the herpetofauna registered correspond to species with wide distribution throughout the Amazon Basin and Andean slopes: We registered 13 amphibian species and three reptiles at Río Verde (amphibians *Rhinella dapsilis* and *R. marina*, *Dendropsophus bifurcus*, *D. parviceps*, *D.* cf. *leali* and *D. sarayacuensis*, *Hypsiboas boans*, *H. geographicus* and *H. lanciformis*, *Osteocephalus cabrerai*, *Scinax ruber*, *Leptodactylus wagneri* and *Pristimantis altoamazonicus*; and reptiles *Imantodes cenchoa*, *Chironius monticola* and *Anolis fuscoauratus*). The remaining species registered have yet to be identified.

We registered three Endangered (EN) amphibian species (*Gastrotheca orophylax, Cochranella puyoensis, Hypodactylus brunneus*), as categorized by the Global Amphibian Assessment (IUCN et al. 2004); three Near Threatened (NT) species (*Osornophryne bufoniformis, Hyloscirtus larinopygion* and *H. phyllognathus*); and two Data Deficient (DD) species (*Pristimantis delius* and *P. ortizi*). Nineteen species (42%) categorized as Least Concern (LC) correspond to Amazonian-foothills species with healthy populations in northern Ecuador and southern Colombia. Finally, 14 species registered have not been categorized at all, either because their conservation status is stable or because they have not been evaluated (as is the case with the reptiles), or because we have yet to determine their taxonomic status, as is the case with several amphibians.

Indicators of alpha-beta diversity of the sampled sites

Herpetofaunal diversity, whether measured in terms of absolute richness or with the Shannon Index (H'), differs among the ecosystems studied during the inventory. Species-richness values fluctuate from a low of 7 in Laguna Verde, to 11 in Alto La Bonita, to 25 in Río Verde. H' Values obtained registered 1.3 bits in Alto La Bonita, 1.6 in Laguna Negra, and 2.6 in Río Verde. Absolute abundance in the studied sites averaged 182 individuals; Alto La Bonita had the most with 267 individuals and Laguna Negra the least with 136 individuals (Fig. 20). Relative abundance of the studied ecosystems shows that the species with the highest proportion of individuals (p_i) in Alto La Bonita is *Osornophryne* aff. *guacamayo*, with 59% dominance in the community assemblage. Dominant species in

Figure 20. Dominance-diversity model in the three sampled sites within Cabeceras Cofanes-Chingual.

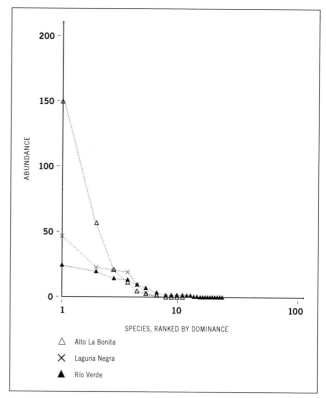

Laguna Negra and Río Verde represented only 34% and 18%, respectively, of the abundance obtained for each (Figs. 21–23).

Laguna Negra

We found 136 individuals representing seven species (five amphibians and two Sauria). The amphibians belong to two families, Bufonidae (one species) and Strabomantidae (two genera and four species); while the reptiles belong to two families and two genera. By utilizing the new *"RRA"* sampling methodology in this camp, we were able to obtain sizeable collections of both *Osornophryne bufoniformis* and *Hypodactylus brunneus*, which other herpetologists had catagorized as rare. Absolute richness and diversity measures (H') obtained for the five sites evaluated in Laguna Negra do not present major differences, representing on average of five species (H'= 1.3 bits), with a minimum of five (H'= 1.1 bits) and a maximum

Figure 21. Dominance-diversity curve for the herpetofauna at Laguna Negra.

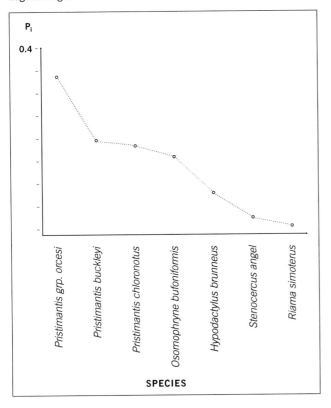

Figure 22. Dominance-diversity curve for the herpetofauna at Alto La Bonita.

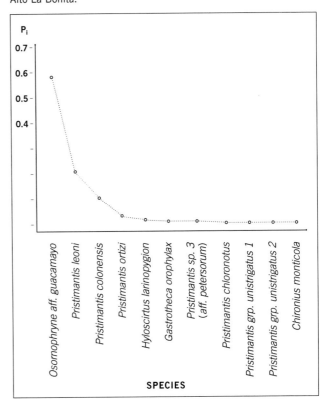

of six (H'=1.6 bits). Absolute abundance in the five studied sites averaged 30 individuals (minimum 13, maximum 43). Species dominance varied among the sites: *Pristimantis* grp. *orcesi* was dominant in two, while *Hypodactylus brunneus, Osornophryne bufoniformis,* and *Pristimantis chloronotus* each were dominant in remaining evaluated sites. The dominance-diversity curve of the assemblage (Fig. 21), shows that five (or 71%) of its species possess high dominance values and concentrate 96% of the total abundance obtained, with *Pristimantis* grp. *orcesi* (p_i = 0.34) as the dominant species.

Alto La Bonita

We found 267 individuals representing 11 species (10 amphibians and 1 reptile). The amphibians belong to four families, of which Strabomantidae is best represented with one genus and six species, and the remaining families (Amphignathodontidae, Hylidae, and Bufonidae) each include only one species. One colubrid

snake (*Chironius monticola*) represents the reptiles. We noted the presence of *Pristimantis colonensis* (Fig. 6B) and *P. ortizi*, previously known only from their type locations. We also collected a rare endemic species (*Osornophryne* aff. *guacamayo*) and several frog species (such as *Hyloscirtus* and *Gastrotheca*) whose reproductive strategies have been affected by climate change and epidemiological factors in the Andes of both Ecuador and Colombia. Absolute richness and diversity measures (H') obtained for the four sites evaluated in Alto La Bonita registered an average of six species (H'= 1.14 bits), with a minimum of three (H'= 0.8 bits) and a maximum of eight (H'=1.2 bits). Abundance in the four studied sites averaged 69 individuals (minimum 50, maximum 104). Dominance between sites was similar, and *Osornophryne* aff. *guacamayo* was dominant in every sampled site. The dominance-diversity curve of the assemblage (Fig. 22) shows that 73% of its species possess low dominance levels; however 57% of the total abundance is concentrated in *Osornophryne* aff. *guacamayo*.

Figure 23. Dominance-diversity curve for the herpetofauna at Río Verde.

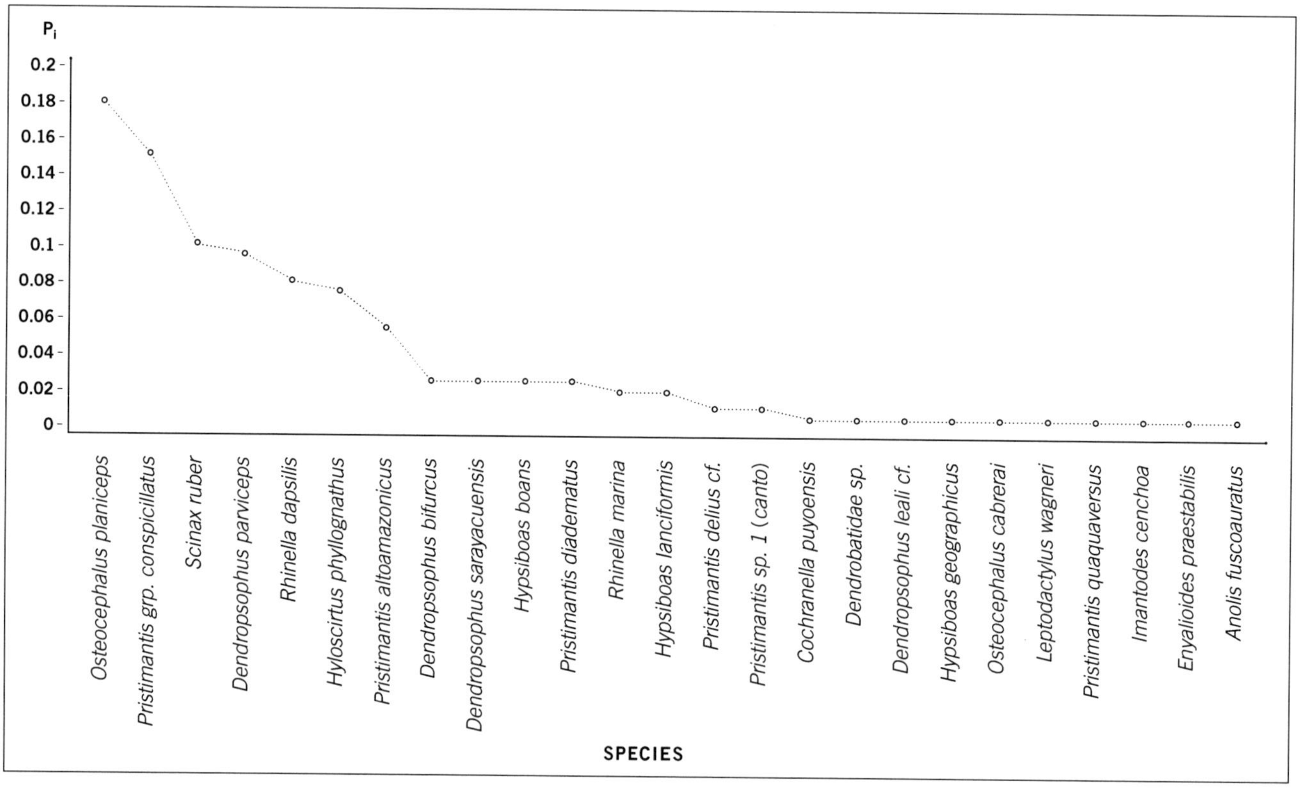

Río Verde

We registered 144 individuals representing 25 species (22 amphibians and 3 reptiles). The amphibians belong to six families, of which Hylidae is best represented with six genera and 11 species, followed by Strabomantidae with one genus and 6 species. One species represents each of the remaining families of the assemblage (Centrolenidae, Dendrobatidae, Bufononidae, Leptodactylidae, Colubridae, Hoplocercidae, and Polychrotidae). The presence of *Cochranella puyoensis* stands out; this is an endemic species of south-central Ecuador categorized as Endangered (EN). In addition, our registry of *Rhinella dapsilis* is notable because it was previously only known to inhabit Amazonian lowlands below 300 m. Absolute richness and diversity measures (H') obtained for the four evaluated sites registered an average 9 species (H'= 1.09 bits), ranging from 7 (H'= 1.9 bits) to 12 (H'=2.3 bits). Abundance in the four studied sites averaged 39 individuals, ranging from 22 to 53. Dominance among sites varied. *Scinax ruber,*

Pristimantis grp. *conspicillatus, Osteocephalus planiceps,* and *Dendropsophus parviceps* were each dominant in their respective sampled sites. The dominance-diversity curve of the assemblage (Fig. 23) shows that 87% of its species possess low dominance values and that 18% of total abundance is concentrated in one species (*Osteocephalus planiceps*).

Comparison between the three sampled camps

Other than *Pristimantis chloronotus* (which was found at both Laguna Negra and Alto La Bonita), all of the other species were found at only one camp. This shows us that the altitudinal differences and distinct vegetation formations result in different faunal communities. Furthermore, each camp evaluated showed interspecific variations among sampled sites. The five sampled sites at Laguna Negra were highly similar (65%), while the four sampled sites at Alto La Bonita were only 43% similar. Finally, Río Verde had only 25% similarity between its four sampled sites.

Noteworthy records

As a result of our inventory, we report increased latitudinal distributions for three species, we added one new species to Ecuador's amphibian list, and we found that several species considered rare were present in high densities. We also have a possible new species to science.

Cochranella puyoensis (Fig. 6F): Previously, this species was only registered in four locations between the provinces of Pastaza and Napo (in the south) (Cisneros-Heredia and McDiarmid 2006). The individual captured in Río Verde increases the known range for the species, and Río Verde now represents its known northern limit. However, we believe that it likely that *Cochranella puyoensis* is also further north in Colombia, given its proximity.

Rhinella dapsilis: Previously this species' range was between 100 and 300 m in Amazonian Brazil, Colombia, Ecuador, and Peru. In Ecuador, it had only been recorded in three locations, all below 300 m: Reserva de Producción Faunística Cuyabeno, Parque Nacional Yasuní, and the lower basin of Río Pastaza (IUCN et al. 2004). Its presence in Río Verde extends in its altitudinal and latitudinal distribution into foothill forests in Sucumbíos province at 800 m. Río Verde represents the fourth location in Ecuador and its upper altitudinal limit.

Pristimantis ortizi (Fig. 6D): This species was recently described (Guayasamín et al. 2004) and had been found in two locations in northeastern Ecuador. Our registry obtained at Alto La Bonita represents the third known location for this species as well as its northern distribution limit.

Pristimantis colonensis (Fig. 6B): Mueses-Cisneros (2007) recently described this species, and it had been known to exist only in its type location in Valle de Sibundoy, Colombia. Our record at Alto La Bonita increases is distribution range further south and represents the first registry of this species in Ecuador.

Osornophryne spp.: Although we have assigned the species registered during the inventory to *O. bufoniformis* and *O.* aff. *guacamayo*, our collection (174 individual specimens) represents the largest number collected for this group in Ecuador. We will use the collected material to understand intraspecific variations and to resolve taxonomic issues existing with the genus.

Pristimantis spp.: There were several species of the terrestrial frogs Strabomantidae that we were unable to identify to the species level and which could be new species for Ecuador. Furthermore, one of them, *Pristimantis* sp. 3 (aff. *P. petersorum*), is possibly an undescribed species (= *Eleutherodactylus* sp. 4 in Mueses-Cisneros 2005).

Discussion

Ecological systems extending along the Andean Cordillera Oriental on the northern Ecuadorian-southern Colombian border harbor great herpetofauna diversity, represented by approximately 149 taxa (Appendix 6). This high concentration of species is distributed across an altitudinal mosaic (from 600 to 4,100 m) that integrates upper Andean biomes with foothill ecosystems. Within this range, amphibian and reptilian assemblages are fractioned into at least four altitudinal limits, spaced every 800 to 1,000 m.

The lower limit is found at the base of the range, below 1,000 m in altitude, and harbors the highest diversity (70 spp.). Mostly the area is influenced by the interconnection between foothill forests and adjacent forests of the Amazon basin.

The second altitudinal limit extends from 1,200 m to 2,000 m along the lower mountain slopes. Here there is a superposition of species: by 1,500 m, those found at 1,200 m and higher completely replace the assemblages found at the base of the Andes. This altitudinal strip harbors approximately 46 species.

Between 2,000 to 3,000 m, the assemblages are linked to the upper limit of the gradient with the high Andes above 3,000 m. Herpetofauna diversity drastically diminishes in this altitudinal strip, where there are between 34 and 13 taxa, respectively.

Our results show that Cabeceras Cofanes-Chingual harbors more than one quarter (28%) of the diversity reported in the region. Although we only evaluated three of the four altitudinal limits of the gradient, we believe that by including the area known as La Sofía—located within the proposed municipal reserve—and increasing sampling effort within the foothills zone in Río Verde, richness could surpass 50% of regional diversity. In addition, we believe that diversity in the upper Andean zone would be increased notably if the high montane forests and paramos of Monte Olivo were included. (We were unable to access the area due to logistical issues).

The alpha-diversity values reported for each site show the compositions and structures of the assemblages, biologically representative in their respective altitudinal limits. In the paramo ecosystems of Laguna Negra, we obtained 84% of the expected maximum diversity in the 300-m altitudinal range between 3,800 and 4,100 m. In contrast, other ecosystems located towards the southern part of the Cordillera Oriental on the inter-Andean slope—specifically in the province of Carchi—are more diverse. Laguna-Cevallos et al. 2007 registered 15 species in the 800-m range between 3,200 m and 4,000 m. This larger altitudinal range harbors a better representation and extension of upper montane forests combined with paramo biomes thereby resulting in double the diversity of Laguna Negra. On the contrary, towards the southern paramos of the Reserva Ecológica Cayambe-Coca, in La Virgen (3,700–4,000 m) and Oyacachi (3,500–3,900 m), herpetofauna diversity is equal to or less than that of Laguna Negra; there only four to nine herpetofauna species have been registered (Yánez-Muñoz and Mejía 2004; Yánez-Muñoz 2005) with less than 10% resemblance between their compositions and our studied area, as well as smaller relative abundance in certain groups, such as *Hypodactylus* and *Osornophryne*, which were abundant in Laguna Negra.

Diversity within the montane assemblages in Alto La Bonita reached 82% of the expected maximum for the 500-m altitudinal range between 2,600 and 3,100 m. Although no data exist in Ecuador for this biome in sectors close to our studied area or within Reserva Ecológica Cayambe-Coca, we believe that the diversity in the area could be much greater within the range between 2,500 m and 2,000 m based on Appendix 6. In this range, diversity of the frogs of the genus *Pristimantis* and endemic saurian lizards is much

greater but was not registered during our fieldwork. Diversity (in terms of absolute richness) is similar to diversity reported in other corresponding altitudinal zones towards the central and southern Ecuadorian Andes, in areas such as Machay (Parque Nacional Llanganates) and Tapichalca (the buffer zone of Parque Nacional Podocarpus), where it reaches 12–15 (Yánez-Muñoz 2005). Nonetheless, when analyzing the structure of the community, dominance of *Osornophryne* aff. *guacamayo* (59% of total abundance) over *Pristimantis* stands out. This species has not been reported in such densities in any other ecosystem in Ecuador or Colombia.

Only 53% of expected diversity was registered for the foothill forests of Río Verde located between 700 m and 1,000 m altitude. Previous studies carried out in the basin of the Chingual River, including those by Altamirano and Quiguango (1997), Rodríguez and Campos (2002), and Campos et al. (2001), show that in an altitudinal range of 600 m, diversity is relatively low despite direct influence from lower Amazon areas. Biological inventories of 11 days or less have reported absolute richness values between 29 and 31 species (Campos et al. 2001; Rodríguez and Campos 2002) whiles studies of 34 days resulted in 52 species (Altamirano and Quiguango 1997). Although richness specific to Río Verde only reached 25 species and its composition is similar to the other mentioned inventories, certain distinguishing elements that had not been registered previously along the Chingual basin or in Santa Cecilia were found. Specifically, *Rhinella dapsilis* and *Cochranella puyoensis* were not anticipated for the zone and demonstrate that the diversity in this altitudinal zone is relatively unknown and complex.

The characteristics of the herpetofauna on the alpha-beta diversity scale in Cabeceras Cofanes-Chingual make it a priority conservation zone within the Cordillera Oriental along the northern Ecuadorian-southern Colombian border. Vast expanses of natural vegetation along an altitudinal continuum harbor a significant number of species whose assemblages exhibit compositions and structures unrepresented within the Reserva Ecológica Cayambe-Coca, including presence of healthy populations of amphibians whose reproductive strategies have been affected by climate change and epidemiological factors.

Opportunities, threats, and recommendations

Any conservation plan resulting from this rapid biological inventory must be carried out in coordination with regional inhabitants. We noted that the beliefs and actions of some local residents seem to show a lack of responsibility towards their environment—hunting and intentional burning within the paramos of Laguna Negra are prime examples. We did not find any amphibian or reptile within burned vegetation. Burning not only kills the organisms burned, it destroys this important microhabitat needed for herpetofauna reproduction and establishment.

The three study areas show that the herpetofauna composition differs within the transect from Laguna Negra to Río Verde. Conserving the altitudinal gradient of Cabeceras Cofanes-Chingual will guarantee establishment of at least three different faunal communities and includes paramo, montane, and Amazonian components. The level of endemism and number of threatened species further strengthen the rationale for conserving and managing this area.

In order for the conservation process to be successful, we recommend continued research to generate important information regarding the population dynamics of the species and places being conserved. Particular attention should be placed on species categorized as threatened but which were found in high densities in the study sites. Efforts to investigate the impacts of ecosystem conversion, from forest to agricultural land or pasture, are also recommended. Within the region, Laguna Negra and Alto La Bonita are ideal locations to study population dynamics of these species. Having a specific region for population studies will provide a continued source of information over the years that can be used to conserve the species and habitat. We also recommend extending complementary inventories in La Sofía and Monte Olivo, as well as increasing sampling effort in the foothill regions of the proposed conservation zone in order to obtain more information about the region's herpetofauna.

BIRDS

Authors/Participants: Douglas F. Stotz and Patricio Mena Valenzuela

Conservation targets: Endangered birds, including Bicolored Antpitta (*Grallaria rufocinerea*); Threatened birds, including Wattled Guan (*Aburria aburri*), Military Macaw (*Ara militaris*), Coppery-chested Jacamar (*Galbula pastazae*), and Masked Mountain-Tanager (*Buthraupis wetmorei*); fourteen restricted-range species of Andean slopes and paramo; and the diverse forest avifauna across an entire montane elevational gradient

INTRODUCTION

Although the Ecuadorian Andes have been reasonably well studied for birds, the eastern slope of the Andes in western Provincia Sucumbíos is quite poorly known compared to the western slopes of the Andes and to areas farther south along the eastern slope. The most important study in the immediate region is the rapid inventory in Serranías Cofan-Bermejo (Schulenberg 2002), which covered elevations between 450 and 2,200 m on a series of ridges east of our Río Verde site in this present rapid inventory. An earlier study by Mena (1997) at the town of Sinangoe was the first study of the region's lower elevations.

South of Cabeceras Cofanes-Chingual, the Reserva Ecológica Cayambe-Coca is reasonably well known, with surveys at all elevations; an estimated 900 species occur within its borders. On the west slope of the eastern Andes, Guandera Biological Station in Provincia Carchi is relatively well known for birds (Creswell et al. 1999). Its northeastern corner is only 3 km from our paramo site, Laguna Negra, and reaches similar elevations. Cerro Mongas in southeastern Carchi also has a similar avifauna, and has been well studied (Robbins et al. 1994). The eastern slope of the Andes in far southern Colombia is not particularly well known; the nearest site that has been well worked is Parque Nacional Natural Puracé, at the head of the Magdelena Valley in northern Cauca and Huila (BirdLife International 2008a).

METHODS

Our fieldwork consisted of walking trails, looking and listening for birds. We (Stotz and Mena) conducted our surveys separately to increase the amount of independent-observer effort. We departed camp shortly before first light and were typically in the field until mid-afternoon, returning to camp for a one- to two-hour break, after which we returned to the field until sunset. We attempted to walk separate trails each day to maximize coverage of all habitats in the area. At all camps, we walked each trail at least once, and most were walked multiple times. Distances walked varied among camps in response to trail lengths, habitats, and density of birds, but ranged from 3 to 8 km each day per observer.

Mena carried a tape recorder and microphone on most days to record bird sounds, to document the occurrence of species. We kept daily records of numbers of each species that we observed. In addition, we compiled a daily list of species encountered during a round-table meeting of all observers (including Debby Moskovits) each evening; this information was used to estimate relative abundances of species at each camp. In addition, observations from other participants in the inventory team, especially Randy Borman and Álvaro del Campo, supplemented our records.

We spent three full days (plus parts of arrival and departure days) at each camp. At Alto La Bonita, these three days were supplemented by observations along the trail from the camp to the town of La Bonita. Mena covered this trail on 30 October, while Stotz and Moskovits covered it across two days, 30 and 31 October. Total hours of observation by Mena and Stotz at Laguna Negra were about 52 h, at Río Verde about 54 h, and at Alto La Bonita about 54 h, plus 19 h on the walk between Alto La Bonita and the town of La Bonita.

At Laguna Negra, we primarily surveyed the paramo and isolated forest patches within it; however, both Stotz and Mena spent part of a day surveying the continuous forest below treeline. At Río Verde, we limited our surveys to the trails on the north and west sides of the Cofanes and Verde rivers; we did not survey trails on the other side of these rivers that were surveyed by some of the other groups.

In Appendix 8, taxonomy, nomenclature and the order of taxa follow the South American Checklist Committee, version 14 November 2008 (*www.lsu.edu/~remsen/SACCbaseline.html*). Spanish names follow Ridgely and Greenfield (2001a). Relative abundances are based on the number of birds seen per day of observation. Because of the short duration of our visits, these estimates are necessarily crude, and only apply to the period October–November. For all sites we employ three classes of abundance: "Common" birds were observed daily in their expected habitat; "rare" birds were observed only once or twice as single individuals or pairs; and "uncommon" birds were not observed daily but were encountered more than twice. At Laguna Negra, species found only in the continuous forest below treeline are flagged in Appendix 8 because we surveyed this habitat to only a limited degree. Similarly, we noted those species seen on the walk out of Alto La Bonita (below the end of that site's trail system, at 2,580 m, and above the start of substantially human-altered habitats, at about 2,100 m) because of the very limited coverage these elevations received. (We do not include any of the species seen only in the vicinity of the town of La Bonita, where there was a mixture of agricultural habitats and small, disturbed forest patches. However, we do include records from the vicinity of La Bonita in the elevational distributions given in the appendix for species present at Alto La Bonita.)

RESULTS

We registered 364 species of birds among our three sites during the rapid inventory, from 15 to 31 October 2008. Sites varied substantially in elevation and habitat, with distinct avifaunas. The lower-montane site, Río Verde, was the most diverse with 214 species. The two high elevation sites were more similar to each other, with 111 species at Alto La Bonita and 74 at the paramo site, Laguna Negra.

We estimate a total regional avifauna of 650 species, including migratory species, rare species that we did not encounter, and species associated with middle-montane elevations that we did not survey. In the rapid inventory of Serranías Cofan-Bermejo, the total regional avifauna between 450 m and 2,200 m was estimated at 700 species (Schulenberg 2002). However, that inventory included some of the very diverse Amazonian lowlands around Bermejo in its survey area, while this survey included no lowland areas. If the adjacent Amazonian lowlands were included in the regional estimate for this inventory, the number of species would certainly exceed 1,000 species.

Laguna Negra

The dominant feature of the landscape at Laguna Negra was the open paramo habitat, where we recorded only 18 species, of which 11 were completely restricted to paramo. While paramo at this site likely has become more extensive, more open, and more dominated by grasses due to regular burning, we think that the primary reason for the low diversity is that there are very few paramo specialists in the regional avifauna; only six other species could have been expected to occur primarily in paramo here. This is in contrast to the *puna* (drier montane grasslands) farther south, where a vast extension of that habitat supports a larger avifauna: Parker et al. (1996) list 69 species as regularly using puna.

We found 63 species in the paramo and isolated forest patches at this site. The remaining 11 species we recorded were only found in the continuous forest below treeline. Our sense is that the species list for the paramo and forest patches is relatively complete, while a number of additional species could be found in the continuous forest with more effort devoted to that habitat.

The avifauna in the continuous forest was rather different from species found in the forest patches: in addition to the 11 species found only in continuous forest (mentioned above), 13 species were found in isolated forest patches that were not found in continuous forest. In three cases, we observed species replacements within a genus between the continuous forest and forest patches. These were (continuous-forest species listed first): Tyrian/ Viridian Metaltail (*Metallura tyrianthina/williami*), Blackish/Paramo Tapaculo (*Scytalopus latrans/canus*), and Hooded/Masked Mountain-Tanager (*Buthraupis montana/wetmorei*).

Frugivorous and nectarivorous species dominated the avifauna. The most diverse family is Trochilidae (nectarivorous hummingbirds), with 11 species, followed by Thraupidae (frugivorous tanagers), with 10 species. Many species of other families typically

considered insectivorous, like flycatchers (Tyrannidae), are partially frugivorous, and the relative abundance of frugivory increases with elevation. The predominance of frugivorous and nectarivorous species that we observed is a consistent pattern in the Andes, where hummingbirds show essentially no decline in diversity with elevation, and tanagers, cotingas, thrushes and other largely frugivorous groups show only a moderate decline with elevation. This contrasts with the insectivorous antbirds (Thamnophilidae) and flycatchers, which are typically the two most diverse families in Amazonian lowland forests. Thamnophilidae are completely absent at high elevations, and flycatchers are much less diverse (we recorded three species at Laguna Negra) and more frugivorous.

Río Verde

Río Verde, in the foothills, was easily the richest site for birds that we surveyed. The avifauna was a mix of montane and lowland elements. However, compared to many other sites at similar elevations (see specific comparisons to other sites below), lowland elements were poorly represented. There were 22 species of antbirds (Thamnophilidae, often represented in the lowlands by more than 50 species), of which 9 are strictly montane species. Understory flocks led by *Thamnomanes* antshrikes, a characteristic element of lowland Amazonia that regularly occur up to about 900 m (and even higher where there is bamboo) were completely absent. Most of the lowland species we observed fell into two groups: open habitat species around camp and in the riverine habitat along the Cofanes River, and frugivorous species (especially tanagers) that joined mixed species canopy flocks throughout the site.

Río Verde is at the base of a tightly constricted river valley several kilometers away from the nearest expanse of true lowland forest. This topography likely excludes some lowland species typically found at similar elevations elsewhere. Thus, we observed a shift from an insectivore-dominated avifauna typical of the lowlands to one dominated by frugivorous species, a pattern much stronger at higher elevations during this inventory. As at higher elevations, tanagers and hummingbirds were well represented.

Some montane species occurred in the camp clearing at 730 m up to the hilltops surveyed, at 1,100 m. However, the montane element became much more pronounced as one moved up the slope, with lowland species disappearing and montane species progressively increasing. By about 950 m, the montane element dominated, and a number of montane species were found only above 1,000 m.

Within Río Verde, we found a small number of species replacements within genera, where a lowland species was replaced by a montane representative at higher elevation. Three examples of this were (with lowland species first) Lemon-throated/Red-headed Barbet (*Eubucco richardsoni/bourcieri*), Blue-headed/Red-billed Parrot (*Pionus menstruus/sordidus*), and Crimson-crested/Crimson-bellied Woodpecker (*Campephilus melanoleucos/haematogaster*). More commonly, the lowland representative was missing and only the montane species was found. Examples of this include Rufous-breasted Wood-Quail (*Odontophorus speciosus*), Band-bellied Owl (*Pulsatrix melanota*), Ash-browed Spinetail (*Cranioleuca curtata*), Rufous-rumped Antwren (*Terenura callinota*), Short-tailed Antthrush (*Chamaeza campanisona*), Chestnut-crowned Gnateater (*Conopophaga castaneiceps*), and Slaty-capped Flycatcher (*Leptopogon superciliaris*). In one case, we found two congeneric montane species, Yellow-throated/Ashy-throated Bush-Tanager (*Chlorospingus flavigularis/canigularis*) that largely replace one another at different elevations.

Alto La Bonita

At Alto La Bonita, we found a typical high-elevation avifauna, with a large number of species associated with mixed-species flocks led by Spectacled Redstart (*Myioborus melanocephalus*) and *Basileuterus* warblers. Besides these flocks, terrestrial and near-terrestrial birds like antpittas (*Grallaria* and *Grallaricula*) and tapaculos (*Scytalopus*), as well as skulking species of Furnariidae and flycatchers hidden away in the dense understory of the forest, comprised the majority of the avifauna. Overall, the abundance of birds at the site appeared low. Few species sang, even at dawn, and by mid-morning songs had largely ended. Afternoons were noticeably quiet. Stream noise and difficult trails may have contributed to our general impression of few birds.

There was a noticeable difference in the avifauna we observed around camp at about 2,630 m, and that of a ridge to the east at approximately the same elevation. Our camp sat in the bottom of a valley where cold air settled every morning. The avifauna was dominated by species that typically range to elevations higher than our camp. In an afternoon and part of a morning of survey on the ridge, we found ten species that were never seen near camp, and which reach their elevational limit around 2,600 m. It seems that the local topography contributes strongly to the differences in the avifaunas in these two areas: The ridge, because of continuity with lower areas, had an avifauna more characteristic of lower elevations, while areas near camp, with their proximity to the higher elevations that surrounded them and isolation from lower areas, were dominated by a higher-elevation avifauna.

Endemic species

Ridgely and Greenfield (2001a) list 36 species endemic to the eastern slope of the Andes in Ecuador and nearby Colombia or Peru. We found nine of these species: Ecuadorian Piedtail (*Phlogophilus hemileucurus*), Coppery-chested Jacamar (*Galbula pastazae*), Crescent-faced Antpitta (*Grallaricula lineifrons*), Long-tailed Tapaculo (*Scytalopus micropterus*), Ecuadorian Tyrannulet (*Phylloscartes gualaquizae*), Orange-crested Flycatcher (*Myiophobus phoenicomitra*), Masked Mountain-Tanager (*Buthraupis wetmorei*), Black-backed Bush-Tanager (*Urothraupis stolzmanni*), and White-rimmed Brush-Finch (*Atlapetes leucopis*). Four of these endemic species occurred at Río Verde, three at Alto La Bonita, and two at Laguna Negra. Most of the endemics we did not encounter occur at intermediate elevations that we did not survey. Besides this group of endemics, at Laguna Negra we found five species listed by Ridgely and Greenfield among their 16 species endemic to Interandean Slopes and Valleys: Carunculated Caracara (*Phalcoboenus carunculatus*), Golden-breasted Puffleg (*Eriocnemis mosquera*), Black-thighed Puffleg (*E. derbyi*), Rainbow-bearded Thornbill (*Chalcostigma herrani*), and Stout-billed Cinclodes (*Cinclodes excelsior*). At Río Verde, there were three species listed among the species endemic to the Western Amazonian Lowlands: Salvin's Currasow (*Mitu salvini*), Dusky Spinetail (*Synallaxis moesta*), and White-lored Antpitta (*Hylopezus fulviventris*).

Rare and threatened species

Ridgely and Greenfield (2001a) provide a list of species that they consider at risk in Ecuador. The categories they use are the same as those used by Wege and Long 1995; more recent listings (e.g., Birdlife International 2000a–k) use a more quantitative approach to determining threat levels, although the categories remain the same. Ridgely and Greenfield list as Endangered one species we encountered (Bicolored Antpitta, *Grallaria rufocinerea*; [Fig. 7O]); and three as Vulnerable: Wattled Guan (*Aburria aburri*), Military Macaw (*Ara militaris*), and Masked Mountain-Tanager (*Buthraupis wetmorei*). One species treated as Near-threatened by Ridgely and Greenfield, Coppery-chested Jacamar (*Galbula pastazae*), is considered Vulnerable globally by BirdLife International (2008b).

Bicolored Antpitta has a small range and occurs locally from central Colombia south to northern Sucumbíos, Ecuador. Ecuadorian birds presumably belong to the southern subspecies *romeroana*. While treated as Endangered within Ecuador, it is now considered to be globally Vulnerable, with a global population of less than 10,000 birds (BirdLife International 2008c). We found this species to be common in forest at Alto La Bonita between 2,600 and 2,700 m. Above 2,700 m, the common *Grallaria* was Chestnut-naped Antpitta (*G. nuchalis*), and we did not encounter Bicolored Antpitta at those elevations. This species was previously known in Ecuador from a single record, a pair tape-recorded on the *Interoceánica* highway near Santa Barbara (Ridgely and Greenfield 2001a; BirdLife International 2008c). Along the highway, the forest is limited to small patches within a matrix of agriculture; however, our records from Alto La Bonita suggest there is likely a substantial population—almost certainly numbering in the hundreds—of this species at appropriate elevations where the forest cover remains intact. Maintaining forest cover west and south of

La Bonita will be crucial for this species, as much of its range in Colombia is already deforested.

Wattled Guan occurs on the east slope of the Andes from Venezuela to southern Peru. Despite this extensive range, it is considered Near-threatened globally (BirdLife International 2008d) and Vulnerable within Ecuador (Ridgely and Greenfield 2001a) because of its narrow elevational range (mostly 800 to 1,500 m), the extensive deforestation within this elevational belt, and hunting pressure. We found this species to be common throughout the Río Verde site. In the Serranías Cofan-Bermejo, south and east of Río Verde, Schulenberg (2002) found this species at two of the three sites surveyed. Thus, there appears to be a significant population in the foothills region around the Cofanes River. Currently hunting pressure and deforestation in this region is low, but ensuring that this area remains a long-term refuge will be important to this species.

Military Macaw has a wide, but fragmented, range in mountains from Mexico south to northwestern Argentina. While it has a broad elevational distribution (from sea level to at least 3,100 m), in the Andes it is largely limited to the lower slopes between 600 and 1,600 m (Parker et al. 1996; Ridgely and Greenfield 2001b). Major threats are habitat loss due to deforestation and capture for the pet trade (BirdLife International 2008e). In Ecuador, the species is local along the eastern slope of the Andes (Ridgely and Greenfield 2001a). There was a substantial population near Río Verde, where we encountered it daily in moderate numbers (10–20 per day). There is a cliff with several nest holes along the Cofanes River, ca. 6 km downriver from our Río Verde camp, where we saw about 80 birds at once during the inventory (Á. del Campo pers. com.), and larger numbers have been reported there at other times of the year (R. Borman pers. com.). The cliff is composed in part of calcium carbonate (T. Saunders pers. com.) and the macaws probably ingest some of that material. During the Serranías Cofan-Bermejo survey, macaws were found at all three survey sites (Schulenberg 2002). There is clearly a very significant population—probably numbering in the hundreds—of this species in the foothills of western Sucumbíos. Protecting the forest in the region, and especially sites such as the cliff along the Cofanes River, is a priority for this species. Currently, capture for the pet trade does not seem to be a major concern in this area.

Masked Mountain-Tanager occurs in forest near treeline along the eastern slope of the Andes from southern Colombia to extreme northern Peru. It appears to be local and rare within this range and it is considered Vulnerable globally (BirdLife International 2008f) and in Ecuador (Ridgely and Greenfield 2001a). A major concern for this species is the continual burning of the paramo to provide pasture for domesticated livestock (BirdLife International 2008f). Paramo burning has lowered treeline over much of this species' range and destroyed isolated forest patches used by this species above treeline. At Laguna Negra, where the depression of treeline and destruction of forest patches by regular burning was obvious, we found pairs of this species in two forest patches above our camp, between 3,700 and 3,750 m in elevation. At Alto La Bonita, our only record was a bird in forest at the edge of a large landslide near 3,000 m in elevation. Ccuttopoé, the paramo site above Monte Olivo, could be important for this species. It is roughly the same elevation as Laguna Negra, but is not burned. Unfortunately, we cannot confirm that this species occurs there because we were unable to visit that site. It appears that the most crucial conservation measure required for this species is managing burning of the paramo at sites where it occurs. The total population in the Caberceras Cofanes-Chingual is probably small, under a hundred individuals, given that we found only a few at Laguna Negra and Alto La Bonita and that the forest patches within the paramo zone that this species inhabits is an intrinsically patchy habitat. However, this region, including the paramo on the west-facing slopes into Carchi, may very well be one of the most important strongholds for the species, given the extent of the paramo habitat and the generally low level of disturbance it has received relative to other paramo areas in Ecuador and southern Colombia.

Coppery-chested Jacamar has a narrow elevational range at the base of the eastern slope of the Andes, from extreme southern Colombia to extreme northern Peru. Almost all of its range is within Ecuador. It was fairly common at our Río Verde site, where it was associated with clearings in the forest, landslides, large treefalls, and the clearing around the station. Its narrow elevational range and local distribution place the species at risk from the continuing deforestation in lower Andean slopes. The foothills of western Sucumbíos could harbor a significant population of this jacamar, but it was not found on the Serranías Cofan-Bermejo inventory (Schulenberg 2002), so it may be quite local in the region.

Black Tinamou (*Tinamus osgoodi*) is a Vulnerable species (BirdLife International 2008g) found in two disjunct populations: in southern Peru, and southern Colombia to extreme northern Ecuador. Although we did not find this species at Río Verde (elevation there is mostly below the range of this species), it has been found on higher ridges in the vicinity (R. Borman pers. com.). The species was first found in Ecuador during the Serranías Cofan-Bermejo inventory (Schulenberg 2002) at Shishicho, south of the Cofanes River between 1,000 and 1,350 m. There is probably a reasonably large population of this species within the region at appropriate elevations. The main threat to this species is deforestation.

We encountered nine additional species that Ridgely and Greenfield (2001a) list as Near-threatened in Ecuador: Gray Tinamou (*Tinamus tao*), Salvin's Curassow (*Mitu salvini*), Rufous-breasted Wood-Quail (*Odontophorus speciosus*), Black-and-chestnut Eagle (*Spizaetus isidori*), Black-thighed Puffleg (*Eriocnemis derbyi*), Gray-breasted Mountain-Toucan (*Andigena hypoglauca*), Black-mandibled Toucan (*Ramphastos ambiguous*), Spectacled Bristle-Tyrant (*Phylloscartes orbitalis*), and White-rimmed Brush-Finch (*Atlapetes leucopis*).

Gray Tinamou is widespread near the base of the Andes from Columbia to Peru. We found small numbers at Río Verde. The region of this inventory and the Serranías Cofan-Bermejo inventory could house a significant population of this species, although it appears to be patchy in the region.

Salvin's Curassow is restricted to northwestern Amazonia, and is under significant hunting pressure in many areas. It has disappeared from regions close to major population centers. We found small numbers at Río Verde, and Sebástian Descanse (one of our Cofan colleagues) saw a pair of this species at the extraordinarily high elevation of 2,800 m at Alto La Bonita. While this species is mostly known from the Amazonian lowlands (Ridgely and Greenfield 2001a), there does appear to be a substantial population in the foothills of western Sucumbíos, where it was found at all three survey sites during the Serranías Cofan-Bermejo inventory (Schulenberg 2002), and a population is known from the forested valleys near La Sofía at more than 1,500 m (R. Borman pers. com.). There is continuous forest cover between the La Sofía population and Alto La Bonita, so the birds seen at Alto La Bonita likely represent wandering birds from lower elevations.

Rufous-breasted Wood-Quail is treated as Near-threatened by Ridgely and Greenfield (2001a), but is considered safe globally (BirdLife International 2008h, because of an extensive range along the eastern slope of the Andes from northern Ecuador to northern Bolivia), and it is considered common in much of its Peruvian range. Our records at Río Verde are near the lower elevational limit for this species.

Black-and-chestnut Eagle occurs at low densities in high elevation forests of the eastern slope of the Andes, from Venezuela to northwestern Argentina. Although we had only a single record at Laguna Negra, the extensive expanse of forests at appropriate elevations from our study sites south into Cayambe-Coca could make this area an important stronghold for this species.

Black-thighed Puffleg is a local, restricted-range hummingbird of forest and forest edge near treeline. It is considered Near-threatened (BirdLife International 2008i) primarily because of this small range. It has been previously recorded from Guandera Biological Station ca. 3 km southwest of the Laguna Negra site. It is possible that this area could have a significant population of this poorly known species.

Gray-breasted Mountain-Toucan is a very widespread toucan of high elevation forests, extending from southern Colombia to southern Peru. It is moderately common over much of its range, and we found it at both Laguna Negra and Alto La Bonita. Despite this, it is treated as Near-threatened by both Ridgely and Greenfield (2001a) and BirdLife International (2008j).

Black-mandibled Toucan occurs locally in the Andean foothills. Its occurrence at Río Verde surprised us, but it was encountered several times and one bird was photographed. Its local distribution and narrow elevational range along the lower eastern slope of the Andes potentially puts it at risk from deforestation. The foothills of western Sucumbíos may harbor a significant population of this species as it was also found at all three survey sites on the Serranías Cofan-Bermejo inventory (Schulenberg 2002).

Spectacled Bristle-Tyrant has a wide range from southern Colombia to northern Bolivia along lower Andean slopes, but has a narrow elevational distribution. We found small numbers at Río Verde in the forests near camp.

White-rimmed Brush-Finch occurs from southern Colombia locally along the east slope of the Andes to southern Ecuador. While Ridgely and Greenfield (2001a) describe the species as rare and inconspicuous, we found it to be common at Alto La Bonita. It was also conspicuous, singing its loud saltator-like song from exposed perches in the canopy in the morning and being bold and inquisitive later in the day. Despite this, we think the treatment by BirdLife International (2008k) as of Least Concern to be unduly optimistic. Its local and small distribution in a region with substantial deforestation and the fact it is typically considered rare suggest that the species may require careful monitoring. The region around Alto La Bonita may be an important stronghold for the species.

Migrants

Ecuador is south of the wintering range of most North American migrants, yet we found 17 species during this inventory. At Laguna Negra, we saw four migrant shorebirds—Greater Yellowlegs (*Tringa melanoleuca*), Lesser Yellowlegs (*T. flavipes*), Spotted Sandpiper (*Actitis macularius*), and Baird's Sandpiper (*Calidris bairdii*)— at a small lake near camp. The first three are widespread in the Neotropics during winter, but Baird's Sandpiper winters mainly in southern South America and largely migrates through the Andes, using high-elevation lakes as stepping stones. Despite this we also saw Baird's

Sandpipers at Puerto Libre (550 m) and in the town of La Bonita (1,950 m) during travel between camps. A number of other shorebirds probably use the lakes within the paramo in this region. The only other migrants seen at Laguna Negra were an Osprey (*Pandion haliaetus*) flying over camp at more than 3,700 m on 16 October, and a Barn Swallow (*Hirundo rustica*) with a flock of Brown-bellied Swallows (*Orochelidon murina*) on 17 October. At Alto La Bonita, the only migrant we found was Blackburnian Warbler (*Dendroica fusca*), which barely reached the study site at 2,600 m. It was moderately common at lower elevations around the town of La Bonita and on the trail to the town.

The forests around Río Verde contained most of the migrants we saw, a total of ten species. These included three species of flycatchers: Olive-sided (*Contopus cooperi*), Eastern (*C. virens*), and Western Wood-Pewees (*C. sordidulus*); and two warblers: Cerulean (*Dendroica cerulea*) and Canada (*Wilsonia canadensis*). Other migrant species at Río Verde were Broad-winged Hawk (*Buteo platypterus*), Common Nighthawk (*Chordeiles minor*), Red-eyed Vireo (*Vireo olivaceus*), Swainson's Thrush (*Catharus ustulatus*), and Summer Tanager (*Piranga rubra*). Eastern Wood-Pewee was easily the most abundant species of migrant, followed by Canada Warbler. However, the eastern slope of the Andes is most crucial to the three species of warblers, and Swainson's Thrush, which winter largely in the humid Andes.

Among landbirds, a number of migrant species are known—but rare—along the eastern slope of the Andes. We expected only Gray-cheeked Thrush (*Catharus minimus*) and Scarlet Tanager (*Piranga olivacea*), but found neither. The latter is far more abundant than Summer Tanager in southeastern Peru at the elevation of Río Verde (Robinson et al. 1995; Stotz pers. obs.), so its absence seems puzzling.

Other notable records

At Alto La Bonita, we had records of two lowland waterbirds at an unusual elevation. We saw one individual of Neotropic Cormorant (*Phalacrocorax brasilianus*) flying over the forest on 28 October. Mena observed it flying from west to east over a broad valley at 2,800 m, and about 30 minutes later, Stotz saw it

flying down the Sucio River valley below our camp. On 29 October, a Striated Heron (*Butorides striatus*) was perched in the canopy of low forest, with standing water underneath, at 2,800 m. Both of these species are widespread in the lowlands but occur locally in small numbers at higher elevations (Ridgely and Greenfield 2001a).

Two species that are not considered to be endemic or threatened were nonetheless interesting to encounter. At Laguna Negra, a single Stout-billed Cinclodes (*Cinclodes excelsior*) sang, displayed, and was generally quite obvious on 16 October in a forest patch with extensive *Polylepis* near camp. We did not see the bird subsequently. This is a local species in Ecuador and Colombia associated with patches of *Polylepis* woodland at and above treeline. At Río Verde, we found Buff-throated Tody-Tyrant (*Hemitriccus rufigularis*) to be uncommon in forest along the ridges around camp between 900 and 1,100 m. This is a local species largely restricted to outlying ridges of the Andes from southern Colombia to northern Bolivia between 750 and 1,500 m (Ridgley and Greenfield 2001a; Schulenberg et al. 2007). It was not unexpected at this site, since Schulenberg (2002) found it at all three of his survey sites, but it still remains known from a relatively few sites despite its very wide geographic range.

As noted in the accounts for the individual camps, the diversity of frugivores and nectarivores was high throughout this survey. Overall, the diversity of hummingbirds (29 spp.) and tanagers (52 spp.; see Fig. 7) was impressive. Hummingbirds were fairly evenly distributed across the three camps, although they were considerably more obvious at the Laguna Negra camp, where two species, Golden-breasted Puffleg (*Eriocnemis mosquera*) and Rainbow-bearded Thornbill (*Chalcostigma herrani*), were perhaps the most commonly seen bird species.

We found little evidence of birds breeding during this inventory. Low levels of singing further suggested that the main breeding period is not close to the time of the year when we conducted the study. At Laguna Negra, the only evidence of breeding was a chick of Band-winged Nightjar (*Caprimulgus longirostris*), which we photographed. At Alto La Bonita, there was somewhat more evidence of breeding. Torrent Ducks (*Merganetta armata*) had two small chicks along the Sucio River, slightly upriver from our camp. A pair of Hooded Mountain-Tanagers (*Buthraupis montana*) fed a large juvenile above camp. Green-and-black Fruiteaters (*Pipreola riefferii*) had a nest with two eggs, and Slaty-backed Chat-Tyrant (*Ochthoeca cinnamomeiventris*) attended a nest with a nestling along the edge of a stream above camp. At Río Verde, a pair of Military Macaws defended a nest hole downstream along the Cofanes River. We do not know if the hole contained any eggs or young.

Comparison of sites surveyed and comparisons with other areas

During rapid inventories in the lowlands typically we find high levels of species overlap among sites. Often 70%–80% of the species at one site are found at the other sites surveyed and across multiple sites frequently half or more of their species are found at all other sites. In this inventory, only one species, White-collared Swift (*Streptoprocne zonaris*), occurred at all three sites. It typically breeds around waterfalls at high elevations in the Andes, but forages widely during the day, often reaching the Amazonian lowlands. The lower montane site, Río Verde, was very different from the other sites. It shared no species other than the swift with Laguna Negra, and only seven other species with Alto La Bonita. This, however, is not particularly surprising because of the large elevational difference between Río Verde and the other sites. It is notable, however, that Laguna Negra and Alto La Bonita, which were within 400 m of each other in elevation, shared only 27 species, which is 36% of the total recorded at Laguna Negra. So, despite their elevational proximity, these two sites had very distinct avifaunas. In many ways even this limited overlap overstates the similarity between Laguna Negra and Alto La Bonita. Only one species, Great Thrush (*Turdus fuscater*), was common at both sites, and only four species were at least uncommon at both sites. The rest of the shared species were rare at least at one of the two sites.

Overall, the number of bird species recorded on this inventory is roughly comparable to that found on a typical rapid inventory of similar length in the Amazonian lowlands (e.g., Stotz and Pequeño 2006; Stotz and Díaz 2007). However, this diversity is distributed very differently. In the lowlands, individual sites generally have high species richness, but relatively little variation among sites. In contrast, in Cabeceras Cofanes-Chingual we found moderate species richness within our sites but very high variation across sites. This emphasizes the necessity to maintain natural habitats—especially forested habitats—that generate this beta-diversity across the entire elevational gradient. Habitat loss in any part of the gradient will precipitate the loss of a substantial piece of avian diversity, as well as diversity in other taxa.

Laguna Negra can be compared to two nearby sites on the west slope of the eastern Andes in Carchi that are at similar elevations, Guandera Biological Station (Cresswell et al. 1999) and Cerro Mongus (Robbins et al. 1994). Our survey period was much shorter and our survey team much smaller than that at these other two sites. We also covered a narrower and slightly higher elevational range (3,400–3,750 m, versus 3,100–3,700 m at Guandera and 3,200–3,650 m at Cerro Mongus), and as a result we recorded fewer species (74) than were recorded at Guandera (144) or Cerro Mongus (119). In particular, we recorded fewer species of the continuous forest below treeline, where diversity is higher, and which we covered only casually. Despite this, it is clear that the avifaunas at all three sites are quite similar. Most of the species recorded at both sites that we did not encounter at Laguna Negra were species of the continuous forest. The majority of them we recorded at Alto La Bonita, at somewhat lower elevation than Guandera or Cerro Mongus. Robbins et al. (1994) compare the avifauna at Cerro Mongus to that in similar habitat at Cerro Chingela in northern Peru, and note the great similarity among the two sites some 650 km apart, so the resemblance of Laguna Negra to Guandera and Cerro Mongus is not unexpected. It is striking, however, that the similarity across hundreds of kilometers at similar elevations is so much greater than the similarity across sites separated by only a few kilometers and differing by only a few hundred meters in elevation, like Laguna Negra and Alto La Bonita.

BirdLife International (2008a) treats Guandera and Cerro Mongus at both part of the same Important Bird Area (IBA). It seems clear owing to its proximity and similar avifauna that Laguna Negra also could be considered part of that IBA. BirdLife International (2008a) lists 29 species of threatened or restricted range species from this IBA. We recorded 20 of these species at Laguna Negra and found four of the other species at Alto La Bonita. Restricted or endangered species from Guandera and Cerro Mongus that we failed to encounter at either of our high elevation surveys sites were Golden-plumed Parakeet (*Leptosittaca branickii*), Rusty-faced Parrot (*Hapalopsittaca amazonina*), Chestnut-bellied Cotinga (*Doliornis remseni*), Agile Tit-Tyrant (*Anairetes agilis*), and Turquoise Jay (*Cyanolyca turcosa*). All of these species are likely present at Laguna Negra or Alto La Bonita, but were not recorded due to our brief survey periods.

Species that occupy paramo or isolated patches of forest above treeline recorded at either Guandera or Cerro Mongus that we failed to record at Laguna Negra included, besides the recently described Chestnut-bellied Cotinga, Cinereous Harrier (*Circus cinereus*), Short-eared Owl (*Asio flammeus*), Paramo Pipit (*Anthus bogotensis*), and Paramo Seedeater (*Catamenia homochroa*). Species we recorded at Laguna Negra that were not found at either Guandera or Cerro Mongus were few. They included a few migrants from North America, as well as Tourmaline Sunangel (*Heliangelus exortis*), Stout-billed Cinclodes (*Cinclodes excelsior*), and Fawn-breasted Tanager (*Pipraeidea melanonota*).

An obvious comparison for our Río Verde camp is the rapid inventory of Serranías Cofan-Bermejo (Schulenberg 2002). On that survey, elevations between 450 and 2,200 m were surveyed (versus 750–1,100 m at Río Verde. The three survey sites at Serranías Cofan-Bermejo all included elevations comparable to those surveyed at Río Verde. Given that the three surveys sites were only 5–20 km from Río Verde, one might expect very high similarity among all the sites; however, there was much more variation among these sites than between Laguna Negra and the nearby high elevation sites described above. Most notably, Río Verde differed from the Serranías Cofan-Bermejo sites by having a

smaller influence of lowland species. Montane species were more comparable. We failed to find at Río Verde 61 lowland species recorded between 600 and 1,100 m on the Serranías Cofan-Bermejo inventory, while only 19 lowland species we recorded were not found there. In contrast, we found 15 montane species not found at Serranías Cofan-Bermejo, while not finding 26 of the montane species found there. Besides have a greater proportion of montane species, a number of these occurred at lower elevations at Río Verde than at Serranías Cofan-Bermejo. Some of these were species found only above 1,400 m at Serranías Cofan-Bermejo (e.g., Barred Hawk [*Leucopternis princeps*] and Lineated Foliage-gleaner [*Syndactyla subalaris*]) and others were species found above 900 m there that we found down to 750 m (e.g., Wattled Guan, Black-mandibled Toucan, Orange-eared Tanager [*Chlorochrysa calliparaea*], and Spotted Tanager [*Tangara punctata*]).

Overall, Río Verde's avifauna showed a much clearer montane signal than do similar elevations just a few kilometers to the east. This may reflect the position of Río Verde several kilometers up a river with a very narrow valley and limited floodplain that may limit the access of lowland species to the area. It may also reflect a very humid environment: Compared to other similar elevation sites where Stotz has worked, Río Verde has a shorter forest and much heavier epiphyte loads on the trees.

Sites at similar elevations in central Peru (Schulenberg et al. 1984) and southeastern Peru (Stotz et al. 1996; Fitzpatrick, Willard, and Stotz, unpublished) show a stronger lowland element than Río Verde, with approximately 75% of their avifauna being lowland species versus 65% at Río Verde. Local topography may have much to do with these differences, as both of these sites have more direct connections to lowland forest in broad valleys at about 500 m.

RECOMMENDATIONS

The major threats for bird species are deforestation, excessive burning in the paramo, and hunting and other exploitation by humans. Below we make specific recommendations for the protection, management, future research, additional inventories, and monitoring of bird species in Cabeceras Cofanes-Chingual.

Protection and management

- Protecting the significant extent of the forest in this region is easily the most crucial measure required to protect the birdlife. In order to protect the forest, it will be crucial to limit the creation of new roads into the heart of the forested area. The road to La Sofía is clearly a threat to the ecological integrity of this area, and will need to be managed to reduce that threat. As long as the forest is protected, the area will maintain significant populations of nearly all of the species of birds and other fauna currently found here; without it a number of species will be lost.

- Hunting is one of the major threats to Wattled Guan. Currently limited access to the elevations where this species occurs means that hunting pressure is not severe. However, it could be affected by hunting with increased populations in the area, or increased mining operations.

- Limit use of fire in paramo. Studies demonstrate that overall species richness and abundance of birds in the paramo decrease with more frequent fire (Koenen and Koenen 2000). Some threatened species, for example Masked Mountain-Tanager, are known to be negatively affected by frequent fire (BirdLife International 2008f). Maintaining the avifauna, especially that associated with the isolated forest patches above treeline, will require careful management of fire in the paramo to maintain the diversity of habitats.

- Create a protected area that covers an entire elevational gradient. This will be needed to protect all of current diversity: Loss of any segment of the gradient will cause the loss of a significant part of the diversity. This also is critical in the face of impending climate change because the continuous gradient will provide corridors for species responding to changing conditions.

Research

Elaborate the details of Military Macaw ecology; in particular, seasonal movements, home ranges, crucial food plants, and nesting sites. This threatened species has a significant population in the area. In order to effectively manage it and counter threats from deforestation and direct exploitation, we will need to understand its ecology and determine whether the population here regularly ventures into surrounding areas that may not have adequate protection.

Inventory and Monitoring

- Inventory Bicolored Antpitta. The results from Alta La Bonita suggest that this region probably harbors one of the largest populations of this species in existence, given that much of its Colombian range is deforested. Understanding the size and extent of this population is essential for development of a plan to manage the forests it occupies.

- Inventory other paramo sites for Masked Mountain-Tanager, which seems to be negatively impacted by burning of the paramo. Ccuttopoé is especially important because it lacks human-generated fires.

- Inventory appropriate habitat for locally distributed, near-threatened species, including Black-thighed Puffleg, Coppery-chested Jacamar, and White-rimmed Brush-Finch.

- Inventory elevations between 1,100 and 2,600 m not covered in this inventory. The major human population centers in the area (La Bonita and La Sofía) fall within this elevational slice, so threats to the forests in these elevations are potentially high. Additionally, substantial avian diversity, including threatened and range-restricted species, is concentrated in this elevation range. In fact, the peak in species richness of montane species is found at these intermediate elevations (Stotz et al. 1996). To effectively protect the fauna in this region, we need to know what is present throughout the elevational gradient.

- Monitor Military Macaw populations

MAMMALS

Authors/Participants: Randy Borman and Amelia Quenamá Q.

Conservation targets: Healthy populations of mountain tapir (*Tapirus pinchaque*) and Andean bear (*Tremarctos ornatus*); abundant populations of *Nasuella olivacea*, *Agouti taczanowskii*, and other montane species; important predators, including puma (*Puma concolor*) and jaguar (*Panthera onca*); intact populations of woolly monkey (*Lagothrix lagothricha*) and white-bellied spider monkey (*Ateles belzebuth*) at mid-level altitudes; protected altitudinal ranges for all these species, especially mountain tapir and Andean bear

INTRODUCTION

Cabeceras Cofanes-Chingual is one of the most remote and difficult-to-access areas left in Ecuador. Covering over 100,000 ha, and with altitudes ranging from 600 m at the mouth of the Chingual River to over 4,200 meters in its highest ridges, this block is easily the most important remaining refuge in Ecuador for mountain tapir (*Tapirus pinchaque*). Cabeceras Cofanes-Chingual is characterized by an altitudinal shift from high tropical forest (>1,000 m, e.g., our Río Verde site), through montane ecosystems (1,000–3,000 m, e.g., Alto La Bonita) to high-mountain and paramo habitats reaching 4,100 m (e.g., Laguna Negra and Ccuttopoé). The mammalian community reflects this reality, with a mix of lowland and montane species at Río Verde, a more pure set of montane species at Alto La Bonita, and a mix of montane and paramo species at Laguna Negra and Ccuttopoé.

METHODS

From 20 to 27 September 2008, we visited the Ccuttopoé site together with the advance-logistics team, who were establishing a camp for use by the full inventory team. Later in October we visited the Laguna Negra, Río Verde, and La Bonita sites together with the complete rapid biological inventory team (see Overview of Region and Inventory Sites for details).

We worked with an initial list of approximately 50 species of large mammals, representing 8 orders and 19 families that we expected to be present in Cabeceras Cofanes-Chingual. We concentrated on tracks, scat, feeding sites, burrows, and other secondary forms of evidence for most of our observations; we also used visual observations to confirm the presence of mammals. At Laguna Negra (and to a lesser extent, at Ccuttopoé during advance team activities) we were able to run extensive cross-country transects, but in the other two camps we were forced to use existing trail systems (which is not a good way to sample the skittish and wary large mammal community). To fill in the picture for each camp, we also conducted interviews with local community members, Cofan park guards who have been working in the area, and other individuals with substantial experience in the region. "Confirmed species" include our direct observations, those of other members of the inventory team where there is little or no room for error, and local observations by people who are trustworthy observers of the species in question. (For example, a Cofan park guard who reports seeing a woolly monkey troop would be considered a trustworthy observer because this well-known animal figures heavily in the Cofan diet and would not be confused with any other primate by a practiced Cofan observer; however, this same person may not be a reliable observer when it comes to describing a small squirrel species that is not generally hunted.)

At Río Verde, we relied heavily on interviews with local populations. Our most reliable information came from conversations with Serafín Cárdenas, a miner who entered the region in 1980 and again in 2000, with continuous presence since 2000; and with the Cofan park guards, who have been in the area since 2003. Although these sources are not always precise, they add much information and context. For example, Sr. Cárdenas described his encounters with a pair of short-eared dogs (*Atelocynus microtus*) whose den was near his camp at Río Claro, and other interesting information (such as eating bananas at the edge of his field, or yipping at night while chasing a paca). Cofan park guards helped flesh out information for this site, especially the primate species present, based on their extensive patrols in the area.

RESULTS

We were able to confirm the presence of 40 species of large- and medium-sized mammals, representing 8 orders and 18 families across our four study sites, with 29 species at Río Verde, 15 at Alto La Bonita, 13 at Laguna Negra, and 12 at Ccuttopoé (Appendix 9; Fig. 8). The only species registered at all four sites were Andean (or spectacled) bear (*Tremarctos ornatus*) and puma (*Puma concolor*). Of the 19 families we expected to encounter, we did not record evidence of members of Dinomyidae or Bradypodiae, but unexpectedly recorded a member of the family Geomydae.

Laguna Negra

We recorded 6 orders, 10 families, and 13 species at this site, including records from scat from colocolo (*Leopardus pajeros*). We also observed scat that may have belonged to crab-eating fox (*Cerdocyon thous*), but could not confirm this. Northern pudu (*Pudu mephistopheles*, Cervidae) probably is present, but we did not observe this species.

Of the four sites, Laguna Negra is definitely the most impacted by human activities. The majority of the extensive frailejon paramos show evidence of recent burns, and large, well-used trails extend throughout the paramo from the neighboring towns of Julio Andrade, Huaca, Playón, and other small settlements. Hunting pressure appears high, with obvious targets including rabbit (*Sylvilagus brasiliensis*), white-tailed deer (*Odocoileus virginianus*), and mountain tapir (*Tapirus pinchaque*). We were surprised that there were almost no rabbits: our only evidence of actual presence was rabbit hair in a single Andean fox (*Lycalopex culpeas*) scat sample, although we did find bones of this species near the Laguna Negro. Whether this is a result of burn-offs combined with hunting or, more likely, one of the periodic epidemics of one of several diseases that attack rabbit populations, is unknown.

We registered only one set of mountain tapir tracks, near a small patch of intact forest that probably serves as a refuge for an individual tapir. Because this species is highly vulnerable to hunting with dogs, the survival of this individual is doubtful.

White-tailed deer (*Odocoileus virginianus*) is usually an extremely resistant species, and we found a stable and relatively intact population once we left the major trail systems: numerous beds, scat sites, and tracks all suggest

that at least this species is in no immediate danger in the region.

Andean bear are present in reduced numbers, traveling and feeding at night and apparently holing up in remnant patches of Andean forest in the valleys during the day. Loss of habitat below 3,400 m probably limits the size of the population; the number of feeding sites we encountered suggests that there was probably no more than one pair of bears active in the area covered by our trail system. Habitat loss also severely limits its diet to the relatively nutrient-poor achupalla (*Puya hamata*), as evidenced by several, fiber-filled, almost cotton-like scat samples we found—these in sharp contrast to the dark and complex feces of bears in the Ccuttopoé area, where a broader elevational range of habitats is available.

Predators at this site include puma, a smaller species of cat (probably *Leopardus colocolo*, based on feces we observed), Andean fox (*Lycalopex culpeaus*), and possibly crab-eating fox. Scat samples show that these predators are all relying heavily on small rodents and marsupials, with the food situation being bad enough that one *Lycalopex* actually ate a striped hog-nosed skunk (*Conepatus semistriatus*)! This—for an animal that relies on its sense of smell for predatory activities—is extremely surprising, although it may represent scavenging rather than actual predation. Overall, *Lycalopex culpeaus* was common, with a diet consisting of small rodents and marsupials.

Small patches of intact Andean forests combined with more complex and unburned *frailejón* (*Espeletia*) meadows are home to little red brocket deer (*Mazama rufina*), *sacha cuy* or mountain paca (*Agouti taczanowskii*), mountain coati (*Nasuella olivacea*), striped hog-nosed skunk, and—a huge surprise—an armadillo, which at present we assume to be nine-banded long-nosed armadillo (*Dasypus novemcinctus*). This observation at 3,400 m constitutes one of the highest registries of this genus and species; it could represent an animal or population pushed upwards from the advance of the agricultural frontier—a "refugee population," so to speak. All of these mid-sized mammals are able to survive in relatively small areas and resist hunting pressures well.

The higher ridges (3,800–4,100 m) are home to an experimental population of llamas, apparently released six years ago as part of a poorly planned "reintroduction" scheme. At this point, the herd numbers at least fifteen individuals, and seems to be healthy and stable, as evidenced by several young animals and one newly born calf. The impact on other mammal populations is probably minimal, although the puma population may benefit. It is not clear if llamas compete with white-tailed deer for habitat.

Much of the paramo at Laguna Negra has been subjected to repeated burns, probably for centuries and perhaps for millennia, and extensive access routes into the area have contributed to heavy hunting pressures. However, these impacts are relatively unimportant when compared with the huge consequences of the loss of lower-altitude habitats to the advance of the agricultural frontier. Loss of almost all of the original forests below 3,100 m—with intervention extending well into the higher forest remnants—has created a crisis situation for large mammals that will be extremely difficult to reverse.

Río Verde

Río Verde was the lowest-altitude site that we visited, and predictably had the greatest mammalian diversity, with tropical fauna dominating the list. It was also the location where we were able to rely most extensively on previous records made by Cofan observers, which added to our overall count. We recorded 5 orders, 11 families, and 15 species at this site. Previous work at the site by the Cofan adds 3 orders, 5 families, and 14 species, for a total of 8 orders, 16 families and 29 species (Appendix 9).

Cofan park guards and local miners consider the Río Verde region to be a game-poor section of forest; they describe patches at "Shancoé" and downriver at "La Chispa" as being far richer. Given the apparent soil fertility and complexity of habitats, we suspect that constant hunting by miners is the main reason for the area's low species-richness and abundance. A secondary reason may be limited access to specific food sources and habitats, especially for the larger herbivores and omnivores. Throughout the contiguous forests in Cabeceras Cofanes-Chingual and the adjacent Reserva Ecológica Cayambe-Coca, "patchiness" of some species' presence is a recognized phenomenon, although we don't understand all the causes. Small game species (agoutis, paca, and armadillo) were abundant. Puma and ocelot tracks were evident. In spite of low fish populations, otters were present along the main river and its affluents.

Large primate species in the area include common woolly monkey (*Lagothrix lagothricha*), white-bellied spider monkey (*Ateles belzebuth belzebuth*), and red howler monkey (*Alouatta seniculus*). All three are scarce across wide home ranges, but repeated registers by Cofan park guards confirm a low level of use of this area by these monkeys. White-fronted capuchin monkeys (*Cebus albifrons*) are common, as evidenced by repeated sightings and abundant feeding sites. A single report of a squirrel monkey troop (*Saimiri sciureus*) traveling with *Cebus* is registered in monitoring books of the Cofan park guards. We were able to confirm the presence of black-mantled tamarin monkeys (*Saguinus nigricollis*), probably the only species of the family Callitrichidae to make it across the barrier of the Río Cofanes. Night monkeys (*Aotus vociferans*) have been registered several times in the area right around the camp, and are obviously abundant. Ranges of all of these primates are subjects for future studies. (Farther east, river systems create important species boundaries. We also suspect that, in addition to these obvious natural "fences," habitat types created by geological events are at least as important in montane forests.)

Andean bears (*Tremarctos ornatus*) are present in low densities. We were able to observe tracks and feeding sites. In 2005, a group of Cofan guards observed an individual swimming across the Cofanes River, and the Cofan have observed several bears feeding on fruits in the area. This is probably near the lower altitudinal edge of the bear's range, although we have records down to 450 m from the neighboring Reserva Ecológica Cofan-Bermejo.

Primary threats to the area continue to be the uncontrolled entry of *mestizo* artesanal miners, who seek to stretch their food with hunting, and the potential opening of the region by trail and road systems. The Federación Indígena de la Nacionalidad Cofan del Ecuador (FEINCE) is in the process of creating a "strategic village" at Río Verde, with a strict management plan aimed at recovery of local game populations. This settlement will allow a far better control of the entry of mestizo miners, and will hopefully allow the Río Verde area to recover.

Opportunities include the chance to build realistic management plans and structures that will facilitate long-term conservation of this area. Extensive research needs to be applied to the "patchiness" of species presence.

Alto La Bonita

We recorded 5 orders, 8 families, and 8 species at this site. Additional observations by local hunters added 3 families and 7 species, for a total of 5 orders, 11 families, and 15 species at the site.

This forest was difficult to sample: our activities were confined to recent, well-defined trails where the perturbation is high. We normally traverse between trails, but here this was impossible because of the vegetation and terrain, which sharply limited our ability to sample the mammals present. We expected to see squirrel species and perhaps other medium-sized mammals, but we recorded no visual registers. We were able to observe extensive evidence of feeding and travel by *Nasuella* and *Agouti*, which indicated a healthy tall-montane-forest environment. Bear and tapir tracks were found throughout the area, likewise suggesting healthy and as-yet intact populations of these two animals. The presence of an intact altitudinal gradient was apparent for both of these large mammals, with trails leading through the Andean forests directly up the hills to higher-level forests we were unable to access.

All three "banner" species are present: Mountain tapir (*Tapirus pinchaque*, in healthy but not abundant numbers), Andean bear (*Tremarctos ornatus*, using the trails as transit routes to feeding sites), and puma (*Puma concolor*, which left a sample of its diet, *Agouti taczanowskii*, complete with claws and crushed bones, on a trail). Both *A. taczanowskii* and mountain coati (*Nasuella olivacea*) are very common in the forest, often with well-marked trails and frequent feeding signs. One observation of white-fronted capuchin monkey (*Cebus albifrons*) confirms that this species at least occasionally uses these forests; at 2,700 m, this could be one of the highest-altitude observations recorded. Larger mammals use the vertically oriented strips of habitats, providing many stages of succession, generated by constant landslides.

An extremely interesting register occurred, not at the actual campsite, but when we returned to La Bonita and began to interview local hunters, conservationists, and other residents concerning the mammals of the area. Apparently three months prior to our inventory, tractors working on the new road being built to link La Bonita with the town of La Sofía—in the high valley of Valle Negro (roughly analogous in altitude and habitats to the Alto La Bonita camp at Río Sucio)—accidentally exposed a burrow of a large rodent in a four-meter-deep road cut. We have tentatively identified this as a pocket gopher (*Orthogeomys* sp., Geomyidae). The captured adult was approximately 45 cm in length, dark brown with gray hairs on the back (giving it a "grizzled" look), and possessed massive front claws. The den was lined with plucked hairs and contained two half-grown babies. After inspecting the basically helpless animals, the workers released them, and watched as they crawled off through the mud and dug their way underground again. If this is *Orthogeomys*, it would suggest a tremendous extension of its range from previous records in northwestern Colombia. Further information, and if possible, properly collected specimens will be necessary before we can follow up on this interesting find. The fact that these animals pass all of their lives deep under the ground allows us to hypothesize a large and healthy population living out of sight and out of mind! These rodents may account for repeated stories from miners, park guards, and other local people of loud subterranean noises heard on ridge trails above 1,700 meters in both the Reserva Ecológica Cofan-Bermejo and in the Muraya complex between Río Verde and La Bonita.

Wide, new trails expose the area to hunting by La Bonita residents and others.

Ccuttopoé

This is a large and intact block of paramo and high montane forests that is still in its natural state. We recorded 5 orders, 10 families, and 12 species at this site.

Ccuttopoé is located at the headwaters of the Condué River system. Entrance to the region is via the town of Monte Olivo, located at 2,400 meters in the Pacific drainage. From the town, the trail rises steeply to the Asociación de Palmar Grande, a small community on the hillside between 2,700 and 3,100 m. From this point one enters mixed pastures and relatively intact Andean forests, in which better-quality woods such as olivo (*Podocarpus* sp.) and cedro (*Cedrella montana*) have been largely extirpated, with aliso (*Alnus* sp.) as the primary target of current lumbering. The trail follows a course established to bring water from the headwaters of the river, and rises to 3,200 m before dropping sharply to the streambed. From the stream, the trail then rises through intact Andean forests to open paramos, topping out at a small peak overlooking the Laguna Las Mainas. This lake is oval shaped, around 800 meters long by 600 meters wide, and has been stocked with trout during the past 30 years. The fame of the location as a trout fishing site has inspired a constant stream of fishermen, both local and from other parts of the sierra, creating a tremendous potential for tourism that the town of Monte Olivo and the Asociación para Turismo in Palmar Grande are seeking to tap as a source of revenue. In spite of the heavy human traffic to the lake, once past the more open section of the stream, all signs of recent human activity vanish, and abundant tapir and bear sign are immediately visible. A new trail recently established by the Cofan rises sharply through heavily forested sections of the valley and up to frailejon (*Espeletia*) and reed meadows, and then to the windswept and virtually bare ridge of the continental divide. From this vantage, with clear weather, the vast Condue valley drops away in one of the most impressive views of the region. The Ccuttopoé camp proper is located beside a small lake at 3,600 m. Heavily forested hillsides alternate with frailejon meadows down through the valley to the confluence of the Ccuttopoé and Agnoequi rivers, at 3,200 m. A marked change in flora occurs on this slope at approximately 3,350 m, with large arboreal bromeliads suddenly and dramatically appearing on branches in these Andean forests.

Large mammals include Andean bear, little red brocket deer (*Mazama rufina*), mountain paca (*Agouti taczanowskii*), striped hog-nosed skunk, (*Conepatus semistraitus*), puma, and others; but the easily apparent dominant mammal is mountain tapir (*Tapirus pinchaque*). Large, well-traveled trails, grazing sites, feces, sleeping locations, and swimming holes were all incredibly abundant, indicating an extremely healthy and strong population of this endangered species. The ecological impact of this tapir population is immense, and is probably a major factor in the maintenance of the extensive meadows and patches of open paramo. At first glance, it is easy to note that these meadows and paramos are far more diverse than their burned over counterparts in locations such as Laguna Negra. We estimate a density at this site greater than one animal per five hectares. A large-mammal population of this size has a significant effect on its habitat. The tapir is a known disperser of seeds as well as a creator of trails and, apparently, an alternative to fire as a maintainer of paramo plant communities. At least tentatively, we can suggest that the Ccuttopoé region is an environment created by and for the mountain tapir, and at this point is probably unique as an example of what much of the high Andean region must have been prior to human intervention.

All of the large mammals seem to make extensive use of the altitudinal ranges present in the region. Tapir and bear trails range from 4,100 m down into the forests at 2,800 m and lower. A female tapir with a young colt stayed above the 3,700-m mark during the month we were involved in setting up the camp, probably taking advantage of the openness of the paramo habitat to easier defend the young from huge pumas (whose tracks we found on our trails on both sides of the continental divide). Meanwhile, the fact that most of the tracks near our camp site were old, and that most of the tracks led downward, suggested to all of us that some food was available at lower elevations during our stay, and that the population had moved down the hill to take advantage.

This intact altitudinal gradient contrasts sharply with the situation at Laguna Negra, where most of the lower-level habitats have succumbed to the advance of agriculture and other human activities. Bear scat at Ccuttopoé is full of seeds, fruit, small rodent bones, and insect remains, in addition to the easily recognized achupalla shoots, indicating access to a varied and complex diet. This stands in sharp contrast with the fluffy white, pure chupaya-shoot scat of the bears at Laguna Negra. While we were unable to sample tapir scat at Laguna Negra, it would undoubtedly reflect this tendency as well.

Another noteworthy register from Ccuttopoé was an incredible set of large tracks left by a huge puma that preceded us down our trail past the Laguna Las Mainas. The tracks suggest an animal adapted to killing large prey—such as tapirs! Based on previous experience, we estimate this puma to easily surpass 2.5 m in total length, with a weight of greater than 75 kilos—truly an amazing animal.

A final note of interest was our discovery of the remains of a small porcupine in these Andean forests at approximately 3,500 m. We were unable to determine the species from the spines, and at present taxonomy of *Coendou* is poorly known, so the possibility of a new species is high. In fact, the entire mid-sized mammal population remains poorly known and has never before been sampled in an intact and tapir-dominated ecosystem.

DISCUSSION

The most impressive lesson from our observations is the extreme importance of contiguous multi-elevation habitats for the larger mammals, especially mountain tapir (*Tapirus pinchaque*) and spectacled bear. Even tropical rain forest species, such as white capuchin (*Cebus albifrons*), make use of this altitudinal gradient, with a register from 2,600 meters near the Alto La Bonita site.

Within the overall panorama of mammalian diversity, the most important and impressive register is the intact population of mountain tapir at two of our four sites; it occurs in most of the region above 2,000 m. Andean bear appears to be present throughout the region. It was present in all four sites, with healthy populations at Ccuttopoé, Alto La Bonita and Río Verde; but at Laguna Negra it was scarce and potentially in danger due to habitat loss. Both species are considered vulnerable or endangered (UICN 2008), or near extinction (CITES 2008). We observed abundant tracks and feeding sites of the little known mountain paca (*Agouti taczanowskii*) and mountain coatimundi (*Nasuella olivacea*). And, an unidentified species of *Coendou* observed

at Ccuttopoé is present. At lower elevations (below 1,500 m), relatively intact populations of *Lagothrix lagothricha*, *Ateles belzebuth*, and *Alouatta seniculus* still exist. The protection of contiguous forests, covering altitudinal ranges for each of these animals, is critical for their conservation.

Extensive discussions with local hunters about techniques and primary prey animals gave us a better picture of some of the immediate threats to the large mammal populations. Tapirs are commonly hunted with dogs: a single hunter will lead the dog pack into a known tapir area, find fresh tracks, and begin the tracking process. Once the pack has a positive scent, the hunter will stay in the forest to help the hunt while other hunters wait in the nearest stream channel. The tapir will almost invariably descend to the stream and take refuge in one of the deeper pools. The hunters stationed in the stream will converge, kill the tapir, and pull it down the stream to a convenient butchering location. Deer are killed in the same manner. Tapir populations cannot withstand this relatively easy system of hunting, as witnessed by the decimated populations in most of Ecuador. Bear are more resistant.

Bear are considered a far more difficult prey, with a tendency to head off cross-country and not come to bay in accessible locations. They are also considered dangerous by both hunters and the dog packs; two hunters we interviewed pantomimed (amid laughter, but with obvious respect) the fear of the dogs when running into a bear. Bears are hunted occasionally when they raid crops or are found feeding in fruit trees near towns. But, while considered to be good meat, they are not frequently sought because of these difficulties.

Mountain paca and mountain coati are both trapped, using their tendency to follow set paths. The hunters use simple snares and deadfalls. Near agricultural lands, especially pacas are frequently hunted with dogs, taking refuge in holes from which they are then dug out.

THREATS

Laguna Negra

- Intentional burning of paramo
- Loss of contiguous habitats below paramo

Río Verde

Uncontrolled entry of mestizo artesanal miners, who supplement their food with hunting, and the potential opening of the region by trail and road systems

La Bonita

New, well-established trails that expose the area to hunting by La Bonita residents and others

Ccuttopoé

The development of a receptive tourism market for the Laguna Las Mainas could constitute a threat to this very vulnerable region. Because of our trails, the Ccuttopoé area can be accessed from Monte Olivo in less than seven hours, with the potential for clandestine hunting and even colonization. Poorly managed tourism could create a human impact on what are obviously very sensitive populations.

RECOMMENDATIONS

Laguna Negra

- Protect habitat at lower elevations, to allow for a healthier population of Andean bear (*Tremarctos ornatus*) and mountain tapir (*Tapirus pinchaque*).

- Study potential competition for habitat by white-tailed deer and the recently introduced llamas.

- Study the effect of controlled burns on populations of white-tailed deer (*Odocoileus virginianus*) and other medium-sized mammals.

Río Verde

- Create a "strategic village" at Río Verde to control exploitation and colonization.

- Build solidly based management plans and structures that will provide long-term conservation of this area.

- Study ranges of all the primates.

- Study "species patchiness" to better understand the mechanisms that create ecological barriers in montane forests. (We are seeing the extreme need for altitudinal and ecological gradients and diversity in the case of bears and tapirs, while at the same time running into

the opposite phenomena with many of the other large mammals. For example, there is no apparent reason why woolly monkeys should be in one area and not in another.)

La Bonita

- The threat posed by the well-used hunting trails can be countered by establishment of the proposed municipal reserve and prompt initiation of patrols by park guards.

- Study mammalian use of vertical strips of habitat created by landslides of various ages, to determine how they affect mammal abundance.

Ccuttopoé

- With a minimum of infrastructure, a constant presence of Cofan park guards, and close coordination and friendship with members of the Palmar Grande and Monte Olivo communities, this region could be adequately protected.

- Future studies should first concentrate on the incredible opportunity to look at an intact, tapir-dominated environment and second on management mechanisms to allow a selective and carefully controlled tourism that will help raise public awareness and provide economic incentives for local peoples.

ARCHEOLOGY

Author/Participant: Florencio Delgado

Conservation targets: Two archeological settlements, a pre-Columbian settlement at La Bonita, made up of mounds and other modifications of the environment; and a pre-Columbian settlement at Río Verde, at the confluence of the Verde and Cofanes rivers

INTRODUCTION

Conservation-oriented biological and ecological studies have long presumed the existence of areas undisturbed by human activity. The classic example is Amazonia, which was thought to contain landscapes that were completely "pristine." In a discussion of the landscape of the New World before European colonization, Denevan (1992) pointed out that the idea that many areas uninhabited today have never been colonized is actually a myth. He indicated that after the European conquest, densely populated areas saw sharp reductions in indigenous numbers due to disease and other consequences of the conquest. In upper Amazonia and the Andean foothills, many communities abandoned their settlements to escape colonial rule (Denevan 1992).

The myth of pristine places has now largely been discredited as a result of the quantity of archeological information (Heckenberger et al. 2008). After human populations disappeared, these areas saw a return of wild animals and plants, as forests replaced savannahs and native animals repopulated areas previously inhabited by humans and domesticated species. These findings underscore the need to study areas considered pristine until recently: first, to establish whether human communities were once present, and second, to uncover their histories in order to understand how these communities transformed the environment and its biological and ecological components. The archeology and historical ecology of a region are modern contributions to the understanding of past societies, based on the idea that the present landscape is the result of a long process of both wild (i.e., non-human) and cultural transformation, making an analysis of anthropogenic intervention imperative. Through archeozoological and paleobotanical contributions, as well as geoarchaeological studies of the environment, investigators have recently been trying to understand how previous societies adapted to various environments and transformed them.

In light of these findings, the rapid inventory included a sampling of evidence of human impact that might have transformed the landscape of Cabeceras Cofanes-Chingual (Murra 1975).

From the perspective of the past, this is a unique opportunity because it permits study of an altitudinal gradient from approximately 4,000 m (with a paramo ecosystem) to 600 m (considered the upper Amazonian zone), including the foothills of the Andes, and because it contributes to the understanding of the historical process of a section of northern Ecuador.

Historical context

One of the most important characteristics of past societies in the area is their extensive regional interactions, based on trade and vertical economies (Murra 1975; Oberem 1978). These interactions are seen in the constant exchange of food and ideas occurring in the region, with basic necessities and exotic (i.e., non-local) goods being transported among the various continuous ecological zones. In fact, northern Ecuador and southern Colombia are endowed with valleys that connect the inter-Andean region with eastern and western temperate zones across the foothills (which are transitional between the upper and lower zones).

Studies conducted in adjacent areas to the north as well as the south indicate marked cultural interaction between communities of various ecological zones, especially between those in the inter-Andean river basins and the Andes's eastern slope. It is believed that these routes of integration correspond primarily to the continuous valleys formed by the rivers, which allow access to various altitutinal zones. Ethnohistorical information, as well as that from the settlements themselves, attests to this vertical interaction, although how long it has occurred and what it involves remains unknown.

There are still many gaps in the cultural history of the region, as well as problems hindering attempts to reconstruct the historical process of the past. Although there is abundant archeological material in public and private collections, almost all of it was excavated clandestinely by antiquities thieves and bought by collectors. Despite this, there have been various attempts to reconstruct the cultural history of northern Ecuador and southern Colombia (Francisco 1969; Uribe 1986; Cardenas-Arroyo 1989, 1995; Groot de Mahecha y Hooykaas 1991; Jijón y Caamaño 1997).

There are no research data for the study area, and consequently the historical reconstruction that follows has a wider context and uses published data on Carchi and Sucumbíos on the Ecuadorian side, as well as on Nariño and Putumayo in Colombia.

The Pleistocene Era

The population of South America at the end of the Pleistocene is still a matter of debate because of controversial data and the lack of data for many areas. In the Carchi-Nariño-Sucumbíos-Putumayo region, no settlements have been recorded to date for the Paleoindian period (about 11,000–9,500 BC), a period corresponding to the end of the Pleistocene and the beginning of the Holocene. Paleoindian settlements such as La Elvira and La Inga have been found in adjacent areas as well as north of Popayán in Colombia and the Quito Valley in Ecuador (Salazar y Gnecco 1998). This period is characterized by the exploitation of the Pleistocene megafauna whose habitats were in the upper altitudinal zones. (Caves formed in the glacial valley of Laguna Negra may have functioned as shelters for groups of this era.) In general the paramo zones and the upper foothills of the Andean Mountains are the niches exploited during the period.

The Archaic Period

Ecological changes, which occurred with the arrival of Holocene-generated changes in adaptational processes, were expressed in the use of inter-Andean and alluvial valleys that had formed along rivers on both sides of the mountain range. On the eastern slope, alluvial valleys of the Cofanes-Chingual system would have provided areas for the formation of camps within a system much more mobile than that of the Paleoindians (in response to animal species that were much smaller and more mobile). This led to the need to intensify hunting activities and to develop specialized tools to hunt with. The increased time required for hunting led to a sexual division of labor, in which women contributed to their diet by collecting seeds, tubers, and other plants. Throughout this long transition, which occurred during what is referred to as the Archaic Period (around 9,000–4,000 BC), plant domestication was developed, resulting in the social transformation of hunter-gatherer groups into agricultural ones. In the northern region, a lack of paleobotanical and archeozoological studies precludes establishing how these changes happened. Investigations of the Araracuara (Mora 2003) indicate that communities

of the southwestern Colombian Amazon were cultivating crops since approximately 2,000 BC. Although somewhat controversial, a palynological analysis of sediments from Lake Ayauch in Ecuadorian Amazonia indicates the existence of domesticated corn in deposits that may date from 5,000 years ago. The study area is one of the most likely places for this process to have occurred, but to date it has not been confirmed.

From the Formative Period to the Present

Information is nonexistent for the subsequent cultural period known as the Formative (~5,000–2,800 BC), which is characterized by the development of agricultural, pottery-making, sedentary societies. Some authors ascribe this phenomenon to the intense volcanic activity occurring in the area, although others argue that in areas with the same or even more-intense volcanic activity, such as the Quito Valley, formative communities are observed, and that this instead is due to the absence of archeological research in the area. In any case, the study area constitutes, again, a perfect scenario for evaluating the way this change occurred.

After a long formative process, the local communities came together and formed villages, which significantly affected the environment. In regional terms, the settlements became less dispersed and more centralized, clearing significant areas of forest, increasing the amount of land used for agriculture, and in some places transforming the agricultural system from an extensive system to an intensive one. This transformation caused significant changes in the environment because whereas the former is based on slash-and-burn agriculture (which tends to convert large areas of land into cultivated plots through a system of rotation), the latter concentrates and intensifies activities in specific places. (Thus, although the transformation of the landscape is not extensive, it is more pronounced in the regions where intensive agriculture is practiced.) Noteworthy results of intensive agriculture are the construction of crop terraces, the implementation of irrigation systems, and improvement of the soil with fertilizer. Construction of terraces and irrigation canals caused direct modifications to the environment, whereas production of fertilizer required the use of feces of domesticated animals, for whom corrals were constructed, which also would have modified the environment.

In the study region, at the La Bonita archeological site, there were transformations that could have dated from this period; although currently just a hypothesis, this could be confirmed through analysis of carbon samples obtained in the present inventory.

The last pre-Columbian period in the region is notable for the formation of large confederations, or groups of chieftainships, which formed strong regional structures (Uribe 1977; Athens 1980). In the border region there were four ethnically distinct groups: the Pastos, the Quillacingas, the Sibundoyes, and the Abades. The Pastos occupied inter-Andean territories from the vicinity of Popayán in the north to the Chota-Mira valley to the south, whereas the Quillacingas and the Sibundoyes were located in the western foothills (Ramírez de Jara 1992, 1996). The Pastos are known to have begun to form an alliance against the Incas with their neighbors in the País Caranqui (Bray 1995, 2005), but the history of the Quillancingas, the Abades, and the Sibundoyes is more obscure. One hypothesis proposes that the Pastos populated the inter-Andean passage, the Quillacingas and the Sibundoyes the eastern foothills, and the Abades the lower region. Taking this argument a bit further, it has been proposed that the late conformation of the region was made up of the Pastos, the Quillacingas, and the Abades, since they are ethnically related to the present-day Cofan.

The collapse of the Incan Empire cut short any attempts at domination. Instead, the colonial system was established in the region, which maintained a system of control over the land and the labor force through settlements of converted indigenous people and commissions. At this time there was a rupture, however, between the control exercised in the upper Andean zone and the more-limited success of the Spanish to dominate the communities in the foothills and Amazonia. These communities abandoned the foothills and upper Amazonia and relocated to jungle areas to escape domination. Many of these groups underwent significant transformations through a process of ethnic redefinition.

Today's groups such as the Cofan appeared as a result of this process.

METHODS

The conventional practice of archeology has three stages: one in the library, one in the field, and a third in which results are analyzed and presented. The three activities carried out in the field are examination, exploration, and excavation. Examination entails a first overview of the area of study, to determine whether it contains archeological material. Exploration requires a systematic analysis of areas in search of archeological sites, whereas excavations involve work carried out at specific archeological sites.

Although archeological investigations and contract archeology work follow clearly established procedures, these have not been defined for rapid inventories. Consequently, a strategy developed for this study that allows the goals of the inventory to be met for the most part. Although the study of the past takes time, a rapid inventory of archeological resources offers a wonderful opportunity for a first glimpse of a region to determine the early presence of humans in areas long considered to be pristine territory as far as human habitation.

The methodology used included the following tasks: (1) Bibliographic review of the area of study and adjacent zones, with the aim of identifying information about the area within a broad context. (2) A visit to the sites to establish a rapid inventory of existing evidence able to be examined during the short visit. (3) A return visit to write brief descriptions of the cultural, tabulated, and photographic material.

Work in the field included interviews with the population adjacent to the study sites. These interviews included the guide staff, people who had not only traveled several times through the region but had cleared paths for this rapid inventory. In the populated centers, such as La Bonita, Puerto Libre, and Monte Olivo, I spoke with the local population to which I had access. In La Bonita I interviewed professors at Colegio Nacional Mixto Sucumbíos; also the director of culture, and the director of tourism and the environment, of Cantón Sucumbíos (the county of Sucumbíos). At the Colegio

Nacional Mixto Sucumbíos I had access to a collection of axes and pottery that had been established through donations from students of the institution. Municipal employees provided information on settlement areas within the town and accompanied me in the search for evidence and the inspection of archeological "profiles" in various parts of the town.

Another field activity consisted of examining profiles of road cuts and banks of rivers, streams, and ravines. I also did a visual analysis of the local geomorphology, locating level areas with potential as human settlements. These areas were cleared in order to look for buried evidence of human activity. Finally I carried out several rapid probes using drills and trowels. At Río Verde, I performed 12 drilling tests, using an x-y grid, to define the size of a site located through the cleaning of profiles from a small stream on a high terrace, currently occupied by a Cofan park-ranger post. The drilling tests and the cleaning of profiles were done to establish the historical presence of humans through pottery and stone fragments and, more importantly, through the presence of soils modified by humans. As the material was found, it was collected, washed, and classified. I made a graphic record of the provinence of these artifacts. At several sites I took soil samples from the profiles and charcoal samples, but given the scope of the inventory, this material will have to be analyzed at a future date.

The material was washed and classified as to its components (that is, pottery, stone, soils, and so on). I grouped pottery fragments at each site on the basis of surface decoration, thickness of walls, and parts of the body to which they pertained. Edges were identified and separated from the other sherds, because they are diagnostic fragments with which the shapes of the vessels can be reconstructed (Rice 1987). I classified stone samples on the basis of the raw material of which they were made (Andrefsky 1998). Charcoal samples were inventoried and moved to the archeology laboratory of the Universidad San Francisco in Quito, where they will be stored until they can be sent out for radiocarbon dating.

The constructed cultural landscape

In the 1970s, studies of settlement patterns indicated that the concept of the archeological site had various problems, and therefore landscapes as such should be studied. The problem always arose from the question of what constitutes a site, which is a matter of the scale of the analysis. One could identify a neighborhood of a large city and call it a site, whereas others could identify a single structure and call it a site also. This can be solved by instead focusing on the landscape, which is considered an aggregate of "sites" and archeological zones. In this work the focus is regional and centers on the identification of landscapes as cultural events.

RESULTS

The present study resulted in the identification of two archeological settlements, Río Verde and La Bonita. It was easy to determine the existence of the first site because it corresponded to our base camp at the base at Río Verde, whereas the second one was found during the visit to the town of La Bonita.

Río Verde

The inventory site is located on an alluvial terrace at the confluence of the Cofanes and Verde rivers, formed by the action of the Cofanes River, which includes a level area that today is used for farming by members of the Cofan community. A small stream crosses through the site and flows into the Verde River. The surface of the land is being transformed by current human activities, including logging and the clearing of forest for agriculture.

Stratigraphy

Although the four profiles that were cleaned here vary slightly, their structure indicates that the stratigraphy of the site is made up of horizons O (humus), A (transitional deposit), Bw (buried soil), Bwb (human-modified soil), and finally bedrock. The cultural deposit has a thickness of ~40 cm and is found at a depth of ~50 cm.

Cultural material

The recovered material consists of pottery and stone fragments (Fig. 9A). Of the pottery fragments, 12 from the body of vessels were found. These fragments are of two types, one from coarse and thick pottery, and the other coarse and delicate. Eight stone fragments were also found, made up of two types of parent material.

La Bonita

The settlement of La Bonita (Fig. 9B) is located in the contemporary town of the same name, which is found on one of the alluvial terraces of the Chingual River. It is one of the few places with a topography less steep than the ravines dominating the region. A large part of the center of the site was probably destroyed by construction of the current settlement, which resulted from the migration of populations from north of the Chingual, beginning during the rubber era. Most noteworthy in La Bonita and its vicinity is the coexistence of pre-Columbian and modern transformations of the landscape, which has resulted in a cultural landscape whose construction probably dates back to the first centuries of the Christian era. The information obtained to date does not allow us to establish the size of the settlement, but if the settlement area is added to the zone of production, La Bonita constitutes a settlement of important size for the region.

Stratigraphy

Because of the complexity of the site, no one stratigraphic profile is representative. In most sectors whose soil under the humus layer was inspected, the soil containing cultural evidence has a variable thickness as a result of the human constructions of platforms and mounds. Inspection of the various exposed profiles suggests that there were two periods of occupation; however, this remains hypothetical until the samples obtained from these profiles can be dated.

Cultural material

The cultural material found at La Bonita also included ceramic and stone material. The pottery was widely variable stylistically and can be differentiated in a very preliminary classification based on surface, decoration, and thickness of the walls. Fourteen styles were found,

which were arbitrarily given the names A–N. These defined types, even in preliminary form, exhibit the local variability, with two fragment types—K (46%) and M (18%)—in the collected sample. These two types represent pottery for domestic use, whereas the rest of the material represents decorated, delicate pottery, that is, luxury items.

Although these types were not defined on the basis of consultations with museums and the literature, I grouped the material to demonstrate the richness of ceramic material in the area. Nevertheless, at a preliminary level one can see high variability in the treatment of the vessel surfaces. Along with this high variability there is a great abundance of ceramic material, which, together with the considerable volume of soil removed for the construction of the housing platforms and mounds, suggests that a sizable population settled in the La Bonita valley.

Pottery predominates in the material sampled, with an abundance so much higher than that of the stone material as to make it impossible to have resulted from a prejudice of the sampling. It is common at sites occupied by complex farming and pottery-making communities for the density of ceramic material to surpass that of stone material.

It should be noted that this description corresponds to the material collected in the present rapid inventory and does not include the collection of axes observed and photographed at the Colegio Nacional Mixto Sucumbíos (Fig. 9C). This collection has polished-rock material, with sophisticated shapes and an impressive variability. The raw material used to make stone tools in La Bonita includes local minerals, like granite and basalt, but obsidian is also incorporated, whose known natural sources are found a long distance from the site (Salazar 1992). In the sample no traces of bone or metal were identified, although current residents of the area indicate that metalurgical material did exist and was associated with tombs.

DISCUSSION

The evidence allows us to establish the existence of two settlements located on a gradient from 600 to 2,600 m above sea level. Whereas La Bonita appears to have been a structured settlement with clearly sedentary inhabitants, who used the valley for agricultural production, the Río Verde site was a small settlement, with inhabitants who possibly subsisted through hunting, fishing, and slash-and-burn agriculture on a small scale in the Cofanes River valley. In demographic terms, La Bonita was a settlement of several families, whereas Río Verde may have consisted of one extended family.

Impact on the environment is much more evident in La Bonita, whose inhabitants transformed the landscape through the construction of terraces and mounds. In Río Verde, this transformation was barely perceptible. This suggests that La Bonita was a community with a complex social organization, that is, it could have been a settlement ruled by a local foothills chieftain, whereas Río Verde may have been a settlement of one family, that is, an egalitarian society.

Since pre-Columbian times, inhabitants of this area have maintained contact across a range of different altitudes. Among the ceramic material found in Río Verde were two fragments with red paint in the interior, characteristic of the high-altitude zones, which suggests it had been obtained through trade. Some authors have noted that axes have been found among the products traded between the mountains and upper Amazonia, which indicates the existence of a trading network between the upper and lower zones. In La Bonita, the axes we examined at the local college included a particular specimen that must have been traded (Fig. 9C).

Opportunities

The presence of these archeological sites increases the conservation value of the area, and permits study of the way ancient inhabitants used the local environment. This provides a new dimension within the conservation program, while at the same time fostering new ways for the local population to relate to their cultural patrimony.

Threats

The principal threat to which these cultural artifacts are exposed is destruction from antiquities theft (i.e., huaqueo, treasure-hunting), which is common in the area. I was told that some people in La Bonita even had metal detectors with which they located areas for excavation.

Other threats include infrastructure projects, such as the opening of roads and housing construction, as well as other types of construction, which alter sections of the sites; this clearly was occurring in La Bonita. Agricultural activity also changes the structure of the sites, as in La Bonita and Verde River.

Finally, the introduction of cattle in the region constitutes a threat; for example, in La Bonita cattle have destroyed terraces and places where pre-Columbian residential sites have been found.

Recommendations

The protection of these sites requires some prompt measures:

- Before activities further alter the surface of the terrain where settlements are found, studies should be carried out that help minimize their negative impact.

- Through the conference of the Instituto Nacional de Patrimonio Cultural workshops should be held in which communities in or near the archeological sites can be informed about the laws protecting these sites, whose legislation is regulated by this institution.

- Methods of investigation of the defined sites and of the general study area should be developed. The investigation should start with analysis of the material obtained, radiocarbon dating of the material, and so on.

A HISTORY OF THE RÍO COFANES TERRITORY

Author: Randall Borman A.

This history, with a Cofan perspective, was assembled from many sources, including Ferrer (1605), Velasco (1841), Porras (1974), and Cofan oral histories.

Constant and often violent change typifies the ecosystems of the Río Cofanes-Chingual region through the millenia. Human presence probably dates at least as far back as the late Pleistocene, when Paleolithic hunters pushed southward along the edges of the Andean glaciers.

As these glaciers melted during the early Holocene, populations began to settle in the inter-Andean valleys, and hunter-gatherers spilled through valleys (such as that of the upper Chingual) into a relatively cool and moist Amazonia.

We have no accurate way of determining when the first "proto-Cofans" entered the region, but direct cultural ancestors, at least, were active in these valleys at least as far back as 5,000 years ago. These early settlers must have been witnesses to incredible events. Soche, a small and still-active volcano on the banks of the Chingual, staged its last major eruption approximately 10,000 years ago. Reventador, to the south and east, was still recovering from blowing itself apart 5,000 years earlier, when it spewed out over eight cubic kilometers of material and decimated most of the upper Aguarico valley in a tremendous lateral blast. And, Cayambe, perched a little higher and farther west than these two lesser volcanoes, experienced a period of fairly steady mountain-building events throughout much of this time. Meanwhile, earthquakes were constantly occurring, with the Abra and other major faults vying for importance with dozens of lesser faults. At least one "great" earthquake per century continues to be the norm for the region even today. Top all of this off with constant erosion processes—landslides, rivers changing course, mountains being eaten away by high rainfalls—and throw in floods of all sorts and sizes on a regular basis—and the presence of humans in region at all becomes surprising.

What is not at all surprising is that the myths and legends of present-day Cofan culture are full of references to these geological events:

> *"The earth moved and shook for days, and in its wake the whole earth turned into mud..."* *"and from the mountain came the devils, with fire in their eyes..."* *"they climbed and climbed, but the waters kept on rising, until they reached the top of the mountain, but the waters stopped there..."* *"the demons used boulders as their rafts, standing on them in the waves..."*

These are the indelible imprints of living in a world where fire, ice, water, and an unstable earth challenged the daily survival of all who sought to make their homes in the region.

In spite of all this, by the late 1300s, the presence of Cofan and other indigenous groups in the region was well-established, with extensive trade routes, large populations, and sophisticated systems of social interaction, both within cultural units and with other actors. The Cofan language has long been considered an isolate, derived from proto-Chibchan roots. However, recently, extensive research suggests that far from being an isolated language of a small montane culture, it was once part of a much larger linguistic block that included much of what is today northern Ecuador, including the Caranqui, Quijos, and perhaps other historical groups. These other groups lost their original languages to Quichua, as first the Incas and then the Spanish imposed this Bolivian-indigenous language as a lingua franca for their empires. The Cofan language of today is therefore likely the last remaining manifestation of what was once a much larger linguistic family. For example, "Cotacachi" and "Sumaco" are the names currently used for two Ecuadorian volcanoes, one in what was Caranqui territory and the other in Quijos territory. *Ccottacco* is the Cofan word for mountain. *Cotacocho* would translate easily in modern Cofan as the "round mountain," while Sumaco is still called *Tsumaco* (the "mountain of the beetles") by Cofan. Endings such as *gué* (in modern Cofan indicating "the location of,") *qui* ("stream or small river"), and *cco* ("mountain") all appear frequently in place names both in original Spanish histories and present place names throughout northern Ecuador.

The first historical mention of the Cofan people by name comes from Cieza de Leon's account of the Caranqui resistance to Inca expansion under Huayna Capac in the late fifteenth century. The Cofan joined with the Quijos, the Pimampiros, and others as part of a mixed group of allies from the eastern montane region that fought and lost to the Inca forces near the present site of Ibarra. The Cofan forces evidently retired into their montane territories along with the other eastern groups, leaving the Caranquis to bear the brunt of the

Inca anger and revenge at Yahuarcocha, where over 3,000 warriors were massacred.

The Inca military victories in the region probably affected the Cofan and other eastern groups only marginally. Trade apparently continued, with trail systems intact and population sites stable during the following decades. Inca attempts to conquer the montane tribes militarily met with little success: at least two and possibly three invasions were staged via the present Papallacta routes, with the Incas claiming "victories" but with little apparent damage to the affected Quijos groups. Inca linguistic and cultural missionaries spread out into the montane tribal groups with better success. By the time the Spanish arrived, most of the northern highland tribes were already using Quichua as their primary language, and the Quijos, Archidona, and Napo cultures were beginning to learn Quichua.

All these processes, however, came to a screeching halt with the Spanish invasions beginning in the 1530s. The partially consolidated Inca expansion was destroyed in a spectacular fashion as the Spanish rolled through the highlands. Meanwhile, European diseases also spread out, destroying entire populations far beyond the reach of the Spanish military activities. Quito and other sites were quickly conquered and "refounded" as Spanish cities, and, after the first dizzying harvest of gold and silver from the Incas, they served as jump-off points for numerous expeditions into all the corners of the region.

Here the Spanish were able to use the extensive trail systems that had developed through the centuries as trade routes, including the four previously mentioned routes into the northeastern montane regions. Expeditions went out as early as 1536 into the Quijos and Cofan territories, and came back with stories of cinnamon, gold, and extensive agricultural lands. Gonzalo Díaz de Pineda brought back an extensive report in 1538 that included information on the "province of the Cofans" but concentrated his colonization efforts on the presumably easier Quijos valley. Gonzalo Pizarro's ill-fated venture in 1541 explored much of the area between the upper Napo and the Coca rivers, but probably didn't get into Cofan territories proper. It is interesting to note the importance of the trail system in the Quijos area: Díaz de Pineda was able to use horses in most parts all the way through to the Cosanga valley and the present day site of Baeza (although he spoke disparagingly of the lack of maintenance on the route). Less than four years later, Pizarro's troops marched over this route with at the very least over a thousand people, two thousand pigs, and various and sundry horses, cows, and other livestock. Francisco Orellana, arriving late for the expedition, laments that the road was in a terrible state—not at all surprising with this sort of traffic! But the fact that these trails, made for foot travel, were able to withstand this sort of abuse at all indicates the high degree of sophistication and engineering invested in trade routes.

During the following years, the Cofan appear mainly as a war-like group that caused grave problems for Spanish activities along the Guamues and San Miguel rivers. Ecija was destroyed by Cofan warriors in 1550. Subsequent warfare resulted in the burning of Mocoa and a siege of Pasto during the latter part of the century. The Cofan Nation was considered to be war-like, intractable, savage, and a source of constant revolt among more well-behaved neighbors. It was probably during this time period that the trading trails in the north began to fall apart as trade systems into the highlands broke down.

The first well-documented entrance to the Río Cofanes region proper came with the rambling exploration of Pedro Ordónez de Cevallos, an adventurer who had decided to become a priest in addition to a long list of occupations that included corsair, writer, biologist, pugilist, and explorer. He entered the montane region via Papallacta, went down the Coca, swung over into the Aguarico basin, visited numerous Cofan towns, and eventually returned via the now-overgrown Pimampiro trade route. His robust form of Christianity evidently went down well with the Cofan chieftains he encountered: The Cofan soon began visits to Quito and Bogotá to acquire Catholic images, bells, and other church paraphernalia, and the warlike activities associated up to this time with the Cofan Nation seem to have subsided.

This sparked the interest of the Jesuits. While they had no use for the particular brand of Christianity that Ordónez had gotten started, they were not loathe to take advantage of the opening of a "new" field for church activities. Thus, Rafael Ferrer of the Jesuits ventured into the "savage" province of the Cofan via the Pimampiro trade route in 1602. Unfortunately, at this point we still do not know for sure exactly where this trail was. We suspect that it crossed the cordillera near the present site of Monte Olivo, and followed the Condué river valley down to what was evidently the well-populated valley of the Rio Cofanes. Padre Juan de Velasco, the Jesuit historian of the eighteenth century, tells us that the Cofan were divided into approximately twenty population centers at this time, scattered along the banks of the Cofanes, the Sardinas (later changed to the Chingual), the Azuela (possibly the present day Dué), the Aguarico, the Duvuno, and the Payamino rivers. Velasco refers to a number of cultural attributes of the Cofan of this time, such as the dispersed households along the river, each with its fields and extended family huts but connected via local trails that allowed the people in a particular community to "visit everyone in the area during a single day." Ferrer promptly began to try to form full-blown towns—to aid in his evangelistic work—so that he could "teach a superior number of people at once, teaching them the Christian and civilized culture, to help one another" and to form " civil governments with annual elections…"

In 1603, he managed to unite five communities in a single town that he dubbed "San Pedro de los Cofanes" somewhere in the Río Cofanes river valley. We have no idea of where this original town was located, but one possible site is the present location of La Sofía. This strategic point had access to both the highlands (via the Condué trail) and the lower areas of the Aguarico. Wherever this town was established, it probably was too big to be able to survive. Ferrer speaks of a population of 3,000 people, which would have strained the forest resources, not to mention the arable lands available in the Río Cofanes valley. Other secondary towns were formed farther out "along the Payamino and the Diuno in the north and the Aguarico and the Azuela to the south," with populations of over 6,500 in total. This sparked interest among the Spaniards in Quito to recover the previously destroyed towns of Ecija and Mocoa and also to establish the *encomienda* system among the

Cofan. To his credit, Ferrer appears to have protested the implementation of forced labor among the Cofan, citing the fact that they were "new to Christianity." He returned to San Pedro for a short time, tried to straighten out the various problems he found there, and then began a voyage back to Quito. At the bridge across the Cofanes River, he evidently fell to his death—whether at the hands of the accompanying Cofan guides (as suggested in Velasco's account) or by simply slipping on the single log that evidently spanned the chasm, we will never know. But with the death of Ferrer, the impetus of missionary activities among the Cofan began to wane. By 1620, the town of San Pedro was all but abandoned, with only one of the original five communities still living there. At the same time, Spanish soldiers based out of the newly re-established towns along the San Miguel River were applying pressure on the Cofan in the north, trying to establish the encomienda system with its forced labor. The Cofan staged a general uprising, once again destroying the Spanish towns, and leaving the "*Gobierno de Mocoa y Sucumbíos tán perdido como antes.*" Thus ended the first missions and colonization attempts in the Río Cofanes region.

However, by 1630, Spanish attempts to conquer this region where once again under way. Gabriel Machacón, named Luietenant general of the province of the Cofan, established the "city" of Alcalá del Dorado along the Aguarico River. Once again, we can only guess at the location of this Spanish outpost, although it apparently was strategically located along one of the two northern trade routes. Likewise, Ecija was re-founded somewhere in the San Miguel drainage, and served as a jump-off point for missionary efforts that were increasingly concentrating on groups farther east. Alcalá seems to have survived for awhile; it appears in Dominican records in 1637, and again in 1644. However, the overall impression we get from the accounts during this time is that Cofan presence is minimal. What happened? Probably the same thing that was also happening at much the same time among the Cofans' old allies to the south, the Quijos: White man's diseases (like smallpox, measles, cholera, diphtheria, influenza, and a host of others) were destroying populations wholesale. We would suspect that by the middle of the seventeenth century, only a tiny fraction of Cofan remained of the numbers Ordóñez and Ferrer encountered mere decades earlier. With this, the Río Cofanes valley was left largely unpopulated. The numerous communities were gone; the agricultural system based on extended family holdings that used most of the arable lands in the region was gone, and the extensive trails that communicated from the highlands to the flatlands of the east began to grow over. Interestingly, most of the areas that might have been suitable for agriculture—relatively flat shelves in a world of steep mountains and deep ravines—are at present covered by immense trees of species that typically are colonizers or second growth species. Below 1,000 m altitude, canelo, copal, and chanul dominate these shelves, while above the 1,000-m mark, cedro (Cedrella montana?) takes over and reaches up to 2,800 m. I would suggest that these trees grew up on the abandoned farmlands of the peoples who lived in these montane forests and were exterminated in the wake of the European expansion.

The following centuries saw only occasional human activities within the Río Cofanes region. With the collapse of the indigenous populations within the Aguarico drainage, the remaining family groups adopted a semi-nomadic lifestyle, basing their social organization on extended family units that seldom stayed in one location for over five or six years. Historical references to the Cofan nation as a whole are scanty from the middle of the seventeenth century until the middle of the nineteenth century. This was a period of political instability for Spain, and the huge and aggressive wave of colonization and missionary activities that characterized the early Spanish empire all but collapsed during these centuries. The only trail that was maintained into the Oriente (the eastern rainforests) was the Papallacta route that allowed travelers to get as far as Baeza and Tena, where missions retained a precarious existence. The few mentions we have of the Cofan during this time are mostly with regard to warfare against the "civilized" groups in the Coca and Napo drainages, although there are a couple of interesting notes on Cofan traders who showed up in the mission town of Cuyuja during the early 1800s.

In the 1850s and 60s, the border commissions of Ecuador and Colombia encountered Cofan scattered from the mouth of the Chingual (near present day Puerto Libre) to the Cuyabeno River. A short-lived gold rush occurred at the present site of Cascales, where a large Cofan village was located, during the 1870s. However, the mestizo population, including the missionaries, saw no reason to go into the Río Cofanes territory, leaving us with no written information from this era. Nonetheless, the presence of extensive plots of chonta ruro (the palm, Bactris gasipaes) and other fruit trees along the Cofanes River indicates that Cofan families were using this region for at least occasional home sites during relatively recent times.

Cofan oral history from this time period is also rich in information about the area, especially the valley of the Cofanes River. Stories include mention of the huge tapir colpas, or salt licks, located at the present site of the junction of the Saladero de Cuvi and the Cofanes River, and speak of the mineral-rich caves used as salt licks by spider monkeys. Gold is also frequently mentioned, although the Cofan saw this as a commodity to collect for trade with the mestizo world on a strictly "when-I-want-to-buy-something-special-I'll-go-collect-some" basis rather than as a substance to seek aggressively. Occasional incursions by mestizos during these years apparently met with little success.

By the early twentieth century, there were probably fewer than 400 Cofan surviving in the entire historical Cofan territory. One family group, numbering perhaps 25 people, lived along the upper reaches of the Aguarico and occasionally wandered into the Río Cofanes region, usually as guides for mestizo explorers. This family group enters modern history as the Umenda clan. Soju, the chief and patriarch of this group, was a noted shaman and healer. Their semi-nomadic life style included at least one village site on the lower Cofanes River (probably at the Claro River) and locations along the Due, the Coca, and other rivers in the area. Soju's trade routes continued to be important. He and groups of relatives from farther down river made several trips over the trails to Quito, apparently using the Papallacta route, and his connections included the Waorani to the south, with whom he traded fishing bows for curare.

Meanwhile, his sons Lino, Aquerino, and Sebastián served as guides for increasing numbers of mestizo explorers seeking rubber and gold in the Río Cofanes region. While we have no clear idea of all the places visited, these Cofan were instrumental in the reopening of the Río Chingual route (which was used by the mestizo family Calderón to colonize what is now Puerto Libre) and were probably involved in the opening of the locations of La Bonita and La Barquilla. La Sofía, accessed from La Bonita, was apparently colonized without the help of these guides, although most of the colonists during this period knew these Cofan by name and relied heavily on their help for their activities.

However, by the late 1900s, these Cofans were old men, and their sons and grandsons had little or no interest in continued exploration. The Umenda family group settled down at the present site of Sinangue (also spelled "Sinangoe") and largely abandoned their travels and activities outside of the immediate vicinity. It was not until 2000 that renewed Cofan interest in the area began to develop, sparked by Cofan activities in the neighboring areas of the Reserva Ecológica Cayambe-Coca. With the formation of the Cofan Ranger program in 2003, a large number of Cofan from all the different Ecuadorian communities began to become familiar with ancestral Cofan territories. Young men and women fanned out across the forests, charged with monitoring and protecting areas that until now had been mythical. The site of the stump of the "fish tree" (a massive rock in the form of a tree buttress), the site of the "cave of the spider monkeys," the site of the "image of the jaguar," and more references from Cofan legends now became real-life locations for these rangers, and interest grew in recovering the Río Cofanes territories. Exploratory trips into the area began during 2004 and culminated in the actual delimitation of what is now the 30,700 ha Río Cofanes Territory (Figs. 2A, 2B, 10J of this report), a titled property owned by the Cofan Nation.

This, then, is the background for the acquisition of the Río Cofanes Territory

CONSERVATION HISTORY: A brief review of conservation action in the buffer zone of the proposed La Bonita Municipal Reserve

Authors: Susan V. Poats and Paulina Arroyo Manzano

When recalling the conservation history of the region in Carchi and Sucumbíos provinces known as the "rim area" or "buffer zone" and located in the northern part of the Reserva Ecológica Cayambe-Coca, it is important to appreciate the contributions of the biologist Patricio Fuentes. Beginning in 1995, he worked for several years to awaken interest in this northern part of Ecuador, which he named "the forgotten corner." His efforts stimulated The Nature Conservancy (TNC) to consider projects in the area, and subsequently Corporación Grupo Randi Randi (CGRR) and the Fundación Jatun Sacha also became involved there.

Patricio, a native of San Gabriel, Montufar, Carchi, studied biology at the Universidad Central del Ecuador in Quito and had a long-standing interest in the natural resources of Carchi and in the transition zone between the paramo and the tall Andean forests (the *ceja andina*), which was always in view from the town of San Gabriel. Patricio became a researcher at the Centro de Datos para la Conservación (CDC) at its inception, with TNC providing partial support for his graduation thesis. (Years later, the CDC became affiliated with the Fundación Jatun Sacha, as it remains today). While at the CDC, he and his wife, Ximena Aguirre (also a biologist, and a professor at the Universidad Tecnológica Equinoccial and researcher at the Herbario Nacional), started a thesis project together on the region "behind" the Cordillera Oriental, at the northernmost point of the Reserva Ecológica Cayambe-Coca (referred to hereafter as "Cayambe-Coca"). TNC and the CDC had previously shown interest in this area; since the early 1990s, they supported the Fundación Antisana and then the Fundación Rumicocha (recently created conservation NGOs) in improving conservation in Cayambe-Coca and in fostering community conservation projects around it to increase local participation and, above all, a local commitment to environmental conservation and the adoption of agricultural and silvicultural practices friendly to the environment. These efforts, led by TNC, identified current and potential threats to Cayambe-Coca and developed appropriate conservation actions. At that time, the most active threats to the Reserve were the burning of paramo habitats and expansion of agricultural and livestock activities, both of which were part of the survival strategies of local communities. Consequently, promoting these communities' participation in conservation and illustrating its benefits became key strategies for the protection of Cayambe-Coca and the management of natural resources. This position did not resonate well with the state environmental authorities, because they still maintained a park-centered vision for the management of the area. However, these organizations worked closely with park authorities to try to encourage an attitude of participation.

TNC initiated its work in Cayambe-Coca with the SUBIR/USAID project, on which it worked jointly with Conservation International (CI) and the Wildlife Conservation Society (WCS). However, despite the completion of two phases of the project (after which the alliance split up), no work was done in the "forgotten corner."

In 1995, TNC, in collaboration with the Facultad Latinoamericana de Ciencias Sociales de Ecuador (FLACSO), obtained funding from the Ford Foundation to study the impact of community conservation around Cayambe-Coca. The study was conducted during 1996–1997 and was later published as "Constructing Participatory Conservation in the Reserva Ecológica Cayambe-Coca, Ecuador: Local Participation in the Management of Protected Areas" (Poats et al. 2001). As part of the fieldwork, in 1996 the Pimampiro area and the Julio Andrade-Playón de San Francisco area up to La Bonita were traversed, continuing as far as the highway extended at that time (12 km past La Bonita). However, no activities were encountered that could have qualified as community conservation. Nor were any studies on this part of the buffer zone or on the influence of Cayambe-Coca identified. What could be verified was the heavy flow of colonization coming from Carchi, following the highway. Several people referred to land speculation in the area, the result of an expectation of

lucrative opportunities accompanying the construction of the highway. However, the highway construction took years, and even when it was finished, travel was difficult until it was paved (which still was not complete as of the time of the study), and so the expected wave of colonization did not happen. Colonization was also influenced by increased insecurity in the area, resulting from the large guerrilla presence on the border with Colombia.

Another important observation was that there was active logging in the area during this period. Past Santa Barbara, the forest extended to the edge of the highway, as it did in patches before this point, after Playón. Along the highway there were many tall stacks of planks that had been recently cut with chain saws. We observed the destruction that rapid highway construction can cause in an area with such a pristine cloud forest.

In 1997, TNC, within the framework of the Biorreserva del Cóndor project (with funding from USAID and through its partner Fundación Antisana in Quito), decided to finance the development of two community-management plans with the indigenous communities that have ancestral territories within Cayambe-Coca: Oyacachi and Sinangoe. This work was done through a shared consulting contract between Susan Poats and Segundo Fuentes (currently regional director of MAE-Ibarra), with the support of Adriana Burbano (currently with WCS Ecuador) and Paulina Arroyo (currently with TNC's Amazonia Program). During several visits to Sinangoe, interviews, transects, and participatory workshops, there was little mention of the lands upriver from Sinangoe, which today make up part of the territory claimed by the Cofan people. The closest thing to it were the stories or life histories of some of the people in the community who had been born in Carchi but who had become part of the community through marriage to Cofan women. This is probably because families in Sinangoe do not use that part of their territory regularly. This does not mean, however, that the Cofan people as a whole did not at one time use the territory, as certain bibliographic references indicate.

TNC obtained resources to pursue some of the research paths identified during the first phase of

PALOMAP, which made possible the first meeting of Patricio Fuentes and the PALOMAP team in Ecuador. Patricio and Ximena had already started their fieldwork (then 60% complete) and were looking for support to finish it. On the basis of their proposal in 2000, EcoCiencia and TNC supported their fieldwork so they could conclude the study and therefore their thesis.

In their thesis, "Study of management alternatives for montaine forests in the area of influence in the northern part of the Cayambe-Coca Ecological Reserve" (Aguirre and Fuentes 2001), Patricio and Ximena present maps that demarcate the area of the study ("the forgotten corner"). They strongly recommend the need for swift action to protect this area and its ecosystems and suggest that Cayambe-Coca be expanded to include the entire area and the Andean forests up to Playón, including the forests around La Sofía. They indicate the need to reach an agreement with the community of La Sofía and they identify the conflict with the municipality of La Bonita. They do not mention in their thesis, however, the ancestral interest of the Cofan in a part of this territory.

One very important aspect of the maps and the description in the text is that they also define a buffer zone to be conserved. This strip of land covers the transition zone of Andean forests just below the paramo, which extends from Julio Andrade in Tulcán to Monte Olivo in Bolívar, including the forests and forest remnants in Montufar and Huaca. One vital part of this zone is the Estación Biológica Guandera de Fundación Jatun Sacha, covering 1,000 hectares in Cantón Huaca (Huaca county), in the Mariscal Sucre parish. It delineates a wooded corridor of over 40 km that adjoins the entire area of current interest to the west, in Sucumbíos. This map and the various debates and discussions that it provoked stimulated an interest in somehow protecting this important area, recognized as the last extensive area of tall Andean forest in the Andean range.

In 2002, Patricio returned to the area, this time to work on a small project supported by TNC with the CGRR (with funding from the Parques en Peligro project in the Biorreserva del Cóndor) to further identify conservation strategies for the "forgotten corner." Patricio produced the study "Conservation strategies for the montaine forests of the area of influence of the Cayambe-Coca and Cofan-Bermejo Ecological Reserves" (Fuentes 2002), in which he recommends a concerted effort on the part of TNC, CGRR, Fundación Jatun Sacha, Fundación Espeletia, and others to encourage conservation actions in the area. This effort arose from Nature Conservancy workshops on Planificación para la Conservación de Sitios (PCA) in 2002, which defined conservation objectives for the Biorreserva del Cóndor (with Cayambe-Coca in the center). Eight objectives were identified, after which conservation strategies, courses of action, geographic areas of intervention, and responsible parties were determined. Patricio's work was concentrated on the transition zone (*ceja andina*) of the Cordillera Real and the paramo of the Mirador, as well as on the "forgotten corner," and produced "an analysis of the definition of conservation strategies for these two geographic zones based on a determination of the quality of several previously defined conservation objectives."

This work induced TNC to later support, together with the United Nations' Programa de Pequeñas Donaciones (PPD), an initial study and then in 2003 the "Plan of support for parish development and community management of natural resources in La Sofía Parish, Sucumbíos Cantón." After the Plan was finished, TNC held two work meetings with members of the Fundación Espeletia with the goal of finding a way to support the execution of the Plan. However, because of the weak legal structure of the Fundación, a formal alliance could not be established. For this reason, a manager was contracted in La Sofía to implement the Plan. The manager organized two meetings with representatives from La Sofía, in particular with Antonio Paspuel, with the goal of identifying initial actions for the area with respect to the Plan. The families of La Sofía were very interested in being trained as community park rangers and participating in the network that existed in other parts of the Reserve. TNC tried to coordinate with the Fundación Rumicocha and with the MAE to allow two or three people from La Sofía to visit the work sites of the community park rangers. However, because of the dangerousness of the northern border, difficulty of access to La Sofía, and above all the limited capabilities of the institutions, this plan was unsuccessful. At that time, the MAE did not consider the expansion of the northern part of Cayambe-Coca to be feasible because it could not manage the area without field personnel and because those responsible for the areas were stationed far away, in Lumbaquí and Cayambe. For this reason, Cayambe-Coca was not enlarged nor was a position of forest manager created, which was the proposal Patricio and the families of La Sofía presented to the MAE.

Subsequently, several organizations supported the first meeting between the Cofan and the residents of La Sofía and La Bonita, whose purpose was to analyze the proposal to expand the ancestral territories in the northern part of Cayambe-Coca. Initially it appeared that the people of La Sofía and the Cofan had common objectives because of their interest in protecting the forest. However, during the negotiation process after the land was given over, other interests arose that were negotiated between the two groups.

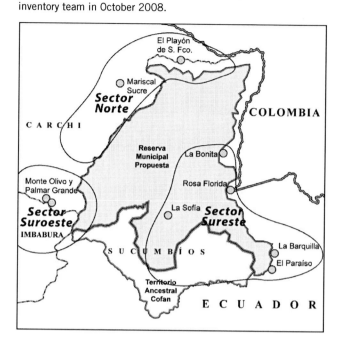

Fig. 24. Sectors and focal communities visited by the social inventory team in October 2008.

SOCIAL ASSETS AND RESOURCE USE

Authors/participants: Alaka Wali, Stephanie Paladino, Elizabeth Anderson, Susan V. Poats, Christopher James, Patricia Pilco, Freddy Espinosa, Luís Narváez, and Roberto Aguinda

Conservation targets: Access roads for horseback or pedestrian travel, such as the road from La Bonita to La Sofía and the road to Estación Biológica Guandera (as opposed to bigger thoroughfares that expose the area to colonization and large-scale natural-resource extraction); small-scale production of artisanal cheeses; ecologically-conscious, organic farms using traditional methods and crops; the use of native medicinal plants; local documents on the history of the area; artisanal gold mining operations and technology, including apparently premodern sites, which could also be tourism opportunities; archeological or historical sites known by the residents; the "Eastern Road" (*Camino del Oriente*), a historical path linking Monte Olivo and La Sofía, which could complement community efforts in ecological and historical tourism; the Laguna de Maynas, near Parroquia Monte Olivo

INTRODUCTION

The social inventory was carried out 8–30 October 2008 by an intercultural, multidisciplinary team (anthropologists, ecologists, educators, and leaders of the Cofan Nation). The social inventory had several objectives, among them (1) to analyze the main sociocultural assets and opportunities in the area; (2) to learn how natural resources are used in the inventoried area; (3) to determine possible threats to human populations and ecosystems; and (4) to inform communities about the biological team's activities at the sampling sites.

We visited 22 communities, selected on the basis of how well they represented the social pattern of the region and for their proximity to the proposed conservation area. In 13 of these communities we interviewed authorities and key residents and observed patterns of natural resource use. In 9 communities (Figs. 2A, 24) our work was more intensive: we stayed two or three days, visited families and fields, and conducted informational meetings or workshops. We divided the communities visited into three geographic or "socio-environmental" sectors—Southeastern, Northern, and Southwestern— according to their geopolitical location and patterns of natural resource use (Fig. 24, Table 9). The communities

Table 9. Communities visited by the social team in October 2008.[1]

Cantón	Parish	Community
Southeastern Sector		
Sucumbíos	Rosa Florida	La Barquilla,[2] El Paraíso,[2] Rosa Florida[2]
	La Bonita	La Bonita[2]
	La Sofía	La Sofía[2]
Northern Sector		
Sucumbíos (Sucumbíos Province)	Santa Bárbara El Playón	Santa Bárbara El Playón de San Francisco,[2] Santa Rosa, Cocha Seca, Las Minas
Montúfar (Carchi Province)	San Gabriel	San Gabriel
Huaca (Carchi Province)	Huaca Mariscal Sucre	Huaca Mariscal Sucre[2]
Tulcán (Carchi Province)	Tulcán	Tulcán
Southwestern Sector		
Bolívar (Carchi Province)	Monte Olivo	Monte Olivo,[2] Palmar Grande,[2] Raigrass, Miraflores, El Aguacate, Manzanal, Motilón, Pueblo Nuevo

1 In Ecuador, the province is the largest geopolitical unit, of which there are 24. Each province is divided into counties (*cantones*), which are in turn divided into parishes (*parroquias*). The highest authority in each province is the Prefectura. The counties have municipalities governed by a mayor and a council.

2 "Focal" communities where we conducted more-intensive research.

of the Southeastern Sector are very interconnected as far as their history, settlement patterns, development, and economy; the altitudinal range is 800–2,500 m. The communities of the Northern Sector are found partly in Sucumbíos Province and partly in Carchi Province. Those on the northern edge of Sucumbíos share historical relations with those of the Southeastern Sector, but geographically, ecologically, economically, and in terms of communication they have more in common with the neighboring communities of Carchi Province. This sector is located at altitudes of 3,000–3,800 m. Settlements in the Southwestern Sector surround the main town, Monte Olivo, and fall within the altitudinal range of 1,900–3,100 m.

In this chapter we detail the methodology used and provide an overview of our results through a discussion of the history of the settlement process; demographic and infrastructure information; and descriptions of social assets, economic patterns, natural resource use, and primary threats. We also offer recommendations for conservation of the inventoried area.

METHODS

We followed a methodology that includes techniques similar to those used in previous inventories (e.g., Wali et al. 2008). For the rapid social inventory, we carried out more-intensive research in nine focal communities (Table 9), including semistructured interviews with women and men, key informants, and community authorities; for these interviews we used a protocol with open-ended questions on general topics. We also participated in the daily life of residents, accompanying them to their farms, attending town meetings, and visiting their homes. For the informational workshop about the inventory, we used visual aids (like posters and maps) to explain the objectives of the inventory and to generate discussion. In the other communities, we combined observational trips with interviews of key informants.

In seven of the focal communities, we had participants at the informational meetings draw maps of their towns and their uses of the environment and natural resources, and we conducted a group activity called "The Good Life Dynamic." This exercise generated discussion among community members about their perceptions of different aspects of life: the environment, cultural aspects, social conditions, politics, and the economic situation (see Wali et al. 2008 for more details).*

In addition to activities in the field, we consulted secondary sources to gather information: documents, databases, reports, and bibliographic material (particularly Aguirre and Fuentes 2001; the 2005 strategic development plan of Cantón Sucumbíos; CGRR 2005; and the 2006 development plan for Parroquia Monte Olivo); and an unpublished, pre-inventory report by P. Pilco, in 2008.

RESULTS

History of the settlement process

The three sectors (Southeastern, Northern, and Southwestern) have different settlement patterns. The entire region covered by the inventory has a pre-Hispanic history that merits further study (see the Archeology chapter of this report). Carchi Province has a colonial history, and several of the cities we visited, such as Huaca, San Gabriel, and Tulcán, retain their colonial roots in their design and architecture. Settlements in Provincia Sucumbíos do not date from colonial or post-colonial times, but there is archeological evidence of prehistoric settlements.

Southeastern Sector: Cantón Sucumbíos (Rosa Florida, La Sofía, and La Bonita parishes), Provincia Sucumbíos
We compiled the history of this sector through interviews with key informants (including some of the oldest residents of the communities and descendents of founding families). Their stories generally correspond with the history documented by Professor Fernando Cuarán Ibarra, resident of El Playón and recognized historian of Cantón Sucumbíos. The Southeastern Sector was settled during several waves of natural-resource extraction, beginning at the end of the 19th century with rubber. The rubber workers came to the *cantón* (county) from Colombia and other parts of Ecuador, making inroads for later settlers (Cuarán Ibarra 2008: 11–12). According to local sources, during the rubber era there were so many

workers that the area had a very large school for their children. Many of the workers did not settle in the area and lived in camps near the extraction site for periods of one to two months, afterward returning to their home communities. Rubber extraction was self-limiting and ephemeral, because the methods used required killing the trees. This area had also long been the site of artisanal gold extraction, which is still occasionally practiced, particularly around La Sofía, by local residents as well as outsiders. Other minerals were exploited in the area, as was timber.

Between the years 1915 and 1944, the parishes of La Bonita, Rosa Florida, and La Sofía were established, opening schools and legalizing their status as recognized parishes. The Carmelite Mission played an important role in the region by promoting schools and bringing in people to work in the Mission. In La Bonita and La Sofía, families stayed in the area to farm the land, whereas in Rosa Florida a large number of the people left, settling farther south toward Puerto Libre in search of rubber and gold.

In subsequent decades, the population grew little by little, but population density remained low because of the difficult access to the area. The first landowners in the La Barquilla and El Paraíso area were members of the cooperatives "20 de Febrero" and "Los Cerritos," with headquarters in La Bonita, who arrived in the 1970s and obtained collective deeds (property titles) for the alluvial terraces along the river—flat, fertile areas that are limited in La Bonita. During the first decades, the owners grazed livestock on these lands but continued living in La Bonita. At that time, there was also property that had been appropriated by individuals from Colombia, Carchi, and other parts of Ecuador, but the majority were absentee landholders (who had not settled in the area). It was not until the improvement of the Vía Interoceánica between 1995 and 2000 (and during the period it was anticipated) that people began to make permanent settlements in the La Barquilla and El Paraíso area. The "Vía" made possible more-intensive logging and the commercialization of the fruit *naranjilla* (*Solanum quitoensis*), which were the strongest driving forces of the area's economy, thus creating better conditions for the establishment of permanent homes.

---

* Several members of the team suggested modifications to this exercise (for example, adding a fifth dimension to fill the head) that we plan to try in the next inventory.

Over time, members of the cooperatives divided the communal land into individual farms. Only a few settled in the communities; others remained absentee owners, and still others sold or rented their land, including to Colombian immigrants.

In this way the permanent settlement of La Barquilla and El Paraíso advanced, primarily during the past two decades. There are links of kinship between members of the parishes of La Bonita, Rosa Florida, and La Sofía and members of La Barquilla and El Paraíso; and people from the first, oldest communities have come to live in the new ones. In contrast with the first three, however, in La Barquilla and El Paraíso there are more absentee landholders, a higher rate of turnover of landowners, more settlers from other parts of Ecuador and Colombia, and more immigration and emigration among the residents.

Ownership of the land in the entire Southeastern Sector, in the terms of legal status, continues to be in flux. Although the first arrivals simply took possession of *tierras baldías* ("wastelands," or "unclaimed" lands), subsequent settlers often bought land through sales contracts (but usually without legal title). Many current residents have gained ownership of land only through inheritance, without the support of a legal title. Other arrivals have occupied land belonging to absentee owners and are considered by some to be invaders. In this sector, there is a strong movement among residents to obtain documents for their properties, something that is necessary for participating in various government projects and to obtain loans.

Northern Sector: Santa Bárbara and El Playón de San Francisco parishes, Cantón Sucumbíos, Provincia Sucumbíos; Cantones Huaca and Montúfar, Provincia Carchi

The parishes of Santa Bárbara and El Playón de San Francisco were established at the beginning of the 20th century by people from Carchi and Colombia, as well as Ecuadorians with Colombian roots looking for land suitable for cultivation. According to informants in the area, there were also marriages between Colombians and Ecuadorians during that period. The families took possession of the land and continued their mountain

traditions of planting potatoes. However, the communities of Parroquia Santa Barbara depended more on timber extraction and resource-use patterns like those of the Southeastern Sector

At first, the land was divided using rivers as borders ("from river to river," according to local residents). Some of the area founders are still alive, transmitting down the generations their knowledge and stories about the region. The influence of the Carmelites has also been important in this part of the Northern Sector because of their help in organizing activities to improve the local economy and educational opportunities. The Carmelite Church continues to play an important role in these parishes, supporting various production-related and educational programs. These two parishes are historically important because they were "ports of entry" from Colombia during the rubber era. La Fama, for example, was an important point along the rubber workers' route between Colombia and the Southeastern Sector. In contrast with the other parishes in the Southeastern Sector, El Playón and Santa Bárbara were well linked early on with Carchi and its markets by means of roads and telephone communication. Santa Bárbara was also the governmental seat of Cantón Sucumbíos for 31 years, until 1999 when it was moved to La Bonita.

Cantones Huaca and Montúfar in Carchi Province, adjacent to Cantón Sucumbíos, grew and became urbanized during the past century. The main cities, such as Huaca and San Gabriel, were developed as points of connection and as principal markets for this sector of Carchi Province. There was also a period of heavy logging here, as much to clear space for agriculture as for the sale of wood and the manufacture of charcoal. With the growing economy and population, as well as the expansion of agricultural areas, deforestation in both cantones has advanced to the transition zone between the montane forests and the paramo (the *bosque siempre-verde montano alto*). The population of Mariscal Sucre parish grew rapidly during the 20th century, similar to other parts of the eastern range. At first, the settlement was known as Colonia Popular Huaqueña, because the people who colonized the area were originally from Huaca. Later the name was changed to Mariscal Sucre. Clodomiro Aguilar (who died in Monte Olivo) led the founding of the community and governed with an "iron fist." There are several common names among the numerous families in Mariscal, such as Cando, Rosero, Chamorro, Quimbal, and Imbaquingo. The residents dedicated themselves to potato cultivation and selling lumber. According to one of the oldest residents, when the first settlers arrived from more-developed regions in the central part of Carchi, life was much more difficult, with long journeys on horseback to sell wood in San Gabriel. He/she emphasized that in those years (before the 1980s), the area was so humid that agriculture was impossible. Instead, the people who went up to occupy these lands made a living from timber harvest, cutting it for firewood, boards, and charcoal. Gradually the population grew, converting the forest into pasture and potato fields. Today there are four communities in this parish. According to the oldest residents, the zone is slowly becoming hotter and drier.

Southwestern Sector: Cantón Bolívar (Monte Olivo parish), Provincia Carchi

The history of Parroquia Monte Olivo is recorded in several documents produced by the parish government (see Benavides 1985). These documents and the stories of the residents whom we interviewed reveal that the territory originally belonged to a large ranch—Hacienda San Rafael—whose owners did not want to give up land to others. Between 1920 and 1935, a group from the "Colonia Huaca" (today Mariscal Sucre in Cantón Huaca) decided to occupy part of the ranch, initially settling in the highlands (today the community of Palmar Grande) and then descending to Monte Olivo. In 1937, these colonists succeeded in being recognized as landowners and formed the parish in 1941. During the years 1940 to 1970, the parish grew with the formation of new communities and hamlets, and with the expansion of agricultural activities. But in 1972, a strong flood and landslide in the canyon of the Carmen River caused tremendous damage to the communities, and as a result some families fled and formed a new settlement, Pueblo Nuevo. Its population is made up primarily of landless, agricultural laborers from other areas. Since that time, the community of Monte Olivo has not recovered its central role in this region, in large part because of a bridge collapse that isolated the community and severed lines of communication and transport for several years.

Demography and infrastructure

Today the human population around the proposed areas of conservation (excluding Parroquia San Gabriel) is 11,500 (according to data gathered from various documents and the Sistema Integrada de Indicadores Sociales Ecuador, SIISE). The demographics vary by sector, and so we refer to specific sectors in the discussion below. The ethnic composition of the region reflects the national diversity and includes highland, Amazonian, Afro-Ecuadorian, and indigenous Cofan populations. It is a frontier zone, with a significant historical and current Colombian presence. However, this population is somewhat marginalized, above all in legal affairs: the majority do not have Ecuadorian papers, which makes transactions such as obtaining property titles difficult. None of the authorities mentioned whether the overall population was growing, but they did note the constant immigration and emigration of Colombians. There are no exact figures on the economic stratification of the region, but our observations suggest that there is a high variability of economic conditions.

Southeastern Sector

In Cantón Sucumbíos (Provincia Sucumbíos), the total population is 2,686. According to the municipal government, the population growth rate of the cantón is 1.7%.

In the Southeastern Sector, on the basis of interviews and observations, we noticed that the level of inequality among families was not very high compared to the other two sectors. For those who do not own land (many of them young people), work is available as day laborers, in agriculture, logging, and for the municipality. The municipal policy of creating jobs for local residents through "microbusinesses" (for example, maintenance of the Vía Interoceánica) also helps in providing non-landowners with a source of income. Others with more resources, such as some of the original landowning families in the region, have deeds for 25 ha or more of land.

Table 10. Population of parishes and communities in the Southeastern Sector. Parishes and communities visited appear in boldface.

Cantón	Parish (individuals)[3]	Community (families)[4]
Sucumbíos (2,686)	**Rosa Florida** (304)	**La Barquilla** (32), **Rosa Florida** (27), **El Paraíso** (12)
	La Bonita (686)	**La Bonita** (171–180)
	La Sofía (86)	**La Sofía** (22)

3 Number of individuals in 2001 according to the Sistema Integrada de Indicadores Sociales Ecuador (SIISE 2001).
4 Number of families in residence in 2008 (pers. comm. with authorities and local residents).

In terms of infrastructure, all of the communities visited have basic educational centers such as primary schools and distance-learning secondary schools (*colegios de distancia*). The distance-learning system is a service of the Ministerio de Educación Nacional, in which one or two local teachers are assigned to advise students interested in continuing their secondary education, using the same books and curricula as on-site secondary schools (*colegios presenciales*). People taking advantage of the distance-learning schools are young people and adults who have not completed their secondary education. La Bonita has the only on-site secondary school in this sector but it takes boarders, and students come from the entire region. The La Bonita School is implementing a new curriculum developed by the Secretaria Provincial of the Departmento de Educación in Sucumbíos, a guide for professors called the "Green Notebook" (*Cuaderno Verde*), which describes how to integrate environmental education into course curricula from primary to secondary school levels, using coordinated themes.

The communities of La Bonita and La Sofía have health clinics (La Sofía's will open in 2009), and Rosa Florida, La Barquilla, and El Paraíso have pharmacies established with support from municipal governments, each run by a local resident. With the exception of La Barquilla, all the communities visited have electricity, and La Barquilla will have it by the end of 2008. Small hydroelectric plants provide electricity for La Sofía and El Paraíso, and the other communities are connected to the provincial network.

All of the communities except La Sofía border the Vía Interoceánica and are thus connected to the markets and provincial administrative centers of Sucumbíos and Carchi. The Vía is completely paved, except for a section between Rosa Florida and La Bonita. There is a system of public transport, with buses run by private companies. A road connecting La Sofía to La Bonita is under construction and is about half completed; it is scheduled to be finished by the end of 2009. Where the road ends there is a pedestrian and horse trail leading to the community, which takes about 3–4 hours to travel.

La Bonita, as the municipal seat, has administrative offices, including the Departamento de Medio Ambiente y Turismo. The municipal library offers free Internet service, though it is a bit sporadic. There is also satellite telephone service for public use. Other communities visited in this sector do not have telephone service, and it is difficult to get a cellular signal. The Junta Parroquial of La Sofía arranged for the installation of a satellite tower for Internet connection, which is expected to be operating by the end of 2009.

It is also important to mention the water supply systems in the region. All of the communities visited in this sector have access to piped water and have sewage-drainage systems that are already installed or are in the process of construction. However, according to community and municipal government authorities, there is no budget for the treatment of wastewater, which is discharged directly into the adjacent rivers— the Chingual, Sucio, and Laurel. At present there is no shortage of water, and the population is aware that their water is abundant because of the still-intact forests, which protect the headwaters.

Northern Sector

In the Northern Sector, our interviews suggest more economic stratification than in the Southeastern Sector, based on access to land (particularly in the cantones of

Table 11. Populations of the parishes and communities in the Northern Sector in 2008. Parishes and communities visited appear in boldface.

Cantón	Parish (individuals)[5]	Community (families)[6]
Sucumbíos (Sucumbíos Province)	**Santa Bárbara** (550)[7]	**Santa Bárbara** (120)[7]
	El Playón (500)	**El Playón de San Francisco** (350)[8], **Santa Rosa, Cocha Seca, Las Minas**
Montúfar (Carchi Province)	**San Gabriel** (19,230)	**San Gabriel**, San Cristóbal, Chután Alto, Cumbaltar, Chután bajo, La Delicia, Santa Rosa, Chiles, El Capulí, El Ejido, Monte Verde, El Cerote, Canchaguano, El Chamizo, Athal, Chamizo Alto, Loma, Jesús del Gran Poder
	Piartal (1,148)	Piartal, El Rosal
Huaca (Carchi Province)	**Huaca** (5,512)	Cuaspud, Picuales, San José, Veracruz, Timburay, **Huaca**, Paja Blanca, Guananguicho Norte, Guananguicho Sur, Solferino
	Mariscal Sucre (1,344)	**Mariscal Sucre**, El Porvenir, Línea Roja
Tulcán (Carchi Province)	**Tulcán**	**Tulcán**
	El Carmelo (2,304)	El Carmelo, La Esperanza, La Florida, El Chingual, Aljún, Aguas Fuertes
	Julio Andrade (9,302)	Julio Andrade, El Frailejón, La Aguada, La Envidia, Casa Grande, Cartagena, Ipuerán, Chiguaran, San Francisco de Troje, La Paya, Michuquer, Yalquer, Chauchin, San José de Troje, Chunquer, El Morán, Casa Fría, Guananguicho, Casa Fría Alta, Yangorral, Piedra Hoyada

5 Except for Santa Barbara, data in this column come from the Sistema Integrada de Indicadores Sociales Ecuador (SIISE 2001).

6 Data not available for communities except Santa Barbara and El Playón.

7 Elena Rodriguez, resident of Santa Bárbara, catechist for the parish, pers. comm. (in 2008).

8 Hernán Josa, president of El Playón Junta Parroquial, pers. comm. (in 2008).

Provincia Carchi). In these cantones, the large properties and ranches (>20 ha) are in the lower communities near the Panamerican highway, whereas at higher altitudes families have an average of 5 or 6 ha of land. In Parroquia El Playón, there is a significant population of Colombians, who came seeking jobs and remain doing work *a medias* or *a partir*, that is, sharing the agricultural products produced with the landowner. According to a member of a women's organization in El Playón, 30%–50% of the population works in this way. Simply being Colombian has prevented many people from attaining land ownership. Many Colombians, after arriving in El Playón, continue on to the urban centers in Carchi and Imbabura.

Another demographic factor that contributes to stratification is the presence of young people without jobs or sources of income. According to the source cited above, there are about 30 single mothers in the community. Many of them live with their parents and receive no support from the fathers of their children. In El Playón and Santa Bárbara parishes, many young people leave the cities to study but return and look for work. They resort to agricultural labor, especially in potato production, but local informants report that it is difficult to support a family solely on the basis of this type of income. Also, the availability of this work varies according to market fluctuations: when the price of potatoes is low, landowners tend to invest more effort into dairy farming, which requires little labor. Families in these parishes have kinship ties with other communities in Cantón Sucumbíos. Within the El Playón community, kinship ties also are strong.

There are secondary schools in El Playón (Sucumbíos), Santa Bárbara, and Mariscal Sucre. The largest cities in Provincia Carchi (e.g., Julio Andrade) also have their own local educational infrastructures. There are also health clinics in all of the focal communities visited in this sector. Here, the roads, lines of communication (radio, telephone, television), and basic services are more developed than in Cantón Sucumbíos, particularly in the more urbanized areas (Huaca, Tulcán, San Gabriel).

Table 12. Populations of the parishes and communities in the Southwestern Sector. Parishes and communities visited appear in boldface.

Cantón	Parish (individuals)[9]	Community (families)[10]
Bolívar (Provincia Carchi)	Bolívar (19,230)	Las Lajas, Cuesaca, Pistud, Bolívar, Santa Marta, La Purificación, Angelina, Impueran
	Monte Olivo (1,811)	**Raigrass** (17), **Miraflores** (4), **Palmar Grande** (25), **Monte Olivo** (150), **El Aguacate** (32), **Pueblo Nuevo** (145), **Manzanal** (45), **Motilón** (32), El Carmen (4), San Augustine (4)
	San Rafael (1,699)	Alor, El Rosal, Caldera, Sixal, San Rafael

9 Data from the Sistema Integrada de Indicadores Sociales Ecuador (SIISE 2001).
10 Data not available except for communities where values from the 2006 development plan of Parroquia Monte Olivo are indicated.

Water issues link the provinces of Carchi and Sucumbíos: the current water sources for certain communities in Carchi—for example, Julio Andrade and Huaca—are inside Sucumbíos at the headwaters of the Chingual River. There are also new proposals to carry water from the Agua Clara stream close to El Playón in Sucumbíos to about 21 communities in Carchi. There is strong interest in protecting the forests around the water sources; however, several intakes are located on private land and their conservation depends largely on the actions of the owner. Systems for drinking water or piped water are administrated by *juntas de agua potable* ("drinking water boards"), which consist of elected members from the community authorized to charge users and maintain the system. In this sector, as in the Southeastern, attention to the development of wastewater treatment systems has been lacking.

Southwestern Sector

The population of Parroquia Monte Olivo is 1,811 (Table 12), but we noticed that the parish is shrinking because of the steady exodus of families toward urban centers (such as Ibarra and Quito) in search of jobs or other economic activities. Locals comment that young people and non-landowners emigrate away and tend not to return and invest their earnings in the communities they left, for example in businesses or agricultural activities. Others say people have left because of changes in rain patterns that have intensified the dry seasons, making agricultural work more difficult in some nearby towns, such as Raigrass and Miraflores. This is said to have contributed to a vicious circle, in which the decrease

in local labor due to emigration has in turn affected those who continue to cultivate crops and need farmworkers.

We also noticed that economic inequality among members of the parish is due to factors such as age and access to land. Many of the elderly people in the community of Monte Olivo live off social welfare and are not able to work their land; their children do not always maintain them either, because many have left the community. In Palmar Grande, we met and talked with older people who live somewhat isolated from the services of Monte Olivo because of the lack of a road connecting the community to that parish or to other communities. Also, there are segments of the population in the parish, in some cases significant segments, that do not own land and work as day laborers in agriculture or as employees of local landowners, or both. In Pueblo Nuevo, in particular, it is said that between almost 50% (in the Plan de Desarrollo de la Parroquia, of 2006) and 96% (according to local Monte Olivo residents) of the inhabitants work part-time or as day laborers. Some residents of Monte Olivo also indicated that, in some communities in the parish, property was concentrated in the hands of a few families. Here, also, although apparently to a much lesser degree than in the other sectors, there are descendents of Colombians who have had difficulty obtaining enough land to make a living.

Populations of other communities in the parish— Raigrass, Aguacate, and Palmar Grande—have been losing population during the past 10 years for various reasons. The people interviewed told us that many families went to live in Monte Olivo because the local schools were not good. In Palmar Grande, only five students remained in the school. Families with property in this community also have houses in Monte Olivo, and the majority come to Monte Olivo on weekends. Palmar Grande is apparently the only town in the parish without direct access to a road. In contrast, Monte Olivo and the other communities in the parish are connected to the Valle de Chota by road. Currently, many members of the community get their products out, especially *tomate de árbol* (tree tomatoes), using a *tarabita* (a basket-and-pulley system suspended over the valley), to one of the nearby communities. One association of Palmar Grande residents has begun building a road between Monte Olivo and their community to improve access, make getting products out easier, and support a tourism project that the association is establishing in the paramo just above the community. The road is being built almost completely with resources from the community itself; residents commented that they had not been able to obtain support from the cantón, and some were aware that one of the reasons for that was the fear that a road would facilitate more-intense exploitation of the remaining forests.

Monte Olivo has a well-equipped health center, with the services of a nurse and a dentist. The nurse goes to the other communities in the parish for vaccination programs and medical visits. The secondary school of Monte Olivo serves the entire parish. Monte Olivo also has several telephone centers, and the parish office has satellite Internet service.

The Junta de Agua Potable of the parish is very active, having implemented a Plan de Protección Parroquial for the water sources and a bacteriological and physical study carried out by the Ministerio de Desarrollo Urbano y Vivienda (MIDUVI). It has also been responsible for administering funds from PRODERENA.* Currently, the population centered in and around Monte Olivo (200 users, according to the president of this Junta), has five water intakes, a filtration tank, and an operator who maintains the chlorination of the water and inspects the system every two weeks. One of the goals of the Junta has been the protection of water sources, on the one hand from floods and landslides characteristic of the region, and on the other from certain

types of land use by owners of property where the intakes are located, such as logging or livestock pasturing. In one case, the Junta bought a small piece of land around an intake, and there are plans to fence in others.

Irrigation canals deliver water from the upper zones of the parish to the lower communities, as well as to farm plots in the San Rafael area. *Juntas de agua de riego* (irrigation boards) manage and maintain both canals.

Dynamics of natural resource use

In the three sectors, relations between residents and the environment are determined by economic activities involving the use of natural resources at the family level as well as the institutional level. In contrast with other, more-remote regions where we have conducted rapid inventories, the communities around the headwaters of the Cofanes and Chigual rivers are in a more urbanized zone and are more involved in national markets. Regional and national institutions play key roles in determining the relations between residents and the environment. Governmental as well as nongovernmental institutions determine policy, provide financial resources, and offer technical support. In this sector we delineate the way in which families, communities, and governmental and nongovernmental institutions interact with the environment.

National programs

The national government, through several ministries, has fostered or is beginning to foster programs and initiatives for environmental conservation and sustainable development that affect the entire region. Notable among these initiatives is the creation of an office in Ibarra of the Ministerio del Ambiente (MAE) to better-coordinate efforts in the provinces of Carchi, Sucumbíos, Imbabura, and Esmeraldas. This regional office (which has existed for more than 15 years) is now, under the leadership of Ing. Segundo Fuentes, establishing connections with municipal environmental departments and is supporting programs such as the community management of forests and sustainable forestry for small landowners. New programs that we heard much about in the communities, such as Socio Bosque ("Forest Partner"), are still in the planning phase but are generating high expectations.

---

* Programa de Apoyo a la Gestión Descentralizada de los Recursos Naturales del Norte del Ecuador.

The Socio Bosque program launched its pilot phase in September 2008. The national government, under the leadership of the MAE, established a special fund to give incentives to individual property owners and indigenous communities in the form of an annual payment for conserved hectares of forest. Programs under the new Plan Ecuador (a program conceptualized as an Ecuadorian response to Plan Colombia, which promotes development and sustainability in the frontier region) also has had an impact in the region (e.g., the Federación Indígena de la Nacionalidad Cofan del Ecuador [FEINCE] and the Gobierno Municipal Cantón Sucumbíos just received funds from the Fondo Italo-Ecuatoriano, sponsored by the Plan Ecuador).

Water conservation

Water is an important issue in all three sectors. In all of the workshops where we had participants sketch their own communities, they began by drawing the rivers. In conversations during the workshops, they explained the importance of water for both agriculture and everyday use. All the communities visited recognized the need for long-term care of the headwaters of the rivers and streams, and all have a pressing need for wastewater treatment systems. However, in each sector, there are challenges or concerns related to water use. In the Southeastern Sector, the challenge is maintaining intact forests around the water intakes and protecting the headwaters. Some people in the community of La Barquilla also mentioned several episodes of contamination of the Chingual River (namely, wastes and oil slicks that killed fish). In La Sofía, the Sucumbíos provincial government is beginning construction of a hydroelectric project to increase water for Lago Agrio. Feasibility and environmental impact studies have already been done for the project, but there are doubts about its impact. The project has the support of the parish board because it may generate employment and income for the parish, as an alternative to mining activity in the area.

In the Northern Sector, there is the threat of water shortages because of an increase in demand and the lack of protection for the headwaters. In El Playón and Santa Bárbara, there is no current need for irrigation; however,

residents commented that there has been a decrease in water quality of the streams and that droughts affect lakes in the nearby paramos. People recognize the value of intact forests to maintain the high quality of the water. Currently there is little need to treat the water to make it safe to drink, except for basic filtration and chlorination.

In Carchi, control of water resources often produces conflicts between those living higher up and those living lower down who depend on water for irrigation. The water intakes are frequently found on private property, which makes conserving the forests around the water sources more difficult. Recognizing the challenges facing the province, governmental entities and user organizations are trying to take steps to protect the rivers and headwaters. For example, Cantón Huaca recently entered into an agreement with Cantón Sucumbíos to protect the Chingual River.

In the Southwestern Sector, the community of Monte Olivo is worried about water because the demand for irrigation systems by downstream communities is growing. Community members also commented on their frustration with the irrigation water boards for not participating in forest conservation around the water sources. The community was very concerned recently by the sale of land around the Fuente San Miguel (the San Miguel spring), where the new owner (from Quito) is logging (with semilegal permission from MAE). Also, the lake in the paramo above Palmar Grande, a prospective site for ecotourism, is a regional fishing destination that has been subject to the use of harmful methods such as dynamite. Below, we document the use of other resources, by sector.

Southeastern Sector

In this sector, the majority of people are engaged in a variety of activities related to both national and regional markets. In La Bonita, Rosa Florida, La Barquilla, and El Paraíso, very few families live primarily off of their own lands (in a subsistence economy), although almost all of them cultivate cassava, bananas, beans, sugarcane, and other basic crops for their own consumption. In the oldest communities, such as La Bonita and Rosa Florida, many traditional agricultural practices and products continue to be used, but it was also noted that the improvement of the Vía and the increase in salaried work has made people more dependent on products brought by traders. Only in La Sofía did we see an economy based more on self-sufficiency and less linked to the market (because of the lack of access to the Vía Interoceánica). The main points of connection to the market are wood extraction, agricultural production, and salaried work (in the municipality or in microbusinesses, or as day laborers). In the sector in general, there is a strong lack of technical advice for the development of agricultural activities and sustainable logging, a pervasive dependence on the use of agrochemicals, and many problems in establishing production activities adapted to the environment.

With respect to forest resources, there has been a significant amount of selective logging for some time, and it continues today in various parts of this sector. Along the road between Puerto Libre and Santa Bárbara one can see cables (like a modified *tarabita* system) that are used to move the lumber easily from the forest to the roadsides. In the most recently established communities, such as La Barquilla and El Paraíso, timber harvest is the main activity generating cash, and species of greater value have already been extracted. Although there are regulations for extraction, the problem of illegal logging has been serious and difficult to regulate in this border zone. In 2008, the national government made a major effort to control this activity, by increasing surveillance and penalties for excessive logging, by ensuring that loggers in the region are governed by plans of sustainable management, that they reforest their land, and that they organize to improve the prices they receive and get more added value for the product. These actions have helped to convince the majority of residents with whom we spoke that they should look for legal avenues for harvesting lumber. With the partial support of the MAE, many are in negotiations to develop management plans for the legal exploitation of wood. Some are now members of the Associación de Propietarios de Pequeños Bosques Nativos at the cantón level. This association receives support from the municipality of Sucumbíos and the MAE to participate in the Socio Bosque program, carry out reforestation activities, and develop individual forest management plans.

Cattle husbandry in this sector is done on a small scale (between 2 and 20 animals per family) but with extensive use of the land (1 ha of pasture per animal). Wood extraction is sometimes a precursor of the establishment of pastures. La Sofía has a long history of raising commercial cattle, linked with merchants in Carchi, and of absentee owners who pasture their cattle in the area. Some families maintain livestock as a "savings bank" and sell it during emergencies. Others regularly sell their animals. In La Sofía and La Bonita there is milk production and artisanal cheese making. People in La Barquilla and El Paraíso discussed investing in more milk production, but currently they lack a viable market. In La Bonita, several farm owners mentioned to us their desire to have a more intensive production system so that they can increase productivity and avoid cutting primary forest. In La Bonita, Rosa Florida, and La Sofía, the soils are more fertile (with volcanic characteristics) and are better able to support pastures (in contrast with Amazonian soils, which cannot support livestock grazing).

Agricultural production varies in the region according to the altitude and the soils of the different communities. One of the main challenges of the sector is the establishment of crops that are adapted to the region, are sustainable, and have good markets. The first wave of crop production was the *naranjilla*, beginning approximately 12 years ago. The naranjilla (*Solanum quitoensis*) produces a small fruit whose juice is sold commercially; it is currently the most common commercial crop in the zone. It has been an important source of income for communities along the Vía, but it is very susceptible to diseases and requires an intense regimen of agrochemicals, in many cases reducing or eliminating its profitability. Some people in La Barquilla also commented that the naranjilla does not produce like it used to because of climate change or inadequate soils. In some cases (especially in La Bonita), members of other producers' associations are experimenting with *granadilla* (*Passiflora quadrangularis*) but with organic methods.

In this sector, two semi-governmental organizations—ECORAE (Instituto para el Ecodesarrollo Amazónico) and CISAS (Centro de Investigaciones y Servicios Agropecuarios de Sucumbíos)—have encouraged or supported other agricultural initiatives, such as vegetable production; raising guinea pigs, sheep, and cattle; and aquaculture. Both ECORAE and CISAS require the establishment of a legally recognized and formally registered association before starting a line of credit and giving technical support. It is government policy to work with these associations.* In La Barquilla, we saw an aquaculture project that had nine pools with a variety of fish—tilapia, *sábalo*, and *cachama*, among others. The president of the association told us that the project currently has many problems, in marketing as well as maintaining the fish. Because of the loss of profitability, the project is not reaching its goals, and the association has lost members. All profits have been used to pay the debt on the line of credit.

Despite the strong presence of these activities "domesticating" the countryside, there is still a link with the tall forests. The residents of the sector expressed their appreciation for the forests and the abundant water in the region. When participants in our workshop in La Bonita, the most urbanized community in this sector, drew their environment, they emphasized the forests, the flora and fauna, and, especially, the rivers and streams. The oldest families in the sector feel a strong, personal link with the local countryside and an appreciation for the flora and fauna. Since many of the most recent residents come from similar regions in Colombia or Ecuador, they are also fairly knowledgeable about the ecology of the area. In general, except for fishing, which is practiced in all of the communities for family consumption, it was difficult to evaluate the present-day intensity of hunting and use of wild resources in the various communities. Many residents related their previous experiences linking human actions with environmental change and the consequences of degradation.

La Sofía has the most noticeable link to the forest. Here, we saw medicinal forest plants in the gardens, and

significantly more hunting and fishing. The parish of La Sofía finished developing its Plan Estratégico in late 2008, and the Junta Parroquial was able to obtain funds ($6,000) for the plan through the NGO Plataforma de Acuerdos Socioambientales (PLASA). It received technical support from CODIS (another NGO, with headquarters in Lago Agrio) and from the Frente de la Defensa de la Amazonía (also of Lago Agrio). But even so, there are resource extractions that strongly impact the environment, among which industrial gold mining is having the greatest effect. The main mine is owned by an Australian company (Halls Metals, S.A.) and is a source of work for some families in the sector. (There are families in all of the communities visited who had members associated with the mine.) In La Sofía, the mine caused a division: some families supported the activity and others were against it. In 2007 the national government repealed the mining concessions, which supported the families in Parroquia La Sofía who were against the mining activities.

In February 2008, the municipal government of Cantón Sucumbíos established a department of the environment and tourism. It is also developing new environmental policies, reflecting appreciation on the part of the cantón's residents for the importance of intact forest. Of these, the most important is the declaration of an Área de Conservación Municipal, made up of approximately 70,000 ha of "unclaimed lands" (*tierras baldías*). The cantón also has reforestation programs, with a budget of $215,000. An agreement was signed in August 2008 with the MAE to protect the environment, including a Socio Bosque pilot program.

Northern Sector

People throughout this sector depend on agriculture for their primary income, and much of the countryside visible from the roads is made up of a mosaic of various crops mixed with patches of forest. In the Northern Sector, logging for the production of charcoal has generated income for the communities, as well as had a strong impact on the forests. Charcoal is sold in regional (e.g., Tulcán) as well as national markets. However, some people commented that charcoal production in Parroquia El Playón had decreased in recent years because of the

---

* We observed that, in many cases, producers' associations suffer from organizational problems. It is difficult for members to follow all of the registration procedures, to maintain broad participation, and to then make enough profit to pay off their loans.

increased presence of the Ministerio del Ambiente. We observed very little use of, or marketing of, non-wood forest products. The advance of the agricultural frontier reaches in some places to the forest/paramo transition zone, although in the areas of El Playón and Santa Bárbara the forests still extend down the mountainsides and into the farms, in strong contrast to the countryside of Carchi just on the other side of the Chingual River. In places where the agricultural frontier has not yet reached the transition zone, the locals say it is because the owner does not have the necessary resources (e.g., money to pay workers) to clear the land. Several people also confirmed that the agricultural frontier and cleared areas do not cross the mountain ridge. Agricultural activity is concentrated on raising livestock (primarily dairy cows) and potato cultivation.

In Canton Sucumbíos, a family farm near the road or a town usually has 5 or 6 ha and is almost entirely dedicated to crops and livestock. The farms in Parroquia El Playón that are farther from the road are larger, especially those that are closer to the forest/paramo transition zone and that define the agricultural frontier. In El Playón and the surrounding area, commercial production is currently focused almost entirely on a potato variety that is intended exclusively for Quito markets, although some families report the occasional rotation of potatoes with crops such as *melloco* (a tuber) and broad beans for local consumption, to rest the fields. This is in contrast to agricultural practices of decades past, according to locals who were interviewed, when during their childhoods there was a greater diversity of potato varieties and other crops, such as wheat, barley, and broad beans, and family vegetable gardens were more common. In Santa Bárbara, tree tomato (*Cyphomandra betacea*) production is more important, and farmers are experimenting with growing *granadilla* (passion fruit). Since the 1980s, agrochemicals have been heavily applied on crops throughout the sector. Particularly with potatoes, producers report the regular use of up to 20 or more applications of agrochemicals per production cycle. According to interviews in El Playón, it is recognized that high yields in the zone have become very dependent on the intensive use of these chemicals.

Dairy farming on a family scale is another source of income. Residents commented to us that when the price of potatoes is low, people tend to invest more effort in livestock, with possible implications for the expansion of pasture at the expense of the forest cover. This fluctuation also affects the quantity of paid agricultural work that can support local residents. In El Playón, milk is sold to outside buyers who arrive in the community every day. In Santa Bárbara, a local value-added business has been established that buys local milk and makes cheeses to sell in Colombian and Tulcán markets.

In El Playón and Santa Bárbara parishes, the effort put into sustainable development on the part of institutions has varied. As in the Southeastern Sector, CISAS and ECORAE have supported family gardens, credit unions, and large- and small-livestock production. They have also promoted experiments with organic production of tomatoes (*tomate de riñon*) in small greenhouses. In general, residents interviewed report that many of these projects fail because of a lack of technical advice and long-term monitoring, as in the other sectors. In both parishes, the Carmelite Church has also supported income-generating projects carried out by local associations. As in other parts of Cantón Sucumbíos, there are aquaculture projects supported by ECORAE, but on a smaller scale. In the community of Santa Rosa, in Parroquia El Playón, there is a trout farm with about 12,000 fish, owned by the municipality of Sucumbíos. This is a business venture, and the fish is sold every eight to nine months at the Tulcán markets. However, because of the high cost of feeding the fish, the business is not very profitable. Trout has also been introduced into many bodies of water in the region, providing recreational fishing and a supplement to the diet of local residents.

The strategic plan of the Junta Parroquial del Playón places ecotourism as another axis of local development (with the support of ECORAE), taking advantage of regional paramos and waterfalls. Regional and national tourists already come to these sites, and community tourism guides are in training.

In contrast, Carchi Province has a long history of governmental and nongovernmental efforts to better manage natural-resource use. The provincial

Departamento de Ambiente y Desarrollo (with headquarters in Tulcán) is involved in zoning projects and initiatives (with the support of PRODERENA), the management and protection of water sources, reforestation, and technical support for farmers (with financing from several international development agencies). Cantones Huaca and Montúfar are also implementing measures on reforestation, organic crops, and conservation of the forest/paramo transition zone. Cantón Montúfar has the oldest department of the environment in the province and is experimenting with a combination of conservation incentives at the community as well as property level. The department looks for alliances with non-governmental organizations (NGOs) to implement technical support programs for farmers. It also supports the management of the Bosques Protectores el Chamizo (2,750 ha) and El Hondón (4,283 ha) in the eastern and western mountain ranges of Cantón Montúfar; neither has a management plan.

Activities of NGOs in Carchi have focused on supporting small producers in the search for alternatives to the strong dependence on agrochemicals, environmental education, the strengthening of farmworker organizations, and improved management of natural resources. We observed several of these efforts. For example, in Mariscal Sucre, the Estación Biológica Guandera de la Fundación Jatun Sacha has played an important role in local environmental education and in promoting organic agriculture and fertilizer. One result of these efforts is a small "Club Ecológico," which conducts recycling projects, makes ecological art, and educates residents about environmental issues.

In the year 2000, ECOPAR (an NGO) ran a project entitled *La biodiversidad como sustento de la vida del bosque de ceja andina: Uso sustentable de la agro-biodiversidad de los bosques de ceja andina del Carchi, Ecuador* ("Biodiversity as a means of support for life in the transition-zone forest: Sustainable use of agro-biodiversity in the transition-zone forests in Carchi, Ecuador"). This project generated management plans for streams at El Oso and Juan Ibarra, in Parroquia Piartal, Cantón Montúfar. This effort could be a model for other parishes in the sector because it

integrates technical support with the strengthening and empowering of local organizations (Ambrose et al. 2006). Similarly, La Corporación Grupo Randi Randi (CGRR) designed management plans incorporating community participation and the Plan de Manejo para la Reserva Ecológica El Ángel in Cantones Mira and Espejo (CGRR 2005). All of this work is a model for this sector.

The Universidad Técnica del Norte (UTN), with headquarters in Ibarra, opened a campus in Cantón Huaca, on land given by the municipality in 2005. The hope is to establish a multipurpose farm on the property for educational and research purposes, as a demonstration of technologies suitable for and adapted to regional conditions. Today there are two schools in operation: one is a full-time (Monday through Friday) agricultural school with 60 students; the other offers accounting and auditing in a part-time format (classes on Saturdays from 8 to 4) and has 90 students. One of the newest professors of UTN-Huaca is Geovanny Suquillo, a long-time engineer and researcher at the Instituto Nacional Autónomo de Investigación Agropecuaria (INIAP), who has worked for more than 15 years in Carchi. Suquillo has significant experience in drafting proposals for the integrated management of potato diseases for Carchi, and he incorporates these issues and practices in his classes at UTN.

Southwestern Sector

In Monte Olivo Parish, we observed a distinctive mixture of patterns of natural resource use compared with the Southeastern and Northern sectors. Agricultural production varies according to the altitude and slope of the land, and use of irrigation. Flat land is very scarce, and because most of the terrain is highly sloped, there is a great risk of landslides. Cultivation patterns have changed in recent decades, according to local informants, because of changes in rainfall patterns and the growing shortage of laborers due to the emigration of residents looking for economic opportunities. People talk about a time not long ago when considerably more corn, beans, wheat, barley, peas, varieties of potato, *morocho*, and edible tubers, such as carrots, *melloco*, and *oca,* were cultivated. These crops are still found, but in much fewer quantities and primarily for local or family use. In the upper zone of Raigrass, rye seed used to be sold. Blackberries, considered native to the region, could demand high prices, but they are already scarce and are more fragile than other crops in transport to market.

Today, in the lowest altitudes of the parish, especially around Pueblo Nuevo, there is more relatively flat land with cultivable soils because of the riverside terraces and wider valleys, and a warmer climate. In this zone, generally between Pueblo Nuevo and Aguacate, there is commercial production of vegetables (especially onions), tomatoes in greenhouses and outdoors, and fruit trees such as citrus and avocado. This area also takes advantage of the irrigation canals coming down from the upper zones.

In the middle and upper zones, the predominant commercial agricultural products during the past decade have been tree tomatoes and onions, although granadilla is also beginning to be more common (in Motilón). In Manzanal, potatoes are produced and marketed in the province. Tree tomatoes are said to be profitable in this area, and along with the other commercial crops, they provide a source of work for residents without their own land. But as in the other sectors surveyed, tree tomatoes are grown under a heavy regimen of agrochemicals, without much technical advice. Some farmers are experimenting with combining the tree tomato with beans or *morocho* (corn later processed into dried, cracked kernels to make beverages). We were told that other crops in the region have been grown for at least one or two decades with the use of agrochemicals, and that farmers can clearly see the decline in soil productivity over time.

Cattle are also raised in the parish, on a small scale, with low-intensity management and an emphasis on milk production. Milk curds are produced in Palmar Grande and Monte Olivo, with a mainly local market.

There appears to be much less commercial wood extraction in the parish than in the Southeastern Sector. According to residents of Palmar Grande and Monte Olivo, it serves as a source of income for some families with few resources during periods when paid agricultural work is scarce. Estimates of the number of local inhabitants involved vary between three and eight families in Palmar Grande, for example, and up to 25 families in the entire sector. One of the parish officials estimated that loggers could be removing some 140 boards of lumber, each ~3 m by 25 cm, every three months, taking them on horseback down to the roads. The low-intensity extraction is not always carried out legally. One of the residents involved said he would be interested in doing it legally but estimated that the expense of going through the procedures and following the management plans was not justified by the amount of income generated. Some residents commented that there is no road between Monte Olivo and Palmar Grande because the cantón does not want to encourage logging.

Significant extensions of the forest in the parish are being conserved, however, and the paramo in the zone is also well-conserved. Consequently, another activity in this sector related to the environment is tourism. Tourists from other parts of the country travel to the parish to go up to the paramo above Palmar Grande and fish in the nearby lake, which has been stocked with trout for about 14 years. According to local informants, the lake has been threatened by harmful fishing methods, such as dynamite, used by people from outside the area. As previously mentioned, an association in Palmar Grande is dedicated to developing an ecotourist attraction in the paramo, which would offer guides and cabins while protecting the environment. This group, which has already invested much of its own money and effort in the enterprise, expressed the need for more training and support to create a truly ecological yet profitable project. Some residents of Monte Olivo are also interested in developing tourism on a small scale, focused on other lakes and possibly pre-Hispanic or premodern sites, and they are looking for advice on the project.

Just as in the Northern Sector, the municipality is involved in projects and procedures for zoning (with support from PRODERENA), supporting more-sustainable agricultural alternatives, and reforestation. The municipality receives contributions from government agencies and institutions, such as the Ministerio de Desarrollo Urbano y Vivienda (MIDUVI), which supports water boards and irrigation associations.

In Monte Olivo and Palmar Grande, we heard expressed a strong connection with the area and the landscape, a fervent desire to have a protected area of forest and paramo of their own, and significant support for the activities of our Rapid Inventory and its conservation proposals. Residents have noticed environmental changes in the parish, such as shifts in rainfall patterns and soil fertility, and are conscious of the vulnerability of their production activities in an environment so prone to landslides, floods, and possible competition for water resources.

Residents of Monte Olivo and Palmar Grande, especially older ones, generally had greater knowledge about and relations with the forests and paramos than those in the Northern Sector. Several of the seniors told of their excursions in the paramos and forests of Cantón Sucumbíos. Many families go to the lakes to walk and fish (one of the lakes was stocked with trout about 14 years ago). Some consider the lakes to be sacred sites and make pilgrimages to pray for rain.

Social and institutional assets

Social assets include patterns of organization, practices, customs, perceptions, and knowledge related to the ability and will of people in the area to involve themselves in the management and protection of the environment. Identifying these assets facilitates the design and implementation of conservation interventions and helps ensure that people around the protected area can actively participate in the process of conservation for the long term. In this region, despite many changes in the cultures and practices of the residents, we discovered relevant social and institutional assets, including practices and attitudes linked to the life of pioneers in a border zone. With respect to the entire zone, the characteristics of the population make this area unique and could also be an asset for conservation. The bonds of kinship and friendships between families are common throughout the region because of the historical patterns of colonization. In fact, families in the Southeastern Sector have many relatives in the Northern Sector, in Carchi, and even in Colombia. Families in Mariscal Sucre have connections to families in Monte Olivo, and those in Monte Olivo

have relatives in Cantón Sucumbíos. The pioneer-adventurer character evident here has resulted in a broad knowledge of the region among the residents. For example, an elderly man in Monte Olivo told us about his 26 journeys by foot in eastern areas as far as Lake Agrio before there were roads. Finally, the active participation of women in community management and economic affairs is an important asset.

The three sectors share many other social and institutional assets, but they are expressed in different ways and differ in importance. Below, we mention the most important ones for conservation in each sector.

Southeastern Sector

The most notable asset in this sector is that residents now value the forests and water resources in their environment and want to protect them. In all the communities, participants began drawing rivers when the maps were made. In the communities of Rosa Florida Parish, people valued the place's "tranquility."

Among people who had lived a long time in the region—in every community there was a nucleus of families descended from the original founders—the value they placed on the environment was related to a large extent on the "love for their land," which is intimately linked to community identity. Many people told us enthusiastically how their parents or grandparents arrived, and remembered the *minga* traditions (for community work) that united the families. They showed us the places or "icons" in the countryside that had special histories or significance for them or for the community. We noticed this asset most in Parroquia La Sofía, maybe because it was the most remote community and had retained the most original families. For the more-recently arrived residents, the value they placed on the area came precisely from their experiences of deforestation and land fragmentation in their original locations (e.g., Carchi, Colombia, or other parts of Sucumbíos).

While the regional economy has long been dominated by extractive activities, in recent years residents have started to take steps to protect forest and water resources. Although they continue activities that degrade the environment, there is curiosity and interest among the people in sustainable alternatives and in potential benefits that conservation measures can bring.

In this sector, especially in the Rosa Florida and La Bonita parishes, the change in attitude appears due to a combination of factors. First, as we described above, the Ministerio de Ambiente is taking strong actions to control illegal logging. A second factor is the fear that rivers and streams will dry up. Residents of the two parishes observed that the rivers were not as they were before, although they still maintained sufficient flows to satisfy human water needs. A third factor is the expectation of new programs of the national government to encourage environmental conservation. Residents of this region were openly favorable to the creation of the municipal conservation area; but at the same time they expressed their uncertainty about the limits of the area and whether there would be restrictions on resource use on their own properties. However, there appears to be much hope that the area can bring alternative work opportunities or other benefits.

The ability to organize and unite the community is another notable asset in this sector. The five communities mentioned their initiatives to have electric lights, plumbing, and sewage systems. They also mentioned that they still hold mingas (community work days) to open roads, clean up public spaces (like soccer fields), and do maintenance work. In three of the communities (Rosa Florida, La Barquilla, and El Paraíso), some residents thought there was good social cohesion (e.g., there were no arguments between neighbors or serious conflicts), and in all of the communities residents perceived* that the local government was capable of taking action and had honest leaders who followed through on government programs. In communities where it was perceived that cultural life was strong (El Paraíso, La Barquilla, and La Sofía), the sense of organizational ability was even stronger. Also contributing to this cohesion was the low degree of economic disparity relative to other regions or urban zones. It is interesting that this asset is in contrast

---

* The perceptions of community members were expressed during "The Good Life Dynamic". This dynamic is subjective and reflects the opinions of the participants. A future, more-in-depth study, would be required to validate those perceptions.

to the weakness of the legally established producers' associations discussed in the previous section. Finally, we observed in these communities that the young people (15–35 years old) wanted to stay in the area and are looking for opportunities to invest in economic alternatives to illegal logging. Recently, 15 people, mostly young and primarily from La Bonita, were trained as forest rangers in a course at ICCA (Instituto para la Capacitación y Conservación Ambiental, affiliated with La Fundación Sobrevivencia Cofan). Some young families are growing vegetables for sale, and other young people study subjects such as agro-ecology and agroforestry through distance-learning schools.

Northern Sector

In this sector, the greatest asset is organizational ability, especially related to water resources. Bonds established on the basis of family and place of origin, although not as strong as in the Southeastern Sector, create an exchange network for information and family resources. Residents of Charchi, El Playón, and Santa Bárbara are proud of being pioneers or border-dwellers. This attitude makes them open to experimenting with new crops or methods. Although mutual-assistance practices (such as the minga), which characterize Andean culture, are disappearing, working communally on local projects continues. Women, both older and younger, participate in communal organizations (such as the water boards) and producers' associations. In Mariscal Sucre, the president of the Club Ecológico is a young woman, and in El Playón, there are two prominent women's associations, one established 8 years ago and the other 13 years ago, which have persisted despite the failure of several projects (involving livestock, growing crops in greenhouses, and potatoes). The oldest of these associations has more women from the original families of the area, whereas the newer one has women with more education but without property.

The Northern Sector also shows an openness toward conservation, as in the Southeastern Sector. One of the important factors is concern about water use and possible shortages in the future. In El Playón, for example, there is worry that intakes for water destined for cantones in

Carchi may affect residents of the parish adversely. The strong link between water and its management, which connects higher zones with lower ones, has resulted in the formation of organizations (such as the water boards mentioned previously) and other authorities. The irrigation system of Cantón Montúfar is one of the largest systems in the northern part of the country. It has 3,000 registered concessions, which supply water to some 1,800 individuals. In the past, the irrigation board has contributed $1,000 per year to the municipality of Montúfar to support measures protecting water sources. Recently the board has discontinued their support (for unknown reasons) but said that it was important to continue protecting this resource. Of what we have seen during our survey, this is the only example of a payment by irrigators to conserve resources in this mountain region.

Southwestern Sector

In this sector, the greatest asset is the initiative on the part of the residents to look for better sustainable alternatives to the advancing agricultural frontier. Here, as in the Southeastern Sector, there is a strong connection with the area and pride in the environment. Knowledge of the environment is transmitted across the generations. Also, young people who decide to remain in the parish (or who return after having left to work or study) are interested in participating in local programs, such as the ecotourism project. Another notable asset is the presence of teachers in the school and college who are natives of Monte Olivo; they are very dedicated, organized, and committed to improving the area and the town, and they have ideas, for example, for connecting students with the environment and with the rapid inventory.

In Parroquia Monte Olivo, as in the other sectors, we observed a strong interest in protecting neighboring forests. During the informational workshop in the community of Monte Olivo, the 54 participants expressed unanimous support for protection of forests in the parish. They said, "The forest is ours," and some spoke of the importance of forests, not only for them but for the world. In "The Good Life Dynamic," they rated the role of nature in their lives at 4 (on a 0–5 scale),

recognizing that some soils were exhausted and forests were being cut down, but also thinking of the intact forests and paramos that remain in the area. The president of the Junta Parroquial de Monte Olivo described his efforts to seek protection through creation of a community forest (pursuing support from Montúfar's department of the environment) and his complaint with COSINOR (the agency charged with installing and maintaining the irrigation system in Cantón Bolívar) about their lack of support for the protection of forests around the water intake (Fuente San Miguel). In this parish, as in Cantón Sucumbíos, the value placed on forests and water arises from the long history of connection with the area.

Some members of the community of Palmar Grande have formed an association to promote ecotourism in the paramo around the Laguna de Mainas. Members of the association spoke with us for a long time about their desire to maintain the paramo and ensure that their tourism program would be ecologically compatible.

As in the communities of the Southeastern Sector, we observed a social cohesion that could be an asset in environmental conservation in the area. Residents told us about the almost nonexistent crime rate, mutual-help practices, and communal measures for carrying out public works. Here, in contrast to the other places, civic associations seemed to last longer. The women's organization had an especially good experience, beginning with the founding of FUNDELAM (Fundación de la Mujer Campesina) in 1995 as a savings bank and rotating fund for the raising of guinea pigs. At one point the association accumulated $30,000. This organization, now called the Asociación para la Gestión Comunitaria Monte Olivo, currently has 105 members—95 women and 10 men—and provides loans for raising cattle. There are two other women's associations: one under the auspices of the church (Promoción de la Mujer Luz y Verdad) and the other supported by the Perfectura Provincial (Mujeres Unidas al Progreso).

PRIMARY THREATS

- The continuation of illegal logging in all sectors and industrial mining near La Sofía (despite the suspension of concessions)

- Deforestation at the headwaters of the rivers and streams, potentially creating water supply problems, droughts, and other ecological impacts

- Possible conflicts over water use between "up-river" and "down-river" communities (where water is used for irrigation) in Provincia Carchi

- Increasing inequality due to lack of viable, ecologically sustainable economic alternatives for young people, families, and Colombian immigrants who are unemployed, have limited resources, and have no land or little access to land; and the general lack of investment in the development of sustainable alternatives that are compatible with ecosystem preservation

- Fluctuations in prices of goods produced—for example, for potatoes and milk—which can cause pressure on other resources when prices are low

PRIMARY RECOMMENDATIONS

- Delimitation and zoning of the protected area in Cantón Sucumbíos (the Reserva Municipal La Bonita), in a way that encourages participation and adequate understanding on the part of residents

- Strengthening and monitoring of local management of development and environmental measures, and the creation of local corps of forest wardens, guides, and "native scientists" (with the local secondary schools) that can support the monitoring, study, and maintenance of regional ecosystems and conservation areas

- Consolidation of collaborative efforts between Cantón Sucumbíos and the adjacent cantones in Carchi (e.g., the Mancomunidad between Cantones Sucumbíos and Huaca) for the protection of the Chingual River and proposed conservation areas

- Consolidation and continuation of collaborative efforts between the Cofan nation and Cantón Sucumbíos (such as support for the creation of the Reserva Municipal, and support of the municipality for infrastucture in the new Cofan territory)

- Creation of a regional space or forum of exchange and coordination that permits local, regional, and national institutions, along with relevant civil organizations and associations, to develop and influence policy and actions supporting the conservation of proposed protected areas and the sustainable development of neighboring communities

- Urgent support for Parroquia Monte Olivo's attempt to clarify parish boundaries and create guidelines for the creation of a community forest

- Urgent support for improving the planning and implementation of the ecotourism project of the Asociación de Palmar Grande

Apéndices/Appendices

Agua/Water

Resumen de las muestras de agua tomadas por Thomas Saunders durante el inventario rápido de las Caberceras Cofanes-Chingual, Ecuador, del 17 al 30 de octubre 2008./Summary of the water samples taken by Thomas Saunders during the rapid inventory of Cabeceras Cofanes-Chingual, Ecuador, from 17 to 30 October 2008.

AGUA / WATER							
Sitio/ Site	Fecha y tiempo/ Date and time	Presión atmosférica/ Barometric pressure* (atm)	Conductividad/ Conductivity* (uS/cm)	Oxígeno disuelto/ Dissolved Oxygen* (%)	Redox**/ ORP* (mV)	pH*	Temperatura/ Temperature* (°C)
Laguna Negra	17 oct 07:20	0,6470	1,3	–	218,7	5,09	6,2
Laguna Negra	17 oct 07:25	0,6471	5,8	–	113,7	6,72	7,4
Laguna Negra	17 oct 09:28	0,6443	7,3	–	196,5	6,27	8,5
Laguna Negra	17 oct 11:10	0,6405	6,5	–	237,7	4,94	12,1
Laguna Negra	17 oct 13:00	0,6508	9,1	–	141,6	6,32	9,2
Laguna Negra	18 oct 09:45	0,6346	6,7	–	220,0	4,36	8,7
Laguna Negra	18 oct 09:46	0,6348	7,1	–	221,3	4,30	8,5
Laguna Negra	18 oct 09:48	0,6348	4,5	–	228,8	4,55	8,6
Laguna Negra	18 oct 10:00	0,6348	7,8	–	39,6	5,07	9,2
Río Verde	22 oct 17:46	0,9237	57,9	–	152,0	7,94	18,1
Río Verde	23 oct 11:23	0,9180	107,7	–	154,7	8,13	20,9
Río Verde	23 oct 12:32	0,9172	63,2	90,9	108,6	7,67	21,1
Río Verde	23 oct 13:50	0,9114	15,9	75,2	96,6	6,65	20,9
Río Verde	23 oct 14:19	0,9110	38,6	88,7	45,6	7,57	21,2
Río Verde	24 oct 10:35	0,9313	60,3	95,2	62,1	8,00	19,5
Río Verde	24 oct 13:38	0,9303	59,3	99,3	345,3	8,01	18,3
Río Verde	24 oct 15:43	0,9171	38,7	97,2	81,3	7,74	21,2
Río Verde	24 oct 16:25	0,9252	83,9	94,3	92,9	8,16	21,6
Río Verde	25 oct 12:15	0,9252	75,6	103,5	(-53,2)	8,13	19,6
Río Verde	25 oct 13:53	0,9234	64,3	98,1	46,4	8,10	18,4
Alto La Bonita	26 oct 14:18	0,7381	12,3	83,0	43,3	7,49	12,6
Alto La Bonita	26 oct 14:52	0,7377	17,7	80,6	39,3	7,56	15,7
Alto La Bonita	29 oct 10:31	0,7327	17,0	67,2	116,9	7,57	11,5
Alto La Bonita	29 oct 11:48	0,7313	17,8	81,5	64,7	7,44	11,7
Alto La Bonita	30 oct 08:00	0,7358	16,9	87,1	27,6	6,67	10,1
Alto La Bonita	30 oct 08:14	0,7364	11,0	83,5	(-73,5)	7,62	9,9
Alto La Bonita	30 oct 10:03	0,7218	4,7	87,2	(-97,7)	7,23	10,4

LEYENDA/ LEGEND

* American English format in these columns would use a decimal point, e.g., 0.6470, 1.3, 90.9, 218.7, etc.

** Redox/ORP = Potencial redoxomórfica/ Oxidation-reduction potential

Especies de plantas vasculares registradas durante el inventario biológico rápido de las
Cabeceras Cofanes-Chingual (Ecuador) del 15 al 31 de octubre de 2008, por C. Vriesendorp,
H. Mendoza, D. Reyes, G. Villa, S. Descanse y L. C. Lucitante. R. Foster, W. Alverson, H. Mendoza,
D. Reyes y G. Villa identificaron los especímenes en el Herbario Nacional (QCNE) en Quito.

PLANTAS VASULARES / VASCULAR PLANTS

Nombre científico/ Scientific name	Sitio/ Site			Foto/ Photo	Número de la colección de D. Reyes/ D. Reyes collection number
	Laguna Negra	Alto La Bonita	Río Verde		
Acanthaceae (7)					
Aphelandra acanthus	–	x	–	f	4487
Aphelandra crenata	–	–	x	f	4103
Aphelandra sp.	–	–	x	f	–
Justicia sp.	–	–	x	f	4127
Pseuderanthemum hookerianum	–	–	x	f	3922, 3957, 4035
Sanchezia sericea	–	–	x	f	4123
Sanchezia skutchii	–	–	x	f	4104
Actinidiaceae (>3)					
Saurauia aequatoriensis cf.	–	x	–	f	4268
Saurauia lehmannii cf.	–	x	–	f	4394, 4423
Saurauia spp.	–	x	x	f	4316, 4110
Alstroemeriaceae (6)					
Bomarea hieronymi	x	x	–	f	3884, 4353
Bomarea linifoia	x	x	–	f	3703
Bomarea multiflora	x	x	–	f	3685, 3756, 4476
Bomarea obovata	–	–	x	f	3945
Bomarea setacea	–	x	–	f	4352
Bomarea sp.	–	x	–	–	4233
Annonaceae (4)					
Annona sp.	–	–	x	f	4133
Guatteria amazonica	–	–	x	–	4174
Guatteria glaberrima	–	–	x	f	4031, 4063
Unonopsis sp.	–	–	x	f	4069
Apiaceae (4)					
Arracacia xanthorrhiza	x	–	–	–	3844
Eryngium humile	x	–	–	f	3762
Hydrocotyle sp.	–	x	–	–	4324
(desconocido/unknown) sp.	–	x	–	–	4278
Apocynaceae (1)					
Tabernaemontana sananho	–	–	x	f	3919, 3926
Aquifoliaceae (4)					
Ilex andicola	–	x	–	f	4357, 4409, 4447

LEYENDA/
LEGEND

Presencia por sitio/Presence at site

x = Colectada/Collected

o = Observada/Observed

Foto/Photo

f = Foto tomada/Photo taken (Ver/See
http://www.fieldmuseum.org/plantguides)

Colecciones/Collections

Estas colecciones fueron depositadas en el Herbario Nacional de Ecuador (QCNE),
con especímenes duplicados en The Field Museum (F) en Chicago, EEUU, y en el
Herbario Federico Medem Bogotá (FMB) del Instituto Alejandro von Humboldt, Bogotá,
Colombia. Todos los especímenes adicionales fueron mandados a los especialistas
o distribuidos a los herbarios ecuatorianos./These collections were deposited in the
Herbario Nacional de Ecuador (QCNE), with duplicates at The Field Museum (F)
in Chicago, USA, and the Herbario Federico Medem Bogotá (FMB) of the Instituto
Alejandro von Humboldt, Bogotá, Colombia. Any additional specimens were sent to
specialists or distributed to Ecuadorian herbaria.

**Plantas Vasculares/
Vascular Plants**

Species of vascular plants recorded during the rapid biological inventory in Cabeceras Cofanes-Chingual (Ecuador), from 15 to 31 October 2008, by C. Vriesendorp, H. Mendoza, D. Reyes, G. Villa, S. Descanse, and L. C. Lucitante. R. Foster, W. Alverson, H. Mendoza, D. Reyes, and G. Villa identified specimens in the Herbario Nacional (QCNE) in Quito.

PLANTAS VASULARES / VASCULAR PLANTS

Nombre científico/ Scientific name	Sitio/ Site			Foto/ Photo	Número de la colección de D. Reyes/ D. Reyes collection number
	Laguna Negra	Alto La Bonita	Río Verde		
Ilex colombiana	x	–	–	–	3737, 3798, 3805
Ilex hualgayoca cf.	–	x	–	f	4344
Ilex laurina	–	x	–	f	4240, 4334
Araceae (>13)					
Anthurium ceronii cf.	–	–	x	–	4071, 4145
Anthurium corrugatum	–	x	–	f	–
Anthurium marginellum cf.	–	x	x	f	4017, 4221, 4303
Anthurium patulum cf.	–	–	x	–	4068
Anthurium propinquum var. *albispadix*	–	–	x	–	4153
Anthurium scabrinerve	–	x	–	f	4275, 4425
Anthurium triphyllum	–	–	x	–	4079
Anthurium versicolor	–	–	x	–	4002
Anthurium spp.	x	x	x	f	3874, 3910, 3912, 3992, 4024, 4088, 4117, 4151, 4186, 4261, 4276, 4317, 4453
Dieffenbachia cannifolia	–	–	x	–	3965
Philodendron fibrosum cf.	–	–	x	–	4112
Philodendron palaciosii	–	–	x	–	3913
Rhodospatha sp.	–	–	x	f	–
Araliaceae (>6)					
Dendropanax caucanus cf.	–	–	x	f	4102
Dendropanax sp.	–	–	x	–	4094
Oreopanax nitidum	x	–	–	f	3678, 3727, 3785
Schefflera dielsii cf.	–	–	x	f	–
Schefflera sodiroi	–	x	–	f	4426
Schefflera spp.	–	–	x	f	4099, 4183
Arecaceae (>7)					
Aiphanes ulei	–	–	o	–	–
Bactris gasipaes	–	–	o	–	–
Chamaedorea pinnatifrons	–	–	x	f	3997
Geonoma macrostachys	–	–	x	f	4003
Geonoma spp.	–	x	x	f	4130, 4462
Oenocarpus bataua	–	–	o	–	–
Wettinia maynensis	–	–	x	f	3907
Asteraceae (>37)					
Baccharis genistelloides	x	–	–	–	3687
Baccharis spp.	x	x	–	f	3818, 4285, 4315, 4388, 4404, 4427
Chuquiraga jussieui	x	–	–	f	3742B, 3786
Clibadium spp.	–	x	–	f	4274, 4318, 4368
Dendrophorbium sp.	–	x	–	–	4262, 4301
Diplostephium cinerascens	x	–	–	–	3789
Diplostephium ericoides	x	–	–	f	–
Diplostephium floribundum	x	–	–	–	3729, 3848
Diplostephium glandulosum	x	–	–	f	3695, 3735, 3764

PLANTAS VASULARES / VASCULAR PLANTS					
Nombre científico/ Scientific name	**Sitio/ Site**			**Foto/ Photo**	**Número de la colección de D. Reyes/ D. Reyes collection number**
	Laguna Negra	Alto La Bonita	Río Verde		
Diplostephium hartwegii	x	–	–	f	3712
Diplostephium rhododendroides	x	–	–	f	3856
Diplostephium spp.	x	x	–	f	3682, 3807, 3822, 3849, 4430
Erato vulcanica	–	x	–	f	4277
Espeletia pycnophylla	x	–	–	f	3742A
Gamochaeta americana	x	x	–	f	3704, 4238
Gnaphalium spp.	–	x	–	f	4227, 4279
Gynoxys fuliginosa	x	–	–	f	3813
Hypochaeris sessiliflora	x	–	–	f	3694
Hypochaeris setosa cf.	x	–	–	f	3757
Loricaria complanata	x	–	–	f	3677
Mikania hookeriana	–	–	x	–	3969
Mikania parviflora	–	–	x	–	4101
Mikania spp.	–	x	x	f	4113, 4213, 4230, 4292, 4337
Monticalia andicola	x	–	–	f	3672
Monticalia stuebelii	x	–	–	–	3690
Monticalia vaccinioides	x	–	–	f	3684, 3816, 3837
Munnozia jussieui	x	–	–	–	3671, 3728
Oritrophium peruvianum	x	–	–	f	3705, 3771, 3809
Pentacalia campii	x	–	–	f	3783
Pentacalia nitida	x	–	–	f	–
Pentacalia theifolia cf.	x	–	–	f	–
Pentacalia sp.	–	x	–	–	4370
Senecio formosus	x	–	–	–	3683
Senecio tephrosioides	x	–	–	f	3791
Senecio spp.	x	x	–	f	3773, 3825, 4263
Xenophyllum humile	x	–	–	–	3688
(desconocido/unknown) spp.	x	x	x	f	3767, 3865, 3875, 3885, 4168, 4259, 4267, 4293, 4358, 4396, 4403
Begoniaceae (5)					
Begonia fuchsiiflora	–	x	–	f	4198
Begonia glabra	–	–	x	f	4129

LEYENDA/
LEGEND

Presencia por sitio/Presence at site

x = Colectada/Collected

o = Observada/Observed

Foto/Photo

f = Foto tomada/Photo taken (Ver/See
http://www.fieldmuseum.org/plantguides)

Colecciones/Collections

Estas colecciones fueron depositadas en el Herbario Nacional de Ecuador (QCNE),
con especímenes duplicados en The Field Museum (F) en Chicago, EEUU, y en el
Herbario Federico Medem Bogotá (FMB) del Instituto Alejandro von Humboldt, Bogotá,
Colombia. Todos los especímenes adicionales fueron mandados a los especialistas
o distribuidos a los herbarios ecuatorianos./These collections were deposited in the
Herbario Nacional de Ecuador (QCNE), with duplicates at The Field Museum (F)
in Chicago, USA, and the Herbario Federico Medem Bogotá (FMB) of the Instituto
Alejandro von Humboldt, Bogotá, Colombia. Any additional specimens were sent to
specialists or distributed to Ecuadorian herbaria.

PLANTAS VASULARES / VASCULAR PLANTS					
Nombre científico/ **Scientific name**	**Sitio/** **Site**			**Foto/** **Photo**	**Número de la colección de D. Reyes/** **D. Reyes collection number**
	Laguna Negra	Alto La Bonita	Río Verde		
Begonia parviflora	–	–	x	f	–
Begonia rossmanniae cf.	–	–	x	f	4100
Begonia sp.	–	–	x	–	3993
Berberidaceae (1)					
Berberis grandiflora	x	–	–	f	3759
Bignoniaceae (2)					
Jacaranda copaia cf.	–	–	x	f	–
(desconocido/unknown) sp.	–	–	x	f	–
Bombacaceae (1)					
Matisia bracteolosa	–	–	x	f	4192
Boraginaceae (>3)					
Hackelia sp.	x	–	–	–	3790
Plagiobothrys linifolius	x	–	–	–	3751
Tournefortia spp.	–	x	–	f	4325, 4431
Brassicaceae (1)					
(desconocido/unknown) sp.	x	–	–	f	–
Bromeliaceae (>9)					
Aechmea sp.	–	–	x	f	–
Guzmania bakeri	x	–	–	f	3872
Guzmania gloriosa cf.	–	x	–	f	4407
Guzmania sp.	–	–	x	f	4146
Pitcairnia arcuata	–	–	x	f	4132
Puya hamata	x	–	–	f	3772A
Puya sp.	x	–	–	f	3772B
Tillandsia spp.	–	x	–	f	4260, 4273
(desconocido/unknown) spp.	–	–	x	–	4010, 4152, 4195
Brunelliaceae (1)					
Brunellia cayambensis	–	x	–	f	4400
Burseraceae (3)					
Dacryodes olivifera	–	–	x	f	4159
Proteum amazonicum	–	–	o	–	–
Protium sp.	–	–	x	f	4098, 4160
Cactaceae (1)					
Disocactus amazonicus	–	–	x	f	4147
Campanulaceae (9)					
Burmeistera ceratocarpa	–	x	–	f	4306, 4350, 4360, 4446
Burmeistera crispiloba	–	–	x	f	3916, 3991
Burmeistera ramosa	–	–	x	f	3953, 4000
Burmeistera spp.	–	x	x	f	4296, 4312
Centropogon dissectus	–	x	–	f	4237
Centropogon papillosus cf.	–	–	x	f	3930, 3946
Centropogon sp.	–	x	–	f	4483
Siphocampylus sp.	–	x	–	–	4201

PLANTAS VASULARES / VASCULAR PLANTS

Nombre científico/ Scientific name	Sitio/ Site			Foto/ Photo	Número de la colección de D. Reyes/ D. Reyes collection number
	Laguna Negra	Alto La Bonita	Río Verde		
(desconocido/unknown) sp.	–	x	–	–	4326
Capparaceae (2)					
Capparis detonsa	–	–	x	f	4038
Cleome anomala	–	x	–	f	4323
Caprifoliaceae (1)					
Viburnum hallii	–	x	–	f	4330
Caricaceae (1)					
Vasconcella sp.	–	–	x	f	4128
Caryocaraceae (1)					
Caryocar sp.	–	–	x	f	–
Caryophyllaceae (2)					
Cerastium danguyi	x	–	–	–	3815, 3845
Drymaria ovata	x	–	–	f	3846
Cecropiaceae (3)					
Cecropia sp.	–	–	x	f	–
Pourouma cecropiifolia cf.	–	–	x	f	–
Pourouma minor	–	–	o	–	–
Celastraceae (2)					
Maytenus verticillata cf.	–	x	–	f	4420A, 4422
(desconocido/unknown) sp.	–	x	–	f	4202
Chloranthaceae (4)					
Hedyosmum anisodorum	–	x	–	–	4478
Hedyosmum cuatrecazanum	–	x	–	f	4399
Hedyosmum strigosum	–	x	–	f	4429
Hedyosmum translucidum	–	x	–	f	4210, 4428
Chrysobalanaceae (1)					
Hirtella triandra	–	–	x	f	4105
Clethraceae (2)					
Clethra ferruginea	x	–	–	f	–
Clethra ovalifolia	x	x	–	f	4386, 4440
Clusiaceae (>9)					
Chrysochlamys sp.	–	–	x	–	3901
Clusia elliptica cf.	–	x	–	f	4229

LEYENDA/ LEGEND

Presencia por sitio/Presence at site
x = Colectada/Collected
o = Observada/Observed

Foto/Photo
f = Foto tomada/Photo taken (Ver/See http://www.fieldmuseum.org/plantguides)

Colecciones/Collections

Estas colecciones fueron depositadas en el Herbario Nacional de Ecuador (QCNE), con especímenes duplicados en The Field Museum (F) en Chicago, EEUU, y en el Herbario Federico Medem Bogotá (FMB) del Instituto Alejandro von Humboldt, Bogotá, Colombia. Todos los especímenes adicionales fueron mandados a los especialistas o distribuidos a los herbarios ecuatorianos./These collections were deposited in the Herbario Nacional de Ecuador (QCNE), with duplicates at The Field Museum (F) in Chicago, USA, and the Herbario Federico Medem Bogotá (FMB) of the Instituto Alejandro von Humboldt, Bogotá, Colombia. Any additional specimens were sent to specialists or distributed to Ecuadorian herbaria.

PLANTAS VASULARES / VASCULAR PLANTS					
Nombre científico/ **Scientific name**	**Sitio/** **Site**			**Foto/** **Photo**	**Número de la colección de D. Reyes/** **D. Reyes collection number**
	Laguna Negra	Alto La Bonita	Río Verde		
Clusia flaviflora	X	–	–	f	3879
Clusia spp.	–	X	X	f	4036, 4074, 4179, 4311
Hypericum lancioides	X	X	–	f	3724, 3775, 3795, 4369
Hypericum laricifolium	X	–	–	f	3743
Marila laxiflora	–	–	o	–	–
Tovomita weddelliana	–	–	X	f	3935
Tovomita sp.	–	–	X	f	–
Commelinaceae (>3)					
Commelina sp.	–	–	X	f	4065
Dichorisandra spp.	–	–	X	f	3944, 3989
Geogenanthus ciliatus	–	–	–	f	–
Coriariaceae (1)					
Coriaria ruscifolia	–	X	–	f	4223
Costaceae (2)					
Costus longebracteolatus	–	–	X	–	4154
Costus scaber	–	–	X	–	4085
Cucurbitaceae (4)					
Gurania guentheri	–	–	X	f	–
Gurania lobata	–	–	X	f	3915
Gurania spp.	–	–	X	f	3918, 3984, 4144
(desconocido/unknown) sp.	–	–	X	–	4055
Cunoniaceae (4)					
Weinmannia balbisiana	–	X	–	f	4439
Weinmannia cochensis	X	–	–	f	3738, 3827
Weinmannia multijuga	–	X	–	f	4271
Weinmannia rollottii	–	X	–	f	4287
Cyclanthaceae (2)					
Sphaeradenia sp.	–	–	X	f	4177
(desconocido/unknown) sp.	–	–	X	–	3937
Cyperaceae (5)					
Carex confertospicata	X	–	–	–	3748
Carex pichinchensis	X	–	–	–	3824
Oreobolus obtusangulus	X	–	–	f	3777
Rhynchospora vulcani cf.	X	–	–	f	3747
Rhynchospora spp.	–	X	–	f	4331, 4332
Dioscoreaceae (>1)					
Dioscorea spp.	–	X	–	f	4272, 4383
Elaeocarpaceae (2)					
Sloanea grandiflora	–	–	X	f	4107
Vallea stipularis	–	X	–	f	4410
Ericaceae (>31)					
Cavendishia bracteata	–	X	–	f	–

PLANTAS VASULARES / VASCULAR PLANTS					
Nombre científico/ Scientific name	**Sitio/ Site**			**Foto/ Photo**	**Número de la colección de D. Reyes/ D. Reyes collection number**
	Laguna Negra	**Alto La Bonita**	**Río Verde**		
Cavendishia cuatrecasasii cf.	–	x	–	f	4234
Cavendishia tarapotana	–	–	x	f	4023
Cavendishia sp.	–	x	–	–	4340
Ceratostema alatum	x	–	–	f	3675
Ceratostema peruvianum	–	x	–	f	4265
Disterigma acuminatum	x	–	–	f	3717
Disterigma alaternoides	–	x	–	f	4203
Disterigma empetrifolium	x	–	–	f	3706
Disterigma spp.	–	x	–	–	4381, 4389
Gaultheria amoena	x	–	–	f	3697
Gaultheria foliolosa	x	x	–	f	3894, 4356
Gaultheria glomerata	x	–	–	f	3686
Gaultheria insipida	x	x	–	f	4349
Gaultheria sclerophylla var. *hirsuta*	x	–	–	f	3878
Gaultheria strigosa var. *strigosa*	x	–	–	f	3857
Macleania rupestris	x	–	–	f	–
Orthaea sp.	–	x	–	–	4376
Pernettya prostrata	x	–	–	f	3708, 3716, 3718, 3755, 3803
Psammisia coarctata	–	x	–	f	–
Psammisia columbiensis	–	x	–	f	–
Psammisia graebneriana	–	x	–	f	4207
Satyria panurensis	–	–	x	f	4135
Satyria sp.	–	x	–	–	4333
Semiramisia speciosa	–	x	–	f	4371
Semiramisia sp.	–	–	x	f	4087
Themistoclesia epiphytica	x	–	–	f	3858
Thibaudia floribunda	–	x	–	f	
Thibaudia parvifolia	x	–	–	f	3714, 3787, 3855
Vaccinium floribundum	x	–	–	f	3691, 3882
(desconocido/unknown) spp.	–	x	–	–	4246, 4294, 4417, 4443, 4482, 4495
Erythroxylaceae (1)					
Erythroxylum fimbriatum	–	–	x	–	4189

LEYENDA/
LEGEND

Presencia por sitio/Presence at site

x = Colectada/Collected

o = Observada/Observed

Foto/Photo

f = Foto tomada/Photo taken (Ver/See *http://www.fieldmuseum.org/plantguides*)

Colecciones/Collections

Estas colecciones fueron depositadas en el Herbario Nacional de Ecuador (QCNE), con especímenes duplicados en The Field Museum (F) en Chicago, EEUU, y en el Herbario Federico Medem Bogotá (FMB) del Instituto Alejandro von Humboldt, Bogotá, Colombia. Todos los especímenes adicionales fueron mandados a los especialistas o distribuidos a los herbarios ecuatorianos./These collections were deposited in the Herbario Nacional de Ecuador (QCNE), with duplicates at The Field Museum (F) in Chicago, USA, and the Herbario Federico Medem Bogotá (FMB) of the Instituto Alejandro von Humboldt, Bogotá, Colombia. Any additional specimens were sent to specialists or distributed to Ecuadorian herbaria.

PLANTAS VASULARES / VASCULAR PLANTS					
Nombre científico/ **Scientific name**	**Sitio/** **Site**			**Foto/** **Photo**	**Número de la colección de D. Reyes/** **D. Reyes collection number**
	Laguna Negra	Alto La Bonita	Río Verde		
Euphorbiaceae (>5)					
Acalypha spp.	–	–	x	–	4109, 4180
Conceveiba sp.	–	–	x	–	4196
Hieronyma sp.	–	x	–	–	4445
Sapium laurifolium	–	–	x	f	4158
Tetrorchidium macrophyllum	–	–	x	f	4047
Fabaceae-Mimosoid. (4)					
Abarema laeta	–	–	x	f	4185
Inga marginata	–	–	o	–	–
Inga thibaudiana	–	–	o	–	–
Inga sp.	–	–	x	f	4066
Fabaceae-Papilionoid. (1)					
Lupinus tauris	x	–	–	f	3736, 3765
Flacourtiaceae (2)					
Hasseltia floribunda	–	–	o	–	–
Mayna odorata	–	–	x	–	3914, 4014
Gentianaceae (5)					
Gentiana sedifolia	x	–	–	f	–
Gentianella selaginifolia	x	–	–	–	3810
Gentianella sp.	x	–	–	–	3778
Halenia weddelliana	x	–	–	f	3674
Macrocarpaea sp.	–	x	x	f	4175, 4470
Geraniaceae (>3)					
Geranium sibbaldioides	x	–	–	f	3763
Geranium spp.	x	–	–	f	3750, 3821
(desconocido/unknown) sp.	x	–	–	–	3797
Gesneriaceae (>16)					
Alloplectus medusaeus	–	–	x	f	–
Alloplectus spp.	–	x	x	f	4255, 4288, 4348, 4395, 4432, 3911, 4039, 4137
Besleria barbata cf.	–	–	x	f	3985
Besleria sp.	–	x	–	f	–
Columnea strigosa	–	x	–	f	4197, 4354, 4367
Columnea villosa	–	–	x	f	3923
Columnea spp.	–	x	x	f	4193, 4270
Drymonia affinis	–	–	x	f	3939
Drymonia crenatiloba	–	–	x	f	–
Drymonia hoppii	–	–	x	f	3955, 4078
Drymonia urceolata	–	–	x	f	–
Drymonia warscewiczii	–	–	x	f	–
Drymonia sp.	–	–	x	–	3921
Gasteranthus sp.	–	x	–	–	4496
Paradrymonia sp.	–	–	x	f	–

PLANTAS VASULARES / VASCULAR PLANTS					
Nombre científico/ Scientific name	**Sitio/ Site**			**Foto/ Photo**	**Número de la colección de D. Reyes/ D. Reyes collection number**
	Laguna Negra	**Alto La Bonita**	**Río Verde**		
(desconocido/unknown) spp.	–	x	x	–	3971, 4072, 4501
Grossulariaceae (2)					
Escallonia myrtilloides	x	–	–	f	3754, 3761
Ribes erectum	x	–	–	f	3701
Gunneraceae (1)					
Gunnera sp.	–	x	–	f	4243
Heliconiaceae (2)					
Heliconia aemygdiana	–	–	x	f	4042
Heliconia sp.	–	–	x	–	4084
Hippocastanaceae (1)					
Billia rosea	–	–	o	–	–
Humiriaceae (1)					
Humiriastrum diguense cf.	–	–	x	f	4138, 4157, 4170
Icacinaceae (2)					
Citronella ilicifolia	–	x	–	f	4302
Discophora guianensis	–	–	x	–	3975B
Iridaceae (2)					
Sisyrinchium chilense	x	–	–	f	–
(desconocido/unknown) sp.	–	x	–	f	–
Lamiaceae (>1)					
Salvia spp.	–	x	–	f	4284, 4494
Lauraceae (>6)					
Aniba spp.	–	–	x	–	3929, 3980
Cinnamomum sp.	–	–	x	f	–
Ocotea calophylla	–	x	–	f	4397
Ocotea infrafoveolata	x	–	–	f	–
Ocotea sp.	–	x	–	f	4209
(desconocido/unknown) spp.	–	–	x	f	3902, 4067, 4181
Lecythidaceae (1)					
Grias neuberthii	–	–	x	–	3936
Lentibulariaceae (2)					
Pinguicula calyptrata	x	–	–	f	–

LEYENDA/
LEGEND

Presencia por sitio/Presence at site
x = Colectada/Collected
o = Observada/Observed

Foto/Photo
f = Foto tomada/Photo taken (Ver/See
http://www.fieldmuseum.org/plantguides)

Colecciones/Collections
Estas colecciones fueron depositadas en el Herbario Nacional de Ecuador (QCNE),
con especímenes duplicados en The Field Museum (F) en Chicago, EEUU, y en el
Herbario Federico Medem Bogotá (FMB) del Instituto Alejandro von Humboldt, Bogotá,
Colombia. Todos los especímenes adicionales fueron mandados a los especialistas
o distribuidos a los herbarios ecuatorianos./These collections were deposited in the
Herbario Nacional de Ecuador (QCNE), with duplicates at The Field Museum (F)
in Chicago, USA, and the Herbario Federico Medem Bogotá (FMB) of the Instituto
Alejandro von Humboldt, Bogotá, Colombia. Any additional specimens were sent to
specialists or distributed to Ecuadorian herbaria.

Plantas Vasculares/
Vascular Plants

PLANTAS VASULARES / VASCULAR PLANTS					
Nombre científico/ Scientific name	Sitio/ Site			Foto/ Photo	Número de la colección de D. Reyes/ D. Reyes collection number
	Laguna Negra	Alto La Bonita	Río Verde		
Utricularia unifolia	–	x	–	f	4419
Liliaceae (1)					
(desconocido/unknown) sp.	–	–	x	–	4142
Loasaceae (1)					
Klaprothia mentzelioides	–	x	–	f	4236
Loganiaceae (1)					
Desfontainia spinosa	x	x	–	f	3679, 4375, 4398
Loranthaceae (>5)					
Aetanthus nodosus	x	x	–	f	3883, 4413
Gaiadendron punctatum	x	–	–	f	3707, 3733, 3746
Struthanthus sp.	–	x	–	f	4228
Tristerix longebracteatus	x	–	–	f	3713
(desconocido/unknown) spp.	–	x	x	f	4339
Marantaceae (6)					
Calathea bantae	–	–	x	f	3950, 4115
Calathea micans	–	–	x	f	–
Calathea poeppigiana	–	–	x	f	–
Calathea standleyi	–	–	x	–	3956
Calathea sp.	–	–	x	–	4029
Ischnosiphon sp.	–	–	x	f	4108
Marcgraviaceae (>1)					
Marcgravia spp.	–	–	x	f	3987, 4134
Melastomataceae (>46)					
Axinaea scutigera	–	x	–	f	4219
Blakea harlingii	–	–	x	f	4082
Blakea quadriflora	–	x	–	f	–
Blakea repens	–	–	x	f	3941, 3990, 4106
Blakea spp.	–	x	–	–	4297, 4313
Brachyotum lindenii	x	–	–	f	3702
Clidemia heterophylla	–	–	o	–	–
Clidemia ostrina	–	–	x	–	3928
Conostegia cuatrecasii	–	–	x	f	4052
Henriettella lawrencei	–	–	x	f	3899
Henriettella odorata	–	–	x	f	3967
Leandra granatensis	–	–	x	–	4001
Leandra nervosa	–	x	–	f	–
Meriania pastazana	–	x	–	f	4253, 4342
Meriania peltata	–	x	–	–	4506
Meriania tomentosa	–	x	–	f	4500
Meriania sp. nov.	–	x	–	f	–
Miconia aggregata	–	x	–	–	4465
Miconia brevitheca	–	x	–	f	4217, 4493
Miconia centrodesma	–	–	x	f	3948, 3970, 4045

PLANTAS VASULARES / VASCULAR PLANTS

Nombre científico/ Scientific name	Sitio/ Site			Foto/ Photo	Número de la colección de D. Reyes/ D. Reyes collection number
	Laguna Negra	Alto La Bonita	Río Verde		
Miconia chlorocarpa	x	–	–	f	3831
Miconia cladonia	–	x	–	f	4405
Miconia glaucescens	–	–	x	–	3999
Miconia jahnii	–	x	–	f	4411
Miconia jorgensenii	x	–	–	–	3871
Miconia latifolia	x	–	–	–	3753, 3769
Miconia ligustrina	x	–	–	f	3758
Miconia nervosa	–	–	x	f	3998, 4111
Miconia nutans	–	–	x	–	4046
Miconia paleacea	–	–	x	f	3951, 4116
Miconia pennellii	–	x	–	–	4473
Miconia pseudocentrophora	x	–	–	–	3768
Miconia scutata cf.	–	x	–	–	4402
Miconia theaezans cf.	–	x	–	–	4450
Miconia tinifolia	x	–	–	f	3734, 3832
Miconia triangularis	–	–	x	f	4015
Miconia triplinervis	–	–	x	–	3906
Miconia spp.	–	x	–	–	4214, 4215, 4226, 4252, 4257, 4258, 4266, 4291, 4392, 4406, 4424, 4441, 4452, 4459, 4460, 4472, 4477, 4484, 4502
Monochaetum pauciflorum	–	x	–	f	4307
Ossaea cucullata	–	–	x	f	3968, 4013
Ossaea macrophylla	–	–	x	f	3903
Ossaea micrantha	–	–	x	f	4020
Tibouchina grossa	x	–	–	f	3873
Tibouchina sp.	–	x	–	f	4359
Tococa symphyandra	–	–	x	f	4033
(desconocido/unknown) spp.	–	x	–	f	4327, 4438
Meliaceae (5)					
Guarea guentheri	–	–	x	f	3924, 4081
Guarea kunthiana	–	–	x	f	4136
Guarea macrophylla	–	–	x	f	4139

LEYENDA/
LEGEND

Presencia por sitio/Presence at site

x = Colectada/Collected

o = Observada/Observed

Foto/Photo

f = Foto tomada/Photo taken (Ver/See
http://www.fieldmuseum.org/plantguides)

Colecciones/Collections

Estas colecciones fueron depositadas en el Herbario Nacional de Ecuador (QCNE), con especímenes duplicados en The Field Museum (F) en Chicago, EEUU, y en el Herbario Federico Medem Bogotá (FMB) del Instituto Alejandro von Humboldt, Bogotá, Colombia. Todos los especímenes adicionales fueron mandados a los especialistas o distribuidos a los herbarios ecuatorianos./These collections were deposited in the Herbario Nacional de Ecuador (QCNE), with duplicates at The Field Museum (F) in Chicago, USA, and the Herbario Federico Medem Bogotá (FMB) of the Instituto Alejandro von Humboldt, Bogotá, Colombia. Any additional specimens were sent to specialists or distributed to Ecuadorian herbaria.

Plantas Vasculares/
Vascular Plants

PLANTAS VASULARES / VASCULAR PLANTS					
Nombre científico/ Scientific name	Sitio/ Site			Foto/ Photo	Número de la colección de D. Reyes/ D. Reyes collection number
	Laguna Negra	Alto La Bonita	Río Verde		
Guarea pterorachis	–	–	o	–	–
Trichilia sp.	–	–	x	f	4118
Menispermaceae (3)					
Abuta pahnii cf.	–	–	x	–	4090
Anomospermum sp.	–	–	x	f	4073
Orthomene schomburgkii	–	–	x	f	4097
Monimiaceae (>1)					
Mollinedia spp.	–	x	–	f	3977, 4150, 4480
Moraceae (>5)					
Clarisia racemosa	–	–	o	–	–
Ficus sp.	–	–	x	f	4061
Naucleopsis sp.	–	–	x	–	4167
Perebea spp.	–	–	x	f	4178
Sorocea spp.	–	–	x	–	3934, 3979, 4050
Myricaceae (2)					
Morella pubescens cf.	–	x	–	f	4320
Morella singularis	–	x	–	f	4281, 4310, 4414, 4416, 4451
Myristicaceae (2)					
Otoba parvifolia	–	–	x	f	4120
Virola pavonis cf.	–	–	x	f	3976
Myrsinaceae (>11)					
Cybianthus magnus cf.	–	–	x	f	4169
Cybianthus marginatus	x	x	–	f	3720, 3800, 4224, 4435
Cybianthus occigranatensis cf.	–	–	x	–	4191
Cybianthus pastensis	–	x	–	–	4468
Cybianthus resinosus	–	–	x	f	4041
Cybianthus spp.	–	x	–	–	4335, 4475
Geissanthus challuayacus cf.	–	–	x	–	4004
Geissanthus occidentalis cf.	–	x	–	–	4420B
Geissanthus sp.	–	x	–	f	4321
Myrsine dependens	–	x	–	f	4412
(desconocido/unknown) spp.	–	x	x	–	4126, 4204
Myrtaceae (>7)					
Calyptranthes speciosa	–	–	x	f	3952, 4009, 4062, 4095
Calyptranthes sp.	–	x	–	–	4247
Eugenia patrisii cf.	–	–	x	f	3954, 4026
Eugenia sp.	–	x	–	f	4408
Myrcia splendens cf.	–	–	x	f	4155
Myrteola nummularia	x	x	–	f	3699, 4372
Ugni myricoides	x	x	–	–	3719, 3808
Nyctaginaceae (>1)					
Neea spp.	–	–	x	f	3920, 3933, 3963

PLANTAS VASULARES / VASCULAR PLANTS

Nombre científico/ Scientific name	Sitio/ Site			Foto/ Photo	Número de la colección de D. Reyes/ D. Reyes collection number
	Laguna Negra	Alto La Bonita	Río Verde		
Olacaceae (1)					
Minquartia quianensis	–	–	o	–	–
Onagraceae (>3)					
Fuchsia pallescens	–	x	–	f	4308
Fuchsia vulcanica	x	–	–	f	3715, 3806, 3812
Fuchsia sp.	–	x	–	–	4205
Orchidaceae (>40)					
Brachionidium parvifolium	–	x	–	f	4364
Brachionidium tuberculatum	–	x	–	f	4377, 4458
Elleanthus gastroglottis	x	x	–	f	3794
Elleanthus magnicallosus cf.	–	x	–	–	4280
Encyclia sp.	–	x	–	–	4239
Epidendrum alexii	–	x	–	–	4351, 4448
Epidendrum bractiacuminatum	–	x	–	–	4225, 4415
Epidendrum fimbriatum	–	x	–	f	4373, 4434
Epidendrum frutex	x	–	–	–	3723, 3788, 3861
Epidendrum gastropodium	x	–	–	f	–
Epidendrum orthocaule	x	x	–	f	4393
Epidendrum oxycalyx	x	x	–	f	3859, 4366, 4374, 4444
Epidendrum spp.	x	–	–	f	3722, 3744, 3851, 3893
Gomphichis crassilabia	x	–	–	f	3680A
Gomphichis traceyae	x	–	–	–	3680B
Lepanthes spp.	x	x	–	f	3836, 3839, 3841
Masdevallia coccinea	–	x	–	f	4329
Masdevallia ximenae cf.	–	x	x	f	–
Masdevallia spp.	x	–	–	–	3853, 3854, 3891, 3892
Maxillaria alticola cf.	–	x	–	–	4286
Maxillaria casapensis	–	–	x	f	–
Maxillaria floribunda	–	x	–	f	4418
Maxillaria grandiflora	–	x	–	f	–
Maxillaria molitor	–	x	–	f	–
Maxillaria spp.	–	x	x	f	4216, 4488

LEYENDA/ LEGEND

Presencia por sitio/Presence at site

x = Colectada/Collected

o = Observada/Observed

Foto/Photo

f = Foto tomada/Photo taken (Ver/See *http://www.fieldmuseum.org/plantguides*)

Colecciones/Collections

Estas colecciones fueron depositadas en el Herbario Nacional de Ecuador (QCNE), con especímenes duplicados en The Field Museum (F) en Chicago, EEUU, y en el Herbario Federico Medem Bogotá (FMB) del Instituto Alejandro von Humboldt, Bogotá, Colombia. Todos los especímenes adicionales fueron mandados a los especialistas o distribuidos a los herbarios ecuatorianos./These collections were deposited in the Herbario Nacional de Ecuador (QCNE), with duplicates at The Field Museum (F) in Chicago, USA, and the Herbario Federico Medem Bogotá (FMB) of the Instituto Alejandro von Humboldt, Bogotá, Colombia. Any additional specimens were sent to specialists or distributed to Ecuadorian herbaria.

Plantas Vasculares/
Vascular Plants

PLANTAS VASULARES / VASCULAR PLANTS

Nombre científico/ Scientific name	Sitio/ Site			Foto/ Photo	Número de la colección de D. Reyes/ D. Reyes collection number
	Laguna Negra	Alto La Bonita	Río Verde		
Pachyphylum spp.	x	x	–	f	–
Phragmipedium pearcei	–	–	x	f	–
Platystele sp. cf.	x	–	–	f	–
Pleurothallis dunstervillei	–	x	–	f	–
Pleurothalis sp.	x	x	–	f	3739, 3834, 3838, 3852, 3887, 3897, 3898, 4199
Polycycnis escobariana	–	–	x	f	–
Sobralia sp.	–	x	–	–	4319
Stelis lindenii cf.	–	x	–	f	–
Stelis minutissima	x	–	–	f	–
Stelis purpurea	–	x	–	f	–
Stelis pusila	x	–	–	f	–
Stelis wilhelmii	x	–	–	f	–
Stelis spp.	x	x	–	f	3792, 3793, 3833, 3835, 3840, 3868, 3869, 3889, 3895, 3896, 4336, 4378, 4384
Teuscheria sp.	–	–	x	f	–
(desconocido/unknown) spp.	x	x	x	f	3730, 3801, 3842, 3850, 3860, 3862, 3888, 4076, 4089, 4093, 4131, 4235, 4241, 4338, 4343, 4345, 4362, 4363B, 4379, 4385, 4387, 4401
Oxalidaceae (2)					
Oxalis phaeotricha	x	–	–	–	3700
Oxalis sp.	–	x	–	–	4355
Passifloraceae (2)					
Passiflora cumbalensis var. *goudotiana*	–	x	–	f	4365
Passiflora tryphostemmatoides	–	x	–	f	4341
Phytolaccaceae (2)					
Phytolacca rivinoides	–	–	x	f	3972
Phytolacca rugosa	–	x	–	f	4328
Picramniaceae (1)					
Picramnia sp.	–	–	x	f	4121
Piperaceae (>15)					
Peperomia hartwegiana	x	–	–	–	3826
Peperomia saligna	x	–	–	f	3711
Peperomia spp.	–	–	x	–	3947, 3975A, 4012, 4122
Piper barbatum	–	x	–	f	–
Piper churuyacoanum	–	–	x	–	3932
Piper hispidum	–	–	x	–	4124
Piper immutatum	–	–	x	–	3931, 3938
Piper lanceolatum	–	–	x	–	4044
Piper longispicum	–	–	x	–	4018
Piper macerispicum	–	–	x	–	3909
Piper obliquum	–	–	x	–	3905, 3961
Piper phytolaccifolium	–	–	x	–	4059, 4148

PLANTAS VASULARES / VASCULAR PLANTS					
Nombre científico/ Scientific name	**Sitio/ Site**			**Foto/ Photo**	**Número de la colección de D. Reyes/ D. Reyes collection number**
	Laguna Negra	Alto La Bonita	Río Verde		
Piper scutilimbum	–	–	x	–	3927
Piper stiliferum	–	–	x	–	4019
Piper spp.	–	x	x	f	3942, 4021, 4314, 4449, 4479, 4504
Plantaginaceae (1)					
Plantago rigida	x	–	–		3820
Poaceae (>6)					
Calamagrostis intermedia	x	–	–	–	3696
Chusquea spp.	–	x	–	f	4347, 4469
Cortaderia sp.	o	–	–	–	–
Guadua sp.	–	–	x	f	–
Neurolepis sp.	x	–	–	f	–
(desconocido/unknown) spp.	x	–	–	–	3780, 3823, 3866
Podocarpaceae (1)					
Podocarpus macrostachys	–	x	–	f	4463
Polygalaceae (5)					
Monnina crassifolia	x	–	–	f	3766, 3863
Monnina latifolia	–	–	x	f	3949
Monnina pulchra	–	x	–	f	4391
Monnina speciosa cf.	–	x	–	–	4436
Monnina spp.	x	–	–	–	3731, 3870
Polygonaceae (3)					
Muehlenbeckia andina	x	–	–	–	3710, 3796
Muehlenbeckia tamnifolia	x	–	–	–	3890
Muehlenbeckia sp.	–	x	–	f	–
Quiinaceae (2)					
Lacunaria sp.	–	–	x	–	4187
Quiina sp.	–	–	x	–	4188
Ranunculaceae (1)					
Ranunculus peruvianus	x	–	–	f	3745, 3814
Rosaceae (>7)					
Hesperomeles obtusifolia	x	–	–	f	3692, 3740, 3817
Lachemilla aphanoides	x	–	–	–	3770

LEYENDA/
LEGEND

Presencia por sitio/Presence at site
x = Colectada/Collected
o = Observada/Observed

Foto/Photo
f = Foto tomada/Photo taken (Ver/See *http://www.fieldmuseum.org/plantguides*)

Colecciones/Collections
Estas colecciones fueron depositadas en el Herbario Nacional de Ecuador (QCNE), con especímenes duplicados en The Field Museum (F) en Chicago, EEUU, y en el Herbario Federico Medem Bogotá (FMB) del Instituto Alejandro von Humboldt, Bogotá, Colombia. Todos los especímenes adicionales fueron mandados a los especialistas o distribuidos a los herbarios ecuatorianos./These collections were deposited in the Herbario Nacional de Ecuador (QCNE), with duplicates at The Field Museum (F) in Chicago, USA, and the Herbario Federico Medem Bogotá (FMB) of the Instituto Alejandro von Humboldt, Bogotá, Colombia. Any additional specimens were sent to specialists or distributed to Ecuadorian herbaria.

PLANTAS VASULARES / VASCULAR PLANTS					
Nombre científico/ **Scientific name**	**Sitio/** **Site**			**Foto/** **Photo**	**Número de la colección de D. Reyes/** **D. Reyes collection number**
	Laguna Negra	Alto La Bonita	Río Verde		
Lachemilla galioides	x	–	–	–	3689A
Lachemilla hispidula	x	–	–	–	3760
Polylepis sericea	x	–	–	f	3784, 3847
Prunus huantensis	–	x	–	f	4245
Rubus spp.	x	x	–	f	3776, 3819, 4382
Rubiaceae (>42)					
Arcytophyllum ciliolatum cf.	–	x	–	f	4363A, 4454
Arcytophyllum setosum	x	–	–	–	3709
Coussarea racemosa	–	–	x	f	4077
Faramea oblongifolia	–	–	x	f	4016
Galium hypocarpium	x	–	–	f	3877
Galium sp.	x	–	–	–	3681
Guettarda crispiflora	–	–	x	f	4022
Hamelia macrantha	–	–	x	f	4032
Hippotis triflora	–	–	x	f	4025, 4070
Hoffmannia spp.	–	–	x	f	3960, 3981
Joosia oligantha	–	–	x	–	3943, 4006
Joosia umbellifera cf.	–	–	x	–	4027
Macbrideina peruviana	–	–	x	f	3904
Manettia alba	–	x	–	f	4309
Manettia divaricata	–	–	x	f	3908
Nertera granadensis	x	x	–	f	3802, 4290, 4421, 4503
Notopleura acuta	–	–	x	–	4058
Notopleura lateriflora	–	–	x	–	3959
Notopleura macrophylla	–	–	x	f	3995, 4011
Notopleura micayensis	–	–	x	–	4056, 4182
Notopleura triaxillaris	–	–	x	–	4057
Notopleura sp.	–	x	–	–	4485
Palicourea andrei	–	x	–	f	4212, 4295, 4461
Palicourea angustifolia cf.	–	x	–	–	4433
Palicourea apicata	–	x	–	–	4250
Palicourea guianensis cf.	–	–	x	–	4156
Palicourea holmgrenii	–	x	–	–	4248, 4346, 4467
Palicourea pyramidalis	–	x	–	f	4492
Palicourea spp.	–	x	–	–	4254, 4442, 4481
Pentagonia amazonica	–	–	x	f	3917
Psychotria allenii	–	–	x	–	4173
Psychotria cuatrecasasii	–	–	x	f	3925
Psychotria deflexa	–	–	x	f	4184
Psychotria micrantha	–	–	x	–	4119
Psychotria officinalis	–	–	x	–	4075
Psychotria pilosa	–	–	x	–	4054
Psychotria racemosa	–	–	o	–	–

PLANTAS VASULARES / VASCULAR PLANTS

Nombre científico/ Scientific name	Sitio/ Site			Foto/ Photo	Número de la colección de D. Reyes/ D. Reyes collection number
	Laguna Negra	Alto La Bonita	Río Verde		
Psychotria tinctoria	–	–	x	–	4048
Schradera acuminata	–	–	x	f	3988
Sphinctanthus maculatus	–	–	x	f	3983, 4092, 4140
Warszewiczia coccinea	–	–	x	f	4164
(desconocido/unknown) spp.	–	–	x	–	4043, 4049
Rutaceae (1)					
Esenbeckia sp.	–	–	x	f	4165
Sabiaceae (>2)					
Meliosma sumacensis cf.	–	x	–	f	4437
Meliosma spp.	–	–	x	f	4163, 4166
Sapindaceae (2)					
Paullinia acutangula cf.	–	–	x	–	3964
Serjania communis	–	–	x	–	4086
Sapotaceae (1)					
Chrysophyllum venezuelanense	–	–	x	f	3978
Scrophulariaceae (5)					
Bartsia spp.	x	–	–	f	3689B, 3698, 3752, 3782
Calceolaria crenata cf.	x	–	–	f	3726, 3811
Calceolaria perfoliata cf.	x	–	–	f	–
Calceolaria spp.	–	x	–	f	4282, 4283
Castilleja fissifolia	x	–	–	f	3693
Siparunaceae (2)					
Siparuna echinata	–	x	–	f	4298
Siparuna sp.	–	x	–	–	4305
Solanaceae (>5)					
Cestrum sp.	–	–	x	f	3996
Lycianthes spp.	–	x	x	–	4390
Solanum barbeyanum	–	–	x	f	3958
Solanum spp.	x	x	x	f	3804, 3974, 4008, 4064, 4114, 4141, 4172, 4176, 4190, 4206, 4218, 4242, 4256, 4264, 4380, 4455,
(desconocido/unknown) spp.	–	x	x	–	4125, 4304, 4456, 4471, 4474, 4486

LEYENDA/ LEGEND

Presencia por sitio/Presence at site

x = Colectada/Collected

o = Observada/Observed

Foto/Photo

f = Foto tomada/Photo taken (Ver/See *http://www.fieldmuseum.org/plantguides*)

Colecciones/Collections

Estas colecciones fueron depositadas en el Herbario Nacional de Ecuador (QCNE), con especímenes duplicados en The Field Museum (F) en Chicago, EEUU, y en el Herbario Federico Medem Bogotá (FMB) del Instituto Alejandro von Humboldt, Bogotá, Colombia. Todos los especímenes adicionales fueron mandados a los especialistas o distribuidos a los herbarios ecuatorianos./These collections were deposited in the Herbario Nacional de Ecuador (QCNE), with duplicates at The Field Museum (F) in Chicago, USA, and the Herbario Federico Medem Bogotá (FMB) of the Instituto Alejandro von Humboldt, Bogotá, Colombia. Any additional specimens were sent to specialists or distributed to Ecuadorian herbaria.

Plantas Vasculares/
Vascular Plants

PLANTAS VASULARES / VASCULAR PLANTS					
Nombre científico/ Scientific name	Sitio/ Site			Foto/ Photo	Número de la colección de D. Reyes/ D. Reyes collection number
	Laguna Negra	Alto La Bonita	Río Verde		
Sterculiaceae (2)					
Ayenia praeclara cf.	–	–	x	f	4060
Theobroma subincanum	–	–	x	f	4030
Styracaceae (1)					
Styrax sp.	–	x	–	–	4200
Symplocaceae (1)					
Symplocos sp.	–	x	–	–	4464
Theaceae (2)					
Freziera microphylla	x	–	–	f	3732, 3864
Freziera sp.	–	x	–	–	4322
Theophrastaceae (3)					
Clavija procera cf.	–	–	x	–	3962, 3994
Clavija weberbaueri	–	–	x	–	3982, 4053
Clavija sp.	–	–	x	–	4194
Tropaeolaceae (1)					
Tropaeolum sp.	–	x	–	f	–
Urticaceae (>2)					
Pilea spp.	–	x	x	f	3940, 4208, 4251, 4289, 4489
(desconocido/unknown) sp.	–	x	–	–	4499
Valerianaceae (4)					
Valeriana laurifolia	x	–	–	–	3749, 3830
Valeriana microphylla	x	–	–	f	3673, 3779
Valeriana pilosa	x	–	–	–	3676, 3741A
Valeriana plantaginea	x	–	–	–	3741B
Viscaceae (3)					
Dendrophthora ambigua	x	–	–	f	3886
Dendrophthora chrysostachya	x	–	–	f	3880
Dendrophthora sp.	–	x	–	–	4466
Vochysiaceae (2)					
Vochysia braceliniae	–	–	o	–	–
Vochysia sp.	–	–	x	–	4083
Zingiberaceae (1)					
Renealmia fragilis cf.	–	–	x	f	4007
(Desconocido/Unknown) (>1)					
(desconocido/unknown) spp.	x	x	x	f	3876, 3881, 4028, 4051, 4080, 4096, 4211, 4231, 4232, 4244

PLANTAS VASULARES / VASCULAR PLANTS					
Nombre científico/ **Scientific name**	**Sitio/** **Site**			**Foto/** **Photo**	**Número de la colección de D. Reyes/** **D. Reyes collection number**
	Laguna Negra	Alto La Bonita	Río Verde		
PTERIDOPHYTA (>27)					
Antrophyum sp.	–	–	x	–	4143
Asplenium sp.	–	x	–	–	4491
Blechnum schomburgkii	x	x	–	f	3829, 4220
Cnemidaria sp.	–	–	x	f	–
Cyathea brunnescens	–	–	x	–	4034
Cyathea heliophila	–	x	–	–	4222
Cyathea pallescens	–	x	–	f	4249, 4498
Cyathea sp.	–	x	–	–	4497
Danaea moritziana	–	–	x	–	4171
Diplazium aberrans	–	–	x	–	4005
Elaphoglossum albescens cf.	–	x	–	–	4457
Elaphoglossum pseudoboryanum	–	–	x	f	4037
Elaphoglossum spp.	x	–	x	f	3721, 3867, 4149
Equisetum bogotense	–	x	–	f	4299, 4361
Grammitis sp.	–	x	–	f	4269
Huperzia arcuata	–	–	x	–	4091
Huperzia funiformis	–	–	x	–	4162
Huperzia hystrix	x	–	–	f	–
Huperzia spp.	x	–	–	f	3725, 3774, 3799
Jamesonia sp.	x	–	–	f	3843
Microgramma fuscopunctata	–	–	x	f	3973
Microgramma percussa	–	–	x	–	3986
Polypodium fraxinifolium	–	x	–	f	4300
Saccoloma inaequale	–	–	x	–	4161
Thelypteris andreana	–	–	x	–	4040
Thelypteris fraseri	–	–	x	–	3966
(desconocido/unknown) spp.	x	x	–	–	3781, 3828, 4490, 4505

LEYENDA/
LEGEND

Presencia por sitio/Presence at site
x = Colectada/Collected
o = Observada/Observed

Foto/Photo
f = Foto tomada/Photo taken (Ver/See
http://www.fieldmuseum.org/plantguides)

Colecciones/Collections
Estas colecciones fueron depositadas en el Herbario Nacional de Ecuador (QCNE), con especímenes duplicados en The Field Museum (F) en Chicago, EEUU, y en el Herbario Federico Medem Bogotá (FMB) del Instituto Alejandro von Humboldt, Bogotá, Colombia. Todos los especímenes adicionales fueron mandados a los especialistas o distribuidos a los herbarios ecuatorianos./These collections were deposited in the Herbario Nacional de Ecuador (QCNE), with duplicates at The Field Museum (F) in Chicago, USA, and the Herbario Federico Medem Bogotá (FMB) of the Instituto Alejandro von Humboldt, Bogotá, Colombia. Any additional specimens were sent to specialists or distributed to Ecuadorian herbaria.

**Estaciones de Muestreo de
Peces/Fish Sampling Stations**

Estaciones de muestreo de peces empleadas durante el inventário rápido en la cuenca de los ríos Cofanes-Chingual-Aguarico,
22–29 octubre 2008, por Javier A. Maldonado-Ocampo, Antonio Torres-Noboa y Elizabeth P. Anderson.

ESTACIONES DE MUESTREO DE PECES / FISH SAMPLING STATIONS

Estación/ Station	Fecha/ Date	Río/ River	Zona/ Zone	Latitud N/ Latitude N	Longitud O/ Longitude W	
ICT 001	22-Oct	Verde	Río Verde	00° 14' 14,4"	077° 34' 48,4"	
ICT 002	23-Oct	Chirario	Río Verde	00° 13' 56,5"	077° 34' 27,7"	
ICT 003	23-Oct	Chirario	Río Verde	00° 13' 58,7"	077° 34' 30,0"	
ICT 004	23-Oct	Cofanes	Río Verde	00° 14' 04,6"	077° 34' 29,5"	
ICT 005	23-Oct	Cofanes	Río Verde	00° 14' 01,5"	077° 34' 32,2"	
ICT 006	24-Oct	Guangana	Río Verde	00° 14' 32,4"	077° 34' 08,1"	
ICT 007	24-Oct	Guangana	Río Verde	00° 14' 29,3"	077° 34' 07,3"	
ICT 008	24-Oct	Guangana	Río Verde	00° 14' 26,4"	077° 34' 07,7"	
ICT 009	25-Oct	Verde	Río Verde	00° 14' 16,3"	077° 34' 48,5"	
ICT 010	25-Oct	Verde	Río Verde	00° 14' 18,7"	077° 34' 49,2"	
ICT 011	27-Oct	Sucio	Alto La Bonita	00° 29' 00,0"	077° 35' 06,5"	
ICT 012	27-Oct	Qb. Sucio	Alto La Bonita	00° 29' 06,8"	077° 35' 10,0"	
ICT 013	27-Oct	Sucio	Alto La Bonita	00° 29' 18,5"	077° 35' 12,5"	
ICT 014	28-Oct	Jordan	Bajo La Bonita	00° 16' 52,7"	077° 27' 39,1"	
ICT 015	28-Oct	Chingual	Bajo La Bonita	00° 17' 44,6"	077° 27' 20,0"	
ICT 016	28-Oct	Palmar	Bajo La Bonita	00° 25' 22,2"	077° 32' 19,0"	
ICT 017	29-Oct	Cabeno	Bajo La Bonita	00° 07' 24,0"	077° 24' 07,0"	
ICT 018	29-Oct	Recodo	Bajo La Bonita	00° 15' 12,4"	077° 28' 10,1"	

Fish sampling stations used in fieldwork for the rapid inventory of the Cofanes-Chingual-Aguarico watershed, 22–29 October 2008, by Javier A. Maldonado-Ocampo, Antonio Torres-Noboa, and Elizabeth P. Anderson.

LEYENDA/LEGEND

* American English format in this column would use a comma, e.g., 2,556.

** American English format in these columns would use a decimal point, e.g., 20.6, 29.4, and 6.6.

Altura (m)/ Altitude (m)*	Ancho (m)/ Width (m)	Temperatura (°C)/ Temperature (°C)**	Conductividad (uS/cm)**	pH**
720	5 – 15	–	–	–
707	<5	20,6	29,4	6,6
698	<5	20,2	38,8	6,2
663	>15	17,3	43,7	7,6
663	>15	17,6	37,6	7,6
693	<5	20,1	77,9	5,3
684	<5	20,9	60,2	–
680	<5	21,1	72,3	–
689	5 – 15	20,3	78,2	6,6
697	5 – 15	20,6	62,5	6,5
2.556	5 – 15	10,6	15,3	7,2
2.560	<5	13,8	23,8	5,4
2.618	5 – 15	11,2	15,1	7,9
746	5 – 15	20,5	15,3	7,7
719	>15	19,6	165,5	7,8
962	5 – 15	17,5	63,3	7,7
483	>15	22,4	22,6	–
671	5 – 15	22,9	26,3	–

Peces/Fishes

Lista de las especies de peces registradas durante el inventário rápido en la cuenca de los ríos Cofanes-Chingual-Aguarico, 22–29 octubre 2008, por Javier A. Maldonado-Ocampo, Antonio Torres-Noboa y Elizabeth P. Anderson.

PECES / FISH			
Nombre científico/ **Scientific name**	**Nombre en Cofán/** **Cofan name**	**Nombre local en español/** **Spanish local name**	
CHARACIFORMES (16)			
Parodontidae (1)			
Parodon buckleyi Boulenger, 1887	–	ratón	
Crenuchidae (3)			
Characidium sp. 1	*zenzia tusi*	robalito	
Characidium sp. 2	*tusi*	robalito	
Characidium sp. 3	*tusi*	robalito	
Characidae (10)			
Ceratobranchia binghami Eigenmann, 1927	–	–	
Creagrutus amoenus Fowler, 1943	*ton'gu*	sardinas	
Creagrutus pila Vari & Harold, 2001	*ton'gu*	sardinas	
Creagrutus cf. *pila* Vari & Harold, 2001	*ton'gu*	sardinas	
Hemibrycon sp.	*inzu sambiri*	sábalo	
Knodus caquetae Fowler, 1945	–	–	
Knodus septentrionalis Géry, 1972	–	–	
Knodus sp.	–	–	
Salminus hilarii Valenciennes, 1850**	*omaccu*	dorada	
Xenurobrycon sp.	–	–	
Erythrinidae (1)			
Hoplias malabaricus (Bloch, 1794)	*natte*	dentón	
Lebiasinidae (1)			
Lebiasina elongata Boulenger, 1887	*macorojecho*	–	
SILURIFORMES (15)			
Trichomycteridae (3)			
Trichomycterus sp. 1	*ccottacco'su cunju*	bagres	
Trichomycterus sp. 2	*ccottacco'su cunju*	bagres	
Trichomycterus sp. 3	–	bagres	
Astroblepidae (5)			
Astroblepus sp. 1	*ccottacco'su tuntu shim'ppi*	preñadilla	
Astroblepus sp. 2	*ccottacco'su tuntu shim'ppi*	preñadilla	
Astroblepus sp. 3	*ccottacco'su tuntu shim'ppi*	preñadilla	
Astroblepus sp. 4	*ccottacco'su tuntu shim'ppi*	preñadilla	
Astroblepus sp. 5	*ccottacco'su tuntu shim'ppi*	preñadilla	

List of species registered during the rapid inventory in the Cofanes-Chingual-Aguarico watershed,
22–29 October 2008, by Javier A. Maldonado-Ocampo, Antonio Torres-Noboa, and Elizabeth P. Anderson.

Río Verde*										Alta La Bonita*			Bajo La Bonita*					Totales/ Sums
001	002	003	004	005	006	007	008	009	010	011	012	013	014	015	016	017	018	
–	–	–	–	–	–	–	–	–	–	–	–	–	3	–	–	2	–	5
–	–	–	1	–	–	–	–	1	1	–	–	–	–	1	–	–	–	4
–	–	–	–	–	–	–	–	–	–	–	–	–	–	–	–	7	–	7
–	–	–	–	–	–	–	–	–	–	–	–	–	–	–	–	7	–	7
–	–	–	–	–	–	–	–	–	–	–	–	–	25	8	–	17	6	56
–	–	–	–	–	–	–	–	–	–	–	–	–	10	–	–	–	2	12
–	–	–	2	–	–	–	–	–	–	–	–	–	–	–	–	–	–	2
–	–	–	–	–	–	–	–	–	–	–	–	–	–	–	–	8	–	8
–	–	–	–	–	–	–	–	–	1	–	–	–	–	–	–	–	–	1
–	–	–	–	–	–	–	–	–	–	–	–	–	–	–	–	4	–	4
–	–	–	–	–	–	–	–	–	–	–	–	–	–	–	–	2	–	2
–	–	–	6	–	–	–	–	–	–	–	–	–	–	–	–	–	–	6
–	–	–	–	–	–	–	–	–	–	–	–	–	–	–	–	–	–	**
–	–	–	–	–	–	–	–	–	–	–	–	–	–	–	–	1	–	1
–	–	–	–	–	–	–	–	–	–	–	–	–	–	–	–	1	–	1
–	–	–	–	–	–	–	–	–	–	–	–	–	3	–	–	–	1	4
–	–	–	–	–	–	–	–	–	–	–	–	–	–	–	–	4	–	4
–	–	–	1	–	–	–	–	–	–	–	–	–	–	–	–	–	–	1
–	–	–	–	–	–	–	1	–	–	–	–	–	–	–	–	–	–	1
4	1	2	–	4	3	7	2	10	4	–	–	–	2	17	1	–	–	57
4	–	21	–	–	6	10	2	18	8	–	–	–	49	16	54	–	–	188
–	15	2	–	–	–	–	–	–	2	–	–	–	–	3	–	4	10	36
–	–	–	2	9	–	–	–	–	–	–	–	–	–	–	–	–	–	11
–	–	–	–	–	–	–	–	–	–	–	–	–	–	–	4	–	–	4

| LEYENDA/ LEGEND | * Más información sobre las estaciones de muestreo 001–018 está disponible en el Apéndice 3./ More information on fish sampling stations is available in Appendix 3. | ** Registro visual, colectado por pescadores locales/Sight record, collected by local fishermen | *** Especie introducida/ Introduced, non-native species |

PECES / FISH			
Nombre científico/ Scientific name	**Nombre en Cofán/ Cofan name**	**Nombre local en español/ Spanish local name**	
Loricariidae (6)			
Hypostomus sp.	*tocoshe*	raspa balsas	
Hypostomus cf. *ericius* Armbruster, 2003	*tocoshe*	raspa balsas	
Chaetostoma milesi Fowler, 1941	*antta*	carachama/cachama	
Chaetostoma sp. 1	*antta grande*	carachama/cachama	
Chaetostoma sp. 2	*antta común*	carachama/cachama	
Hypoptopomatinae sp.	–	–	
Heptapteridae (1)			
Cetopsorhamdia orinoco Schultz, 1944	*cugupacho*	bagre	
SALMONIFORMES (1)			
Salmonidae (1)			
Oncorhynchus mykiss (Walbaum, 1792)***	–	trucha	
Número de individuos/Number of individuals			
Número de especies/Number of species			

	Río Verde*										Alta La Bonita*			Bajo La Bonita*					Totales/Sums
	001	002	003	004	005	006	007	008	009	010	011	012	013	014	015	016	017	018	
	–	–	–	–	–	–	–	–	–	–	–	–	–	–	–	–	1	–	1
	–	–	–	–	–	–	–	–	–	–	–	–	–	–	–	–	1	–	1
	–	–	–	–	–	–	–	–	–	–	–	–	–	–	–	–	7	–	7
	1	–	–	–	–	–	–	–	1	1	–	–	–	6	–	–	–	–	9
	4	21	19	2	2	3	3	–	5	3	–	–	–	47	15	–	50	30	204
	–	–	–	–	–	–	–	–	–	–	–	–	–	–	–	–	4	–	4
	–	–	–	–	–	–	–	–	–	–	–	–	–	–	1	–	1	–	2
	–	–	–	–	–	–	–	–	–	–	–	1	2	–	–	–	–	–	3
	13	37	44	14	15	12	20	4	35	21	0	1	2	145	61	59	121	49	653
	4	3	4	6	3	3	3	2	5	8	0	1	1	8	7	3	17	5	32

| LEYENDA/LEGEND | * Más información sobre las estaciones de muestreo 001–018 está disponible en el Apéndice 3./ More information on fish sampling stations is available in Appendix 3. | ** Registro visual, colectado por pescadores locales/Sight record, collected by local fishermen | *** Especie introducida/ Introduced, non-native species |

Anfibios y Reptiles/
Amphibians and Reptiles

Anfibios y reptiles registrados durante el inventario biológico rápido en las Cabeceras Cofanes-Chingual, entre el 15 y el 30 de octubre de 2008, por Mario Yánez-Muñoz y Jonh Jairo Mueses-Cisneros.

ANFIBIOS Y REPTILES / AMPHIBIANS AND REPTILES

Nombre científico/ Scientific name	Sitio/ Site	Tipo de registro/ Kind of record	Ecosistema/ Ecosystem	Tipo de vegetación/ Vegetation type	Microhábitats/ Microhabitats	Actividad/ Activity	Distribución/ Distribution	UICN/ IUCN
AMPHIBIA (36)								
ANURA (36)								
Amphignathodontidae (1)								
Gastrotheca orophylax	AB	aud, col	BM	Hum	terr, arbo	N	Co, Ec	EN
Bufonidae (4)								
Rhinella dapsilis*	RV	aud, col	BP	Blp	terr, arbs	N	Am	LC
Rhinella marina	RV	aud, col	BP	Vin	terr	N	Am	LC
Osornophryne bufoniformis	LN	col	PA	Vpf	foso	D	Co, Ec	NT
Osornophryne guacamayo aff.*	AB	col	BM	Blp, Blm	arbs	N	Co, Ec	EN
Centrolenidae (1)								
Cochranella puyoensis*	RV	col	BP	Blp	arbo	N	Ec	EN
Dendrobatidae (1)								
(desconocido/unknown) sp.	RV	col	BP	Blp	terr	N	?	NE
Hylidae (12)								
Dendropsophus bifurcus	RV	aud, col	BP	Vin	cata	N	Am	LC
Dendropsophus parviceps	RV	aud, col	BP	Vin	cata	N	Am	LC
Dendropsophus leali cf.	RV	col	BP	Vin	cata	N	Am	LC
Dendropsophus sarayacuensis	RV	aud, col	BP	Vin	cata	N	Am	LC
Hyloscirtus larinopygion	AB	aud, col	BM	Vri	cata	N	Co, Ec	NT
Hyloscirtus phyllognathus	RV	aud, col	BP	Vri	capa	N	Co, Ec, Pe	NT
Hypsiboas boans	RV	aud, col	BP	Vri	capa	N	Am	LC
Hypsiboas geographicus	RV	col	BP	Vri	cata	N	Am	LC
Hypsiboas lanciformis	RV	aud, col	BP	Vin	cata	N	Am	LC
Osteocephalus cabrerai	RV	col	BP	Vri	cata	N	Am	LC
Osteocephalus planiceps	RV	aud	BP	Blp	arbo	N	Co, Ec, Pe	LC
Scinax ruber	RV	aud, col	BP	Vin	cata	N	Am	LC
Leptodactylidae (1)								
Leptodactylus wagneri	RV	col	BP	Vri	capa	N	Am	LC
Strabomantidae (16)								
Hypodactylus brunneus	LN	col	PA	Vpf	sfos	N	Co, Ec	EN
Pristimantis altamazonicus	RV	col	BP	Blp	arbs	N	Am	LC
Pristimantis buckleyi	LN	col	PA	Vpf	sfos	N	Co, Ec	LC
Pristimantis chloronotus	AB, LN	aud, col	PA, BM	Blm	arbs	D, N	Co, Ec	LC
Pristimantis colonensis*	AB	col	BM	Blp, Blm	arbs	N	Co, Ec	NE
Pristimantis diadematus	RV	col	BP	Blp	arbs	N	Br, Ec, Pe	LC
Pristimantis delius cf.*	RV	col	BP	Blp	arbs	N	Ec, Pe	DD
Pristimantis leoni	AB	aud, col	BM	Blp, Blm	terr, arbs	N	Co, Ec	LC
Pristimantis ortizi*	AB	aud, col	BM	Blp, Blm	arbo	N	Ec	DD
Pristimantis quaquaversus	RV	col	BP	Blp	arbs	N	Co, Ec, Pe	LC
Pristimantis grp. conspicillatus	RV	col	BP	Blp	arbs	N	?	NE
Pristimantis grp. orcesi	LN	col	PA	Vpf, Hup	terr, sfos	N	?	NE
Pristimantis grp. unistrigatus 1	AB	col	BM	Blp, Blm	arbs	N	?	NE
Pristimantis grp. unistrigatus 2	AB	aud	BM	Blp, Blm	arbs	N	?	NE
Pristimantis sp. 1	RV	aud	BP	Blp	arbs	N	?	NE

Amphibians and reptiles recorded during the rapid biological inventory in the Cabeceras Cofanes-Chingual, from 15 to 30 October 2008, by Mario Yánez-Muñoz and Jonh Jairo Mueses-Cisneros.

ANFIBIOS Y REPTILES / AMPHIBIANS AND REPTILES

Nombre científico/ Scientific name	Sitio/ Site	Tipo de registro/ Kind of record	Ecosistema/ Ecosystem	Tipo de vegetación/ Vegetation type	Microhábitats/ Microhabitats	Actividad/ Activity	Distribución/ Distribution	UICN/ IUCN
Pristimantis sp. 3 (aff. *petersorum*)	AB	aud, col	BM	Blp, Blm	arbs	N	?	NE
REPTILIA (6)								
SQUAMATA-SERPENTES (2)								
Colubridae (2)								
Imantodes cenchoa	RV	col	BP	Blp	sfos	N	Am	NE
Chironius monticola	AB	col	BM	Blp	arbs	D	Am	NE
SQUAMATA-SAURIA (4)								
Gymnophthalmidae (1)								
Riama simoterus	LN	col	PA	Blp	arbs	D	Co, Ec	NE
Hoploceridae (1)								
Enyalioides praestabilis	RV	col	BP	Blp	terr	D	Co, Ec	NE
Polychrotidae (1)								
Anolis fuscoauratus	RV	col	BP	Blp	arbs	D	Am	NE
Tropiduridae (1)								
Stenocercus angel	LN	col	PA	Blp	terr	D	Co, Ec	NE

LEYENDA/ LEGEND

* Con un asterisco se señalan los registros de interés obtenidos en el estudio (ver el texto del informe)./ Species with an asterisk represent records of interest (see report text).

Sitio/Site
AB = Alto La Bonita
LN = Laguna Negra
RV = Río Verde

Tipo de registro/Kind of record
aud = Registro auditivo/Heard calling
col = Colectado/Collected

Ecosistema
BM = Bosque montano andino oriental/ Eastern Andean mountain forest
BP = Bosque piemontano amazónico/ Amazonian foothills forest
PA = Páramo de frailejones/Paramo

Tipo de vegetación/Vegetation type
Blm = Bosque de laderas montañosas/ Montane forest

Blp = Bosques de laderas piemontanas/ Premontane hill forest
Hum = Humedal montano/ Montane wetland
Hup = Humedal de páramo/ Paramo wetland
Vin = Vegetación intervenida/ Disturbed Vegetation
Vpf = Vegetación paramuna y frailejonal/ Paramo Vegetation
Vri = Vegetación riparia/ Riparian Vegetation

Microhábitats/Microhabitats
arbo = Arborícola/Arboreal
arbs = Arbustiba/In shrubs
capa = Cuerpos de agua permanentes arborícola/ Permanent water, arboreal
cata = Cuerpos de agua temporales arborícola/ Temporary water, arboreal
foso = Fosorial/Fossorial (underground)
sfos = Semifosorial/Semifossorial
terr = Terrestre/Terrestrial

Actividad/Activity
D = Diurno/Diurnal
N = Nocturno/Nocturnal

Distribución/Distribution
Am = Amplia en la cuenca Amazónica/ Widespread in the Amazon basin
Bo = Bolivia
Br = Brasil/Brazil
Co = Colombia
Ec = Ecuador
Pe = Perú/Peru
? = Desconocido/Unknown

Categorias de la IUCN/IUCN categories (IUCN et al. 2004)
EN = En peligro/Endangered
LC = Baja preocupación/Least concern
DD = Datos insuficientes/ Data deficient
NE = No evaluado/Not evaluated
NT = Casi amenazado/Near threatened

Inventarios Regionales de Anfibios y Reptiles/ Regional Amphibian and Reptile Inventories

Lista comparativa de anfibios y reptiles en los Andes del límite nororiental de Ecuador y suroriental de Colombia, compilado por Mario Yánez-Muñoz y Jonh Jairo Mueses-Cisneros. Para este listado no se tienen en cuenta aquellas especies de *Pristimantis* (*Eleutherodactylus*) reportadas por Altamirano y Quiguango (1997) y Rodríguez y Campos (2002).

ANFIBIOS Y REPTILES / AMPHIBIANS AND REPTILES

Nombre científico/ Scientific name	Cabeceras Cofanes-Chingual, Ecuador (700–3.800 m)	Valle Sibundoy, Colombia (2.000–2.800 m)	La Sofía-La Barquilla, Ecuador (1.000–1.800 m)	Reserva Cofan Bermejo, Ecuador (600–1.200 m)	Sinangüe, Ecuador (600–1.000 m)	Otros registros bibliográficos y bases de datos/ Other literature and database records
AMPHIBIA (99)						
ANURA (94)						
Amphignathodontidae (5)						
Gastrotheca andaquiensis	–	X	–	–	–	X
Gastrotheca nicefori	–	X	–	–	–	–
Gastrotheca orophylax	X	X	–	–	–	–
Gastrotheca ruizi	–	X	–	–	–	–
Gastrotheca weinlandii	–	–	–	–	–	X
Aromabatidae (1)						
Allobates femoralis	–	–	–	X	–	–
Bufonidae (8)						
Atelopus ignescens aff.	–	X	–	–	–	–
Dendrophryniscus minutus	–	–	–	–	X	–
Osornophryne bufoniformis complex	X	X	–	–	–	–
Osornophryne guacamayo aff.	X	X	–	–	–	–
Rhaebo glaberrimus	–	–	–	–	X	–
Rhinella dapsilis	X	–	–	–	–	–
Rhinella margaritifera	–	–	X	X	–	X
Rhinella marina	X	–	X	–	X	X
Centrolenidae (7)						
Centrolene audax cf.	–	X	–	–	–	X
Centrolene bacatum	–	X	–	–	–	X
Cochranella flavopunctata	–	–	–	–	–	X
Cochranella midas	–	–	–	X	–	–
Cochranella puyoensis	X	–	–	–	–	–
Nymphargus megacheirus	–	–	–	–	–	X
Nymphargus siren	–	X	–	–	–	X
Dendrobatidae (4)						
Ameerega hahneli	–	–	–	X	–	–
Dendrobates sp.	X	–	X	–	–	X
Hyloxalus bocagei complex	–	–	X	–	–	X
Hyloxalus pulchellus	–	–	–	–	–	X
Hylidae (20)						
Dendropsophus bifurcus	X	–	X	–	X	X
Dendropsophus leali cf.	X	–	–	–	–	–
Dendropsophus parviceps	X	–	–	–	–	–
Dendropsophus sarayacuensis	X	–	X	–	–	X
Hyloscirtus larinopygion	X	X	X	–	–	–
Hyloscirtus lindae	–	X	–	–	–	X
Hyloscirtus pantostictus	–	–	–	–	–	X
Hyloscirtus phyllognathus	X	–	X	X	–	X
Hyloscirtus psarolaimus	–	–	–	–	–	X

Comparative list of amphibians and reptiles of eastern slope of the Andes at the border of Ecuador and Colombia, compiled by Mario Yánez-Muñoz and Jonh Jairo Mueses-Cisneros. *Pristimantis* (*Eleutherodactylus*) species reported by Altamirano and Quiguango (1997) and Rodríguez and Campos (2002) are not included on this list.

ANFIBIOS Y REPTILES / AMPHIBIANS AND REPTILES						
Nombre científico/ Scientific name	Cabeceras Cofanes-Chingual, Ecuador (700–3.800 m)	Valle Sibundoy, Colombia (2.000–2.800 m)	La Sofía-La Barquilla, Ecuador (1.000–1.800 m)	Reserva Cofan Bermejo, Ecuador (600–1.200 m)	Sinangüe, Ecuador (600–1.000 m)	Otros registros bibliográficos y bases de datos/ Other literature and database records
Hyloscirtus tigrinus	–	X	–	–	–	–
Hyloscirtus torrenticola	–	–	X	–	–	X
Hypsiboas boans	X	–	–	X	–	–
Hypsiboas geograficus	X	–	X	–	X	X
Hypsiboas lanciformis	X	–	X	–	X	X
Nyctimantis rugiceps	–	–	–	–	X	–
Osteocephalus cabrerai	X	–	–	–	–	X
Osteocephalus planiceps	X	–	X	X	X	X
Osteocephalus taurinus	–	–	–	–	X	–
Osteocephalus verruciger	–	–	X	–	–	X
Scinax ruber	X	–	X	–	X	X
Leptodactylidae (2)						
Leptodactylus lineatus	–	–	–	X	X	–
Leptodactylus wagneri	X	–	X	–	X	X
Microhylidae (1)						
Syncope antenori	–	–	–	–	X	–
Pipidae (1)						
Pipa pipa	–	–	–	–	X	–
Strabomantidae (45)						
Hypodactylus brunneus	X	–	–	–	–	–
Isodactylus dolops	–	X	–	–	–	X
Isodactylus elassodiscus	–	X	–	–	–	X
Isodactylus nigrovittatus	–	–	–	X	X	X
Oreobates quixensis	–	–	–	–	X	X
Pristimantis altamazonicus	X	–	X	–	X	X
Pristimantis altamnis	–	–	X	–	X	X
Pristimantis buckleyi	X	X	–	–	–	–
Pristimantis chloronotus	X	X	–	–	–	X
Pristimantis colonensis	X	X	–	–	–	–
Pristimantis conspicillatus	–	–	X	X	–	X
Pristimantis croceoinguinis	–	–	X	X	–	–
Pristimantis delius	X	–	–	–	–	–
Pristimantis devillei	–	–	–	–	–	X
Pristimantis diadematus	X	–	X	–	–	X
Pristimantis eriphus	–	X	X	–	–	–

LEYENDA/ LEGEND	**Sitio y fuente de datos/ Site and source of data**	La Sofía-La Barquilla (Yánez-Muñoz 2005)	**Otros registros bibliográficos y bases de datos/Other literature and database records**
	Cabeceras Cofanes-Chingual (este estudio)	Reserva Cofan Bermejo (Rodríguez y/and Campos 2002)	IUCN et al. (2004), Lynch y/and Duellman (1980), y/and Uetz et al. (2007)
	Valle Sibundoy (Mueses-Cisneros 2005)	Sinangüe (Altamirano y/and Quiguango 1997)	* American English format in this column would use a comma, e.g., 2,556.

**Inventarios Regionales
de Anfibios y Reptiles/
Regional Amphibian and
Reptile Inventories**

ANFIBIOS Y REPTILES / AMPHIBIANS AND REPTILES

Nombre científico/ Scientific name	Cabeceras Cofanes-Chingual, Ecuador (700–3.800 m)	Valle Sibundoy, Colombia (2.000–2.800 m)	La Sofía-La Barquilla, Ecuador (1.000–1.800 m)	Reserva Cofan Bermejo, Ecuador (600–1.200 m)	Sinangüe, Ecuador (600–1.000 m)	Otros registros bibliográficos y bases de datos/ Other literature and database records
Pristimantis galdi	–	–	X	–	–	X
Pristimantis gladiator	–	X	–	–	–	–
Pristimantis ignicolor	–	–	X	–	–	–
Pristimantis lanthanites	–	–	X	X	X	X
Pristimantis leoni	X	X	–	–	–	–
Pristimantis leucopus	–	–	X	–	–	X
Pristimantis martiae	–	–	X	X	X	X
Pristimantis nigrogriseus	–	–	–	–	–	X
Pristimantis orphnolaimus	–	–	X	–	X	–
Pristimantis ortizi	X	–	–	–	–	–
Pristimantis paululus	–	–	–	–	X	–
Pristimantis petersorum	–	X	–	–	–	X
Pristimantis pseudoacuminatus	–	–	–	–	X	–
Pristimantis pugnax	–	X	–	–	–	–
Pristimantis quaquaversus	X	–	X	X	X	X
Pristimantis supernatis	–	X	–	–	–	X
Pristimantis unistrigatus	–	X	–	–	–	X
Pristimantis variabilis	–	–	X	–	X	X
Pristimantis ventrimarmoratus	–	–	X	–	X	X
Pristimantis w-nigrum	–	X	–	–	–	X
Pristimantis zoilae	–	X	–	–	–	–
Pristimantis grp. conspicillatus	X	–	–	–	–	–
Pristimantis grp. orcesi	X	X	–	–	–	–
Pristimantis grp. unistrigatus 1	X	–	–	–	–	–
Pristimantis grp. unistrigatus 2	X	–	–	–	–	–
Pristimantis sp. 1	X	–	–	–	–	–
Pristimantis sp. 3 (aff. petersorum)	X	–	–	–	–	–
Pristimantis sp. "3 – 5"	–	X	–	–	–	–
Strabomantis cornutus	–	–	–	–	–	X
CAUDATA (4)						
Plethodontidae (4)						
Bolitoglossa altamazonicus	–	–	X	X	–	X
Bolitoglossa equatoriana	–	–	–	–	X	–
Bolitoglossa palmata	–	–	–	–	–	X
Bolitoglossa peruviana	–	–	–	–	X	X
GYMNOPHIONA (1)						
Caeciliidae (1)						
Caecilia orientalis	–	X	X	X	–	X

ANFIBIOS Y REPTILES / AMPHIBIANS AND REPTILES

Nombre científico/ Scientific name	Cabeceras Cofanes-Chingual, Ecuador (700–3.800 m)	Valle Sibundoy, Colombia (2.000–2.800 m)	La Sofía-La Barquilla, Ecuador (1.000–1.800 m)	Reserva Cofan Bermejo, Ecuador (600–1.200 m)	Sinangüe, Ecuador (600–1.000 m)	Otros registros bibliográficos y bases de datos/ Other literature and database records
REPTILIA (50)						
SQUAMATA-OFIDIA (27)						
Boidae (1)						
Corallus caninus	–	–	–	–	x	–
Colubridae (20)						
Atractus major	–	–	–	–	–	x
Atractus occipitoalbus	–	–	–	–	–	x
Chironius fuscus	–	–	–	–	x	–
Chironius monticola	x	–	–	x	–	–
Chironius multiventris	–	–	–	–	x	–
Clelia clelia	–	–	x	x	–	x
Dipsas catesbyi	–	–	–	–	x	–
Dipsas indica	–	–	–	–	x	x
Dipsas latifasciata	–	–	x	–	–	x
Dipsas latifrontalis	–	–	x	–	–	x
Dipsas pavonina	–	–	–	–	x	–
Dipsas vermiculata	–	–	x	–	–	–
Imantodes cenchoa	x	–	–	–	x	–
Imantodes lentiferus	–	–	–	–	x	–
Leptodeira annulata	–	–	x	–	–	x
Liophis cobella	–	–	x	–	–	x
Liophis epinephelus	–	–	–	x	–	x
Liophis reginae	–	–	x	–	–	x
Oxyrhopus melanogenys	–	–	x	–	–	x
Oxyrhopus petola digitalis	–	–	x	–	–	x
Elapidae (2)						
Micrurus hemprichii	–	–	–	–	x	–
Micrurus lemniscatus	–	–	–	x	x	x
Viperidae (4)						
Bothrocophias microphthalmus	–	–	–	–	–	x
Bothrops atrox	–	–	–	x	x	x
Bothrops pulcher	–	–	–	–	–	x
Lachesis muta	–	–	–	x	–	–

LEYENDA/ LEGEND	Sitio y fuente de datos/ Site and source of data		

**Sitio y fuente de datos/
Site and source of data**

Cabeceras Cofanes-Chingual
(este estudio)

Valle Sibundoy
(Mueses-Cisneros 2005)

La Sofía-La Barquilla
(Yánez-Muñoz 2005)

Reserva Cofan Bermejo
(Rodríguez y/and Campos 2002)

Sinangüe (Altamirano y/and
Quiguango 1997)

**Otros registros bibliográficos y bases de
datos/Other literature and database records**

IUCN et al. (2004), Lynch y/and Duellman
(1980), y/and Uetz et al. (2007)

* American English format in this column
would use a comma, e.g., 2,556.

**Inventarios Regionales
de Anfibios y Reptiles/
Regional Amphibian and
Reptile Inventories**

ANFIBIOS Y REPTILES / AMPHIBIANS AND REPTILES						
Nombre científico/ Scientific name	Cabeceras Cofanes-Chingual, Ecuador (700–3.800 m)	Valle Sibundoy, Colombia (2.000–2.800 m)	La Sofía-La Barquilla, Ecuador (1.000–1.800 m)	Reserva Cofan Bermejo, Ecuador (600–1.200 m)	Sinangüe, Ecuador (600–1.000 m)	Otros registros bibliográficos y bases de datos/ Other literature and database records
SQUAMATA-SAURIA (23)						
Gekkonidae (3)						
Lepidoblepharis festae	–	–	X	–	–	X
Pseudogonatodes guianensis	–	–	–	–	X	–
Thecadactylus rapicaudus	–	–	–	–	X	–
Gymnophthalmidae (9)						
Alopoglossus copii	–	–	–	–	X	–
Cercosaura argulus	–	–	–	–	X	–
Cercosaura manicatus	–	–	–	–	X	X
Cercosaura ocellata	–	–	–	X	–	–
Leposoma parietale	–	–	–	X	X	–
Potamites cochranae	–	–	–	X	–	X
Potamites ecpleopus	–	–	X	–	X	X
Ptychoglossus brevifrontalis	–	–	–	–	X	–
Riama simoterus	X	–	–	–	–	–
Hoplocercidae (2)						
Enyalioides praestabilis	X	–	X	–	X	X
Morunasaurus annularis	–	–	–	X	–	X
Polychrotidae (7)						
Anolis fitchi	–	–	X	X	–	X
Anolis fuscoauratus	X	–	–	–	X	X
Anolis heterodermus	–	X	–	–	–	X
Anolis orcesi	–	–	–	–	–	X
Anolis punctatus	–	–	–	–	X	–
Anolis trachyderma	–	–	–	–	X	X
Anolis vanzolinii	–	–	–	–	–	X
Teiidae (1)						
Kentropyx pelviceps	–	–	X	–	X	–
Tropiduridae (1)						
Stenocercus angel	X	–	–	–	–	–

**LEYENDA/
LEGEND**

**Sitio y fuente de datos/
Site and source of data**

Cabeceras Cofanes-Chingual
(este estudio)

Valle Sibundoy
(Mueses-Cisneros 2005)

La Sofía-La Barquilla
(Yánez-Muñoz 2005)

Reserva Cofan Bermejo
(Rodríguez y/and Campos 2002)

Sinangüe (Altamirano y/and
Quiguango 1997)

**Otros registros bibliográficos y bases de
datos/Other literature and database records**

IUCN et al. (2004), Lynch y/and Duellman
(1980), y/and Uetz et al. (2007)

* American English format in this column
would use a comma, e.g., 2,556.

TÉCNICA DE REMOCIÓN CON RASTRILLO Y AZADÓN

Autors: Jonh Jairo Mueses-Cisneros y Mario Humberto Yánez-Muñoz

INTRODUCCIÓN

La región paramuna ha sido considerada por los herpetólogos como una región pobre en cuanto a diversidad de anfibios y reptiles (Lynch 1981, 2001; Lynch y Suárez-Mayorga 2002), la cual se ve reflejada tanto en el número como en la abundancia de las especies. (Por ejemplo apenas 6% de la fauna de anfibios de Colombia son asociados a esta región.) Algunas de las especies propias de páramo han sido consideradas como poco abundantes o incluso han tenido la catalogación de raras (p. ej., *Osornophryne bufoniformis* y *Hypodactylus brunneus*); sin embargo, es también probable que esta apreciación sea debida a una metodología no adecuada para el lugar.

Tradicionalmente las técnicas más empleadas para los muestreos herpetológicos en páramo han consistido en:

(1) Búsqueda libre con el método de captura manual, la cual consiste en hacer recorridos tanto diurnos como nocturnos, capturando los ejemplares que son avistados por encuentro al azar. (Sin embargo, esta técnica no permite la captura de ejemplares ocultos dentro o debajo de la vegetación caída.)

(2) Búsqueda debajo de troncos o de piedras, donde es posible encontrar algunos ejemplares ocultos y principalmente durante el día. (Sin embargo, aunque es posible encontrar algunos ejemplares, muchos de estos se ocultan dentro de la vegetación en descomposición o dentro de los tallos.)

(3) Otra técnica frecuentemente realizada por herpetólogos consiste en separar una a una las hojas de los frailejones (*Espeletia* spp.) o de las puyas o achupallas (*Puya* spp.), en donde es posible encontrar algunos individuos, principalmente aquellos pertenecientes al género *Pristimantis*. (Sin embargo, esta actividad resulta ser un poco dolorosa sin no se tiene cuidado con los bordes espinosos de las hojas.)

En el transcurso de los últimos cinco años, hemos practicado una metodología que ha resultado ser efectiva para la captura de individuos de anfibios y reptiles en páramo. Debido a que con ella se puede obtener una composición mucho más real de la herpetofauna, y a que la gran mayoría de la comunidad herpetológica la desconoce, consideramos de mucha importancia describirla.

METODOLOGÍA

Nombramos esta metodología como la "Técnica de Remoción con Rastrillo y Azadón" (RRA), y el fundamento es el siguiente. Cuando los frailejones mueren o son cortados por los campesinos, estos caen al suelo y comienzan su fase de descomposición, manteniendo en su interior unas características de humedad y temperatura mucho más constantes que en el exterior, por lo que las especies de anfibios y reptiles buscan estos microhábitats para su establecimiento y reproducción. La arquitectura del frailejón consiste de un tronco o tallo delgado envuelto por una serie de relictos de bases de hojas y de una punta ensanchada de hojas en descomposición. La técnica consiste en golpear con el rastrillo o azadón el frailejón empezando por la punta de hojas, hasta la base del tallo, removiendo y destruyendo las hojas podridas y el tallo. En nuestra experiencia, hemos encontrado individuos principalmente entre las hojas podridas en los primeros 30 cm de la punta del frailejón, aunque también se han encontrado ejemplares dentro del tronco o entre el tallo y la capa de bases de hojas. (Igualmente el rastrillo ha resultado ser mucho más efectivo que el azadón porque destruye la planta abriendo de mejor manera las hojas.)

*Una metodología adecuada para una fauna inadecuadamente muestreada, la herpetofauna de la región paramuna.

RAKE AND HOE REMOVAL TECHNIQUE

Authors: Jonh Jairo Mueses-Cisneros and Mario Humberto Yánez-Muñoz

INTRODUCTION

Herpetologists have considered the paramo zone a poor region in terms of amphibian and reptilian diversity (Lynch 1981, 2001; Lynch and Suárez-Mayorga 2002), as reflected in both number and abundance of species. (For example, only 6% of Colombia's amphibian species are associated with this region.) Certain paramo species have been considered scarce and some have been characterized as rare (e.g., *Osornophryne bufoniformis* and *Hypodactylus brunneus*); yet, it is probable that survey methodologies used were unsuited to the paramo and produced misleading results.

Traditionally, techniques employed for herpetological surveys in the paramo have comprised:

(1) Unstructured visual surveys, with manual capture, consisting of daily and nocturnal walks and the collection of individuals seen by chance. (This technique does not provide good opportunities for finding individuals hidden within or under leaf litter or fallen vegetation.)

(2) Active searches under fallen trunks and rocks, where it is possible to find hidden individuals, usually during the day. (While it is possible to find some individuals, many hide within leaf litter or inside of fallen trunks and are missed when using this technique.)

(3) Another technique herpetologists implement frequently, i.e., leaf-by-leaf examination of *frailejones* (*Espeletia* spp.) or *puyas* (also called *achupallas*; *Puya* spp.), where it is possible to find certain individuals, especially those belonging to the genus *Pristimantis*. (A major drawback to this methodology is that the thorny leaves can inflict pain if not done properly.)

Over the last five years, we have been using a methodology that has proven effective in capturing individual amphibians and reptiles in the paramo. With this methodology, a closer approximation of the herpetofaunal composition can be obtained, which is why we provide a description of the methodology here.

METHODOLOGY

We call this methodology "Rake and Hoe Removal Technique" (RRA, for *Remoción con Rastrillo y Azadón*) and it is implemented as follows. When the frailejones die or are cut by local farmers, they fall to the ground and begin to decompose; yet they maintain relatively consistent interior humidity and temperature levels compared to outside conditions. Because of this, amphibians and reptiles seek out these microhabitats for reproduction and survival. The frailejón consists of a thin trunk or stem wrapped in a series of persistent leaf bases and topped with a broader cluster of decomposing leaves. Using a rake or hoe and starting at the top of apical cluster of leaves, the surveyor carefully breaks apart the frailejón, removing and tearing off the leaves and stem until reaching the end of the stem. In our experience, we usually find individuals between rotting leaves in the first 30 cm from the apex of the stem, although we have also found individuals inside of the stem or between the stem and the layer of persistent leaf bases. (Also, we note that the rake can more effectively open up the plant and pull apart leaves than the hoe.)

Puyas are another type of plant in the paramos, but their architecture differs from the frailejones. Puyas have a rosette of leaves with spiny margins. The most effective methodology with these plants is to cut them in half with a hoe, and then repeat two or three times (Fig.NN). The rake should be

* An appropriate methodology for the herpetofauna of the paramo zone, an inadequately sampled fauna.

TÉCNICA DE REMOCIÓN CON RASTRILLO Y AZADÓN

Las puyas son otro tipo de plantas presentes en los páramos, con una arquitectura completamente diferente a los frailejones, la cual consiste de hojas con bordes espinosos, dispuestas en rosetas al rededor de un centro. La metodología más efectiva consiste en cortar la planta por la mitad con el azadón, realizando dos o tres repeticiones (Fig. NN), y posteriormente con el rastrillo se separa una a una las hojas observando detenidamente, ya que los individuos que se encuentran en la planta inmediatamente saldrán a la superficie.

Dentro del inventário biológico rápido, la localidad de Laguna Negra corresponde a zona paramuna. Para esta localidad, los ejemplares colectados se discriminan de acuerdo al método de captura en la Tabla N.

Tabla N. Ejemplares colectados en Laguna Negra durante el inventário biológico rápido de las Cabeceras Cofanes-Chingual, discriminados de acuerdo al método de captura empleado: RRA (técnica de Remoción con Rastrillo y Azadón) versus BL (técnica de Búsqueda Libre).

Especie	15-Oct		16-Oct		17-Oct		18-Oct		Total/Especie	
	RRA	BL	RRA	BL	RRA	BL	RRA	BL	RRA	BL
Osornophryne bufoniformis	1	0	14	0	8	0	1	0	24	0
Pristimantis buckleyi	2	1	2	5	6	0	5	2	15	8
Riama simoterus	1	0	0	0	0	0	0	0	1	0
Pristimantis grp. *orcesi*	0	3	2	5	5	2	6	1	13	11
Hypodactylus brunneus	0	0	0	1	1	0	9	0	10	1
Stenocercus angel	0	0	0	0	0	1	1	0	1	1
Pristimantis sp. (embriones)	0	0	0	0	0	0	1	0	1	0

En los cuatros días de trabajo en Laguna Negra, colectamos 65 ejemplares con la técnica de RRA, mientras que 21 individuos con la BL. Nótese el caso de *Osornophryne bufoniformis*, en el que todos los 24 ejemplares detectados fueron obtenidos con la técnica de RRA, mientras que ninguno fue detectado por BL; o como el caso de *Hypodactylus brunneus,* en el que tan sólo un ejemplar se detectó por BL mientras que 10 fueron obtenidos por RRA. Con el fin de saber si existen o no diferencias significativas entre el número de ejemplares colectados con la técnica de RRA y de BL, realizamos un "Test no paramétrico G", a partir del cual se rechaza la hipótesis nula (G = 22,7448, gl= 5, p= 0,0004); es decir, que si existen diferencias significativas entre el número de ejemplares colectados entre estos dos métodos.

Con esta técnica también detectamos reptiles, como el caso de *Riama simoterus*, el cual el único ejemplar colectado fue detectado por RRA; o como *Stenocercus angel*, del cual se encontró uno de los dos ejemplares colectados. Finalmente también detectamos embriones de *Pristimantis* sp. (Fig. NN), los cuales demuestran que algunas especies de anuros utilizan también el interior de los troncos de frailejones para su reproducción.

Queda demostrado que estas herramientas utilizadas por los campesinos para realizar sus labores diarias pueden ser muy efectivas para la búsqueda de anfibios y reptiles, principalmente en zonas paramunas y alto andinas, en donde inicialmente la técnica ha sido empleada. No obstante, creemos que ésta puede ser extendida a otros tipos de vegetación, como también a otros tipos de bosques.

RAKE AND HOE REMOVAL TECHNIQUE

used at this stage to separate the leaves one by one, with constant observation, because any herps within the plant will emerge at this time.

Of the sites included within this rapid biological inventory, Laguna Negra is located in a paramo zone. Table N summarizes the individuals collected at this site.

Table N. Individuals collected at Laguna Negra during the rapid biological inventory of Cofanes-Chingual headwaters, by capture method: RRA (Rake and Hoe Removal Technique) versus VS (Visual Survey Technique).

Species	15-Oct		16-Oct		17-Oct		18-Oct		Total/Species	
	RRA	VS	RRA	VS	RRA	VS	RRA	VS	RRA	VS
Osornophryne bufoniformis	1	0	14	0	8	0	1	0	24	0
Pristimantis buckleyi	2	1	2	5	6	0	5	2	15	8
Riama simoterus	1	0	0	0	0	0	0	0	1	0
Pristimantis grp. *orcesi*	0	3	2	5	5	2	6	1	13	11
Hypodactylus brunneus	0	0	0	1	1	0	9	0	10	1
Stenocercus angel	0	0	0	0	0	1	1	0	1	1
Pristimantis sp. (embriones)	0	0	0	0	0	0	1	0	1	0

During our four sampling days at Laguna Negra, we collected 65 individuals using the RRA technique compared to 21 individuals using the VS technique. Notably, when using the RRA technique, we encountered 24 *Osornophryne bufoniformis* individuals, but 0 individuals using the VS technique. And we encountered 10 *Hypodactylus brunneus* individuals with RRA compared to 1 using VS. To evaluate the difference in the number of specimens collected with RRA and VS techniques, we ran a non-parametric G-test. That rejected the null hypothesis (G = 22.7448, df = 5, p = 0.0004), indicating a significant difference between the methods.

Using this technique, we also encountered reptiles, such as *Riama simoterus*, of which only one individual was detected. We found one of the two *Stenocercus angel* individuals collected using RRA. We also detected embryos of the species *Pristimantis* sp. (Flg. NN), which shows that some species of anurans also utilize the inside of frailejón trunks for reproduction.

These tools, which are used by farmers for their daily tasks, can be very effective for searching for amphibians and reptiles in paramos and other high-Andean habitats, where this method initially was used. However, we believe that this method can be extended to other types of vegetation, including other forest types.

Aves/Birds

Aves observadas durante el inventario biológico rápido en las Cabeceras Cofanes-Chingual, Ecuador, del 15 al 31 de octubre de 2008, por Douglas F. Stotz y Patricio Mena.

AVES / BIRDS		
Nombre científico/Scientific name	**Nombre en castellano**	**English Name**
Tinamidae (3)		
Tinamus tao	Tinamú Grís	Gray Tinamou
Tinamus major	Tinamú Grande	Great Tinamou
Crypturellus cinereus	Tinamú Cinéreo	Cinereous Tinamou
Anatidae (1)		
Merganetta armata	Pato Torrentero	Torrent Duck
Cracidae (4)		
Penelope montagnii	Pava Andina	Andean Guan
Aburria aburri	Pava Carunculada	Wattled Guan
Ortalis guttata	Chachalaca Jaspeada	Speckled Chachalaca
Mitu salvini	Pavón de Salvin	Salvin's Currasow
Odontophoridae (1)		
Odontophorus speciosus	Corcovado Pechirrufo	Rufous-breasted Wood-Quail
Phalacrocoracidae (1)		
Phalacrocorax brasilianus	Cormorán Neotropical	Neotropic Cormorant
Ardeidae (2)		
Tigrisoma fasciatum	Garza Tigre Barreteada	Fasciated Tiger-Heron
Butorides striatus	Garcilla Estriada	Striated Heron
Cathartidae (2)		
Cathartes aura	Gallinazo Cabecirrojo	Turkey Vulture
Coragyps atratus	Gallinazo Negro	Black Vulture
Accipitridae (12)		
Pandion haliaetus	Aguila Pescadora	Osprey
Harpagus bidentatus	Elanio Bidentado	Double-toothed Kite
Ictinia plumbea	Elanio Plomizo	Plumbeous Kite
Accipiter striatus	Azor Estriado	Sharp-shinned Hawk
Accipiter bicolor	Azor Bicolor	Bicolored Hawk
Leucopternis princeps	Gavilán Barreteado	Barred Hawk
Geranoaetus melanoleucus	Aguila Pechinegra	Black-chested Buzzard-Eagle
Buteo magnirostris	Gavilán Campestre	Roadside Hawk
Buteo platypterus	Gavilán Aludo	Broad-winged Hawk
Buteo polyosoma	Gavilán Variable	Variable Hawk
Spizaetus tyrannus	Aguila Azor Negro	Black Hawk-Eagle
Spizaetus isidori	Aguila Andina	Black-and-chestnut Eagle
Falconidae (5)		
Micrastur ruficollis	Halcón Montés Barreteado	Barred Forest-Falcon
Phalcoboenus carunculatus	Caracara Curiquingue	Carunculated Caracara
Falco sparverius	Cernícalo Americano	American Kestrel
Falco (deiroleucus)	Halcón Pechinaranja	Orange-breasted Falcon
Falco femoralis	Halcón Aplomado	Aplomado Falcon
Scolopacidae (6)		
Gallinago nobilis	Becasina Noble	Noble Snipe
Gallinago jamesoni	Becasina Andina	Andean Snipe

Birds observed during the rapid biological inventory in Cabeceras Cofanes-Chingual, Ecuador, from 15 to 31 October 2008, by Douglas F. Stotz and Patricio Mena.

Laguna Negra		Rio Verde		Alto La Bonita		Habitats
Abundancia/ Abundance	Elevacíon/ Elevation (m)	Abundancia/ Abundance	Elevacíon/ Elevation (m)	Abundancia/ Abundance	Elevacíon/ Elevation (m)	
–	–	R	800–900	–	–	Bl
–	–	U	700–900	–	–	Bl
–	–	R	650–700	–	–	Br
–	–	–	–	U	1800–2800	R
–	–	–	–	U	2500–2900	Bn
–	–	C	700–950	–	–	Bl
–	–	U	650	–	–	Br
–	–	R	850	R	2800	Bl
–	–	U	850	–	–	Bl
–	–	–	–	R	2800–2950	A
–	–	R	650	–	–	R
–	–	–	–	R	2800	Bn
–	–	C	700–1000	–	–	A
–	–	R	700–750	–	–	A
R	3800	–	–	–	–	A
–	–	R	950	–	–	Bl
–	–	C	700–1100	–	–	A
R	3600	–	–	R	2750	Bn
–	–	R	750	–	–	Za
–	–	U	800–1000	–	–	Bn, A
R	3800	–	–	–	–	A
–	–	R	750	–	–	Za
–	–	R	750	–	–	Za
R	3700–3800	–	–	–	–	A
–	–	U	700–1000	–	–	A
R	3600	–	–	–	–	Bn
–	–	C	700–750	–	–	Bl
U	3700–3750	–	–	–	–	P, A
R	3700	–	–	–	–	P
–	–	R	750	–	–	A
R	3700	–	–	–	–	P
C	3700–3850	–	–	–	–	L, P
C	3600–3850	–	–	–	–	P

LEYENDA/LEGEND

Abundancia/Abundance

C = Común (diariamente en hábitat propio)/Common (daily in proper habitat)

U = No común (menos que diariamente)/Uncommon (less than daily)

R = Raro (un o dos registros)/ Rare (one or two records)

X = Presente (abundancia no estimada)/Present (abundance not estimated)

Hábitats/Habitats

(Los hábitats de cada especie están enlistados en orden de importancia/ Habitats listed for each species in order of importance)

A = Aire/Overhead

Bl = Bosque de ladera/Hill Forest

Bn = Bosque nuboso/ Montane forest

Ib = Islas de bosque dentro del paramo/Forest patches within paramo

Br = Bosque ripario/Riparian forest

E = Borde de bosque/Forest edge

G = Bambú (*Guadua* o *Chusquea*)/ Bamboo (*Guadua* or *Chusquea*)

L = Lagos y pantanos/ Lakes and marshes

M = Hábitats múltiples (>3)/ Multiple habitats (>3)

P = Páramo/Paramo

R = Ríos/Rivers

Za = Zonas abiertas (claros, derrumbes con vegetacíon arbustiva, etc.)/Open areas (clearings, landslides with shrubby vegetation, etc.)

AVES / BIRDS		
Nombre científico/Scientific name	**Nombre en castellano**	**English Name**
Actitis macularius	Andarríos Coleador	Spotted Sandpiper
Tringa melanoleuca	Patiamarillo Mayor	Greater Yellowlegs
Tringa flavipes	Patiamarillo Menor	Lesser Yellowlegs
Calidris bairdii	Playero de Baird	Baird's Sandpiper
Columbidae (5)		
Patagioenas fasciata	Paloma Collareja	Band-tailed Pigeon
Patagioenas plumbea	Paloma Plomiza	Plumbeous Pigeon
Patagioenas subvinacea	Paloma Rojiza	Ruddy Pigeon
Geotrygon frenata	Paloma Perdiz Goliblanca	White-throated Quail-Dove
Geotrygon montana	Paloma Perdiz Rojiza	Ruddy Quail-Dove
Psittacidae (11)		
Ara militaris	Guacamayo Militar	Military Macaw
Ara severus	Guacamayo Frenticastaño	Chestnut-fronted Macaw
Aratinga leucophthalma	Perico Ojiblanco	White-eyed Parakeet
Pyrrhura melanura	Perico Colimarrón	Maroon-tailed Parakeet
Bolborhynchus lineola	Perico Barreteado	Barred Parakeet
Touit huetii	Periquito Hombrirrojo	Scarlet-shouldered Parrotlet
Pionus menstruus	Loro Cabeciazul	Blue-headed Parrot
Pionus sordidus	Loro Piquirrojo	Red-billed Parrot
Pionus tumultuosus	Loro Gorriblanco	Speckle-faced Parrot
Amazona mercenaria	Amazona Nuquiescamosa	Scaly-naped Parrot
Amazona farinosa	Amazona Harinosa	Mealy Parrot
Cuculidae (1)		
Piaya cayana	Cuco Ardilla	Squirrel Cuckoo
Strigidae (7)		
Megascops watsoni	Autillo Ventrileonado	Tawny-bellied Screech-Owl
Pulsatrix melanota	Búho Ventribandeado	Band-bellied Owl
Ciccaba virgata	Búho Moteado	Mottled Owl
Ciccaba huhula	Búho Negribandeado	Black-banded Owl
Ciccaba albitarsis	Búho Rufibandeado	Rufous-banded Owl
Glaucidium jardinii	Mochuelo Andino	Andean Pygmy-Owl
Glaucidium brasilianum	Mochuelo Ferruginoso	Ferruginous Pygmy-Owl
Caprimulgidae (4)		
Lurocalis rufiventris	Añapero Ventrirrufo	Rufous-bellied Nighthawk
Chordeiles minor	Añapero Común	Common Nighthawk
Caprimulgus longirostris	Chotacabras Alifajeado	Band-winged Nightjar
Uropsalis segmentata	Chotacabras Tijereta	Swallow-tailed Nightjar
Apodidae (4)		
Streptoprocne rutila	Vencejo Cuellicastaño	Chestnut-collared Swift
Streptoprocne zonaris	Vencejo Cuelliblanco	White-collared Swift
Chaetura cinereiventris	Vecejo Lomigris	Gray-rumped Swift
Chaetura brachyura	Vecejo Colicorto	Short-tailed Swift

Laguna Negra		Rio Verde		Alto La Bonita		Habitats
Abundancia/ Abundance	Elevacíon/ Elevation (m)	Abundancia/ Abundance	Elevacíon/ Elevation (m)	Abundancia/ Abundance	Elevacíon/ Elevation (m)	
R	3700	–	–	–	–	L
R	3700	–	–	–	–	L
R	3700	–	–	–	–	L
U	3700	–	–	–	–	L
U	3400–3650	–	–	U	1800–2800	Bn, A
–	–	C	700–1000	–	–	Bl
–	–	U	800–900	–	–	Bl
–	–	R	750–850	–	–	Bl
–	–	U	700–750	–	–	Bl
–	–	C	700–1100	–	–	A, Bl
–	–	C	650–850	–	–	A, Bl
–	–	C	700–900	–	–	Bl
–	–	C	700–950	–	–	Bl
–	–	–	–	U	2550–2700	A
–	–	R	750	–	–	A
–	–	C	700–1100	–	–	A, Bl
–	–	R	750	U	2000–2650	A
X	3400–3500	–	–	C	2300–2900	A, Bn
X	3400–3500	–	–	U	2600–2800	A
–	–	C	700–900	–	–	A
–	–	C	700–1050	–	–	Bl
–	–	U	700–750	–	–	Bl
–	–	U	700–800	–	–	Bl
–	–	R	800	–	–	Bl
–	–	R	750	–	–	Bl
–	–	–	–	R	2600	Bn
R	3700–3750	–	–	–	–	Ib
–	–	R	750	–	–	E
–	–	–	–	R	2700	Bn
–	–	R	750	–	–	A
R	3750	–	–	–	–	P
–	–	–	–	R	2650	Bn
–	–	C	700–950	–	–	A
R	3650	C	700–1100	C	2600–2850	A
–	–	C	700–1000	–	–	A
–	–	U	700–800	–	–	A

LEYENDA/LEGEND

Abundancia/Abundance

C = Común (diariamente en hábitat propio)/Common (daily in proper habitat)

U = No común (menos que diariamente)/Uncommon (less than daily)

R = Raro (un o dos registros)/ Rare (one or two records)

X = Presente (abundancia no estimada)/Present (abundance not estimated)

Hábitats/Habitats

(Los hábitats de cada especie están enlistados en orden de importancia/ Habitats listed for each species in order of importance)

A = Aire/Overhead

Bl = Bosque de ladera/Hill Forest

Bn = Bosque nuboso/ Montane forest

Ib = Islas de bosque dentro del paramo/Forest patches within paramo

Br = Bosque ripario/Riparian forest

E = Borde de bosque/Forest edge

G = Bambú (*Guadua* o *Chusquea*)/ Bamboo (*Guadua* or *Chusquea*)

L = Lagos y pantanos/ Lakes and marshes

M = Hábitats múltiples (>3)/ Multiple habitats (>3)

P = Páramo/Paramo

R = Ríos/Rivers

Za = Zonas abiertas (claros, derrumbes con vegetacíon arbustiva, etc.)/Open areas (clearings, landslides with shrubby vegetation, etc.)

AVES / BIRDS		
Nombre científico/Scientific name	**Nombre en castellano**	**English Name**
Trochilidae (29)		
Florisuga mellivora	Jacobino Nuquiblaco	White-necked Jacobin
Eutoxeres aquila	Pico de Hoz Puntiblanco	White-tipped Sicklebill
Threnetes leucurus	Barbita Colipálida	Pale-tailed Barbthroat
Phaethornis griseogularis	Ermitaño Barbigris	Gray-chinned Hermit
Phaethornis guy	Ermitaño Verde	Green Hermit
Phaethornis malaris	Ermitaño Piquigrande	Great-billed Hermit
Doryfera johannae	Picolanza Frentiazul	Blue-fronted Lancebill
Colibri coruscans	Orejivioleta Ventriazul	Sparkling Violetear
Heliangelus exortis	Solángel Turmalina	Tourmaline Sunangel
Phlogophilus hemileucurus	Colipinto Ecuatoriano	Ecuadorian Piedtail
Adelomyia melanogenys	Colibrí Jaspeado	Speckled Hummingbird
Lesbia victoriae	Colacintillo Colinegro	Black-tailed Trainbearer
Chalcostigma herrani	Picoespina Arcoiris	Rainbow-bearded Thornbill
Metallura tyrianthina	Metalura Tiria	Tyrian Metaltail
Metallura williami	Metalura Verde	Viridian Metaltail
Eriocnemis vestita	Zamarrito Luciente	Glowing Puffleg
Eriocnemis derbyi	Zamarrito Muslinegro	Black-thighed Puffleg
Eriocnemis luciani	Zamarrito Colilargo	Sapphire-vented Puffleg
Eriocnemis mosquera	Zamarrito Pechidorado	Golden-breasted Puffleg
Aglaeactis cupripennis	Rayito Brillante	Shining Sunbeam
Coeligena torquata	Inca Collarejo	Collared Inca
Coeligena lutetiae	Frentiestrella Alianteada	Buff-winged Starfrontlet
Lafresnaya lafresnayi	Colibrí Terciopelo	Mountain Velvetbreast
Pterophanes cyanopterus	Alazafiro Grande	Great Sapphirewing
Boissonneaua matthewsii	Coronita Pechicastaña	Chestnut-breasted Coronet
Heliodoxa schreibersii	Brillante Gorjinegro	Black-throated Brilliant
Campylopterus largipennis	Alasable Pechigris	Gray-breasted Sabrewing
Thalurania furcata	Ninfa Tijereta	Fork-tailed Woodnymph
Chrysuronia oenone	Zafiro Colidorado	Golden-tailed Sapphire
Trogonidae (4)		
Pharomachrus antisianus	Quetzal Crestado	Crested Quetzal
Trogon viridis	Trogón Coliblanco Amazónico	White-tailed Trogon
Trogon collaris	Trogón Collarejo	Collared Trogon
Trogon personatus	Trogón Enmascarado	Masked Trogon
Momotidae (1)		
Momotus momota	Momoto Coroniazul	Blue-crowned Motmot
Galbulidae (1)		
Galbula pastazae	Jacamar Pechicobrizo	Coppery-chested Jacamar
Ramphastidae (10)		
Capito auratus	Barbudo Filigrana	Gilded Barbet
Eubucco richardsoni	Barbudo Golilimón	Lemon-throated Barbet
Eubucco bourcierii	Barbudo Cabecirrojo	Red-headed Barbet

| Laguna Negra | | Rio Verde | | Alto La Bonita | | Habitats |
Abundancia/ Abundance	Elevacíon/ Elevation (m)	Abundancia/ Abundance	Elevacíon/ Elevation (m)	Abundancia/ Abundance	Elevacíon/ Elevation (m)	
–	–	R	750	–	–	Bl
–	–	R	850	–	–	Bl
–	–	R	750	–	–	G
–	–	C	700–950	–	–	Bl
–	–	C	700–1100	–	–	Bl
–	–	C	800–1000	–	–	Bl
–	–	U	700–850	–	–	Bl
–	–	R	750	–	–	E
R	3400–3450	–	–	C	2600–3000	Bn
–	–	R	750–850	–	–	Bl
–	–	–	–	R	2750	Bn
R	3700	–	–	–	–	P
C	3400–3750	–	–	–	–	E
R	3400–3450	–	–	C	2600–2950	Bn
C	3600–3800	–	–	–	–	Ib
–	–	–	–	R	3000	Bn
R	3700	–	–	–	–	Ib
X	3450	–	–	–	–	Bn
C	3400–3750	–	–	–	–	Ib, Bn, P
U	3400–3750	–	–	–	–	P, E
–	–	–	–	C	2600–2750	Bn
–	–	–	–	R	2650–2750	Bn
R	3700	–	–	R	2650	E
C	3450–3700	–	–	–	–	Ib, Bn
–	–	–	–	R	2650	Bn
–	–	U	1000–1100	–	–	Bl
–	–	R	750	–	–	E
–	–	C	700–900	–	–	Bl
–	–	U	750–950	–	–	Bl
–	–	R	1000	–	–	Bl
–	–	R	900	–	–	Bl
–	–	C	700–1000	–	–	Bl
–	–	–	–	U	2650–2750	Bn
–	–	R	700	–	–	Bl
–	–	C	700–1000	–	–	Za, Bl
–	–	C	700–1100	–	–	Bl
–	–	U	700–750	–	–	Bl
–	–	U	800–1100	–	–	Bl

LEYENDA/LEGEND

Abundancia/Abundance

C = Común (diariamente en hábitat propio)/Common (daily in proper habitat)

U = No común (menos que diariamente)/Uncommon (less than daily)

R = Raro (un o dos registros)/ Rare (one or two records)

X = Presente (abundancia no estimada)/Present (abundance not estimated)

Hábitats/Habitats

(Los hábitats de cada especie están enlistados en orden de importancia/ Habitats listed for each species in order of importance)

A = Aire/Overhead

Bl = Bosque de ladera/Hill Forest

Bn = Bosque nuboso/ Montane forest

Ib = Islas de bosque dentro del paramo/Forest patches within paramo

Br = Bosque ripario/Riparian forest

E = Borde de bosque/Forest edge

G = Bambú (Guadua o Chusquea)/ Bamboo (Guadua or Chusquea)

L = Lagos y pantanos/ Lakes and marshes

M = Hábitats múltiples (>3)/ Multiple habitats (>3)

P = Páramo/Paramo

R = Ríos/Rivers

Za = Zonas abiertas (claros, derrumbes con vegetacíon arbustiva, etc.)/Open areas (clearings, landslides with shrubby vegetation, etc.)

AVES / BIRDS

Nombre científico/Scientific name	Nombre en castellano	English Name
Ramphastos ambiguus	Tucán Mandíbula Negra	Black-mandibled Toucan
Ramphastos vitellinus	Tucán Piquiacanalado	Channel-billed Toucan
Aulacorhynchus prasinus	Tucanete Esmeralda	Emerald Toucanet
Aulacorhynchus derbianus	Tucanete Filicastaño	Chestnut-tipped Toucanet
Andigena hypoglauca	Tucán Andino Pechigris	Gray-breasted Mountain-Toucan
Selenidera reinwardtii	Tucancillo Collaridorado	Golden-collared Toucanet
Pteroglossus pluricinctus	Arasari Bifajeado	Many-banded Aracari
Picidae (8)		
Picumnus lafresnayi	Picolete de Lafresnaye	Lafresnaye's Piculet
Veniliornis passerinus	Carpintero Chico	Little Woodpecker
Veniliornis affinis	Carpintero Rojoteñido	Red-stained Woodpecker
Piculus leucolaemus	Carpintero Goliblanco	White-throated Woodpecker
Colaptes rubiginosus	Carpintero Olividorado	Golden-olive Woodpecker
Colaptes rivolii	Carpintero Dorsicarmesí	Crimson-mantled Woodpecker
Campephilus haematogaster	Carpintero Carminoso	Crimson-bellied Woodpecker
Campephilus melanoleucos	Carpintero Crestirrojo	Crimson-crested Woodpecker
Furnariidae (30)		
Sclerurus sp.	Tirahojas	Leaftosser
Cinclodes excelsior	Cinclodes Piquigrueso	Stout-billed Cinclodes
Cinclodes fuscus	Cinclodes Alifranjeado	Bar-winged Cinclodes
Schizoeaca fuliginosa	Colicardo Barbiblanco	White-chinned Thistletail
Synallaxis azarae	Colaespina de Azara	Azara's Spinetail
Synallaxis unirufa	Colaespina Rufa	Rufous Spinetail
Synallaxis moesta	Colaespina Oscura	Dusky Spinetail
Hellmayrea gularis	Colaespina Cejiblanca	White-browed Spinetail
Cranioleuca curtata	Colaespina Cejiceniza	Ash-browed Spinetail
Asthenes flammulata	Canastero Multilistado	Many-striped Canastero
Premnoplex brunnescens	Subepalo Moteado	Spotted Barbtail
Margarornis squamiger	Subepalo Perlado	Pearled Treerunner
Pseudocolaptes boissonneautii	Barbablanca Rayada	Streaked Tuftedcheek
Syndactyla subalaris	Limpiafronda Lineada	Lineated Foliage-gleaner
Hyloctistes subulatus	Rondamusgos Oriental	Striped Woodhaunter
Philydor ruficaudatum	Limpiafronda Colirrufa	Rufous-tailed Foliage-gleaner
Philydor erythrocercum	Limpiafronda Lomirrufa	Rufous-rumped Foliage-gleaner
Anabazenops dorsalis	Rascahojas de Bambú	Dusky-cheeked Foliage-gleaner
Thripadectes melanorhynchus	Trepamusgos Piquinegro	Black-billed Treehunter
Thripadectes flammulatus	Trepamusgos Flamulado	Flammulated Treehunter
Automolus infuscatus	Rascahojas Dorsiolivácea	Olive-backed Foliage-gleaner
Automolus rubiginosus	Rascahojas Rojiza	Ruddy Foliage-gleaner
Xenops rutilans	Xenops Rayado	Streaked Xenops
Dendrocincla tyrannina	Trepatroncos Tiranino	Tyrannine Woodcreeper
Dendrocincla fuliginosa	Trepatroncos Pardo	Plain-brown Woodcreeper
Glyphorynchus spirurus	Trepatroncos Piquicuña	Wedge-billed Woodcreeper

Laguna Negra		Rio Verde		Alto La Bonita		Habitats
Abundancia/ Abundance	Elevacíon/ Elevation (m)	Abundancia/ Abundance	Elevacíon/ Elevation (m)	Abundancia/ Abundance	Elevacíon/ Elevation (m)	
–	–	U	750–1000	–	–	Bl
–	–	R	900	–	–	Bl
–	–	R	800	–	–	Bl
–	–	U	950–1000	–	–	Bl
X	3400–3500	–	–	X	2200	Bn
–	–	R	1050–1100	–	–	Bl
–	–	R	800	–	–	Bl
–	–	C	700–1050	–	–	Bl
–	–	R	750	–	–	Bl
–	–	R	1000–1050	–	–	Bl
–	–	U	800–950	–	–	Bl
–	–	R	900	–	–	Bl
R	3600	–	–	R	2000–2650	Bn
–	–	R	1050	–	–	Bl
–	–	R	700–800	–	–	Za
–	–	R	1100	–	–	Bn
R	3700	–	–	–	–	Ib
R	3850	–	–	–	–	P
U	3700–3800	–	–	–	–	Ib
–	–	–	–	X	2100–2300	E
X	3450	–	–	R	2400–2700	Bn
–	–	R	750	–	–	Bl
R	3600	–	–	U	2600–2900	Bn
–	–	C	700–1050	–	–	Bl
C	3600–3850	–	–	–	–	P
–	–	U	850–1000	–	–	Bl
R	3700	–	–	C	2600–2850	Bn, Ib
X	3450	–	–	C	2600–2800	Bn
–	–	R	1000	–	–	Bl
–	–	U	900–1050	–	–	Bl
–	–	R	950	–	–	Bl
–	–	U	900	–	–	Bl
–	–	R	1100	–	–	G
–	–	R	1100	–	–	Bl
R	3700	–	–	–	–	Ib
–	–	R	1100	–	–	Bl
–	–	R	800	–	–	Bl
–	–	R	1050	–	–	Bl
–	–	–	–	R	2600–2750	Bn
–	–	R	1000	–	–	Bl
–	–	R	1050	–	–	Bl

LEYENDA/LEGEND

Abundancia/Abundance

C = Común (diariamente en hábitat propio)/Common (daily in proper habitat)

U = No común (menos que diariamente)/Uncommon (less than daily)

R = Raro (un o dos registros)/ Rare (one or two records)

X = Presente (abundancia no estimada)/Present (abundance not estimated)

Hábitats/Habitats

(Los hábitats de cada especie están enlistados en orden de importancia/ Habitats listed for each species in order of importance)

A = Aire/Overhead

Bl = Bosque de ladera/Hill Forest

Bn = Bosque nuboso/ Montane forest

Ib = Islas de bosque dentro del paramo/Forest patches within paramo

Br = Bosque ripario/Riparian forest

E = Borde de bosque/Forest edge

G = Bambú (*Guadua* o *Chusquea*)/ Bamboo (*Guadua* or *Chusquea*)

L = Lagos y pantanos/ Lakes and marshes

M = Hábitats múltiples (>3)/ Multiple habitats (>3)

P = Páramo/Paramo

R = Ríos/Rivers

Za = Zonas abiertas (claros, derrumbes con vegetacíon arbustiva, etc.)/Open areas (clearings, landslides with shrubby vegetation, etc.)

AVES / BIRDS

Nombre científico/Scientific name	Nombre en castellano	English Name
Xiphocolaptes promeropirhynchus	Trepatroncos Piquifuerte	Strong-billed Woodcreeper
Xiphorhynchus ocellatus	Trepatroncos Ocelado	Ocellated Woodcreeper
Xiphorhynchus guttatus	Trepatroncos Golianteado	Buff-throated Woodcreeper
Lepidocolaptes lacrymiger	Trepatroncos Montano	Montane Woodcreeper
Thamnophilidae (22)		
Thamnophilus tenuepunctatus	Batará Listado	Lined Antshrike
Thamnophilus schistaceus	Batará Alillano	Plain-winged Antshrike
Thamnistes anabatinus	Batará Rojizo	Russet Antshrike
Dysithamnus mentalis	Batarito Cabecigris	Plain Antvireo
Dysithamnus leucostictus	Batarito Albirrayado	White-spotted Antvireo
Epinecrophylla spodionota	Hormiguerito Tropandino	Foothill Antwren
Myrmotherula brachyura	Hormiguerito Pigmeo	Pygmy Antwren
Myrmotherula ignota	Hormiguerito Piquicorto	Moustached Antwren
Myrmotherula longicauda	Hormiguerito Pechilistado	Stripe-chested Antwren
Myrmotherula axillaris	Hormiguerito Flanquiblanco	White-flanked Antwren
Myrmotherula menetriesii	Hormiguerito Gris	Gray Antwren
Herpsilochmus axillaris	Hormiguerito Pechiamarillo	Yellow-breasted Antwren
Herpsilochmus rufimarginatus	Hormiguerito Alirrufo	Rufous-winged Antwren
Hypocnemis peruviana	Hormiguero Gorjeador Peruviano	Peruvian Warbling-Antbird
Terenura callinota	Hormiguerito Lomirrufo	Rufous-rumped Antwren
Cercomacra cinerascens	Hormiguero Gris	Gray Antbird
Cercomacra serva	Hormiguero Negro	Black Antbird
Myrmoborus myotherinus	Hormiguero Carinegro	Black-faced Antbird
Schistocichla leucostigma	Hormiguero Alimoteado	Spot-winged Antbird
Myrmeciza fortis	Hormiguero Tiznado	Sooty Antbird
Hylophylax naevius	Hormiguero Dorsipunteado	Spot-backed Antbird
Willisornis poecilinotus	Hormiguero Dorsiescamado	Scale-backed Antbird
Formicariidae (2)		
Chamaeza campanisona	Chamaeza Colicorto	Short-tailed Antthrush
Chamaeza mollissima	Chamaeza Barreteado	Barred Antthrush
Grallaridae (9)		
Grallaria squamigera	Gralaria Ondulada	Undulated Antpitta
Grallaria ruficapilla	Gralaria Coronicastaña	Chestnut-crowned Antpitta
Grallaria rufocinerea	Gralaria Bicolor	Bicolored Antpitta
Grallaria nuchalis	Gralaria Nuquicastaña	Chestnut-naped Antpitta
Grallaria rufula	Gralaria Rufa	Rufous Antpitta
Grallaria quitensis	Gralaria Leonada	Tawny Antpitta
Hylopezus fulviventris	Tororoi Loriblanco	White-lored Antpitta
Myrmothera campanisona	Tororoi Campanero	Thrush-like Antpitta
Grallaricula lineifrons	Gralarita Carilunada	Crescent-faced Antpitta
Conopophagidae (1)		
Conopophaga castaneiceps	Jejenero Coronicastaño	Chestnut-crowned Gnateater

Laguna Negra		Rio Verde		Alto La Bonita		Habitats
Abundancia/ Abundance	Elevacíon/ Elevation (m)	Abundancia/ Abundance	Elevacíon/ Elevation (m)	Abundancia/ Abundance	Elevacíon/ Elevation (m)	
–	–	R	700–750	–	–	Bl
–	–	C	700–1050	–	–	Bl
–	–	U	650–700	–	–	Br
–	–	–	–	R	2800	Bn
–	–	C	700–1100	–	–	E, G
–	–	C	750–900	–	–	Bl
–	–	U	900–1000	–	–	Bl
–	–	C	900–1100	–	–	Bl
–	–	R	1100	–	–	Bl
–	–	C	700–1100	–	–	Bl
–	–	U	700–750	–	–	E, Bl
–	–	U	700–800	–	–	Bl
–	–	R	1000	–	–	Bl
–	–	R	950	–	–	Bl
–	–	R	750–800	–	–	Bl
–	–	C	750–1050	–	–	Bl
–	–	U	700–900	–	–	Bl
–	–	R	750	–	–	Bl
–	–	C	800–1050	–	–	Bl
–	–	R	900	–	–	Bl
–	–	C	750–1000	–	–	Bl
–	–	R	750	–	–	Bl
–	–	U	750–900	–	–	Bl
–	–	R	800	–	–	Bl
–	–	C	700–950	–	–	Bl
–	–	C	700–1100	–	–	Bl
–	–	C	800–1100	–	–	Bl
–	–	–	–	R	2600–2700	Bn
–	–	–	–	R	2750	Bn
–	–	–	–	R	2600	Bn
–	–	–	–	C	2600–2700	Bn
–	–	–	–	C	2700–3000	Bn
U	3450–3600	–	–	U	3400–3600	Bn
C	3500–3850	–	–	–	–	Ib
–	–	R	700	–	–	Br
–	–	R	750	–	–	Bl
–	–	–	–	R	2900	Bn
–	–	R	1100	–	–	Bl

LEYENDA/LEGEND

Abundancia/Abundance

C = Común (diariamente en hábitat propio)/Common (daily in proper habitat)

U = No común (menos que diariamente)/Uncommon (less than daily)

R = Raro (un o dos registros)/ Rare (one or two records)

X = Presente (abundancia no estimada)/Present (abundance not estimated)

Hábitats/Habitats

(Los hábitats de cada especie están enlistados en orden de importancia/ Habitats listed for each species in order of importance)

A = Aire/Overhead

Bl = Bosque de ladera/Hill Forest

Bn = Bosque nuboso/ Montane forest

Ib = Islas de bosque dentro del paramo/Forest patches within paramo

Br = Bosque ripario/Riparian forest

E = Borde de bosque/Forest edge

G = Bambú (*Guadua* o *Chusquea*)/ Bamboo (*Guadua* or *Chusquea*)

L = Lagos y pantanos/ Lakes and marshes

M = Hábitats múltiples (>3)/ Multiple habitats (>3)

P = Páramo/Paramo

R = Ríos/Rivers

Za = Zonas abiertas (claros, derrumbes con vegetacíon arbustiva, etc.)/Open areas (clearings, landslides with shrubby vegetation, etc.)

AVES / BIRDS		
Nombre científico/Scientific name	**Nombre en castellano**	**English Name**

Rhinocryptidae (7)

Nombre científico/Scientific name	Nombre en castellano	English Name
Myornis senilis	Tapaculo Cinéreo	Ash-colored Tapaculo
Scytalopus latrans	Tapaculo Unicolor	Blackish Tapaculo
Scytalopus micropterus	Tapaculo Ventrirrufo Equatorial	Long-tailed Tapaculo
Scytalopus atratus	Tapaculo Coroniblanco Norteño	White-crowned Tapaculo
Scytalopus spillmanni	Tapaculo de Spillmann	Spillmann's Tapaculo
Scytalopus canus	Tapaculo Paramero	Paramo Tapaculo
Acropternis orthonyx	Tapaculo Ocelado	Ocellated Tapaculo

Tyrannidae (41)

Nombre científico/Scientific name	Nombre en castellano	English Name
Phyllomyias nigrocapillus	Tiranolete Gorrinegro	Black-capped Tyrannulet
Tyrannulus elatus	Tiranolete Coroniamarillo	Yellow-crowned Tyrannulet
Myiopagis caniceps	Elenita Gris	Gray Elaenia
Ornithion inerme	Tiranolete Alipunteado	White-lored Tyrannulet
Mecocerculus poecilocercus	Tiranillo Coliblanco	White-tailed Tyrannulet
Mecocerculus stictopterus	Tiranillo Albibandeado	White-banded Tyrannulet
Mecocerculus leucophrys	Tiranillo Barbiblanco	White-throated Tyrannulet
Pseudotriccus ruficeps	Tirano Enano Cabecirrufo	Rufous-headed Pygmy-Tyrant
Zimmerius chrysops	Tiranolete Caridorado	Golden-faced Tyrannulet
Phylloscartes orbitalis	Orejerito de Anteojos	Spectacled Bristle-Tyrant
Phylloscartes gualaquizae	Tiranolete Ecuatoriano	Ecuadorian Tyrannulet
Mionectes striaticollis	Mosquerito Cuellilistado	Streak-necked Flycatcher
Mionectes olivaceus	Mosquerito Olivirrayado	Olive-striped Flycatcher
Mionectes oleagineus	Mosquerito Ventriochráceo	Ochre-bellied Flycatcher
Leptopogon superciliaris	Mosquerito Gorripizarro	Slaty-capped Flycatcher
Myiotriccus ornatus	Mosquerito Adornado	Ornate Flycatcher
Lophotriccus vitiosus	Cimerillo Doblebandeado	Double-banded Pygmy-Tyrant
Hemitriccus granadensis	Tirano Todi Golinegro	Black-throated Tody-Tyrant
Hemitriccus rufigularis	Tirano Todi Golianteado	Buff-throated Tody-Tyrant
Poecilotriccus capitalis	Tirano Todi Negriblanco	Black-and-white Tody-Flycatcher
Tolmomyias sulphurescens	Picoancho Azufrado	Yellow-olive Flycatcher
Tolmomyias poliocephalus	Picoancho Coroniplomizo	Gray-crowned Flycatcher
Tolmomyias flaviventris	Picoancho Pechiamarillo	Yellow-breasted Flycatcher
Myiophobus phoenicomitra	Mosquerito Crestinaranja	Orange-crested Flycatcher
Myiophobus pulcher	Mosquerito Hermoso	Handsome Flycatcher
Pyrrhomyias cinnamomeus	Mosquerito Canelo	Cinnamon Flycatcher
Contopus cooperi	Pibí Boreal	Olive-sided Flycatcher
Contopus fumigatus	Pibí Ahumado	Smoke-colored Pewee
Contopus sordidulus	Pibí Occidental	Western Wood-Pewee
Contopus virens	Pibí Oriental	Eastern Wood-Pewee
Sayornis nigricans	Febe Guardarríos	Black Phoebe
Myiotheretes striaticollis	Alinaranja Golilistada	Streak-throated Bush-Tyrant
Myiotheretes fumigatus	Alinaranja Ahumada	Smoky Bush-Tyrant
Ochthoeca diadema	Pitajo Ventriamarillo	Yellow-bellied Chat-Tyrant

Laguna Negra		Rio Verde		Alto La Bonita		Habitats
Abundancia/Abundance	Elevacíon/Elevation (m)	Abundancia/Abundance	Elevacíon/Elevation (m)	Abundancia/Abundance	Elevacíon/Elevation (m)	
–	–	–	–	R	2800	G
U	3400–3650	–	–	U	2700–2900	Bn, Ib
–	–	–	–	X	2300	Bn
–	–	U	850–1050	–	–	Bl
–	–	–	–	C	2350–2800	Bn
C	3600–3850	–	–	–	–	Ib
X	3450	–	–	–	–	Bn
–	–	–	–	U	2600–2900	Bn
–	–	U	700–750	–	–	E
–	–	U	700–800	–	–	Bl
–	–	R	750	–	–	E
–	–	–	–	X	2200	Bn
–	–	–	–	C	2650–2900	Bn
U	3400–3700	–	–	–	–	Ib, Bn
–	–	–	–	C	2600–2950	Bn
–	–	C	700–900	–	–	Bl, E
–	–	R	700–750	–	–	Bl
–	–	U	850–1050	–	–	Bl
–	–	–	–	R	2200–2650	Bn
–	–	U	850	–	–	Bl
–	–	U	700–1000	–	–	Bl
–	–	U	850–1100	–	–	Bl
–	–	C	700–1100	–	–	M
–	–	U	700–800	–	–	Bl
–	–	–	–	X	2300	Bn
–	–	R	900–1100	–	–	Bl
–	–	R	1100	–	–	G
–	–	R	950	–	–	Bl
–	–	C	700–1000	–	–	Bl
–	–	R	700	–	–	Br
–	–	R	1100	–	–	Bl
–	–	–	–	R	2550–2700	Bn
–	–	–	–	C	1900–2900	Bn, E
–	–	R	700–750	X	2200	E
–	–	–	–	X	1900–2500	Bn, E
–	–	R	700–800	–	–	E
–	–	C	700–1100	–	–	E, Bl
–	–	U	650–700	–	–	R
R	3800	–	–	–	–	P
–	–	–	–	U	2700–2950	Bn
–	–	–	–	U	2400–2850	Bn

LEYENDA/LEGEND

Abundancia/Abundance

C = Común (diariamente en hábitat propio)/Common (daily in proper habitat)

U = No común (menos que diariamente)/Uncommon (less than daily)

R = Raro (un o dos registros)/ Rare (one or two records)

X = Presente (abundancia no estimada)/Present (abundance not estimated)

Hábitats/Habitats

(Los hábitats de cada especie están enlistados en orden de importancia/ Habitats listed for each species in order of importance)

A = Aire/Overhead

Bl = Bosque de ladera/Hill Forest

Bn = Bosque nuboso/ Montane forest

Ib = Islas de bosque dentro del paramo/Forest patches within paramo

Br = Bosque ripario/Riparian forest

E = Borde de bosque/Forest edge

G = Bambú (*Guadua* o *Chusquea*)/ Bamboo (*Guadua* or *Chusquea*)

L = Lagos y pantanos/ Lakes and marshes

M = Hábitats múltiples (>3)/ Multiple habitats (>3)

P = Páramo/Paramo

R = Ríos/Rivers

Za = Zonas abiertas (claros, derrumbes con vegetacíon arbustiva, etc.)/Open areas (clearings, landslides with shrubby vegetation, etc.)

AVES / BIRDS		
Nombre científico/Scientific name	**Nombre en castellano**	**English Name**
Ochthoeca cinnamomeiventris	Pitajo Dorsipizarro	Slaty-backed Chat-Tyrant
Ochthoeca fumicolor	Pitajo Dorsipardo	Brown-backed Chat-Tyrant
Legatus leucophaius	Mosquero Pirata	Piratic Flycatcher
Conopias cinchoneti	Mosquero Cejilimón	Lemon-browed Flycatcher
Tyrannus melancholicus	Tirano Tropical	Tropical Kingbird
Rhytipterna simplex	Copetón Plañidero Grisáceo	Grayish Mourner
Myiarchus tuberculifer	Copetón Crestioscuro	Dusky-capped Flycatcher
Cotingidae (6)		
Ampelion rubrocristatus	Cotinga Crestirroja	Red-crested Cotinga
Pipreola riefferii	Frutero Verdinegro	Green-and-black Fruiteater
Pipreola arcuata	Frutero Barreteado	Barred Fruiteater
Ampelioides tschudii	Frutero Escamado	Scaled Fruiteater
Rupicola peruvianus	Gallo de la Peña Andino	Andean Cock-of-the-rock
Cephalopterus ornatus	Pájaro Paraguas Amazónico	Amazonian Umbrellabird
Pipridae (5)		
Machaeropterus regulus	Saltarín Rayado	Striped Manakin
Lepidothrix coronata	Saltarín Coroniazul	Blue-crowned Manakin
Pipra pipra	Saltarín Coroniblanco	White-crowned Manakin
Pipra erythrocephala	Saltarín Capuchidorado	Golden-headed Manakin
Piprites chloris	Piprites Alibandeado	Wing-barred Piprites
Tityridae (3)		
Schiffornis turdina	Chifornis Pardo	Thrush-like Schiffornis
Pachyramphus versicolor	Cabezón Barreteado	Barred Becard
Pachyramphus albogriseus	Cabezón Blanquinegro	Black-and-white Becard
Vireonidae (6)		
Cyclarhis nigrirostris	Vireón Piquinegro	Black-billed Peppershrike
Vireolanius leucotis	Vireón Coroniplomizo	Slaty-capped Shrike-Vireo
Vireo leucophrys	Vireo Gorripardo	Brown-capped Vireo
Vireo olivaceus	Vireo Ojirrojo	Red-eyed Vireo
Hylophilus olivaceus	Verdillo Olivácea	Olivaceous Greenlet
Hylophilus ochraceiceps	Verdillo Coronileonado	Tawny-crowned Greenlet
Corvidae (2)		
Cyanolyca armillata	Urraca Negricollareja	Black-collared Jay
Cyanocorax yncas	Urraca Inca	Green Jay
Hirundinidae (5)		
Pygochelidon cyanoleuca	Golondrina Azuliblanca	Blue-and-white Swallow
Orochelidon murina	Golondrina Ventricafé	Brown-bellied Swallow
Atticora tibialis	Golondrina Musliblanca	White-thighed Swallow
Stelgidopteryx ruficollis	Golondrina Alirrasposa Sureña	Southern Rough-winged Swallow
Hirundo rustica	Golondrina Tijereta	Barn Swallow
Troglodytidae (11)		
Microcerculus marginatus	Soterrey Ruiseñor	Scaly-breasted Wren
Troglodytes aedon	Soterrey Criollo	House Wren

Laguna Negra		Rio Verde		Alto La Bonita		Habitats
Abundancia/ Abundance	Elevacíon/ Elevation (m)	Abundancia/ Abundance	Elevacíon/ Elevation (m)	Abundancia/ Abundance	Elevacíon/ Elevation (m)	
–	–	–	–	U	2700	E
C	3450–3850	–	–	–	–	E, Ib
–	–	U	700–750	–	–	E
–	–	R	950	–	–	Bl
–	–	U	700–750	–	–	Za, E
–	–	R	1050	–	–	Bl
–	–	R	900–1000	–	–	Bl
R	3400–3700	–	–	R	2650–2750	Bn, Ib
–	–	–	–	C	2300–2850	Bn
–	–	–	–	U	2800–2900	Bn
–	–	R	850	–	–	Bl
–	–	C	700–1100	–	–	Bl
–	–	R	700–850	–	–	Bl
–	–	U	700–1000	–	–	Bl
–	–	U	1000	–	–	Bl
–	–	C	850–1050	–	–	Bl
–	–	U	700–750	–	–	Bl
–	–	R	1100	–	–	Bl
–	–	U	1000–1100	–	–	Bl
–	–	–	–	X	1950–2100	E
–	–	R	1050	–	–	Bl
–	–	–	–	X	2200	Bn
–	–	C	700–1050	–	–	Bl
–	–	–	–	X	1900–2200	Bn
–	–	U	1000–1100	X	1900–2100	Bl, Bn, E
–	–	R	900	–	–	Bl
–	–	U	750–900	–	–	Bl
–	–	–	–	C	2600–2750	Bn, E
–	–	–	–	X	1800–2000	Bn, E
–	–	C	700–800	X	1800–2100	A
C	3500–3800	–	–	R	2950–3000	A, P
–	–	R	700–750	–	–	A
–	–	U	700–750	–	–	A
R	3600	–	–	–	–	A
–	–	C	700–1100	–	–	Bl
–	–	U	700–750	–	–	Za

LEYENDA/LEGEND

Abundancia/Abundance

C = Común (diariamente en hábitat propio)/Common (daily in proper habitat)

U = No común (menos que diariamente)/Uncommon (less than daily)

R = Raro (un o dos registros)/ Rare (one or two records)

X = Presente (abundancia no estimada)/Present (abundance not estimated)

Hábitats/Habitats

(Los hábitats de cada especie están enlistados en orden de importancia/ Habitats listed for each species in order of importance)

A = Aire/Overhead

Bl = Bosque de ladera/Hill Forest

Bn = Bosque nuboso/ Montane forest

Ib = Islas de bosque dentro del paramo/Forest patches within paramo

Br = Bosque ripario/Riparian forest

E = Borde de bosque/Forest edge

G = Bambú (Guadua o Chusquea)/ Bamboo (Guadua or Chusquea)

L = Lagos y pantanos/ Lakes and marshes

M = Hábitats múltiples (>3)/ Multiple habitats (>3)

P = Páramo/Paramo

R = Ríos/Rivers

Za = Zonas abiertas (claros, derrumbes con vegetacíon arbustiva, etc.)/Open areas (clearings, landslides with shrubby vegetation, etc.)

AVES / BIRDS		
Nombre científico/Scientific name	**Nombre en castellano**	**English Name**
Troglodytes solstitialis	Soterrey Montañés	Mountain Wren
Cistothorus platensis	Soterrey Sabanero	Sedge Wren
Thryothorus euophrys	Soterrey Colillano	Plain-tailed Wren
Thryothorus coraya	Soterrey Coraya	Coraya Wren
Cinnycerthia unirufa	Soterrey Rufo	Rufous Wren
Cinnycerthia olivascens	Soterrey Caferrojizo	Sepia-brown Wren
Henicorhina leucosticta	Soterrey Montés Pechiblanco	White-breasted Wood-Wren
Henicorhina leucophrys	Soterrey Montés Pechigris	Gray-breasted Wood-Wren
Cyphorhinus arada	Soterrey Virtuoso	Musician Wren
Polioptilidae (1)		
Microbates cinereiventris	Soterillo Carileonado	Half-collared Gnatwren
Cinclidae (1)		
Cinclus leucocephalus	Cinclo Gorriblanco	White-capped Dipper
Turdidae (5)		
Catharus fuscater	Zorzal Sombrío	Slaty-backed Nightingale-Thrush
Catharus ustulatus	Zorzal de Swainson	Swainson's Thrush
Turdus fuscater	Mirlo Grande	Great Thrush
Turdus serranus	Mirlo Negribrilloso	Glossy-black Thrush
Turdus albicollis	Mirlo Cuelliblanco	White-necked Thrush
Thraupidae (52)		
Cissopis leverianus	Tangara Urraca	Magpie Tanager
Sericossypha albocristata	Tangara Caretiblanca	White-capped Tanager
Hemispingus atropileus	Hemispingo Coroninegro	Black-capped Hemispingus
Hemispingus verticalis	Hemispingo Cabecinegro	Black-headed Hemispingus
Cnemoscopus rubrirostris	Tangara Montés Capuchigris	Gray-hooded Bush-Tanager
Tachyphonus cristatus	Tangara Crestiflama	Flame-crested Tanager
Lanio fulvus	Tangara Fulva	Fulvous Shrike-Tanager
Ramphocelus carbo	Tangara Concha de Vino	Silver-beaked Tanager
Thraupis episcopus	Tangara Azuleja	Blue-gray Tanager
Thraupis palmarum	Tangara Palmera	Palm Tanager
Thraupis cyanocephala	Tangara Gorriazul	Blue-capped Tanager
Buthraupis montana	Tangara Montana Encapuchada	Hooded Mountain-Tanager
Buthraupis eximia	Tangara Montana Pechinegra	Black-chested Mountain-Tanager
Buthraupis wetmorei	Tangara Montana Enmascarada	Masked Mountain-Tanager
Anisognathus lacrymosus	Tangara Montana Lagrimosa	Lacrimose Mountain-Tanager
Anisognathus igniventris	Tangara Montana Ventriescarlata	Scarlet-bellied Mountain-Tanager
Anisognathus somptuosus	Tangara Montana Aliazul	Blue-winged Mountain-Tanager
Chlorornis riefferii	Tangara Carirroja	Grass-green Tanager
Dubusia taeniata	Tangara Montana Pechianteada	Buff-breasted Mountain-Tanager
Iridosornis rufivertex	Tangara Coronidorada	Golden-crowned Tanager
Pipraeidea melanonota	Tangara Pechianteada	Fawn-breasted Tanager
Chlorochrysa calliparaea	Tangara Orejinaranja	Orange-eared Tanager
Tangara nigrocincta	Tangara Enmascarada	Masked Tanager

Laguna Negra		Rio Verde		Alto La Bonita		Habitats
Abundancia/ Abundance	Elevacíon/ Elevation (m)	Abundancia/ Abundance	Elevacíon/ Elevation (m)	Abundancia/ Abundance	Elevacíon/ Elevation (m)	
R	3650	–	–	C	1900–2800	Bn
C	3400–3850	–	–	–	–	P, L
–	–	–	–	X	2450	Bn
–	–	C	700–1100	–	–	Bl
X	3450	–	–	C	2600–2900	Bn
–	–	–	–	X	2250	Bn
–	–	C	700–1100	–	–	Bl
–	–	–	–	U	1800–2650	Bn
–	–	U	700–850	–	–	Bl
–	–	U	700–850	–	–	Bl
–	–	–	–	U	2600–2700	R
–	–	–	–	U	2600–2750	Bn
–	–	R	1000–1100	–	–	Bl
C	3400–3850	–	–	C	2600–3000	Ib, Bn, E
–	–	–	–	C	2100–2800	Bn
–	–	C	700–900	–	–	Bl
–	–	U	700	–	–	Za, Br
–	–	–	–	R	2600–2750	Bn
–	–	–	–	U	2600–2750	Bn
X	3450	–	–	–	–	Bn, E
–	–	–	–	U	2650–2850	Bn
–	–	R	950–1000	–	–	Bl
–	–	C	700–1050	–	–	Bl
–	–	C	700–750	–	–	Za
–	–	C	700–750	–	–	Za
–	–	C	700–950	–	–	Za, Bl
–	–	–	–	R	2700–2800	Bn
U	3400–3600	–	–	C	2600–2950	Bn, E
X	3400–3500	–	–	–	–	Bn, E
R	3700–3750	–	–	R	3000	Ib, E
–	–	–	–	C	2600–2900	Bn
C	3400–3750	–	–	R	3000	Ib, Bn, E
–	–	–	–	R	2000–2600	Bn
–	–	–	–	C	2650–2800	Bn
R	3400–3550	–	–	–	–	Ib
X	3400–3500	–	–	C	2600–2800	Bn, E
R	3650	–	–	–	–	Bn
–	–	C	750–1100	–	–	Bl
–	–	R	750	–	–	Bl

LEYENDA/LEGEND

Abundancia/Abundance

C = Común (diariamente en hábitat propio)/Common (daily in proper habitat)

U = No común (menos que diariamente)/Uncommon (less than daily)

R = Raro (un o dos registros)/ Rare (one or two records)

X = Presente (abundancia no estimada)/Present (abundance not estimated)

Hábitats/Habitats

(Los hábitats de cada especie están enlistados en orden de importancia/ Habitats listed for each species in order of importance)

A = Aire/Overhead

Bl = Bosque de ladera/Hill Forest

Bn = Bosque nuboso/ Montane forest

Ib = Islas de bosque dentro del paramo/Forest patches within paramo

Br = Bosque ripario/Riparian forest

E = Borde de bosque/Forest edge

G = Bambú (*Guadua* o *Chusquea*)/ Bamboo (*Guadua* or *Chusquea*)

L = Lagos y pantanos/ Lakes and marshes

M = Hábitats múltiples (>3)/ Multiple habitats (>3)

P = Páramo/Paramo

R = Ríos/Rivers

Za = Zonas abiertas (claros, derrumbes con vegetacíon arbustiva, etc.)/Open areas (clearings, landslides with shrubby vegetation, etc.)

AVES / BIRDS		
Nombre científico/Scientific name	**Nombre en castellano**	**English Name**
Tangara cyanicollis	Tangara Capuchiazul	Blue-necked Tanager
Tangara xanthogastra	Tangara Ventriamarilla	Yellow-bellied Tanager
Tangara punctata	Tangara Punteada	Spotted Tanager
Tangara vassorii	Tangara Azulinegra	Blue-and-black Tanager
Tangara nigroviridis	Tangara Lentejuelada	Beryl-spangled Tanager
Tangara chilensis	Tangara Paraíso	Paradise Tanager
Tangara callophrys	Tangara Cejiopalina	Opal-crowned Tanager
Tangara gyrola	Tangara Cabecibaya	Bay-headed Tanager
Tangara chrysotis	Tangara Orejidorada	Golden-eared Tanager
Tangara xanthocephala	Tangara Coroniazafrán	Saffron-crowned Tanager
Tangara parzudakii	Tangara Cariflama	Flame-faced Tanager
Tangara schrankii	Tangara Verdidorada	Green-and-gold Tanager
Tangara arthus	Tangara Dorada	Golden Tanager
Dacnis lineata	Dacnis Carinegro	Black-faced Dacnis
Dacnis cayana	Dacnis Azul	Blue Dacnis
Cyanerpes caeruleus	Mielero Purpúreo	Purple Honeycreeper
Chlorophanes spiza	Mielero Verde	Green Honeycreeper
Hemithraupis flavicollis	Tangara Lomiamarilla	Yellow-backed Tanager
Conirostrum sitticolor	Picocono Dorsiazul	Blue-backed Conebill
Diglossa lafresnayii	Pinchaflor Satinado	Glossy Flowerpiercer
Diglossa humeralis	Pinchaflor Negro	Black Flowerpiercer
Diglossa albilatera	Pinchaflor Flanquiblanco	White-sided Flowerpiercer
Diglossa glauca	Pinchaflor Ojidorado	Deep-blue Flowerpiercer
Diglossa caerulescens	Pinchaflor Azulado	Bluish Flowerpiercer
Diglossa cyanea	Pincjaflor Enmascarado	Masked Flowerpiercer
Urothraupis stolzmanni	Quinuero Dorsinegro	Black-backed Bush-Tanager
Coereba flaveola	Mielero Flavo	Bananaquit
Saltator grossus	Picogrueso Piquirrojo	Slate-colored Grosbeak
Saltator maximus	Saltador Golianteado	Buff-throated Saltator
Emberizidae (13)		
Chlorospingus ophthalmicus	Clorospingo Común	Common Bush-Tanager
Chlorospingus canigularis	Clorospingo Golicinéreo	Ashy-throated Bush-Tanager
Chlorospingus flavigularis	Clorospingo Goliamarillo	Yellow-throated Bush-Tanager
Zonotrichia capensis	Chingolo	Rufous-collared Sparrow
Phrygilus unicolor	Frigilo Plomizo	Plumbeous Sierra-Finch
Haplospiza rustica	Pinzón Pizarroso	Slaty Finch
Oryzoborus angolensis	Semillero Menor	Chestnut-bellied Seed-Finch
Catamenia inornata	Semillero Sencillo	Plain-colored Seedeater
Arremon aurantiirostris	Saltón Piquinaranja	Orange-billed Sparrow
Arremon torquatus	Matorralero Cabecilistado	Stripe-headed Brush-Finch
Atlapetes pallidinucha	Matorralero Nuquipálido	Pale-naped Brush-Finch
Atlapetes leucopis	Matorralero de Anteojos	White-rimmed Brush-Finch
Atlapetes schistaceus	Matorralero Pizarroso	Slaty Brush-Finch

Laguna Negra		Rio Verde		Alto La Bonita		Habitats
Abundancia/Abundance	Elevacíon/Elevation (m)	Abundancia/Abundance	Elevacíon/Elevation (m)	Abundancia/Abundance	Elevacíon/Elevation (m)	
–	–	C	700–1000	–	–	Bl, Bn, E
–	–	R	950	–	–	Bl
–	–	C	700–1050	–	–	Bl
–	–	–	–	C	2600–2750	Bn
–	–	–	–	R	2650	Bn
–	–	C	700–1100	–	–	Bl, E
–	–	R	700–750	–	–	Bl, E
–	–	C	700–1100	–	–	Bl
–	–	U	750	–	–	E
–	–	–	–	X	2200	Bn
–	–	–	–	R	1950–2650	Bn
–	–	C	700–1050	–	–	Bl, E
–	–	C	700–1100	–	–	Bl, E
–	–	U	700–800	–	–	Bl, E
–	–	U	700–950	–	–	Bl, E
–	–	C	700–1050	–	–	Bl, E
–	–	C	700–1000	–	–	Bl
–	–	U	700–900	–	–	Bl, E
–	–	–	–	U	2650–2850	Bn
C	3400–3850	–	–	–	–	Ib, E
R	3650–3700	–	–	–	–	Ib
–	–	–	–	U	1900–2850	Bn, E
–	–	C	750–850	–	–	
–	–	–	–	C	2600–2850	Bn
–	–	–	–	C	2000–2950	Bn
R	3750	–	–	–	–	Ib
–	–	C	700–1050	–	–	Bl, E
–	–	C	700–1050	–	–	Bl
–	–	U	700–1050	–	–	E, Bl
–	–	–	–	C	2200–2650	Bn
–	–	R	1100	–	–	Bn
–	–	C	700–1100	–	–	Bn
C	3400–3750	–	–	R	1900–2850	Za, P
C	3700–3850	–	–	–	–	P
–	–	–	–	R	2650	G
–	–	R	700	–	–	Za
R	3600	–	–	–	–	P
–	–	C	700–850	–	–	Bl
–	–	–	–	U	2350	Bn
U	3400–3700	–	–	–	–	Ib, Bn
–	–	–	–	C	2600–2850	Bn, E
–	–	–	–	U	2650–2700	Bn

LEYENDA/LEGEND

Abundancia/Abundance

C = Común (diariamente en hábitat propio)/Common (daily in proper habitat)

U = No común (menos que diariamente)/Uncommon (less than daily)

R = Raro (un o dos registros)/Rare (one or two records)

X = Presente (abundancia no estimada)/Present (abundance not estimated)

Hábitats/Habitats

(Los hábitats de cada especie están enlistados en orden de importancia/Habitats listed for each species in order of importance)

A = Aire/Overhead

Bl = Bosque de ladera/Hill Forest

Bn = Bosque nuboso/Montane forest

Ib = Islas de bosque dentro del paramo/Forest patches within paramo

Br = Bosque ripario/Riparian forest

E = Borde de bosque/Forest edge

G = Bambú (Guadua o Chusquea)/Bamboo (Guadua or Chusquea)

L = Lagos y pantanos/Lakes and marshes

M = Hábitats múltiples (>3)/Multiple habitats (>3)

P = Páramo/Paramo

R = Ríos/Rivers

Za = Zonas abiertas (claros, derrumbes con vegetacíon arbustiva, etc.)/Open areas (clearings, landslides with shrubby vegetation, etc.)

AVES / BIRDS		
Nombre científico/Scientific name	Nombre en castellano	English Name
Cardinalidae (3)		
Piranga rubra	Piranga Roja	Summer Tanager
Piranga rubriceps	Piranga Capuchirroja	Red-hooded Tanager
Chlorothraupis carmioli	Tangara Oliva	Carmiol's Tanager
Parulidae (9)		
Parula pitiayumi	Parula Tropical	Tropical Parula
Dendroica fusca	Reinita Pechinaranja	Blackburnian Warbler
Dendroica cerulea	Reinita Cerúlea	Cerulean Warbler
Wilsonia canadensis	Reinita Collareja	Canada Warbler
Myioborus miniatus	Candelita Goliplomiza	Slate-throated Redstart
Myioborus melanocephalus	Candelita de Anteojos	Spectacled Redstart
Basileuterus luteoviridis	Reinita Citrina	Citrine Warbler
Basileuterus nigrocristatus	Reinita Crestinegra	Black-crested Warbler
Basileuterus coronatus	Reinita Coronirrojiza	Russet-crowned Warbler
Icteridae (2)		
Psarocolius angustifrons	Oropéndola Dorsirrojiza	Russet-backed Oropendola
Psarocolius decumanus	Oropéndola Crestada	Crested Oropendola
Fringillidae (6)		
Carduelis spinescens	Jilguero Andino	Andean Siskin
Euphonia chrysopasta	Eufonia Loriblanca	Golden-bellied Euphonia
Euphonia mesochrysa	Eufonia Verdibronceada	Bronze-green Euphonia
Euphonia xanthogaster	Eufonia Ventrinaranja	Orange-bellied Euphonia
Euphonia rufiventris	Eufonia Ventrirrufa	Rufous-bellied Euphonia
Chlorophonia pyrrhophrys	Clorofonia Pechicastaña	Chestnut-breasted Chlorophonia
Número de especies por sitio/Number of species per site		
Número de especies total/Total number of species = 364		

Laguna Negra		Rio Verde		Alto La Bonita		Habitats
Abundancia/ Abundance	Elevacíon/ Elevation (m)	Abundancia/ Abundance	Elevacíon/ Elevation (m)	Abundancia/ Abundance	Elevacíon/ Elevation (m)	
–	–	C	700–1050	X	1950–2300	Bl, Bn
–	–	–	–	R	2650	Bn
–	–	R	800	–	–	Bl
–	–	C	700–1100	–	–	Bl, E
–	–	–	–	U	1900–2650	Bn
–	–	R	1050	–	–	Bn
–	–	C	700–1050	–	–	Bl, E
–	–	C	800–1100	X	1950–2100	Bl, Bn
R	3400–3700	–	–	C	2400–2950	Bn, Ib
–	–	–	–	C	2600–2850	Bn
–	–	–	–	R	1950–2850	Bn
–	–	–	–	U	2100–2650	Bn
–	–	C	700–1000	–	–	M
–	–	C	700–950	–	–	M
C	3700–3800	–	–	–	–	P
–	–	R	700–750	–	–	Bl
–	–	R	1100	–	–	Bl
–	–	C	700–1100	–	–	Bl, E
–	–	R	750	–	–	Bl
–	–	–	–	U	2650–2800	Bn
74		214		111		

LEYENDA/LEGEND

Abundancia/Abundance

C = Común (diariamente en hábitat propio)/Common (daily in proper habitat)

U = No común (menos que diariamente)/Uncommon (less than daily)

R = Raro (un o dos registros)/ Rare (one or two records)

X = Presente (abundancia no estimada)/Present (abundance not estimated)

Hábitats/Habitats

(Los hábitats de cada especie están enlistados en orden de importancia/ Habitats listed for each species in order of importance)

A = Aire/Overhead

Bl = Bosque de ladera/Hill Forest

Bn = Bosque nuboso/ Montane forest

Ib = Islas de bosque dentro del paramo/Forest patches within paramo

Br = Bosque ripario/Riparian forest

E = Borde de bosque/Forest edge

G = Bambú (*Guadua* o *Chusquea*)/ Bamboo (*Guadua* or *Chusquea*)

L = Lagos y pantanos/ Lakes and marshes

M = Hábitats múltiples (>3)/ Multiple habitats (>3)

P = Páramo/Paramo

R = Ríos/Rivers

Za = Zonas abiertas (claros, derrumbes con vegetacíon arbustiva, etc.)/Open areas (clearings, landslides with shrubby vegetation, etc.)

**Mamíferos Medianos
y Grandes/Large and
Medium-sized Mammals**

Mamíferos registrados en cuatro sitios del inventario rápido biológica Cabeceras Cofanes-Chingual, Ecuador, 20–27 de setiembre y 15–31 de octubre del 2008, por Randall Borman y Amelia Quenamá Q. Ordenes y famiias según el sistema de Emmons y Feer (1997).

MAMÍFEROS MEDIANOS Y GRANDES / LARGE AND MEDIUM-SIZED MAMMALS				
Nombre científico/ Scientific name	**Nombre Cofan/ Cofan name**	**Nombre común en Ecuador/ Common name in Ecuador**	**Nombre en inglés/ English name**	
MARSUPALIA (1)				
Didelphidae (1)				
Didelphis marsupialis	–	raposa, zarigüeya común	common opossum	
XENARTHRA (2)				
Dasypodidae (2)				
Dasypus novemcinctus	*iji*	armadillo, armadillo de nueve bandas	nine-banded long-nosed armadillo	
Priodontes maximus	*cantimba*	armadillo gigante	giant armadillo	
PRIMATES (7)				
Callitrichidae (1)				
Saguinus nigricollis	*chi'me*	chichico	black-mantled tamarin	
Cebidae (6)				
Alouatta seniculus	*a'cho*	mono aullador rojo	red howler monkey	
Ateles belzebuth belzebuth	*duye*	mono araña, mono araña de vientre amarillo	white-bellied spider monkey	
Aotus vociferans	*macoro*	mono nocturno	night monkey	
Cebus albifrons	*ongu*	mono capuchino blanco, mono machín	white-fronted capuchin monkey	
Lagothrix lagothricha	*chusava con'si*	chorongo, chorongo común	common woolly monkey	
Saimiri sciureus	*fatsi*	mono ardilla	common squirrel monkey	
CARNIVORA (14)				
Canidae (2)				
Atelocynus microtis	*tsampisu ain rande*	perro de monte	short-eared dog	
Lycalopex culpaeus	*ccottaccosu tsampisu ain*	lobo de páramo	Andean fox	
Procyonidae (3)				
Nasua nasua	*coshombi*	coatí	South American coati	
Nasuella olivacea	*ccottaccosu coshombi*	cuchucho, andasolo, coatí de montaña	mountain coati, mountain coatimundi	
Potos flavus	*consinsi*	cusumbo	kinkajou	
Mustelidae (4)				
Conepatus semistriatus	*tsujuri*	zorrillo	striped hog-nosed skunk	
Eira barbara	*pando*	cabeza de mate	tayra	
Lontra longicaudis	*choni*	nutria	neotropical otter	
Mustella sp.	*chocori*	chucuri	weasel	
Felidae (4)				
Leopardus pajeros (L. colocolo)	*totopaje ttesi*	gato andino, gato de las pampas, gato pajero	pampas cat	
Leopardus pardalis	*chimindi*	tigrillo	ocelot	
Panthera onca	*rande ttesi, zen'zia ttesi*	jaguar	jaguar	
Puma concolor	*cuvo ttesi*	puma	puma	
Ursidae (1)				
Tremarctos ornatus	*ocomari*	oso andino, oso de anteojos	Andean bear, spectacled bear	

Mammals registered at four sites of the rapid biological inventory of the the Cabeceras Cofanes-Chingual, Ecuador, 20–27 September and 15–31 October 2008, by Randy Borman and Amelia Quenamá Q. Orders and families arranged according to Emmons y Feer (1997).

Registros en los sitios/ Records by site				Estatus de conservación/ Conservation status		
Laguna Negra	Alto La Bonita	Río Verde	Ccuttopoé	UICN/ IUCN	CITES	Lista Roja de Ecuador/Red List of Ecuador
–	–	*	–	LC	–	–
t	–	f, t	–	LC	–	–
–	–	f, t	–	VU	I	DI
–	–	v	–	LC	II	CA
–	–	*	–	LC	II	–
–	–	*	–	EN	II	VU
–	*	*	–	LC	II	–
–	v	v	–	LC	II	–
–	–	*	–	VU	II	VU
–	–	*	–	LC	II	–
–	–	*	–	NT	–	DI
a, s, t	*	–	s, t	LC	II	–
–	–	v	–	LC	–	–
f, t	f, t	–	s, t	DD	–	DI
–	–	a	–	LC	III	–
f, o, s	o	–	o	LC	–	–
–	*	*	–	LC	III	–
–	–	t, v	–	DD	I	VU
t	*	*	s	–	–	–
s	*	–	–	NT	II	VU
–	–	t	–	LC	I	CA
–	–	*	–	NT	I	VU
t	s, t	t	s, t	LC	II	VU
f, s, t	f, t	f, t	f, s, t	VU	I	EN

**Nombre Cofan/
Cofan name**

Los nombres en Cofan provienen de Randall Borman./Cofan names provided by Randall Borman.

**Nombres en español/
Spanish names**

Los nombres en español provienen de Tirira (2007) y de la gente local que participó en el inventario./ Spanish names are from Tirira (2007) and local Ecuadorian people who participated in the inventory.

**Nombres en inglés/
English names**

Los nombres en inglés provienen de Emmons y Feer (1997)./ English names are from Emmons and Feer (1997).

**Tipo de registro/
Basis for record**

* Conocido anteriormente de trabajo de los guardapaques Cofan en Río Verde, o de reportes por cazadores locales en La Bonita/Known from previous work by Cofan park guards at Río Verde, or from reports by local hunters at La Bonita

** Pelo de conejo encontrado en el escremento de *Lycalopex culpaeus*/Rabbit hair in *Lycalopex culpaeus* scat

a = Vocalizaciones/ Auditory (calls)

f = Comedero obervado/ Feeding site observed

o = Registros olfatorios/ Olfactory observation (scent)

s = Heces/Scat

t = Huellas/Tracks

v = Observación directa/ Visual observation

**Categorías UICN/IUCN categories
(UICN 2008)**

EN = En peligro/Endangered

VU = Vulnerable/Vulnerable

NT = Casi amenazada/ Near threatened

DD = Datos insuficientes/ Data deficient

LC = Bajo riesgo/ Least concern

**Apéndices CITES/CITES appendices
(CITES 2008)**

I = En vía de extinción/ Threatened with extinction

II = Vulnerables o potencialmente amenazadas/Vulnerable or potentially threatened

III = Reguladas/Regulated

**Categorias Lista Roja de
los mamíferos del Ecuador/
Red List of mammals of Ecuador
categories (Tirira 2007)**

EN = En peligro/Endangered

VU = Vulnerable/Vulnerable

CA = Casi Amenazado/ Near threatened

DI = Datos insuficientes/ Data deficient

**Mamíferos Medianos
y Grandes/Large and
Medium-sized Mammals**

MAMÍFEROS MEDIANOS Y GRANDES / LARGE AND MEDIUM-SIZED MAMMALS				
Nombre científico/ Scientific name	Nombre Cofan/ Cofan name	Nombre común en Ecuador/ Common name in Ecuador	Nombre en inglés/ English name	
PERISSODACTYLA (2)				
Tapiridae (2)				
Tapirus pinchaque	*ccottaccosu ccovi*	danta de montaña, danta de monte	mountain tapir	
Tapirus terrestris	*ccovi*	danta	Brazilian tapir	
ARTIODACTYLA (5)				
Tayassuidae (2)				
Pecari tajacu	*saquira*		collared peccary	
Tayassu pecari	*munda*	pecari	white-lipped peccary	
Cervidae (3)				
Mazama americana	*rande shan'cco*	venado colorado	red brocket deer	
Mazama rufina	*ccottaccosu shan'cco*	cervicabra, venado colorado enano	dwarf red-brocket deer	
Odocoilus virginanus	*paramo'su shan'cco*	–	–	
RODENTIA (8)				
Sciuridae (3)				
Sciurus cf. *aestuans*	*tiriri*	ardilla	Guianian squirrel	
Sciurus granatensis	*tutuye*	ardilla	red-tailed squirrel	
Sciurus igniventris	*tutuye*	ardilla	northern Amazon red squirrel	
Erethizontidae (1)				
Coendou sp.	*shinda*	–	–	
Geomyidae (1)				
Orthogeomys sp.	–	–	–	
Agoutidae (2)				
Cuniculus (Agouti) paca	*chanange*	guanta	paca	
Cuniculus(Agouti) taczanowskii	*ccottaccosu chanange*	sacha cuy	mountain paca	
Dasyproctidae (1)				
Dasyprocta fuliginosa	*quiya*	guatusa	black agouti	
LAGOMORPHA (1)				
Leporidae (1)				
Sylvilagus brasiliensis	*cocye*	conejo	Brazilian rabit	

Registros en los sitios/Records by site				Estatus de conservación/Conservation status		
Laguna Negra	Alto La Bonita	Río Verde	Ccuttopoé	UICN/IUCN	CITES	Lista Roja de Ecuador/Red List of Ecuador
t	f, s, t	–	f, s, t	EN	I	EN
–	–	*	–	VU	II	CA
–	–	*	–	LC	II	–
–	–	*	–	NT	II	–
–	–	t	–	DD	–	–
t	f, t		s, t	VU	–	CA
f, s, t	–	–	t	LC	–	–
–	–	v	–	LC	–	–
–	*	–	–	LC	–	–
–	–	v	–	LC	–	–
–	–	–	v	–	–	–
–	*	–	–	–	–	–
–	–	f, t	–	LC	III	–
f, t	f, s, t		f, s	NT	–	DI
–	–	f, t	–	LC	–	–
**	–	*	s	LC	–	–

**Nombre Cofan/
Cofan name**

Los nombres en Cofan provienen
de Randall Borman./Cofan names
provided by Randall Borman.

**Nombres en español/
Spanish names**

Los nombres en español provienen
de Tirira (2007) y de la gente local
que participó en el inventario./
Spanish names are from Tirira
(2007) and local Ecuadorian people
who participated in the inventory.

**Nombres en inglés/
English names**

Los nombres en inglés provienen
de Emmons y Feer (1997)./
English names are from
Emmons and Feer (1997).

**Tipo de registro/
Basis for record**

* Conocido anteriormente de
trabajo de los guardapaques
Cofan en Río Verde, o de reportes
por cazadores locales en
La Bonita/Known from previous
work by Cofan park guards at
Río Verde, or from reports by
local hunters at La Bonita

** Pelo de conejo encontrado en
el escremento de *Lycalopex
culpaeus*/Rabbit hair in
Lycalopex culpaeus scat

a = Vocalizaciones/
Auditory (calls)

f = Comedero obervado/
Feeding site observed

o = Registros olfatorios/
Olfactory observation (scent)

s = Heces/Scat

t = Huellas/Tracks

v = Observación directa/
Visual observation

**Categorías UICN/IUCN categories
(UICN 2008)**

EN = En peligro/Endangered

VU = Vulnerable/Vulnerable

NT = Casi amenazada/
Near threatened

DD = Datos insuficientes/
Data deficient

LC = Bajo riesgo/
Least concern

**Apéndices CITES/CITES appendices
(CITES 2008)**

I = En vía de extinción/
Threatened with extinction

II = Vulnerables o potencialmente
amenazadas/Vulnerable or
potentially threatened

III = Reguladas/Regulated

**Categorias Lista Roja de
los mamíferos del Ecuador/
Red List of mammals of Ecuador
categories (Tirira 2007)**

EN = En peligro/Endangered

VU = Vulnerable/Vulnerable

CA = Casi Amenazado/
Near threatened

DI = Datos insuficientes/
Data deficient

Aguirre, L. X., y F. P. Fuentes P. 2001. Estudio de alternativas de manejo para los bosques montanos del área de influencia norte de la Reserva Ecológica Cayambe-Coca (RECAY). Tesis doctoral. Universidad Central del Ecuador, Quito.

Altamirano, M., y A. Quiguango. 1997. Diversidad y abundancia relativa de la herpetofauna en Sinangüe, Reserva Ecológica Cayambe-Coca, Sucumbíos Ecuador. Pp. 3–27 en P. A. Mena, A. Soldi, R. Alarcón, C. Chiriboga, y Luis Suárez, eds. *Estudios biológicos para la conservación: Diversidad, ecología y etnobiología.* Serie Investigación y Monitoreo 2. Ecociencia, Quito.

Alvarez-León, R., y V. Ortiz-Muñoz. 2004. Distribución altitudinal de las familias de peces en tributarios de los ríos Magdalena y Upía. Dahlia 7:87–94.

Ambrose, K., K. Cueva, L. Ordóñez, L. González, y R. Borja. 2006. *Aprendizaje participativo en el bosque de ceja andina, Carchi-Ecuador.* Editorial Abya Yala, Quito.

Andrefsky Jr, W. 1998. *Lithics: Macroscopic approaches to analysis.* Cambridge University Press, Cambridge and New York.

Armbruster, J. W. 2003. The species of the *Hypostomus cochliodon* group (Siluriformes: Loricariidae). Zootaxa 249:1–60.

Athens, L. S. 1980. El proceso evolutivo en las sociedades complejas y la ocupación del Período Tardio-Cara en los Andes septentrionales del Ecuador. Ph. D. thesis, 307 pp. Instituto Otavaleño de Antropología, Otavalo. [Also published in English in 1978, Evolutionary process in complex societies and the Late Period Cara occupation of northern highland Ecuador. 310 pp. University of New Mexico, Albuquerque.]

Bader, M. Y. 2007. Tropical alpine treelines: How ecological processes control vegetation patterning and dynamics. Phd. Dissertation. University of Wageningen, The Netherlands.

Benavides, M. 1985. Folleto de la historia de la Parroquia Monte Olivo. Documento de la Parroquia, Monte Olivo, Ecuador.

BirdLife International 2008a. BirdLife's online World Bird Database (*www.birdlife.org*).

BirdLife International 2008b. Species factsheet: *Galbula pastazae* (*www.birdlife.org*, 11 May 2008).

BirdLife International 2008c. Species factsheet: *Grallaria rufocinerea* (*www.birdlife.org*, 11 April 2008).

BirdLife International 2008d. Species factsheet: *Aburria aburri* (*www.birdlife.org*, 11 April 2008).

BirdLife International 2008e. Species factsheet: *Ara militaris* (*www.birdlife.org*, 11 April 2008).

BirdLife International 2008f. Species factsheet: *Buthraupis wetmorei* (*www.birdlife.org*, 11 April 2008).

BirdLife International 2008g. Species factsheet: *Tinamus osgoodi* (*www.birdlife.org*, 11 May 2008).

BirdLife International 2008h. Species factsheet: *Odontophorus speciosus* (*www.birdlife.org*, 11 May 2008).

BirdLife International 2008i. Species factsheet: *Eriocnemis derbyi* (*www.birdlife.org*, 11 May 2008).

BirdLife International 2008j. Species factsheet: *Andigena hypoglauca* (*www.birdlife.org*, 11 May 2008).

BirdLife International 2008k. Species factsheet: *Atlapetes leucotis* (*www.birdlife.org*, 11 May 2008).

Bray, T. 1995. Pimampiro y puertos de comercio: Investigaciones arqueológicas recientes en la

Sierra Norte del Ecuador. Pp. 30–48 en C. Gnecco, ed. *Perspectivas regionales en la arqueología del suroccidente de Colombia y norte de Ecuador.* Editorial Universidad del Cauca, Popayán.

Bray, T. 2005. Multi-ethnic settlement and interregional exchange in Pimampiro, Ecuador. Journal of Field Achaeology 30:119–141.

Campos, F., M. Yánez-Muñoz, J. Izquierdo, y P. Fuentes. 2001. Herpetofauna de los bosques montanos del área de influencia norte de la Reserva Ecológica Cayambe-Coca (RECAY), sectores La Bonita, Rosa Florida, La Sofía, La Barquilla y Sucumbíos, Ecuador. Informe Técnico Fundación Ecológica La Bonita yThe Nature Conservancy, Quito.

Cardenas-Arroyo, F. 1989. Complejos ceramicos y territorios étnicos en areas arqueologicas de Nariño. Boletin de arqueologia, Fundacion de Investigaciones Nacionales 3:27–34.

Cardenas-Arroyo, F. 1995. Complejos ceramicos como marcadores territoriales: El caso critico del Pirtal-Tuza en la arqueologia colombo-ecuatoriana. Pp. 49–58 en C. Gnecco, ed. *Perspectivas regionales en la arqueología del suroccidente de Colombia y norte de Ecuador.* Editorial Universidad del Cauca, Popayán.

CGRR. 2005. Documentos de la subcuenca del rio El Ángel, Provincia del Carchi-Ecuador (CD biblioteca virtual). Corporación Grupo Randi Randi, Quito.

Chernoff, B., and A. Machado-Allison. 1990. Characid fishes of the genus *Ceratobranchia*, with descriptions of new species from Venezuela and Peru. Proceedings of the Academy of Natural Sciences of Philadelphia 142:261–290.

Cisneros-Heredia, D. F., and R. W. McDiarmid. 2006. Review of the taxonomy and conservation status of the Ecuadorian glassfrog *Centrolenella puyoensis* Flores & McDiarmid (Amphibia: Anura: Centrolenidae). Zootaxa 1361:21–31.

CITES. 2008. UNEP-WCMC Species Database (*www.cites. org/eng/resources/species.html*). Secretariat of the Convention on International Trade in Endangered Species of Wild Fauna and Flora, Geneva.

Coloma, L. A., ed. 2005–2008. Anfibios de Ecuador, ver 2.0 (*www.puce.edu.ec/zoología/vertebrados/amphibianwebec/ anfibiosdeecuador/index.html*, 29 de octubre de 2006). Museo de Zoología Pontificia Universidad Católica del Ecuador, Quito.

Creswell, W., R. Mellanby, S. Bright, P. Catry, J. Chaves, J. Freile, A. Gabela, M. Hughes, H. Martineau, R. MacLeod, F. McPhee, N. Anderson, S. Holt, S. Barabas, C. Chapel, and T. Sanchez. 1999. Birds of the Guandera Biological Reserve, Carchi Province, northeast Ecuador. Cotinga 11:55-63.

Cuarán Ibarra, A. F. 2008. *Narraciones populares del Cantón Sucumbíos*. Creadores Graficos, Ibarra, Ecuador.

Denevan, W. 1992. The Pristine Myth: The Landscape of the Americas in 1492. Annales of the Association of American Geographers 82:369–385.

Duellman, W. E. 1979. The herpetofauna of the Andes: Patterns of distribution, origin, differentiation, and present communities. In W. E. Duellman, ed. The South American herpetofauna: Its origin, evolution, and dispersal. University of Kansas Museum of Natural History Monograph 7. Lawrence, Kansas.

Duellman, W. E., and R. Altig. 1978. New species of tree frogs (Family Hylidae) from the Andes of Colombia and Ecuador. Herpetologica 34(2):177–185.

Duellman, W. E., and D. M. Hillis. 1990. Systematics of the *Hyla larinopygion* group. Occasional Papers of the Museum of Natural History, University of Kansas 134:1–23.

Ego, F., M. Sébrier, E. Carey-Gailhardis, and D. Insergueix. 1996. Estimation de l'aléa sismique dans les Andes nord équatoriennes. Bulletin de l'Institut francais d'études Andins. 25:325–357.

Egüez, A., A. Alvarado, H. Yepes, M. N. Machette, C. Costa, and R. L. Dart. 2003. Database and Map of Quaternary faults and folds of Ecuador and its offshore regions USGS Open-File Report 03-289. U. S. Geological Survey, Denver.

Emmons, L. H., and F. Feer. 1999. *Neotropical rainforest mammals: A field guide, second edition*. University of Chicago Press, Chicago.

Ferrer, R. 1605. Prov. Novi Regn carta annua de la Viceprovincia del Nuevo Reyno de quito en los Reynos de Perú. In Novi Regni et Quitensis. Tom. I; Literae annuae 1605-1652. Archivum Romanum Societatis Iesu (ARSI). Ff. 5–12.

Foster, R., H. Betz, T. Theim, y/and M. Metz. 2001. Plantas llamativas de El Angel, Reserva Ecologica El Angel, Carchi, Ecuador/Conspicuous plants of El Angel, Reserva Ecologica El Angel, Carchi, Ecuador (*www.fieldmuseum.org/plantguides*). The Field Museum, Chicago.

Foster, R., N. Pitman, y/and R. Aguinda. 2002. Flora y Vegetación/ Flora and Vegetation. Pp. 47–61, 122–135 en/in N. Pitman, D. K. Moskovits, W. S. Alverson, y/and R. Borman A., eds. Ecuador: Serranías Cofan-Bermejo, Sinangoe. Rapid Biological Inventories Report 03. The Field Museum, Chicago.

Francisco, A. E. 1969. An archaeological sequence from Carchi, Ecuador. Ph. D. thesis, 276 pp. University of California, Berkeley.

Freile, J., y T. Santander. 2005. Áreas importantes para la conservación de las aves en Ecuador. Pp. 283–370 en K. Boyla y A. Estrada, eds. Áreas importantes para la conservación de las aves en los Andes tropicales: Sitios prioritarios para la conservación de la biodiversidad. Serie de Conservación de BirdLife 14. BirdLife International, Quito.

Frolich, L. M., D. Almeida, J. Mather-Hillon, F. Nogales, y N. Schultz. 2005. *Las ranas de los Andes norte del Ecuador: Cordillera Oriental*. Editorial Abya Yala, Quito.

Frost, D. R. 2008. Amphibian species of the world, version 5.2: an online reference. (*http://research.amnh.org/herpetology/ amphibia/index.html*, 15 July 2007). American Museum of Natural History, New York.

Fuentes, P. 2002 *Estrategia de conservación para los bosques montanos del área de influencia de las reservas ecológicas Cayambe-Coca y Cofan-Bermejo*. Corporación Grupo Randi Randi y The Nature Conservancy, Quito.

Fuentes, P., y L. X. Aguirre. 2001. Estudio de alternativas de manejo para los bosques montanos del área de influencia norte de la Reserva Ecológica Cayambe-Coca, RECAY. Tesis doctoral. Universidad Central del Ecuador, Quito.

Géry, J. 1977. Characoids of the world. TFH Publications, Neptune, New Jersey.

Groot de Mahecha, A. M., y E. M. Hooykaas. 1991. *Intento de Delimitación del Territorio de los Grupos Étnicos Pastos y Quillacingas en el altiplano Nariñense*. Fundacion de Investigaciones Arqueologicas Nacionales. Banco de la Republica, Bogotá.

Guayasamín J. M., D. Almeida-Reinoso, and F. Nogales-Sornosa. 2004. Two new species of frogs (Leptodactylidae: *Eleutherodactylus*) from the high Andes of northern Ecuador. Herpetological Monographs 18:127–141.

Hall, M. L., P. Samaniego, J. L. Le Pennec, and J. B. Johnson. 2008. Ecuadorian Andes volcanism: A review of Late Pliocene to present activity. Journal of Volcanology and Geothermal Research. 176(1):1–6.

Heckenberger, M. J., J. C. Russell, C. Fausto, J. R. Toney, M. J. Schmidt, E. Pereira, B. Franchetto, and A. Kuikuro. 2008. Pre-Columbian urbanism, anthropogenic landscapes, and the future of the Amazon. Science 321:1214–1217.

Heyer, R., M. Donnelly, R. McDiarmid. L. Hayek, and M. Foster, eds. 1994. Measuring and monitoring biological diversity: Standard methods for amphibians. Smithsonian Institution Press, Washington and London.

Hubert, N., and J. F. Renno. 2006. Historical biogeography of South American freshwater fishes. Journal of Biogeography 33:1414–1436.

IUCN, Conservation International, and NatureServe. 2004. Global Amphibian Assessment (*www.globalamphibians.org*, 4 May 2006). International Union for Conservation of Nature and Natural Resources, Cambridge, UK.

Jijón y Caamaño, J. 1997. *Antropología prehispánica del Ecuador.* Museo Jacinto Jijón y Caamaño, Pontificía Universidad Católica del Ecuador. Quito.

Junk, W. J., M. G. M. Soares, and P. B. Bayley. 2007. Freshwater fishes of the Amazon River basin: Their biodiversity, fisheries, and habitats. Aquatic Ecosystem Health and Management 10(2):153–173.

Koenen, M. T., and S. G. Koenen. 2000. Effects of fire on birds in paramo habitat of northern Ecuador. Bird Conservation International 11:155–163.

Laguna-Cevallos, A. A., F. M. Ortiz G., S. Cáceres S., M. Yánez-Muñoz, y P. Meza R. 2007. Caracterización y composición de la herpetofauna en la Hacienda "La Bretaña", Andes nororientales de la Provincia del Carchi. Resúmenes XXXI Jornadas Nacionales de Biología. Sociedad Ecuatoriana de Biología, Escuela Politécnica del Litoral, Guayaquil.

Lundberg, J. G., L. G. Marshall, J. Guerrero, B. Horton, M. C. Malabarba, and F. Wesselingh. 1998. The stage for neotropical fish diversification: A history of tropical South American rivers. Pp. 13–48 in

L. R. Malabarba, R. E. Reis, R. P. Vari, Z. Margarete S. Lucena, and C. Alberto S. Lucena, eds. *Phylogeny and Classification of Neotropical Fishes.* EDIPURUS, Porto Alegre.

Lynch, J. D. 1981. Leptodactylid frogs of the genus *Eleutherodactylus* in the Andes of northern Ecuador and adjacent Colombia. Miscellaneous Publications of the Museum of Natural History, University of Kansas 72:1–46.

Lynch, J. D. 2001. A small amphibian fauna from a previously unexplored páramo of the Cordillera Occidental in western Colombia. Journal of Herpetology 35:226–231.

Lynch, J. D., and W. E. Duellman. 1980. The *Eleutherodactylus* of the Amazonian slopes of the Ecuadorian Andes (Anura: Leptodactylidae). Miscellaneous Publications of the Museum of Natural History, University of Kansas 69:1–86.

Lynch, J. D., y A. M. Suárez-Mayorga. 2002. Análisis biogeográfico de los anfibios paramunos. Caldasia 24:471–480.

Magurran, A. 1989. *Diversidad, ecología y su medición.* Editorial Vedrà, España.

Maldonado-Ocampo, J. A., y J. D. Bogotá-Gregory. 2007. Peces. Pp. 168–177 en S. L. Ruiz, E. Sánchez, E. Tabares, A. Prieto, J. C. Arias, R. Gómez, D. Castellanos, P. García y L. Rodríguez, eds. Diversidad biológica y cultural del sur de la Amazonía colombiana - Diagnóstico. Corpoamazonia, Instituto Humboldt, Instituto Sinchi, UAESPNN, Bogotá, Colombia.

Maldonado-Ocampo, J. A., A. Ortega-Lara, J. S. Usma, G. Galvis, F. A. Villa-Navarro, L. G. Vásquez, S. Prada-Pedreros, y C. R. Ardila. 2005. *Peces de los Andes de Colombia.* Instituto de Investigación de Recursos Biológicos Alexander von Humboldt, Bogotá.

Marsh, D. M., and P. B. Pearman. 1997. Effects of habitat fragmentation on the abundance of two species of Leptodactylid frogs in an Andean Montane Forest. Conservation Biology 11:1323–1328.

McAleece, N., P. J. D. Lambshead, G. L. J. Paterson, and J. D. Gage. 1997. BioDiversity Pro, version 2. The Natural Museum and The Scottish Association for Marine Science, London and Oban.

Mena V., P. 1997. Diversidad y abundancia relativa de las aves en Sinangüe, Reserva Ecológica Cayambe-Coca, Sucumbíos, Ecuador. Pp. 29–56 en P. A. Mena, A. Soldi, R. Alarcón, C. Chiriboga, y L.Suárez, eds. Estudios biológicos para la conservación: Diversidad, ecología y etnobiología. EcoCiencia, Quito.

Mena-V., P., G. Medina, y R. Hofstede, eds. 2001. Los páramos de Ecuador: Particularidades, problemas y perspectivas. Editorial Abya Yala, y Proyecto Páramo, Quito.

Mendoza, H., y B. Ramírez. 2006. Guía ilustrada de géneros de Melastomataceae y Memecylaceae de Colombia. Instituto de Investigación de Recursos Biológicos Alexander von Humboldt, Universidad del Cauca, Bogotá.

Merino-Viteri, A. 2001. Análisis de las posibles causas de las disminuciones de las poblaciones de anfibios en los Andes de Ecuador. Tesis de Licenciatura. Pontificia Universidad Católica del Ecuador, Quito.

Miranda-Chumacero, G. 2004. Distribución altitudinal, abundancia relativa y densidad de peces en el río Huarinilla y sus tributarios (Cotapata, Bolivia). Ecología en Bolivia 41:79–93.

Mora, S. 2003. *Early inhabitants of the Amazonian tropical rain forest: A study of humans and dynamics/Habitantes tempranos de la selva tropical lluviosa amazónica: Un estudio de las dinámicas humanas y ambientales*. Department of Anthropology, University of Pittsburgh, Pittsburg, y/and Instituto amazónico de investigaciones (IMANI), Leticia.

Mueses-Cisneros, J. J. 2005. Fauna anfibia del Valle de Sibundoy, Putumayo-Colombia. Caldasia 27 (2):229–242.

Mueses-Cisneros, J. J. 2007. Two new species of the genus *Eleutherodactylus* (Anura: Brachycephalidae) from Valle de Sibundoy, Putumayo, Colombia. Zootaxa 1498:35–43.

Murra, J. 1975. Formaciones economicas y politicas del mundo andino. Pp. 59–115 en J. V. Murra, ed. *El mundo andino: Población, medio ambiente y economía*. Fondo Editorial Pontificia Universidad Católica del Perú e Instituto de Estudios Peruanos, Lima.

Oberem, U. 1978. El acceso a recursos naturales de diferentes ecologías en la sierra ecuatoriana, siglo XVI. Actes du 42ème Congress International des Americanistes 4:51–64.

Ortega, H., and M. Hidalgo. 2008. Freshwater fishes and aquatic habitats in Peru: Current knowledge and conservation. Aquatic Ecosystem Health and Management 11(3) 257–271.

Ortega-Lara, A. 2005. Inventario preliminar de la ictiofauna de la cuenca alta de los ríos Mocoa y Putumayo, Piedemonte Amazónico. Informe presentando a WWF Colombia, Programa Ecorregional Andes del Norte. Cali. 54 p.

Parker, T. A. III, D. F. Stotz, and J. W. Fitzpatrick. 1996. Ecological and distributional databases. Pp. 131–436 in D. F. Stotz, T. A. Parker III, J. W. Fitzpatrick, and D. K. Moskovits, eds. *Neotropical birds: Ecology and conservation*. University of Chicago Press, Chicago.

Pitman, N., D. K. Moskovits, W. S. Alverson, y/and R. Borman A, eds. 2002. Ecuador: Serranías Cofan-Bermejo, Sinangoe. Rapid Biological Inventories Report 03. The Field Museum, Chicago.

Poats, S. V., W. H. Ulfelder, J. Recharte B., y C. Scurrah-Ehrhart. 2001. *Construyendo la conservación participativa en la Reserva Ecológica Cayambe-Coca, Ecuador: Participación local en el manejo de áreas protegidas*. The Nature Conservancy, FLACSO y Abya-Yala, Quito.

Porras G., P. I. 1974. *Historia y arqueologia de la ciudad española Baeza de los Quijos*. Centro de Publicaciones de la Pontificia Universidad Católica del Equador, Quito.

Pouilly, M., S. Barrera, and C. Rosales. 2006. Changes of taxonomic and trophic structure of fish assemblages along an environmental gradient in the Upper Beni watershed. Journal of Fish Biology 68:137–156.

Ramírez de Jara, M. C. 1992. Los Quillacinga y su posible relación con grupos prehispanicos del oriente ecuatoriano. Revista Colombiana de Antropologia 29:27–61.

Ramírez de Jara, M. C. 1996. Territorialidad y dualidad en una zona de frontera del piedemonte oriental: El caso del Valle de Sibundoy. Pp. 111–136 en C. Caillavet y X. Pachón. *Frontera y poblamiento: Estudios de historia y antropologia de Colombia y Ecuador*. Instituto Frances de Estudios Andinos y Instituto Amazónico de Investigaciones Cientificas, Universidad de los Andes, Bogotá.

Regan, C. T. 1904. A monograph of the fishes of the family Loricariidae. Transactions of the Zoological Society of London 17:191–350.

Reis, R. E., S. O. Kullander, y C. J. Ferraris, Jr., eds. 2003. Check List of the freshwater fishes of South and Central America. EDIPURUS, Porto Alegre.

Rice, P. 1987. *Pottery Analysis a sourcebook*. University of Chicago Press, Chicago.

Ridgely, R. S., and P. J. Greenfield. 2001a. *Birds of Ecuador, vol. I: Status, Distribution and Taxonomy*. Cornell University Press, Ithaca.

Ridgely, R. S., and P. J. Greenfield. 2001b. *Birds of Ecuador, vol. II: Field Guide*. Cornell University Press, Ithaca.

Robbins, M. B., N. Krabbe, G. H. Rosenberg, and F. Sornoza M. 1994. The tree line avifauna at Cerro Mongas, Prov. Carchi, northeastern Ecuador. Proceedings of the Academy of Natural Sciences, Philadelphia 145:209–216.

Robinson, S. K., J. W. Fitzpatrick, and J. Terborgh. 1995. Distribution and habitat use of Neotropical migrant landbirds in the Amazon basin and Andes. Bird Conservation International 5:305–323.

Rodríguez, L. O., y F. Campos. 2002. Anfibios y Reptiles. Pp: 65–68 en N. Pitman, D. K. Moskovits, W. S. Alverson, y/and R. Borman A., eds. 2002. Ecuador: Serranías Cofán-Bermejo, Sinangoe. Rapid Biological Inventories Report 03. The Field Museum, Chicago.

Salazar, E. 1992. El intercambio de obsidiana en el Ecuador precolombino: Perspectivas teórico-metodológicas. Pp. 116–131 en G. Politis, ed. *Arqueología en América Latina hoy*. Fondo de Promoción de la Cultura, Bogotá.

Salazar, E., y. C. Gnecco. 1998. Un complejo Paleoindio en el noreste de Sudamerica. Memoria 6:161–176.

Schulenberg, T. S. 2002. Aves/Birds. Pp. 68–76, 141–148, 182–209 en/in N. Pitman, D. Moskovits, W. S. Alverson y/and R. Borman A., eds. Ecuador: Serranías Cofán-Bermejo, Sinangoe. Rapid Biological Inventories Report 03. The Field Museum, Chicago.

Schulenberg, T. S., S. E. Allen, D. F. Stotz, and D. A. Wiedenfeld. 1984. Distributional records from the Cordillera Yanachaga, central Peru. Gerfaut 74:57–70.

Schulenberg, T. S., D. F. Stotz, D. F. Lane, J. P. O'Neill, and T. A. Parker III. 2007. *Birds of Peru*. Princeton Press, Princeton.

SIISE 2001. Sistema Integrada de Indicadores Sociales Ecuador (*www.siise.gov.ec*). Ministerio de Coordinación de Desarrollo Social, Quito.

Stotz, D. F., y/and J. Díaz A. 2007. Aves/Birds. Pp. 67–73, 134–140, 214–225 en/in C. Vriesendorp, J. Álvarez A., N. Barbagelata, W. S. Alverson, y/and D. Moskovits, eds. Perú: Nanay-Mazán-Arabela. Rapid Biological Inventories Report 18. The Field Museum, Chicago.

Stotz, D. F., T. A. Parker III, J. W. Fitzpatrick, and D. K. Moskovits. 1996. *Neotropical birds: Ecology and conservation.* University of Chicago Press, Chicago.

Stotz, D. F., y/and T. Pequeño. 2006. Aves/Birds. Pp. 197–205, 304–319 en/in C. Vriesendorp, N. Pitman, J.-I. Rojas M., B. A. Pawlak, L. Rivera C., L. Calixto M., M. Vela C., y/and P. Fasabi R., eds. Perú: Matsés. Rapid Biological Inventories Report 16. The Field Museum, Chicago.

Tirira, D. 2007. *Mamíferos del Ecuador: Guía de campo.* Ediciones Murciélago Blanco, Quito.

Torres-Mejia, M., y M. P. Ramírez-Pinilla. 2008. Dry-season breeding of a Characin in a Neotropical mountain river. Copeia 1:99–104.

TROPICOS. 2008. TROPICOS database (*www.tropicos.org*). Missouri Botanical Garden, St. Louis.

Uetz, P., J. Goll, and J. Hallermann. 2007. Die TIGR-Reptiliendatenbank. Elaphe 15(3):22–25

UICN. 2008. Unión Internacional para la Conservación de la Naturaleza (*www.uicn.org/es/*), Gland.

Uribe, M. V. 1977. Asentamientos prehispanicos en el altiplano de Ipiales, Colombia. Revista Colombiana de Antropologia 21:57–196.

Uribe, M. V. 1986. Pastos y protopastos: La red regional de intercambio de productos y materias primas de los siglos X a XVI D.D. Maguare 3:33–46.

USDA Soil Survey Staff. 2006. Keys to Soil Taxonomy, 10th ed. USDA-Natural Resources Conservation Service. Washington, DC.

Valencia, R., N. Pitman, S. León-Yánez, y P. M. Jørgenson, eds. 2000. *Libro rojo de las plantas endémicas del Ecuador.* Pontificia Universidad Católica del Ecuador, Quito

Vallejo, M. I., C. Samper, H. Mendoza, and J. T. Otero. 2004. La Planada Forest Dynamics Plot, Colombia. Pp. 517–526 in E. C. Losos and E. G. Leigh Jr., eds. *Tropical forest diversity and dynamism: Findings from a large-scale plot network.* University of Chicago Press, Chicago.

Vari, R. P., and A. S. Harold. 2001. Phylogenetic Study of the neotropical fish genera *Creagrutus* Günther and *Piabina* Reinhardt (Teleostei: Ostariophysi: Characiformes), with a revision of the cis-Andean species. Smithsonian Contributions to Zoology 613:1–239.

Vari R. P., and L. Malabarba. 1998. Neotropical ichthyology: An overview. Pp. 23–142 in L. Malabarba, R. Reis, R. P. Vari, C. Lucena, M. Lucena, eds. *Phylogeny and Classification of Neotropical Fishes.* EDIPURUS, Porto Alegre.

Velasco, Padre Juan de. 1841. *Historia del Reino de Quito en la América Meridional por el presbitero Dn. Juan de Velasco, nativo del mismo Reino, año de 1789.* Tomo 2. Imprenta del Gobierno, Quito.

Wali, A., M. Pariona, T. Torres, D. Ramírez, y Anselmo Sandoval. 2008. Comunidades humanas visitadas: Fortalezas sociales y uso de recursos. Pp. 111–121 en/in W. S. Alverson, C. Vriesendorp, Á. del Campo, D. K. Moskovits, D. F. Stotz, M. García Donayre, y/and L. A. Borbor L., eds. Rapid Biological and Social Inventories 20: Ecuador, Perú: Cuyabeno-Güeppí. The Field Museum, Chicago.

Wege, D. C., and A. J. Long. 1995. *Key areas for threatened birds in the Neotropics.* BirdLife International, Cambridge, UK.

Williams, E. E., G. Orcés-V., J. C. Matheus, and R. E. Bleiweiss. 1996. A new gigant phenacosaur from Ecuador. Breviora 505:1-32.

Willink, P. W., B. Chernoff, and J. McCullough, eds. 2005. A rapid biological assessment of the aquatic ecosystems of the Pastaza River Basin, Ecuador and Peru. RAP Bulletin of Biological Assessment 33. Conservation International, Washington, DC.

Yánez-Muñoz, M. 2003. Evaluación de la herpetofauna en tres bosques andinos en la Provincia del Carchi. Resúmenes XXVII Jornadas Nacionales de Biología. Sociedad Ecuatoriana de Biología, Universidad Central del Ecuador, Quito.

Yánez-Muñoz, M. 2005. Diversidad y estructura de once comunidades de anfibios y reptiles en los Andes de Ecuador. Tesis de Licenciado. Universidad Central del Ecuador, Escuela de Biología, Quito.

Yánez-Muñoz, M., y E. Mejía. 2004. Evaluación de las comunidades de anuros de la Represa Salve Faccha (Reserva Ecológica Cayambe-Coca) Prov. Napo. Resúmenes XXVIII Jornadas de Biología. Sociedad Ecuatoriana de Biología, Universidad Estatal de Guayaquil, Guayaquil.